機械仕掛けの神

ヘリコプター全史

THE GOD MACHINE:
FROM BOOMERANGS TO BLACK HAWKS
-THE STORY OF THE HELICOPTER-

ジェイムズ・R・チャイルズ
伏見威蕃訳

早川書房

機械仕掛けの神——ヘリコプター全史——

THE GOD MACHINE

From Boomerangs to Black Hawks: The Story of the Helicopter

by

James R. Chiles

Translated by
Iwan Fushimi
First published 2009 in Japan by
Hayakawa Publishing, Inc.
This book is published in Japan by
arrangement with
William Morris Agency, LLC.
through Tuttle-Mori Agency, Inc., Tokyo.

装幀／渡邊民人（TYPEFACE）

リー・ケネディ（リランド・ケネディ大尉）とジョリーグリーン２の
乗員たちに捧げる。
彼らはかつてブラック川へと針路を定め、
霧と雹をくぐり抜けて、
救出座席をおろした。

謝辞

私の家族、クリス、ベン、ジェフ、ケヴィンの大いなる忍耐と、あらゆる面での執筆への支援に感謝する。いつの日か、いっしょに飛ぼう。

編集者ジョン・フリッカーに敬礼。第八二空挺師団の斥候をつとめたフリッカーは、地上だけではなく空でも戦闘に参加している。

エージェントのウィリアム・モリス、ジェイ・マンデルに感謝する。ふたりは、「ヘリ」の本の企画が形をなして飛びたてるように、一年以上も励ましてくれた。

数多くの歴史家やヘリコプター専門家のなかでも、E・K・リベラトール、マラト・ティシチェンコ、ジャン・ブーレ、ブルース・チャルノフ、ピート・ギリーズ、ウェイン・ブラウン、レスター・グロー、ジェイ・スペンサー、マイクル・リン、パトリス・ブレット、ロジャー・コナー、ゴードン・ライシュマン、レイ・プルーティ、ショーン・コイルには、とりわけ感謝している。

プロのヘリコプター・パイロットのサブカルチャーをはじめて教えてくれたダン・ラダートに感謝する。

イーゴリ・シコルスキーを知るひとびと——子息のセルゲイ、ハリー・ナクリン、ボブ・クレトヴィクスなど、シコルスキーの人生と時代を教えてくれたひとびとに感謝する。

ベンジャミン・ハリソン、ハンク・エマソンとその部下の長距離偵察隊員たち、陸軍の航空機搭乗員、ヴェトナムでの経験を経て生き延び、その記憶をいまに伝えている民間人のみなさんに感謝する。

土地管理局、ヘイヴァーフィールド、エンジェル・シティ・エア社、第一六〇特殊作戦航空連隊のみなさんには、それぞれの日々の活動を見る機会をあたえてくれたことに感謝する。

最後に、リンク・ラケット、ジョン・ミラー、すべてのグレイト・スティックス（偉大なヘリコプター乗り）に感謝する。あなたがたの部族が栄えますように。

目次

序　「鳥たちが歌うわけ」

一九〇九年後半、ウィルバー・ライトは、メリーランド州カレッジ・パークで、米陸軍中尉ふたりに飛行訓練をほどこしていた。一〇月二七日の朝には、妹の友人セアラ・ヴァン・デマンを誘って乗せている。アメリカ本土を飛び立った女性は、それまでひとりもいなかったので、歴史的な出来事だった。ウィルバーは、セオドア・ルーズヴェルト大統領の令嬢からの頼みを、それ以前に断わっていた。四分間の飛行のあと、スカートがふくらまないように足首を縛っていた紐をほどくと、セアラは取り澄ました物腰で飛行機をおりて、友人たちや家族や米陸軍通信隊の兵士たちにこういった。「とってもすてき。鳥たちが歌うわけが、いまわかったわ」

それから三〇年ほどあとに、ヘリコプターの先駆的な設計者イーゴリ・シコルスキーは、《アトランティック・マンスリー》の記事で、「ヘリコプターは、何百万人ものために空間を破壊するだろう」と予言している。いささか無気味な発言にもとれるが、シコルスキーは平和を愛する人物であり、距離などさして重要ではなくなるという意味でそういったのだ。いずれはだれもがどこへでも行けるようになり、ヘリコプターはその平均化に大きな役割を果たす。ヘリコプターの群れが都会を飛びまわって、夕方になれば国中の家へとそれぞれ帰ってゆく。なかには乗り合いヘリコプターに乗るものもいるだろうし、数百万世帯が自家用ヘリコプターを持つ。家族用の型には、前面に展望台すらあるかもしれない。田園地帯へ行くときには、ヘリコプターの前席に乗るものだけが楽しめるすばらしい眺めが満喫できる。工業地帯と田舎が、回転翼のハーモニーのもとで共存する。セアラ・ヴァン・デマンの言葉を借りれば、ヘリコプター愛好家——ヘリコプトリアンと呼ぼう——は、鳥たちが歌うわけを知る。

結局、一〇〇万世帯が自家用ヘリコプターを買うには至らなかったことを、私たちは知っている。一九四六年にはじめて自家用ヘリコプターが販売されて以来、そういう遊びのためのヘリコプターを買ったのは、数千世帯にすぎない。とはいえ、金さえあれば、ヘリコプターをチャーターしたり、遊覧飛行を楽しんだりできる。

それに、アラスカのルカウト尾根のようなところへも、ヘリコプターで気軽に行くことができる。北極圏のかなり北のほうにある、この風化した静かな尾根は、表面が頁岩《けつがん》や細かい地衣類《ちいるい》の多面体でできている。樹木はなく、他の似たような尾根や渓流をさえぎるものなしに見ることができる。北に目を向ければ、北西に突き出したアラスカの広大な台地から吹く六月の冷たい風が感じられ、うしろではブルックス山脈の雲に覆われた低山が鬱々とうずくまっている。このジェットレンジャー・ヘリコプターは、シコルスキーが考えていたような山野《さんや》よりもずっと奥深いところへ私たちを運んでいる、といっても過言ではない。ここからイヴォックのベースキャンプまでは一五〇キロメートル以上あり、キャンプそのものも舗装道路から三〇〇キロメートル以上離れている。二三年前、私はブルックス山脈を徒歩とカヌーで一週間かけて踏破した。いまでは、その一五〇キロメートルは、ヘリコプターで一時間しかかからない。

土地管理局（BLM）のヘリコプターにかかる経費は、飛行時間一時間あたり三五五ドルと、日割りの一日分が二〇〇〇ドルである。これには、急騰する燃料費は含まれていない。ヘリコプターの燃料は、遠いところからドラム缶もしくは嚢タンクで空輸しなければならない。レイチェル・シールズ技官は、僻地の考古学発掘班の無線の信号を増幅する小型無線送信機を設置するために、ここにやってきた。メル・キャンベル機長は、ネブラスカの小さな町の出身で、ヴェトナム戦争従軍経験がある。前面に〝マッド・メル〟と書いてある傷だらけのフライトヘルメットを脱いだメルが、手荷物室からバッグや箱をおろすのを手伝う。観光は仕事の一環ではないが、雪と剝き出しの砂礫が縞模様をなしている低地を太陽の光がひろがってゆくのを眺めて楽しむのを、だれもとめることはできない。カリブーが東と西から近づいてくる。私たち三人と、積み上げた電子機器、突き出た岩場にちょこんととまっている「魔法の絨毯」を除けば、人間が地球に痕跡を残していることを示すものはなにもない。

　ふたりがアンテナの支柱を立て、軟弱な地面に打ち込むペグと白いロープで固定するあいだ、ベルのローターブレード二枚が冷たい風にばたつく。冷えはじめたタービンがパキパキという音を立てる。ふたりがいらだたしげになにかをいっているのが聞こえる。中継機の回路のどこかに不具合があり、レイチェルは北斜面《ノーススロープ》にいて携帯無線機を使っている仲間を呼び出すことができない。私たちは、ヘリコプターのトランクとでもいうような手荷物室に工具類を積んで、乗り込んだ。メルがエンジンを始動し、もう何千回もやっていることなのに、計器盤のデジタルタイマーでタービンの暖機を確認しながら、きちょうめんに手順を踏んでローターをまわしはじめる。離昇し、南のベースキャンプを目指す。私はインターコムで、メルに操縦の手順をいちいち説明してもらう。夏には操縦訓練を受けることにしている――鳥たちが歌うわけを知り、ヘリコプターがどうやってあんなことがやれるのかを学び、精いっぱい知識を深めるために。

　ヘリコプターは、湖や山をひと飛びに越えて、補給物資を届けたり支援を提供したりできるが、そういった働きの大部分は、大衆の目の届かないところで行なわれている。ヘリコプトリアンたちは、ハリケーン・カトリーナ来襲以前は、ヘリコプターが救援に活躍しているのを大衆がちゃんと評価しておらず、ハリケーンが去ったあともすぐにそれを忘れ去ってしまったことを、不服に思っている。自家用および政府のヘリコプター二〇〇機がルイジアナ州南部に集結し、水没した家の屋根や通りから三万五五〇〇人を助け出したのは、たいへん感動的だったが、じつはこの活動は、最初の段階では空中衝突という大きな危険をはらんでいた。

「ああいうものは一度も見たことがなかった」軍のパイロットであるマイク・チャップマンは、《ニューオーリンズ・タイムズ－ピカユーン》に語っている。「ヴェトナムやイラクも含め、私が世界各地で目撃したなかで、もっとも混雑したヘリコプター作戦だった」そこではヘリコプターはきわめて貴重な存在で、かつまた日常生活が営める状況ではなかったので、しばらくのあいだ、ヘリコプターはもてはやされた。ニューオーリンズのオックスナー病院は、その数カ月前に、住民の騒音問題抗議によって、郊外の住宅地へヘリポートを移転しなければならなかったのだが、そのことは忘れられていた。

じつは、ハリケーン・カトリーナ来襲のはるか前から、多くのパイロットが志願して、神の手よろしく空からひとびとを救い出そうとする活動をくりひろげていた。一九九二年に南カリフォルニアを襲った洪水の際には、KNBC所属の〝ニューズヘリ〟パイロット兼レポーターであるボブ・ペティーが、率先して何人も救出している。そのあとで、ペティーは《ロサンジェルス・タイムズ》にこう語った。「おれはヴェトナムにもいたことがあるから、こんな程度のことで英雄扱いされなくてもいいよ。どんなヘリコプター・パイロットにも、人を自動的に助けるばね式スイッチ*がついているんだ」しかし、こうしたとっさの救助活動は、かならずしも成功するとはかぎらない。おなじ年、自家用ヘリコプターの所有者ハロルド・アーバイトマンは、ミシシッピ川で怪我《けが》をしている人間をボートから救い上げようとして墜落した。事故防止の専門家は、これを〝白馬の騎士の墜落〟＊＊と評した。

ヘリコプターは、以前には考えられなかったような救出活動もできる。一九九四年一二月には、沈没しかかっていた貨物船〈サルバドール・アジェンデ〉号の遭難信号を受けて、ペイヴホーク救難ヘリコプター二機が、嵐をついてノヴァスコシアを発進し、長距離を飛行する任務を果たした。北大西洋の高さ一五メートルの波のなかで乗組員を救えるのは、ヘリコプター以外の航空機や船ではとうてい無理だった。一五時間を要したこの記録的任務では、陸地からの距離一二〇〇キロメートル弱を飛行し、空中給油を一〇回（うち八回は〝きわめて危険〟と判断された）行なった末に、生存者一名を救出した。

べつの考えから、ヘリコプターが海に派遣されることもある。一〇月下旬の深夜、コロンビアのカルタヘナから北へ一六〇キロメートルの海上を、グラスファイバー製のモーターボートが、時速九〇キロメートル近い速力で波を切って進んでいた。この手の船を、国際麻薬取締機関は〝ぶっ飛び《ゴー・ファースト》〟（訳注　ゴー・ファースターが覚醒剤のことなので、それからの連想）と呼んでいる。二〇〇馬力のヤマハ船外機三基を搭載していて、荷物を積んでいなければ、時速一〇〇キロメートル弱で走れるが、この船はガソリン三七五〇リットルと郵袋《ゆうたい》ほどの大きさに梱包された純粋コカイン一九五〇キログラムを積ん

＊ローターの回転が低すぎるのを警告する〝ヒューイ〟ヘリコプターのばね式スイッチと警報装置のこと。ヴェトナム戦争時代のヘリコプター・パイロットが使う表現。

＊＊ほかにもこういった不幸な出来事があった。ペンシルヴェニア州選出のジョン・ハインツ上院議員は、乗っている飛行機とヘリコプターとの衝突事故で死亡した。飛行機の降着装置が出て固定されているかどうかを確認するために、ヘリコプターが下をくぐった際に事故は起きた。

でいた。熱帯のその晩は、偽装にうってつけだった。月は出ておらず、厚い雲が空を多い、星も見えない。麻薬密輸業者五人は、トラックもしくは航空機に積み込むために、一億四〇〇〇万ドル相当の積荷を当局の目の届かないグアテマラの海岸に無事届けられるだろうと、安心しきっていた。こうした船は、一九九九年には、なんのおとがめもないままコロンビアを出発していた。だが、この二〇〇四年は事情がちがっていた。遠くのレーダーが船の位置をすでに探知しており、巡視船〈ギャラティン〉にその情報を伝えていた。そしていま、濃紺のライトが、麻薬密輸業者のモーターボートの横手で輝き、アグスタ-ウエストランドMH-68ヘリコプターの機体のアメリカ沿岸警備隊の標章を照らした。ヘリコプターの乗員は、無線とラウドスピーカーを使い、英語とスペイン語で停船を命じた。

モーターボートはとまらなかった。インターコムで承認を得た銃手のジェイソン・マーフィーが、開け放たれた左昇降口で身をかがめ、ボートのはるか前方に、機銃による威嚇射撃を一連射放った。モールス符号ともいうべきその警告にも、ボートの船長は反応しなかったので、マーフィーはつぎの選択肢に移り、灰色の重いボルトアクション・ライフルを取りあげた。このローバーRC-50アンチマテリアル・ライフルは、重機関銃とおなじ五〇口径弾を使用する。マーフィーは、ボートの船外機一基のエンジンブロックに狙いをつけた。マーフィーの最初の射撃のあと、ボートの船長は小さな円を描いて、狙いをはずそうとした。ヘリコプターはボートとの距離を保って追躡《ついじょう》した。一度、降下したときに、みずからの吹き下ろしに巻き込まれたので、上昇した。ぶっ飛び《ゴー・ファースト》が逃れられる唯一の頼みの綱は、ヘリコプターの燃料不足か、飛行中の緊急事態だけだった。

だが、そうはならなかった。マーフィーは、船尾にあがる水飛沫《みずしぶき》も関係なく照準をつけられるレーザー照準器を使い、慎重に狙って九発を発射し、船外機三基を一基ずつ破壊した。直撃のたびに熱したエンジンオイルが噴き出すのを、赤外線側方監視装置が捉えていた。ヘリ乗員の狙撃手《スナイパー》技倆、レーダー誘導、複数のヘリコプター、ライフル、乗り込み班の端艇《ボート》という組み合わせで、これまで毎回成功を収めている。最新の報告によれば、こうした押収した麻薬の末端価格は八五億ドルにのぼる。

　ギリシア悲劇で使われるメカネという大げさな機械仕掛けさながらに、ヘリコプターは冷静沈着にひとびとを危機から救い上げ、遠い敵や近い敵に上から襲いかかる（訳注　ギリシア悲劇の機械仕掛けの神は、メカネと呼ばれる原始的なクレーンに乗って現れる）。

　古代のメカネは、時の猛威の前に滅びたが、図面によって仕組みはわかっている。それは錘《おもり》を使う回転式のクレーンのようなもので、いっぽうに人間が力を加えることによって上下する。ギリシアで建物を造るときに石や木を持ちあげるのに使ったゲラノス（訳注　鶴《クレーン》の意味）を改良したものだとされている。アテネのディオニュソス・エレウテレオス劇場で最初に使われたときには、人間を持ちあげる腕木は四メートル程度だったと思われる。歴史家たちによれば、これを最初に使用した劇は、マラトンの戦いに参加してギリシア人のあいだで戦争の英雄と見なされていたアイスキュロスの作品であるとのことだ。この特殊効果がどの劇に使われたかは定かでないが、ひょっとすると『縛られたプロメテウス』であったかもしれない（註1）。

　その後、ギリシア悲劇詩人のエウリピデスは、この機械仕掛けをアイスキュロスよりもいっそう頻繁に場面転換に用いるようになった。エウリピデスの戯曲『メディア』で、主人公の王女メディアは、夫（アルゴ探検隊の一員だったイアソン）を王女の婿《むこ》にと望んだコリントス王とその王女を毒殺するはかりごとを実行し、つづいて夫をさらに苦しめるために、ふたりのあいだの子供を殺す。イアソンがメディアと対峙するために登場すると、メディアはヘリオスという神の名を記した竜車に乗り、そのはるか頭上に現われる。夫の苦悩をあざ笑い、メディアは子供たちふたりの遺体を載せた竜車でアテネへと旅立つ。古代ギリシアの観客のなかには、物事を信じやすいひとびとがいて、太陽の神ヘリオスがほんとうに地上に降りてきて、俳優たちに手を貸したと思い込んだかもしれないが、メカネの腕木と錘の仕掛けでそういうことができたにすぎない。

マシーンという英語の語源は、このメカネというギリシア語であるし、この舞台装置があまたの機械の先祖であることはまちがいない。ローマの劇作家たちもこの装置を採用して、ラテン語で〝機械《デウス・》仕掛けの神《エクス・マキナ》〟と呼ぶようになった。現代の物書きの専門語でいえば、最後の手段、助けの手、といった意味合いだろう。

ヘリコプターは、現代のメカネといえよう。パワーを発生し、運命を変え、生命を見通し、行動の自由を持つ。ヘリコプターは、そうしたことすべてを容易にしてくれる。

トレーラートラックと大きさや重量がおなじ最大級のヘリコプターが、大型貨物船の救難を行なった例もある。現存する最大の回転翼機、ロシア製のミルMi-26(註2)が、チャーターされてアフガニスタン山中に派遣され、墜落したCH-47チヌークを運び出したこともある。

あまたのヘリコプターがパイロットに要求する微妙な操縦のタッチを失わないようにしながら、これだけのエネルギーをあやつるには、たいへんな技倆を必要とする。そのことは、最初のぜんまい式ヘリコプターの模型が飛行したあと、人間が乗るヘリコプターが飛ぶまでに、一四〇〇年もかかっていることからもわかる。ふたつの回転翼を使うそれが、人類初の飛ぶ機械だったのだから、ヘリコプターが生まれるまでが、飛行機にくらべてこれほど難産であったのは、なんとも皮肉なことだ。世界最古のヘリコプターの原型は、現在のポーランドのオブラゾヴァ洞窟で発掘された。マンモスの牙から削り出した長さ六〇センチのこの物体を、放射性炭素年代測定にかけたところ、二万三〇〇〇年前のものだとわかった。一般人は、このポーランドで出土した人工品の映像を見て、「ブーメランだろう」と思うかもしれないが、じつは鳥や小動物に向かってまっすぐに投げて獲物を仕留める狩人の道具なのだ。専門家はこの道具を、〝投げ棒〟と呼んでいる。現在のブーメランは、これとはちがい、大きく弧を描いて飛ぶような形と重量の、遊びの道具になっている。投げかたが上手だと、大きな楕円を描いて、投げ手の足もとに無事に落ちる。投げかたが下手だと、勢いよく戻ってきて、隠れようとしても投げ手の頭にぶつかってくるおそれがある。フランクリン・D・ルーズヴェルト大統領の最初のころの農務長官で、その後副大統領をつとめたヘンリー・A・ウォーレスは、ブーメランが大好きだった。戻ってきたブーメランを受け止めようとして、何本か指の骨を折ったこともある。

エジプト、旧石器時代のオランダやオーストラリア、ネイティヴ・アメリカンなど、世界各地の古代文化には、それぞれ固有の投げ棒やブーメランのたぐいが見られる。オーストラリアのアボリジニは、古代の技術をもっとも高いレベルまで洗練させた。一九世紀の宣教師ヘンリー・ヘイガースによれば、ブーメランの名人は、何度投げても、壁にぶつからないように家を一周するように投げることができたという。

投げ棒やブーメランは、いずれも端が翼形をなしている。重心を中心に回転するあいだ、その翼形が微妙にバランスのとれた揚力《ようりょく》を生み出す。ブーメランを発明した人間は、ひょっとしてカエデの種《たね》からヒントを得たのかもしれない。カエデの種は、回転翼によってゆるやかに着地できることを立証している。この形は、パラシュートのような仕組みよりも、信頼性が高い。どのヘリコプターも、おなじような〝オートローテーション〟の原理に基づいて作られているので、たとえエンジンがとまっても、落下の衝撃はかなり和らげられる。

冷徹な物理学によって支配されている分野なのに、ヘリコプター開発の先駆者たちの経歴を見ていくと、奇行奇癖が目につく。なかには、取り憑かれていたとしかいいようのないひとびともいる。一九〇九年にロシア陸軍省から予算をもらってヘリコプターを製造したウラジーミル・ヴァレリアノヴィッチ・タタリノフもそうだった。タタリノフが考案した、ロシア語で「アエロモビーリ」と名付けられたヘリコプターは小さな車の形をしていて、機首にプロペラがあり、離昇用のプロペラ四つを支えるクレーン状のものが車体の上に突き出していた。それを一瞥したウラジーミル・スホムリノフ陸軍大臣は、タタリノフと縁を切ることにした。一年後、新聞などの批判によって〝精神的に不安定〟になったタタリノフは、研究所ごとアエロモビーリを焼いてしまった。

アイルランド人発明家のルイス・ブレナンも、ヘリコプターに激しい夢想を抱いたひとりだった。ブレナンの試作したヘリコプターは、一九二五年のイギリスの公式試験飛行の際に墜落したし、その後も、他の開発者の進歩に遅れを取っていることが明らかになった。しかし、ブレナンは、ヘリコプターをやっつけ仕事でこしらえたひとびととはちがい、回転するメカニズムの不思議な物理学に熱心に関心を抱いた。だから、ブレナンの話は取り上げるに値する。

回転するおもちゃに子供のころから心を奪われ、ずっとそれに魅了されていたのだから、ブレナンはジャイロスコープのGをミドルネームにしてもよかったかもしれない。最初のころ、ブレナンはジャイロを使って安定させる魚雷の設計を英海軍に売った。それが経済的な基盤になった。当時の発明家のありかたとしては典型的な「有閑発明家《ジェントルマン・インヴェンター》」だったブレナンはジャイロカーを発明した。これは自走式の客車で、一本のレールの上でバランスをとって走り、イギリスにおける試走で観客をあっといわせた。走っているときもとまっているときも、ブレナンのジャイロカーは、高速でまわるフライホイール二枚の巧妙なジャイロスコープ効果によって、姿勢を維持する。*ある公開実験のときなど、ブレナンは全長一メートル五〇センチの模型に幼い娘を乗せ、小さな谷間に張ったロープを渡らせて、バランスがとれることを実証してみせた。

ブレナンは、いずれ巨大な要塞型ヘリコプターが、イギリスの大都市を爆撃機の攻撃から守ることになるだろうという予告も口にしていた。回転に取り憑かれたこういう人物は、ヘリコプターの歴史で称えられるに値する。なぜなら、ヘリコプターの特徴を理解するにあたってなにをさておいても重要なのは、制御されているのでなければ異常の状態といってもいい〝回転〟そのものだからだ。ぐるぐるまわるローターの下の機体に乗ればこそ、人間は宙に浮いていられる。しかし、それには細心の注意を要する。特別の備えがなかったら、空中停止飛行《ホバリング》中のヘリコプターはきわめて不安定なので、操縦を会得するにはかなりの時間がかかる。経験豊富なパイロットが繊細に操縦しているヘリコプターのホバリングは、まるでロープに吊られて宙にとまっているようだ。見たところ、完全に鳴りを潜めているようだが、じつは膨大なエネルギーを帯びている。

一九四八年八月、航空学者アレグザンダー・クレミンが、《サイエンス・マンスリー》に「ヘリコプターの問題点」という記事を書いた。戦争が終わったのに多数のヘリコプターが空を飛びまわっていない理由を説明するのが目的だった。ヘリコプターの歴史についても、その記事は語っていた。徐々に大型化するヘリコプターを飛ばすために、何十年も実験がつづけられてきた。最初のころの問題に取り組んで解決すると、その解決策がまたあらたな難問を登場させる。初期のヘリコプターが数秒のあいだ地面から浮き上がったのはよろこばしいことだったが、地球の横暴な絆から解き放ったとたんに、激しい振動に襲われる。こうした一連の難関が、あるときは技術的問題となり、あるときは戦術的問題となり、はたまた広報の問題となって、絶えることがなかった。そういう性質ゆえに、本

＊ある試乗会で、ブレナンはジャイロカーに一〇七人を満載し、ホテルぐらいの大きさのジャイロカーが、一本レールの構脚橋で谷や川を越え、時速二四〇キロメートルでカリフォルニア－ニューヨーク間を楽々走るだろうと予告した。

書では一六の章で、ヘリコプターの具体的な問題点と解決策を系統的にまとめた。

第1章〝飛行前〟は、この航空機《マシーン》の基本的な仕組みを紹介する。つぎのふたつの章では、ヘリコプター前史について述べる。実物模型、気球、滑空機《グライダー》、そして原動機《エンジン》。基礎を築いた夢想家たち。第4章、〝ブレークアウト〟は、一九二〇年代に実験と理論が組み合わさって、たとえ動きはぎこちなくても飛べるマシーンができたことを詳述する。その後、ヘリコプターは、スペインの画期的なロータークラフトの前に、影が薄くなった（第5章〝空の自動車〟）。ある程度の距離を飛べるヘリコプターがようやく出現したのは、一九三〇年代後半で、その頂点に立つのが、イーゴリ・シコルスキーの流線型の設計だった（第6章〝スーツケースのなかのジュール・ヴェルヌ〟）。第7章では、戦争中にほんとうのヘリコプターといえるものを製造しはじめた発明家たちの素顔に迫る。第8章（〝競争〟）では、ヘリコプター・メーカーが、大きな需要を掻《か》きたて、その需要を満たそうともくろんだことについて述べる。結局、大衆はヘリコプターの物語を読むのは好きだったが、行列して買うところまではいかなかった。一九四九年後半には、ヘリコプター産業は下降線をたどっていた。

その翌年、朝鮮戦争が勃発し、需要という問題が解決された。一般生産されていたヘリコプターは、二人乗りや三人乗りのものまでもが、試験や実用のために大量に購入された。第9章（〝地形の艱《かん》難《なん》〟）では、戦いのさなかに兵員や補給物資を届けるという活動によって、海兵隊が戦場でのヘリコプターの使い道を大幅にひろげたことについて詳述する。ヘリコプターは指揮官たちに、五里霧中の戦争を上から俯瞰する機会をあたえた。〝ヘリコプター作戦〟では、ヴェトナムで米軍がマラヤやアルジェリアで学んだ教訓をどのように活かしたかを述べる。アメリカがヴェトナムでの作戦を縮小する前に、ヘンリー・エマソン中佐率いる部隊などの歩兵部隊は、ヘリコプターの戦闘能力を高めるあらたな方法を見出していた。つぎの〝最後のひとり〟では、ヴェトナムでヘリコプターが果たした最後の劇的な役割へと移る。アメリカの一般市民やその警備兵、選ばれた同盟者にとって、ヘリコプターは脱出のための乗り物になった。

〝実社会に復帰する〟では、軍用に設計されたヘリコプターと、軍で訓練を受けたパイロットが、ヴェトナム戦争後に民間市場に参入したことを物語る。このことは、いい意味での刺激をあたえたり、悲劇的な事件を引き起こしたりした。ヘリコプターへの一般市民の反発がつのった。〝神々の戦車〟では、ヘリコプターのコストの高さと、それがもたらす影響について述べる。つぎの章（〝私を見張るもの〟）（訳注「私を見守ってくれる人」という曲名のもじり）では、政府が国内でヘリコプターを悪用するのを不安視している国民がいるが、その兄弟のニュース・ヘリコプターは、逆に国民が政府を監視する手段になっていることを論じる。住宅の火災、誘拐犯とSWATの対決、カーチェイスといったニュースを追うのを仕事とする報道機関のヘリコプターは、空から見張る目の役割を果たしている。優秀なパイロットであるか否かを決める技倆については、〝グレイト・スティック（操縦の達人）〟で取りあげた。結論では、ヘリコプターが大量に使用されるだろうという当初の予想と現状を比較する。

結局のところ、本書はヘリコプターに密接に関わりのある物語の集大成にすぎないし、ヘリコプターのパイロットとよっぽど深い付き合いがないかぎり、ヘリコプターのことはなかなか理解できないものだ。ヘリコプターの技術指令書《テクニカル・マニュアル》やメーカーのパイロット用手引きを書棚にびっしり集めたところで、仕入れられない知識は無数にある。ヘリコプター・パイロットの文化は、口づてに伝えられるものだからだ。訓練用に使うのは、どのヘリコプターがいちばんよいのか？　ピストン・エンジン（レシプロ・エンジン）は、ガスタービン・エンジンとおなじくらい信頼できるのか？　林のなかでヘリコプターは樹木を切り裂きながら離陸できるのか？　ツイン・ローターのチヌーク大型ヘリコプターに機関砲や機銃をいっぱい搭載した試作型が、ヴェトナム上空でみずからを撃墜してしまったことを、パイロットたちは物語る。弾薬が尽きた攻撃ヘリのパイロットが、敵の上に着陸して押しつぶした、というような武勇伝もある。〝延縄《ロングライン》〟ヘリコプターのパイロットが、鋼索を曳《ひ》いているのを忘れて川に落ちた、というような失敗談もある。山地で石油炭鉱中にエンジンがとまり、木の股にちょこんと乗っかったヘリコプターの話もある。

高性能でパワフルな現代のヘリコプターは、私たちの目を惹く。それを見て、自由をあたえてくれると思うひとびともいれば、畏怖の念をおぼえるひとびともいるだろう。いずれも、何十年も挑戦しても人間を空に浮かべてはくれなかった初期の試作型から育ってきたものなのだ。たとえ地面を離れても、ばらばらになったものもあった。この危なっかしい代物《しろもの》を神の戦車に仕立てあげる仕事は、オリュンポスの神々の御業《みわざ》にもひとしいと、発明家たちは即座に悟ったものだった。

第1章　飛行前

鳥や翼のある哺乳類や昆虫は数あれど、空中停止《ホバリング》でき、前進も後退もできるものはめったにない。そういう飛びかたができる生き物は、そのこと自体で、珍奇と見なされる。ミシン並みの精確さでホバリングでき、なおかつ休まずにメキシコ湾を八〇〇キロメートルも横断できるノドアカハチドリは、そういった驚異的な存在のひとつだ。ヘリコプターもまた、信じがたい存在といえる。どういう仕組みでヘリコプターが信じられないような飛びかたができるのかを、それを構成する部分から説明するのが、もっともいいやりかただろう。ヘリコプターを未知の領域《テラ・インコグニタ》と見なして、そのキャビンの岬から、尾部ブームの半島に至るまでを探検してゆこう。

　このヘリコプターは白塗りで、大部分が強化された鋼鉄とアルミニウムからできている。全長九・四メートル、二人乗りで、ふつうは用心深い教官が左、教習生が右に乗るが、航空写真の撮影その他の一般的な仕事にも使える。荷物を積むトランクはないので、このシュワイザー３００Cを借りて週末に旅行をする人間は、身軽な旅をしなければならない。

　こうしてシュワイザーを正式に紹介するのは、私がこれから飛ばすことになるヘリコプターだからだ。私が確保した〈ハミングバード・エヴィエイション〉のジョン・ランカスター教官は、かつては

シュワイザー300C

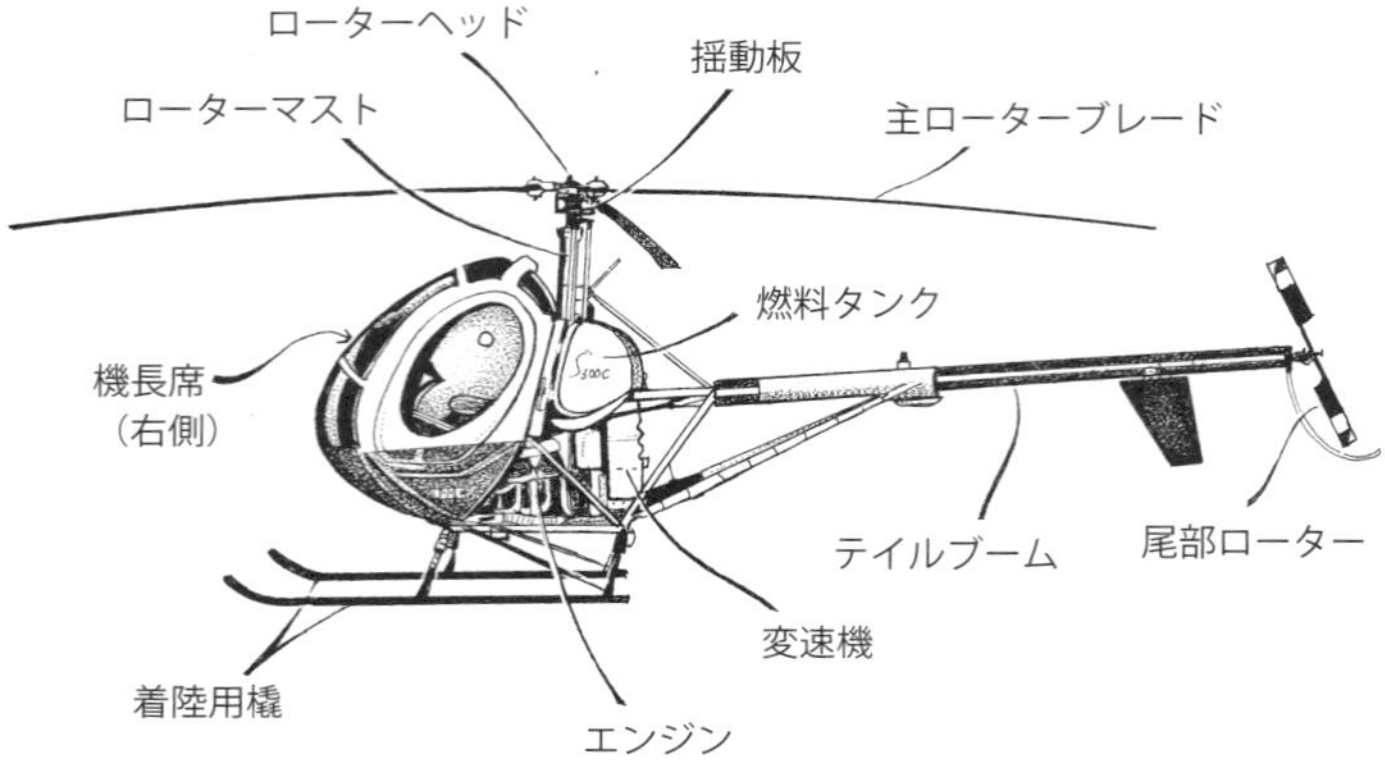

コロラド州ヴェイルで二〇年にわたってプロのスキー・インストラクターをつとめていた。スキーで怪我《けが》をしたことと、空を飛ぶのが好きだったので、統計的にもずっと安全な新しい仕事を選んだ。フロリダ州タイタスヴィルにある世界最大の民間ヘリコプター教習所〈ヘリコプター・アドヴェンチャー〉でヘリコプターの操縦を習い、ミネソタで教官になった。警察、観光会社、海上油田などに勤務を希望するひとびとが、主な教習生だった。半ズボンにスポーツシャツという服装を好むジョンは、教習をはじめる前に、キャンプの指導員みたいな明るい態度を見せる。しかし、ヘリコプターでの飛行時間は一〇〇〇時間に及んでいるし、私がインタビューのために来たのではないことは、おたがいに承知していた。ジョンは私の教官なのだ。新入生を相手にするときにはいつも、ジョンはまず、ヘリコプターの重要な部分について説明する。

　授業の第一課は教習所の事務室ではじまり、ジョンが棚から黒と白に塗られた警察のヘリコプターの模型を取って、飛行の基本原則を説明した。それから、閉店した宝石店から買い取ったものとおぼしいガラスのショーケースにはいっていたパイロット用の参考書を数冊、私に売りつけた。

　私の教習に使われる割り合い新しい中古ヘリは、ヒューズ・ツール社の航空機部門が考案した一九五六年型の直系の子孫だった。アメリカ陸軍は、TH-55オセージ*と呼ばれる軍用型を一九六四年から採用し、テキサスのフォート・ウォルターズ（訳注　〝フォート〟は国内の米陸軍駐屯地のこと）で八〇時間の基礎訓練をほどこし、何千人ものパイロットを速成した。TH-55はピストン・エンジンを使用する軽ヘリコプターで、タービン・エンジンを使用する型よりも運用コストが低い。

　第一課は一時間で、四ページのチェックリストを実施した。機体の下側を含めて、ヘリコプターのあらゆる箇所を、綿密に調べなければならない。まるでだれかが仕掛けた小さな爆弾でも探しているのかと思うような、徹底した確認が行なわれた。自分で飛ぶときにヘリコプターを点検する方法を身につけるための指導だ、とジョンは説明した。私のような新人からすれば、あまりにもちっちゃなヘリだし、覆われていない部分が多いので、ざっと眺めてうなずくか顔をしかめれば、それですむだろうという気がしたが、それでは黒星をつけられてしまう。

　とはいえ、偏見のない目で一〇メートルの距離からじっと眺めるのは、飛行前点検《プリフライト》のはじめかたとしては悪くない。それだけでも、どこかがおかしかったり、なにかがなかったりすることが、たちまちわかることがある。それに、整備員を呼ぶのは、早ければ早いほどいい。私たちは腕組みをして、上から下までとっくりと眺めた。ヘリコプターは黒くてぶっそうな外見だというのが通念になってい

＊オセージはヒューズ269の初級練習型。多くのパイロットに、〝マテル・メッサーシュミット〟（訳注　マテルは玩具メーカー）と呼ばれた。一九六七年四月一三日に、ウォルターズ駐屯地のダウニング・ヘリポートを竜巻が襲ったとき、一七九機が大破した。

翼形

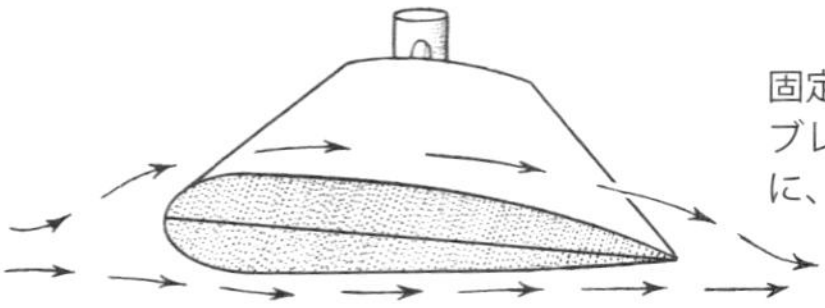

固定翼機と一部のヘリコプターのブレードは、揚力を大にするために、中心線の上のほうが厚い

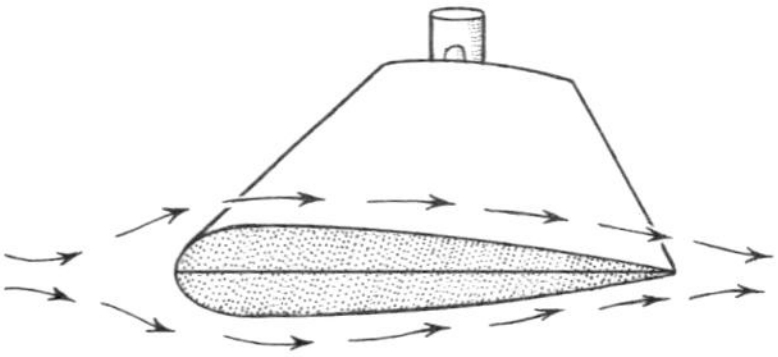

ピッチ制御で揚力を増すために、中心線の上下が対称的なブレードもある

るが、このヘリコプターは、威嚇度が一以下だった。まるでサドルバッグを背負ったトンボの風情だ。じつは、サドルバッグに見えるものは、二カ所の燃料タンクである。それに、自動車よりずっと複雑な構造だというようには見えないから、新しいものが二五万ドルもするというのは納得がいかない。教官を雇って一時間借りると、三〇〇ドルかかる。ヘリコプターのパイロットは、技倆を維持するために定期的に操縦することを求められているので、ライセンスを得るには高級な船を買うぐらい金がかかる。初期費用も高く、維持するにはさらに金がかかる。

シュワイザーには二本の着陸用橇《ランディング・スキッド》があり、機体が高くなっていて、落ち着いた緊張感のある姿になっている。キャビンの上には、精巧な造りのハブがあって、かすかに下にたわんでいる翼《エーロフオイル》三枚を固定している。この翼は〝ローターブレード〟と呼ばれる。ホバリングするヘリコプターのてっぺんで、この大きな重量のものが回転するのにともなう工学的な問題は、きわめて大きい。そのことが、初期のヘリコプター発明家たちにとっては、思いがけない障壁となった。ローターは飛行中にふつう毎秒八回まわる。下面よりも上面の翼弦が大きく湾曲した固定翼機の翼《よく》とはちがい、ローターブレードの断面は上下がほぼ対称形になっている。

尾部に目を向けると、細長い筒状のテイルブームがあり、その先端には主ローターよりもずっと小さなローターがある。この尾部ローターは、付け足しのようにも見えるが、ヘリコプター設計者が何度も始末しようとしたにもかかわらず、技術的な理由から生き延びている。尾部ローターの横向きの推力は、機体上の主ローターだけしかなかった場合には打ち消すことができない強力なトルクを相殺する。*単発のプロペラ機も、比較的小さなプロペラのトルクを翼が抑えなかったら、おなじ問題に見舞われる。

やがて、チェックリストを進めるために、ジョンがヘリコプターに近づいた。かがみ込んで、キャビンの下の頑丈なフレームに据え付けてあるエンジンと関連する部分を指差す。航空機用エンジンは、信頼性が高い作りで、自動車のエンジンよりもはるかに高価だ。一時間四一・六リットルの航空ガソリンを燃焼する。(註1) 青い航空ガソリンを半リットルほどプラスティック容器に出してみて、エンジン停止の原因となる水が混じっていないことをたしかめてから、タンクに戻す。ジョンがタンクを上から下へと叩いていって、響く音から鈍い音に変わったところで手をとめた。その高さまで、じっさいに燃料がはいっていることがわかる。キャビンの燃料計を信用してはいけないと、私に注意する。

ヘリコプター・パイロットが犯す可能性がある過ちのなかでも、燃料がほとんど残っていない状態

＊トルクが相殺されなかった場合になにが起きるかを知るには、冬に芝刈り機を作動して、氷の上に横向きに置くといい。芝刈り機は、ブレードの回転とは逆にまわりはじめる。

で飛び立つのは、みっともないだけではなく、避けなければならないことだ。一九五〇年代のヘリコプトリアンたちは、最初のころは自由奔放で、どこでも好き勝手に着陸できると考えていた。しかし、いまの世の中では、コンビニに寄って給油するというわけにはいかない。空港で燃料を補給するしかないわけだが、公共のヘリポートがある都市はきわめてすくない。特殊な改良を加えられたヘリコプターなら、一五時間の飛行も可能だが、ふつうは満タンでも二、三時間飛ぶのが精いっぱいだ。

つぎに、私たちはキャビンを覗き込んで、消火器と書類が所定の場所にあることをたしかめる。機長席からの眺めはすばらしい。ヘリコプターの場合は、右側が機長席になる。ほとんどのパイロットが右利きなので、繊細な扱いが必要なサイクリック・スティック（操縦桿《そうじゅうかん》）を、使いやすい手であやつれるようにするためだ。固定翼機では、パイロットの視界はたいがい狭く、天井の低い蛸壺から外を覗く感じだが、ヘリコプターはちがう。スイッチ類と計器は、中央の計器盤に収まるように最低限のものだけになっている。あとはプラスティックの水滴形キャノピイごしか、開け放した昇降口を通して見る。ヘリコプターのパイロットは、天候が許すかぎり、ドアをあけたままで飛びたがる。シートベルトは、レーシングカー並みに頑丈なものがそなわっている。

ジョンが、エンジン・オイル、トランスミッションのボルト類、非常用無線機、ドアヒンジにくわえ、ランディング・スキッドの溶接まで調べるよう、私を促す。灯火をつけてみて、エンジンの覆いをボロ布で拭く。ケーブル、ベルト、ロッド、玉継ぎ手《ボールジョイント》をひっぱってみる。トランスミッションのベルトを支えているフレームを見る。フレームが折れてパイロットが死亡した事故の例を、ジョンは国家運輸安全委員会（NTSB）のファイルで読んだという。プロペラがクランクシャフトに直接固定されているレシプロ・エンジンの固定翼機とはちがい、ヘリコプターはローターの回転をエンジンの回転数の一〇分の一（もしくはそれ以下）に落とすために、減速ギアを必要とする。ローターは、あ

まり早く回転しないほうが効率がいいからだ。＊

「NTSBの報告書を夜に読むのはためになる」ジョンはいう。「でも、熱意に水をかけられるね」

私たちは、テイルブームに沿い、ヘリコプターの尾部にまわる。尾部ローターは、遠くから最初に見たときには、芝刈り機のブレードを縞模様に塗ってあるみたいに見えたが、ジョンはそれがいかに大切なものであるかについて長々と講釈を垂れる。芝刈り機とはちがう、と説明する。小さなロッドとベアリングが使われていて、パイロットがアンチトルク・ペダルを踏むことで、ブレードの角度が小さく、あるいは大きくなる。それには独立したギアボックスと潤滑油の供給系統がある。

この尾部の機構はきわめて壊れやすいので、ドアをあけて飛んでいるときに、風でなにかがキャビンから吹き飛ばないように注意してほしいと、パイロットは乗客に命じなければならない。マーフィーの法則が働き、そういったものが何事もなく地面に落ちないで、尾部ローターにぶつからないともかぎらないからだ。ヒューイのパイロットが、主ローターで枝や太さ一〇センチの大枝を折りながら降着地点におりたという戦争中の話は、たしかに事実だろうが、正気のパイロットなら、尾部ローターを折ったりこすったりするような危険は、ぜったいに冒さない。

チェックリストを二ページ分終えたところで、こんどは機体の右側を、尾部から機首へと逆に進んでゆく。テイルブームの小さな窓をジョンが示して、一本指でつつく。尾部ローターのドライブシャフト・ダンパーを検査するためのアクセスパネルだ。尾部ローターのドライブシャフトのがたつき――

＊ヘリコプターは、速力と燃費では固定翼機に太刀打ちできない。ローターマストとローターハブの抗力が、効率を悪化させているし、ローターブレードは、固定翼機の翼のようには均一かつなめらかに空気中を通過することができない。それに、ローターブレードの回転中、後方へ翼が動く分のパワーが損失する。

ローターブレードのマストへの取り付け

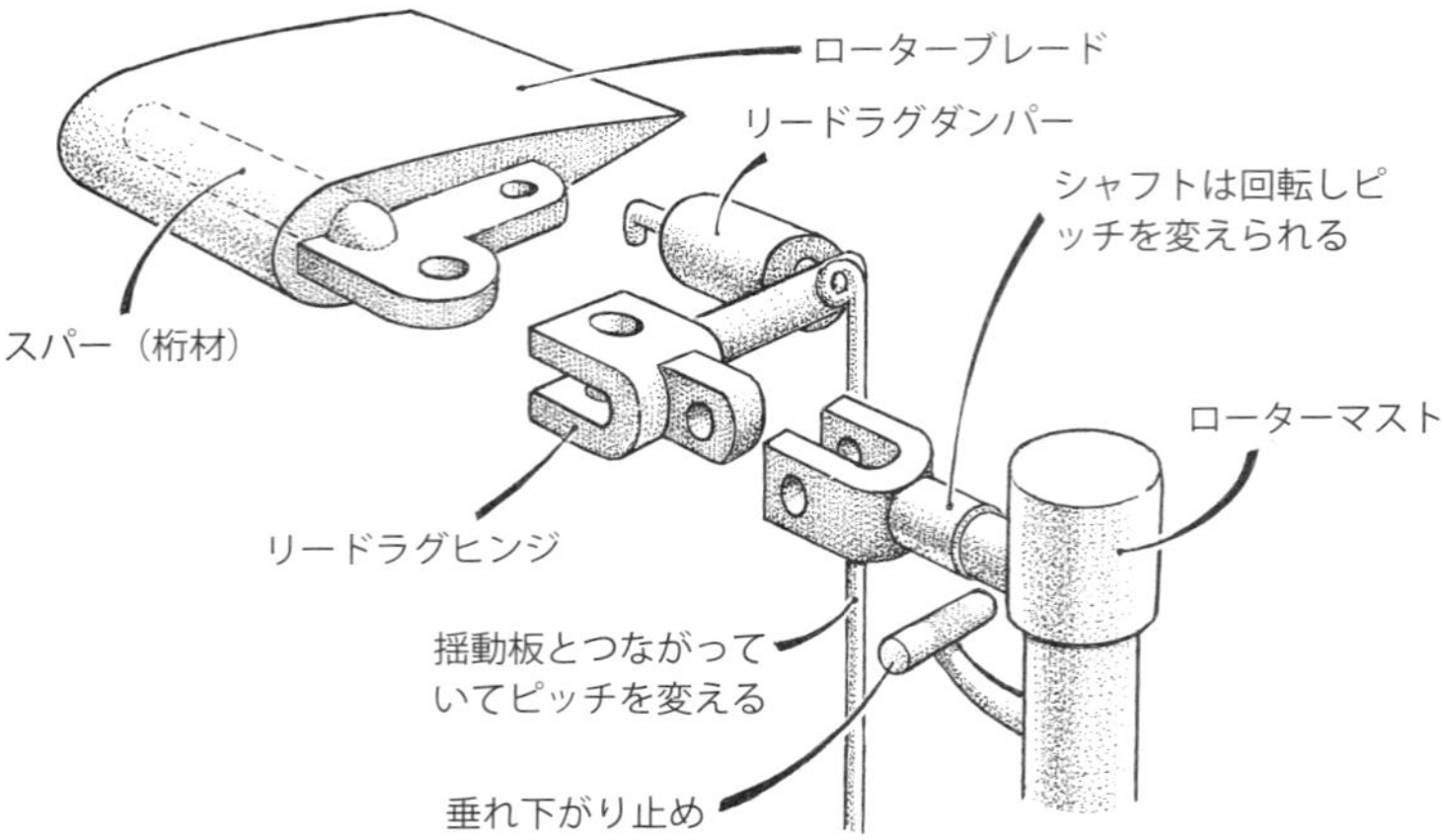

―初期のヘリコプターを悩ませた数多くの問題のひとつ――を防ぐドーナツ型のベアリングが、そこにある。ヘリコプターの部品すべてに、こういったことがあてはまる。この道楽にはおそろしく金がかかるのも無理もない。部品Aは飛行に不可欠だ。だが、部品Aはそのままの仕組みでは振動を起こすし、手入れを怠れば壊れる。だから、そばに部品Bを取り付けて、部品Aを安全なものにする。だが、部品Bにも厄介な問題があるので、部品Cが必要になる。部品Cを護るのに、部品Dまでもが必要な場合もある。

　ジョンが、キャビンの下の操縦系統の鋼索を指でなぞるよう命じた。ほかのパイロットが点検した一時間前から現在までのあいだにほつれていないことをたしかめるためだ。だいじょうぶだった。ローターハブを調べるとき、なにかを踏み折ってしまうおそれのない足がかりを、ジョンが教えてくれた。

場所や機械に〝心臓部〟がある、といういいかたをすることがある。家庭ならさしずめ居心地のいいキッチンだろう。ヘリコプターに心臓部――戦略原潜の原子炉のように、一種独特で重要な部分――があるとしたら、それはローターハブを措《お》いてはない。

シュワイザーの機体上面、地上から二・四メートルの高さにある金属のハブに、ローターブレード三枚がボルトで固定されている。ナットは抜け落ちないように、小さな針金の環《わ》がついている。白いブレードは、すらりと長い翼のような形で、見かけどおり、まさに翼の役割を果たしている。ハブは、強力な遠心力にあらがってブレードを支持するだけではなく、キャビンのパイロットの指示によって、飛行中にきわめて繊細な動きで、ブレードの角度を変える。

このハブには揺動板《ようどうばん》（訳注　上の回転盤と下の固定盤のあいだにボールベアリングがあり、おたがいに回転は伝わらないまま、下の円盤の角度が上の盤に伝わる機構）という部品が含まれていて、それを通じて、サイクリックとコレクティブの両操縦系統の命令をブレードに伝える仕組みになっている。揺動板はもともと、一九世紀に水車を建てていた大工が編み出した工夫だった。下の固定盤の上下により、ブレードのコレクティブ・ピッチが変化する（訳注　すべてのブレードの角度がおなじように変わる）。固定盤が傾くと、ブレードのサイクリック・ピッチが変化する（訳注　各ブレードがまわりながら、順送りに角度を変える）。

二枚の円盤を使って、下の固定盤の傾きや上下動につれて上の回転盤が動くというのは、いささかぎこちない仕組みに思えるかもしれないが、整備の行き届いたヘリコプターであれば、きわめて精密に作動し、パイロットの微妙な手の動きでもすばやく作用する。

飛行中のヘリコプターの総重量は、ローターハブというきわめて頑丈な集合部品に吊られている。

ローターブレードの
ピッチを変える仕組み

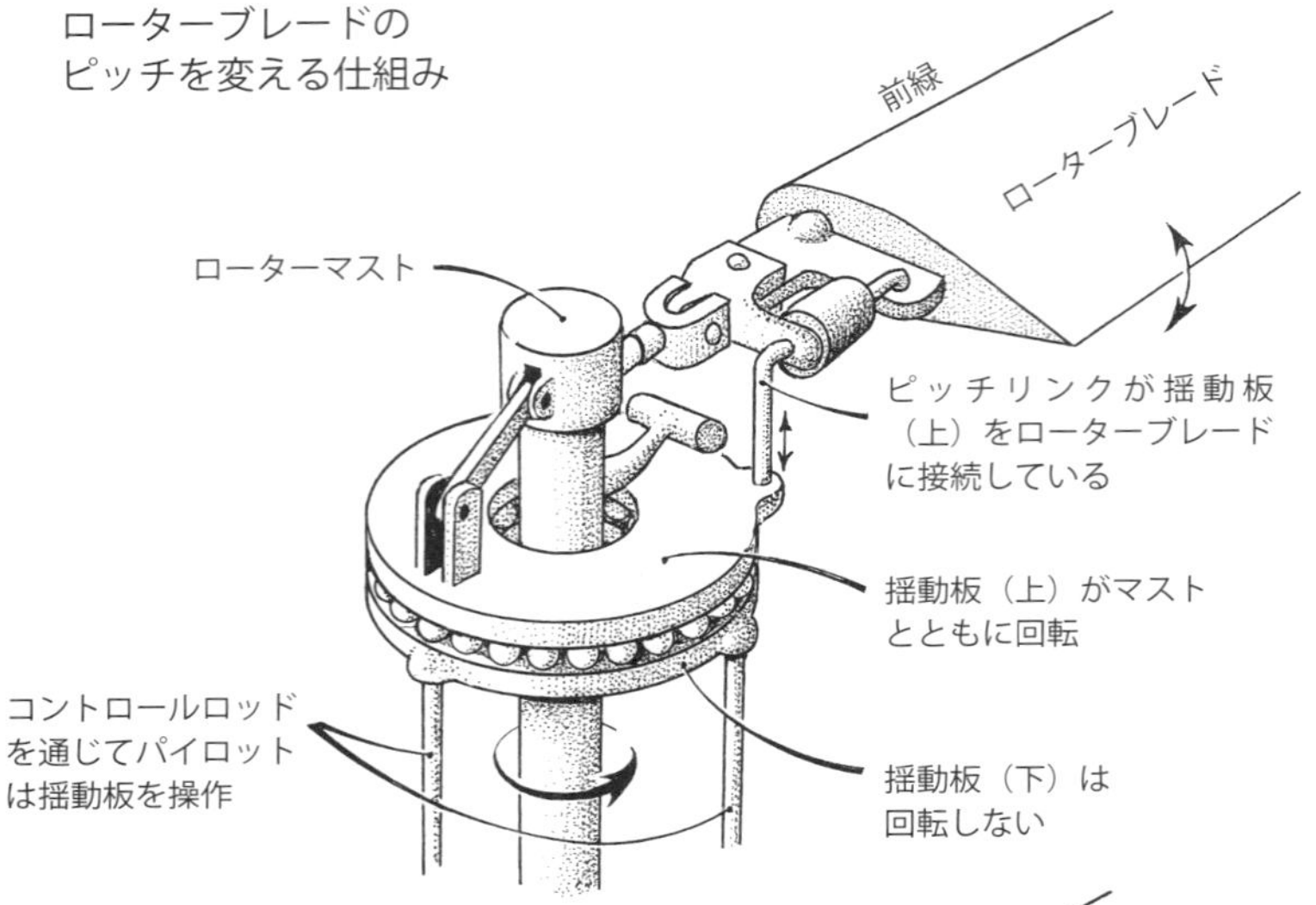

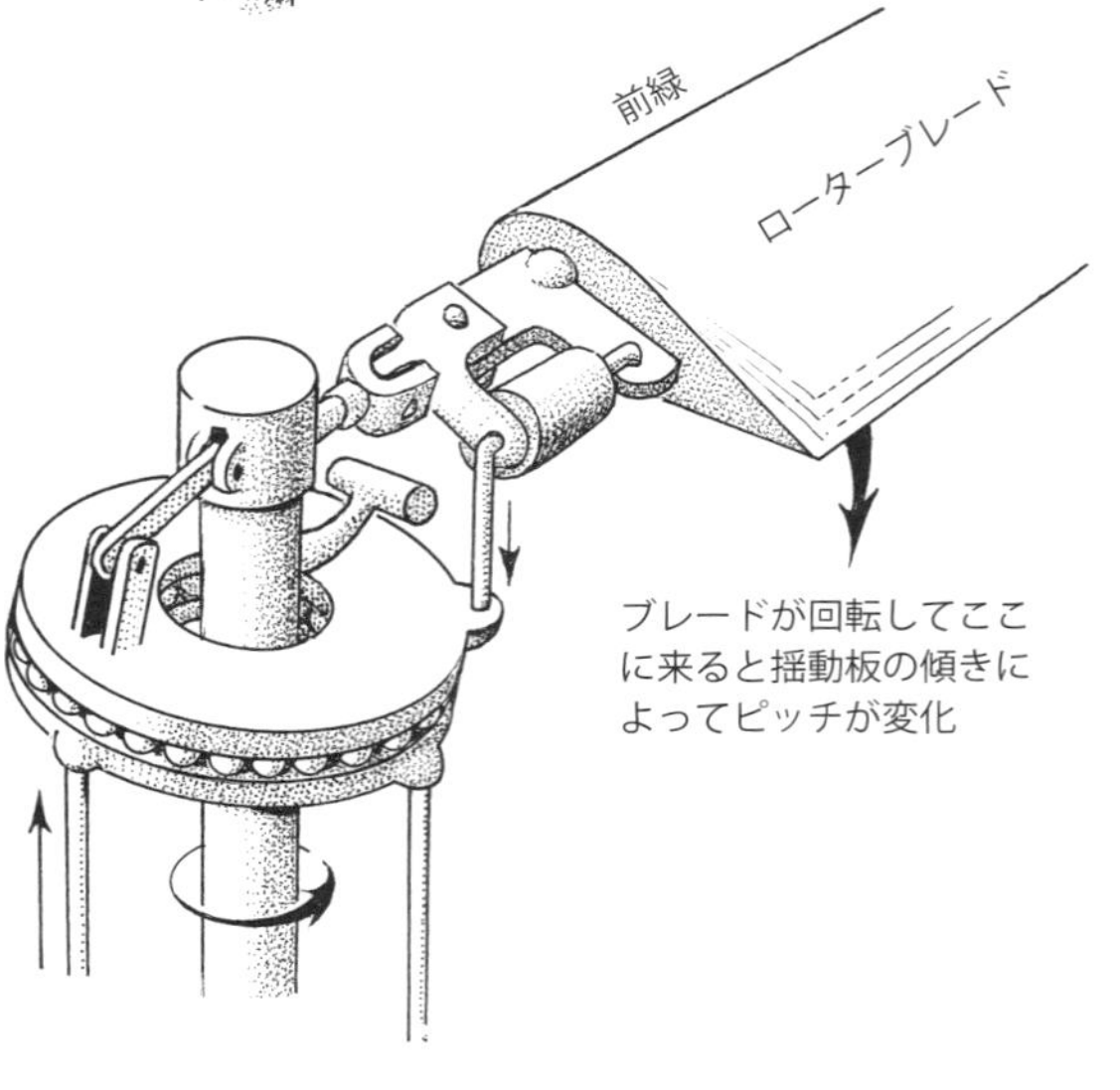

乱気流や極端な機動によるGが、その重量に加わる。Ｍｉ‐26のような超大型輸送ヘリコプターのハブは、一〇〇トン以上もの重さに耐えられなければならない。飛行中にローターがはずれたらどうするかと記者にきかれたシコルスキーは、「それは勧められないね」と答えている。複雑な造りなのに軽くて頑丈なローターハブが不可欠であることも、ヘリコプターが自動車の一〇倍から二〇倍の値段になったひとつの理由だろう。

その足がかりにはひとりしか立てないので、手でローターをまわし、リードラグダンパーという部品に異常がないかどうかを確認しろと、ジョンが下から私に指示した。ローターブレードそれぞれの付け根にある、ショックアブソーバーに似た小さな円筒形の黒い部品だった。この目立たない部品がなかったら、ローターブレードがランディング・スキッドの代わりをするはめになる。これがないと、ヘリコプターは地上でローターをアイドリングさせているときに、めちゃくちゃなダンスを踊ったり、横倒しになったりする。ダンパーがはずれたり、故障すれば、飛行中でも危険な状態に陥る。

飛行前点検に、一時間弱かかった。ずいぶん手間がかかるようだが、おそれをなすことはない、とジョンはいう。覗いたり、ひっぱったり、ゆすったりするのに熟練すれば、飛行をはじめるにあたっての徹底した点検にも一五分程度しかかからない。パイロットが乗機のあらゆる部分を知るために費やす時間は、けっして無駄にはならないと、熟練のパイロットたちもいっている。「操縦だけならサルに教えることだってできるが、システムについて知ることがとても重要だ」前述のルカウト尾根の北斜面《ノース・スロープ》への針路をたどったときも、アラスカのヘリコプター・パイロットのメル・キャンベルにおなじことをいわれた。「あらゆる状況で乗機がどういう動きをするかを知っていれば、自分の命を救える」

ジョンは、トレーラーハウスほどの広さのコンピュータ操縦シミュレーターのところへ、私を連れ

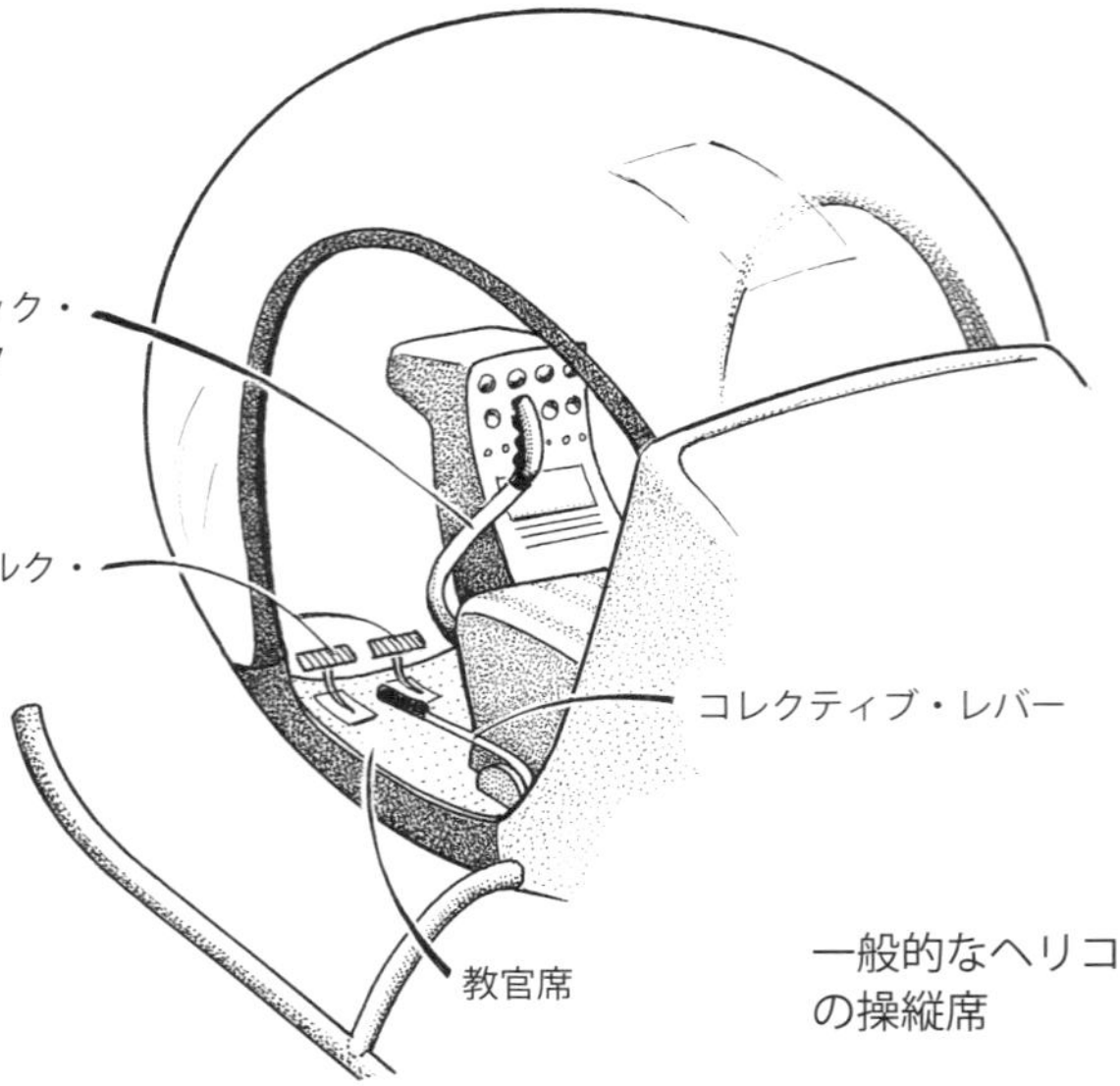

一般的なヘリコプターの操縦席

ていった。一時間一〇〇ドルという料金は、ほんもののヘリコプターの三分の一で、そう安いとはいえない。ちっぽけなコクピットにはいると、私は右の席で座席ベルトを締めた。遊園地の乗り物みたいな高性能のアクチュエーターがあるわけではなく、シミュレーターのキャビンは上下左右に揺れはしないので、ベルトを締めたのをジョンがおもしろがった。家にある安楽椅子とおなじで、どっしりと座っていられるのだ。シカゴのオヘア国際空港を模した大きな画像が明るく輝き、コンピュータ仕掛けの操縦系統は、新人があせりをおぼえるくらいリアルにできていた。なにかにぶつかったり、地面に触れたりしないようにしながら、画面の白いバスのまわりを飛ぶように、とジョンが指示した。

シミュレーターのキャビンの操縦装置三つは、ほんもののヘリコプターとおなじように配置されている。それぞれの座席の前には一対のアンチトルク・ペダルがあり、これで左右の動きを制御する。床から突き出している棒は、サイクリック・スティック（操縦桿）と呼ばれている。サイクリック・スティックは、ローターブレードの角度を回転するあいだに微妙に変化させて、ローターの回転面を傾けるという制御を行なう。それによって進行方向を定め、左右、前方、もしくは後方に進むことができる。中型・大型ヘリのパイロットは、この制御にともなう腕の動きによってたちまち疲労するので、車のパワーステアリングとおなじように油圧で補助されている。シコルスキーS−51のような初期のヘリコプターは、パイロットが梃子《てこ》の力を利用できるように、長いスティックをそなえていた。旧式のビュイックやフォードのハンドルが馬鹿でかかったのとおなじ理屈だ。

座席の左には、コレクティブ・レバーという黒いレバーがある。一部の車の運転席横にあるサイドブレーキに似たこのレバーは、主ローターのブレードの角度をいっせいに変えることで、ヘリコプターを上昇させたり降下させたりする。レバーの先端はねじってまわす方式のスロットルで、ローターの回転が〝グリーン〟の範囲を維持するように、パイロットは操作する。この範囲外ではたいへんなことが起きる。飛行中にローターの回転が落ちるのは、ことに危険だ。

コンピュータ・グラフィックのオヘア国際空港近くを飛んでいるときは順調だったが、速度を落としてホバリングする段になると、そうはいかなかった。ほんの数秒、制御を失うと、ヘリコプターはスピンし、上昇し、突進し、急降下した。「やっとヘリの操縦の難しさがわかってきたな」と、ジョンがいった。

バスのまわりを大きな円を描いて一周するようジョンに指示されていたのに、私は無意識にバスから遠ざかってしまった。まるで破壊光線リパルサーレイに当たったみたいに、あわてた動きに勢いがつき、うしろむきにターミナル・ビルに激突した。こうした出来事がいくつか重なった末に、シミュ

尾部ローターの役割

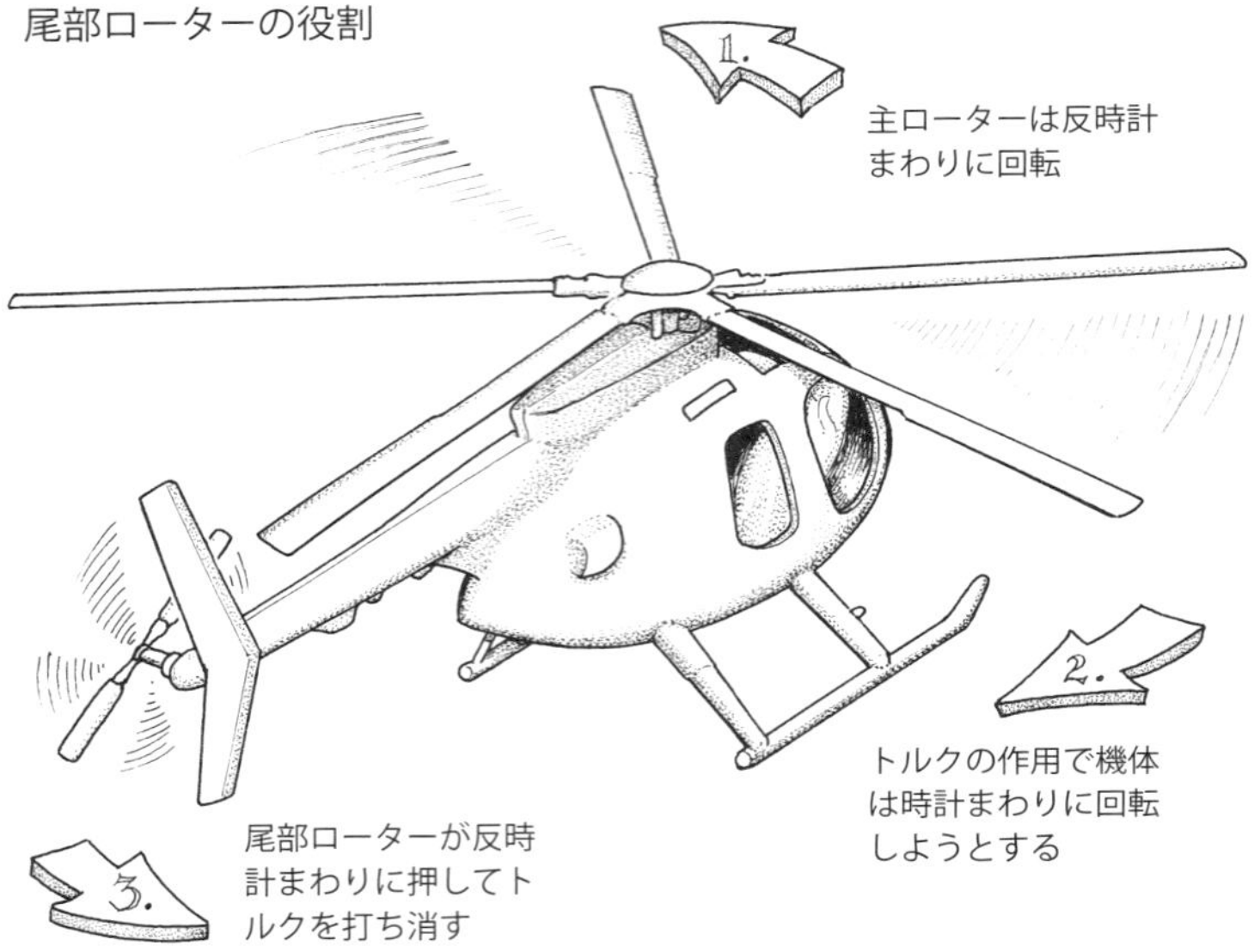
1.
主ローターは反時計
まわりに回転
2.
トルクの作用で機体
は時計まわりに回転
しようとする
3.
尾部ローターが反時
計まわりに押してト
ルクを打ち消す

レーターの電源が落ちた――冷却するためだ、とジョンはいったが、機械も心配になったのかもしれない。ほんものだとどうなることやら、と思った。

　新人はまず操縦のひとつひとつの手順を身につけなければならない、とジョンはいった。手順を組み合わせて駆使するのは、そのあとだ。まずは、アンチトルク・ペダルが尾部ローターのブレードだけを動かすものだというのを意識するといい。サイクリックとコレクティブのふたつの操縦装置《コントロール》は、上の主ローターだけに接続している。だが、すべてはおなじエンジンとつながっている。したがって、ひとつの動いている翼面は、そこが使えるパワーの加減によって、他の翼面に影響をおよぼす。

　アンチトルク・ペダルの秘密を説明するのは簡単だ。左ペダルを踏めば、尾部ローターが空気を強く掻く。尾部の右へ

ローターブレードのたわみ

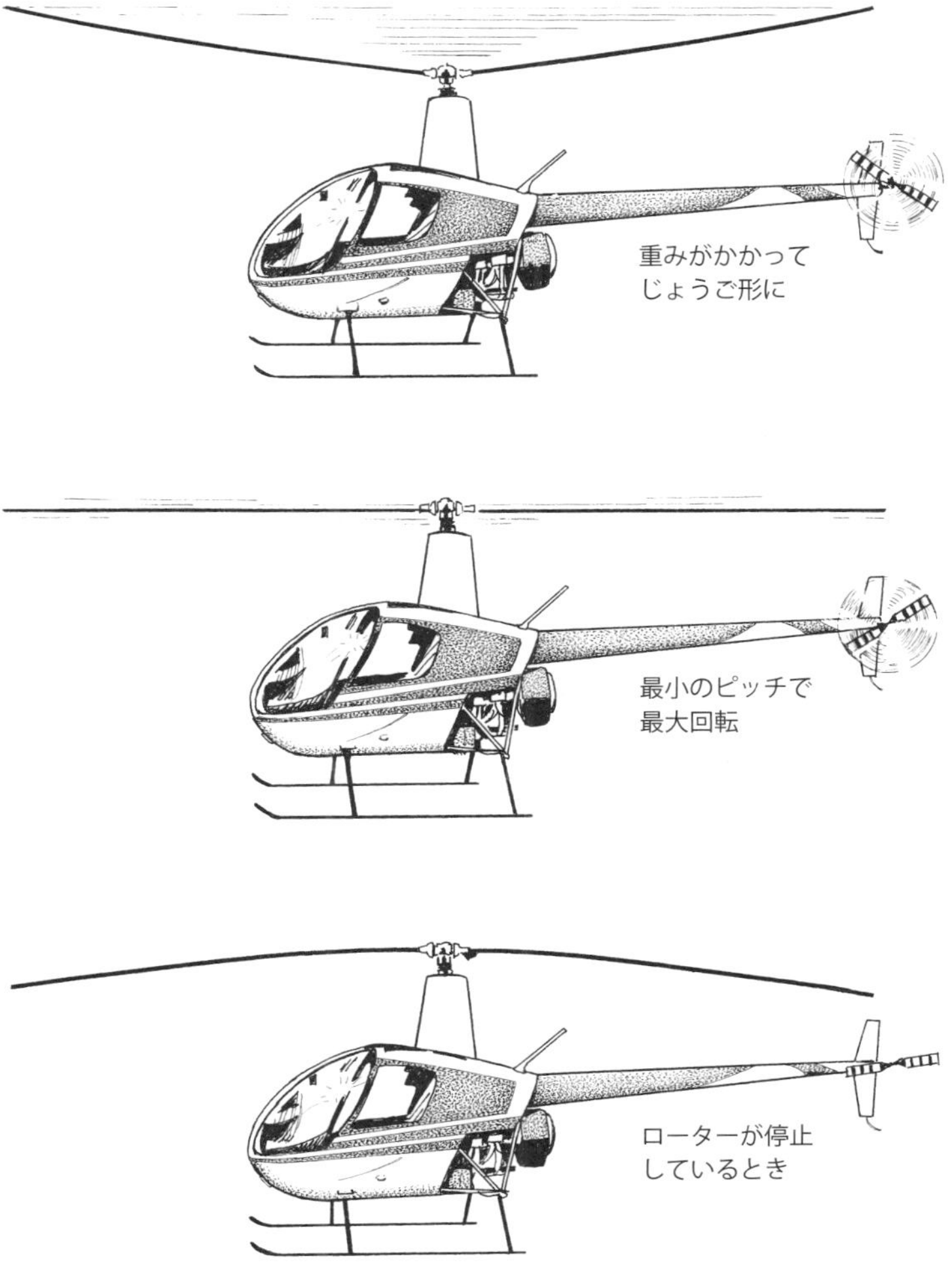

の動きが強くなり、ヘリコプターの機首は左を向く。右ペダルを踏むと、尾部ローターの力が和らぎ、逆の作用が生まれる。

サイクリックとコレクティブの両コントロールは、それよりも説明が難しいが、どういう働きをしているかは、喩《たと》えで説明できる。カヌーのパドルを二本借りたとしよう。両手にそれぞれパドルを持って、腕をのばし、まっすぐにパドルを突き出してみる。ただし、このとき、パドルの端を握るようにする。いくら力を入れても、パドルの先端は下がろうとする。先端を支えてくれる力が、なにも働いていないからだ。これは、ヘリコプターのローターが停止している状態のブレードとおなじだ。支えないかぎり、やはり先端が下がっている。さて、こんどは遊び場へ行って、メリーゴーラウンドのまんなかに立つ。友だちにメリーゴーラウンドをまわしてもらうと、パドルを外側にひっぱる遠心力によって、パドルの先端が持ちあがるのがわかる。ヒューイのような二枚ローターのヘリコプターの真似をしていることになる。

回転の速度があがると、向心力がパドル二本を水平に保つ。吊るしている機体の重さに対抗してブレードを支える作用もあるので、ヘリコプターにとってはきわめて重要な力だ。なんらかの理由でエンジンの力が落ちると、ブレードはハブよりも上に曲がる。遊び場での物真似は、ヘリコプターの操縦系統の説明にも役立つ。メリーゴーラウンドの上で、手首をちょっと曲げて、パドルに大小さまざまな角度をつけてみよう。ヘリコプターでは、それがピッチと呼ばれるブレードの角度にあたる。左右のパドルの角度をおなじにすると、おなじように高くなったり低くなったりするはずだ。それがヘリコプター・パイロットのコレクティブ・ピッチ・コントロールにあたる。コレクティブ・レバーを引くと、すべてのブレードのピッチが大きくなって、ヘリコプターは上昇する。空気力学では、なに

サイクリックとコレクティブの働き

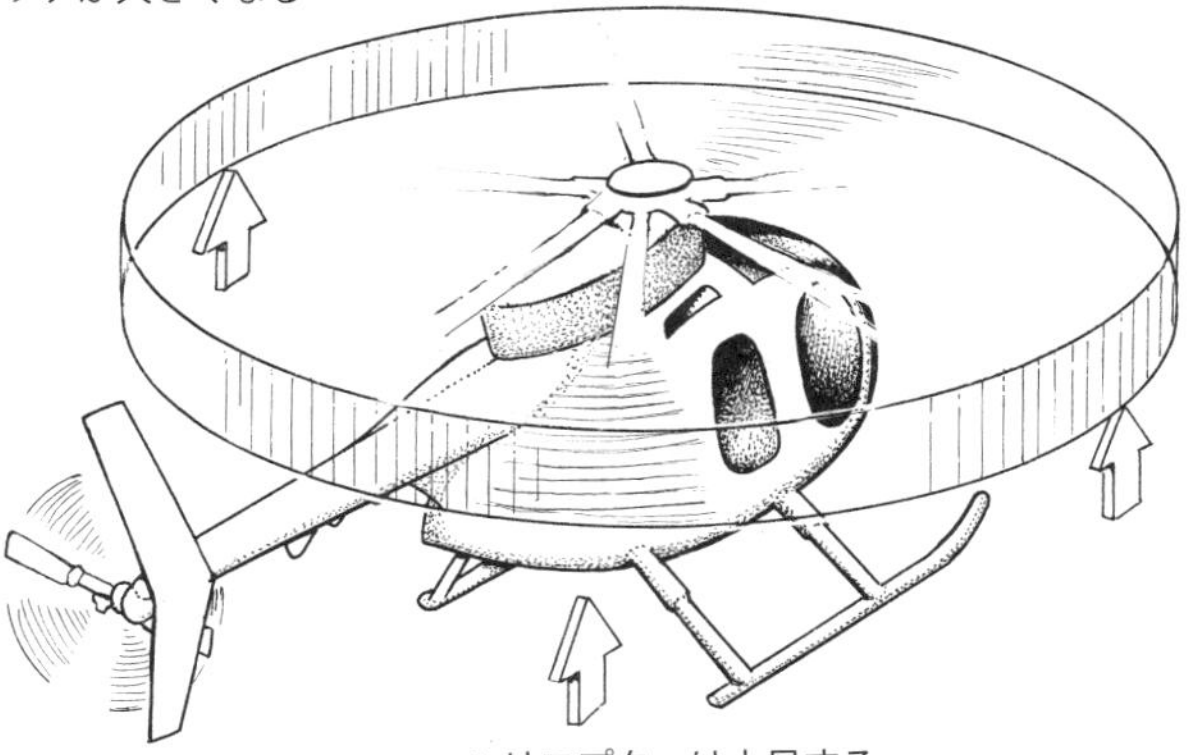
コレクティブ・レバーを引くと、ローター全体のブレードのピッチが大きくなる――
――ヘリコプターは上昇する

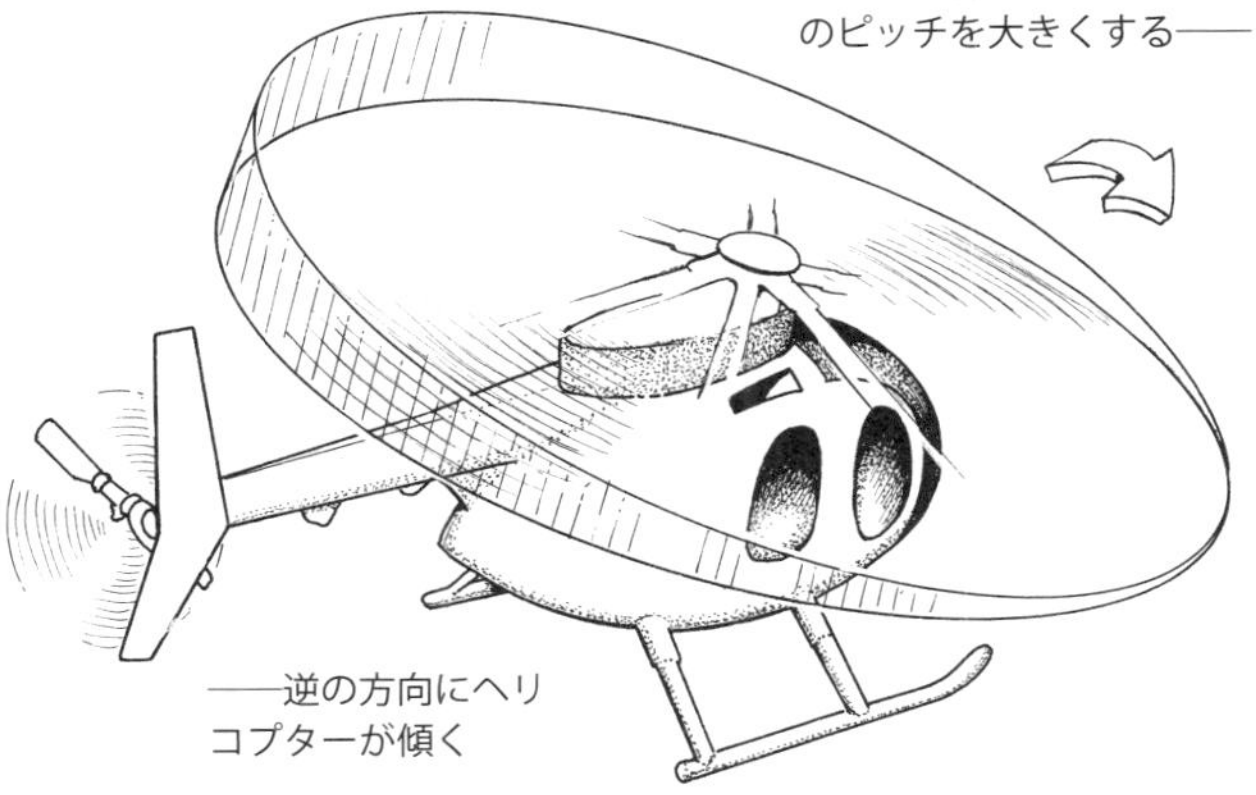
サイクリック・スティックはローターの特定の方向のブレードのピッチを大きくする――

ごとにも代償がつきもので、余分な抗力はローターにブレーキのような作用を及ぼすから、エンジンはブレードをじゅうぶんに速くまわすために、さらに一所懸命に働かなければならない。サイクリック・スティックも、ブレードの角度を変えるが、こちらは回転しているブレードが円のいっぽうで大きな揚力を発揮するようにピッチをコントロールする。このコントロールによって、ヘリコプターの機体は傾き、水平方向に滑るように動く。

油田掘削船〈オーシャン・エキスプレス〉での救難活動は、この三つのコントロールが、優秀なパイロットの両手両足にかかれば、いかにパワフルに、そして正確に行なわれるかを示している。それに、パイロットがいくら優れていても、ヘリコプター以外の航空機ではとうていできないことだった。このパイロットは、たいへん優秀だった。アメリカ沿岸警備隊のジョン・M・ルイス中佐が、コーパス・クリスティ航空基地で遭難信号を受信したのは、一九七六年四月一五日午後八時のことだった。〈オーシャン・エキスプレス〉は、曳航《えいこう》されているときに強風に煽られた。タグボートのうちの一隻が航行不能になり、掘削船は大きく傾いて、沈没の危険に陥った。〈オーシャン・エキスプレス〉は、ジャッキアップ式掘削装置と呼ばれるもので、鋼鉄を組み合わせた脚三本を備えている。いってみれば、巨大なクレーンのようなものだ。そのときは曳航中なので、一〇〇メートルほどの長さの脚は、海底から引き上げられた状態で、掘削船の上にそびえていた。その三つの鉄塔が巨大な鉤爪よろしく突き出し、航空機の接近の障害となっていた。ルイス中佐は、単発のシコルスキーHH−52シーガーディアン・ヘリコプターで、メキシコ湾の東六五キロメートルの海上にいる掘削船を目指した。闇のなかで現況を判断し、突入して離脱する見込みがあるかどうかを推し量《お はか》るために、ゆっくりと旋回した。掘削船に残っていたのは、ピート・ヴァン・デ・グラーフ船長ただひとりだった。ルイスは、掘削船のゆるやかな横揺れにつれて動いている脚三本を避けながら、二度にわたり、ヴァン・デ・グラーフの手が届くところに救出用バスケットをおろそうとした。嵐による波しぶきが、ヘリコプターの機内に吹き込んだ。もう一機の沿岸警備隊ヘリコプターの機長、Ｈ・Ｂ・トールセンが、スポットライトを点けた。ルイスのヘリコプターがしぶきのなかに見えなくなったので、波に呑み込まれたものとトールセンは思った。木造の救助艇が使われていた時代のアメリカ海難救助隊には、語り草となっている信条があったが、それを彷彿させた。〝規則は離脱せよといっている。引き返さなければならないとは書いてない〟。

だが、ルイスのシーガーディアンは、まるで浮上する潜水艦みたいに、波しぶきから姿を現わした。あんな光景は生まれてはじめて見た、と目撃者は口をそろえていう。三度めの試みで、ルイスは救助用バスケットにヴァン・デ・グラーフを乗せて離脱した。ルイスは前述のように、三つのコントロールをみごとに操った。コレクティブ・レバーを引いて高度をあげ、アンチトルク・ペダルを踏んで、尾部ローターにより機首方位を維持し、サイクリック・スティックを軽く動かして、水平に移動し、難破船から離れた。掘削船は、その三〇秒後に沈没した。

第2章　イカリア海

一七一四年、フランスの喜劇作家マリヴォーは、「泥にはまった馬車」という題の短い小説で小説家としての地位を得た。五人の男女が乗り合い馬車でヌムールを目指す、という筋書きだった。馬がそのまま馬車を進めてくれるものと思って、御者が途中で一杯ひっかけるために飛びおりる。徒歩で追いつくまで馬がちゃんとやってくれるだろうと踏んでいたのだが、御者のその目算はまちがっていた。馬は道草を食うために道をそれ、馬車は泥にはまって動けなくなった。御者を見つけられなかった乗客たちは、歩いて旅館へ行き、そこで夜っぴて物語をする。

当時は、馬車による災難や悲劇の話は山ほどあったのだが、マリヴォーのこのちょっとひねった設定も、一八世紀のヨーロッパやイギリスの読者には、いかにもありそうな話だと受け止められた。帆船はかなりの速さで手軽に七、八〇〇キロメートルを行くが、陸上でそれだけの距離を旅するには、たとえ急行馬車と呼ばれる特別に速い馬車に乗っても、何週間か苦難を味わうのがあたりまえだと思われていたのだ。鉄道と列車の駅は、もっとあとの話になる。

一七八三年には、人間の乗る気球がはじめて飛行した。ジョゼフ・モンゴルフィエと弟のジャック・エティエンヌ・モンゴルフィエが、べつの旅の道を切り拓《ひら》いたかに思われた。だが、気球は気まぐれな風に流される。前年は冬の試験飛行中に、ふたりの熱気球がつないだ場所から飛ばされ、一キロ半ほど離れたところに落ちて、見物人が肝を冷やした。だから、有人気球がヨーロッパの都市の上空に堂々と昇り、これまでの技術革新には見られなかったほど、大衆の空想を掻きたてるようになると、ほどなくヨーロッパの実験家たちは、従来の気球に代わるものを模索しはじめた。

そのうちのひとつが、〝空飛ぶ箱馬車《フライング・コーチ》〟という呼び名そのままの、機械的な動力付きの天空車《エア・キャリッジ》だった。一八世紀なかばにロシアで考案されたものは、回転するローターを上につけて地面から浮きあがるという方法を提案していた。*

一七五四年にロシア科学アカデミーのために実演を行なった、ミハイル・ロモノソフの〝航空学機械〟は、残念なことに、紐に吊られてわずかな揚力《ようりょく》を発揮するのが精いっぱいだった。せっかちなロモノソフは、自分の模型を完成させるために数多くの計画を並行して行なっていたが、フランス革命の恐怖時代にはいる前、最初の気球飛行の直後の興奮に包まれた数カ月のあいだに、ふたりのフランス人が、その難題を受け継いだ。

このふたりが製作したのは、幅三〇センチほどの模型で、上と下のローターが反対にまわる仕組みになっていた。ローターにはそれぞれ木と絹でこしらえたブレードが二枚そなわっていた。**動力は鯨の骨からこしらえた弓で、たわめると鋼鉄のぜんまいのようにエネルギーをたくわえる。エネルギー

*レオナルド・ダ・ヴィンチは、その三世紀前に、螺旋状の翼を持つ空中浮揚機械の略図を描いているが、建造しようとはしなかった。

**七面鳥の羽でこしらえた四枚ブレードのローターをそなえた装置の絵が、ローノイとビアンヴニュ作とされて出まわっているが、そちらは一七九二年にジョージ・ケイレーが製作したものである。

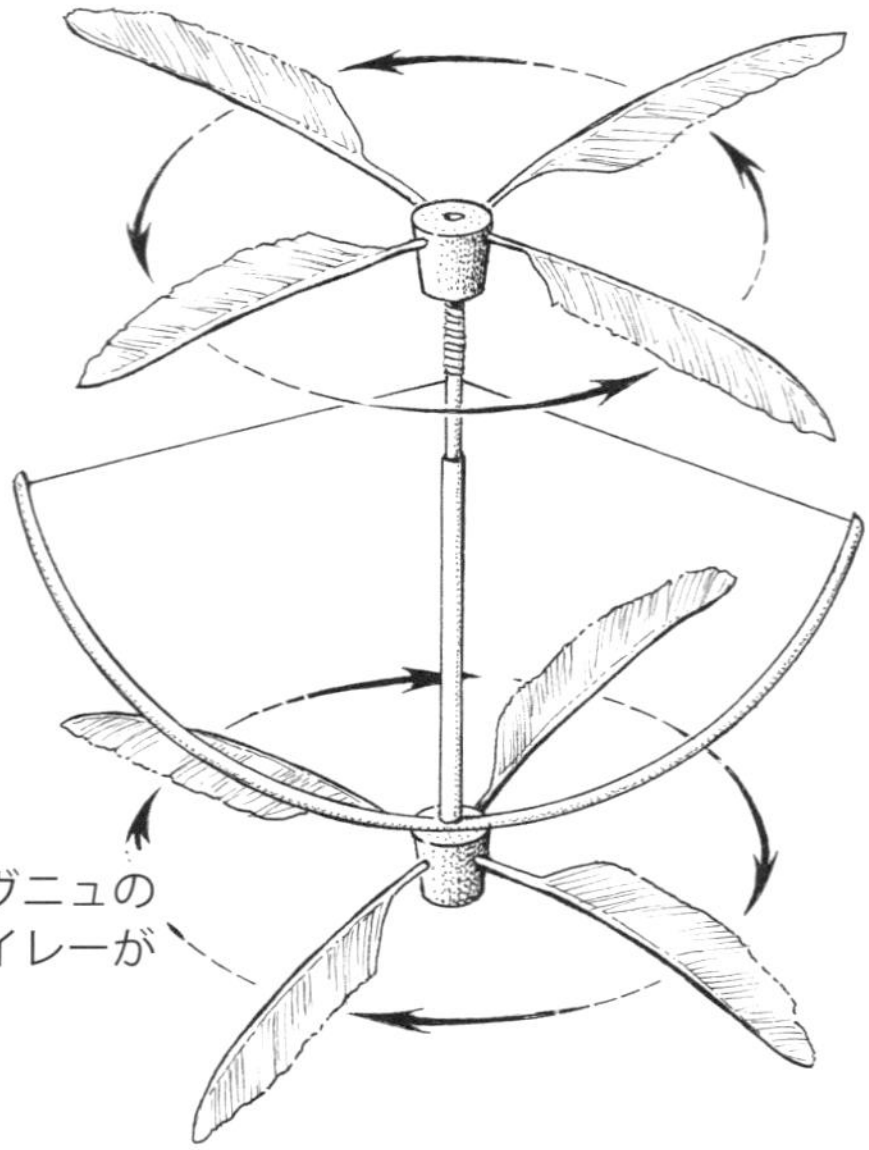

ローノイとビアンヴニュのヘリコプターをケイレーが模したもの

は弓に張った弦《つる》を通じて、いっぽうのローターに伝えられる。このフランス人発明家ふたり、ローノイとビアンヴニュは、一七八四年四月二八日、フランス科学アカデミーの委員会の前でこの装置の実演を行なった。四日後に提出された報告書に、ひとりの委員が書いている。「たわめた弓がまっすぐに戻るときに速くまわり、上の翼がいっぽうに、下の翼が反対にまわった。上下の翼は、空気の水平方向の衝撃を打ち消しあい、垂直方向の衝撃が重なりあって、機械を浮き上がらせる仕組みになっている。したがって、上昇したあと、みずからの重みで下降した」

気球時代の興奮のさなかでは、大衆は気球以外のものにはほとんど注目しなかった。しかし、これは史上初のちゃんと飛ぶヘリコプターだったし、動力で飛ぶ航空機の自由飛行がはじめて実証された。*

ローノイとビアンヴニュの玩具《おもちゃ》みたいな

装置は、時を経て初期の航空業界にかなりのひとびとを惹き寄せたという点で、重要な意味を持っている。ヘリコプターの歴史書には、ふたりの苗字と、ローノイが博物学者であり、ビアンヴニュが機械工であったことが記されているだけだ。しごく簡単な言及で、ファーストネームも詳しい経歴もない。

さいわい、それよりも多くの情報を、革命前のフランスの古文書、定期刊行物、書物から得ることができる。ビアンヴニュは、一七五八年生まれの技工兼企業家で、ファーストネームはフランソワ。パリのロアン通り一八番地に店があった(註2)。科学器具や電気機器など、科学好きなひとびとが魅力を感じる雑多な品物を製造販売していた。たいへん熱狂的な時代で、あらゆる階層のひとびとが、科学や自然についての新しい発見を理解するか、せめて雑学通になろうとしていた。ビアンヴニュの売れ筋商品のひとつに、別荘で客をもてなす裕福なパリっ子をあてこんだ、スーツケース大の物理学実験セットがあった。

ビアンヴニュは、客寄せのために、安い受講料で物理学の講義を店内で行なっていた。教養が尊ばれた時代で、こうした講義はたいへん人気があった。通りにテーブルを置いて科学的な実演をやる香具師《やし》もいた。小銭を出せば、電気ショックや、硫化水素で見えないインクを浮き上がらせる実験を見

＊ヘリコプター歴史家E・K・リベラトールの権威ある古文書研究（一九九八年）によれば、後世の一部の歴史家が〝フライング・トップス〟と呼ぶ、中国や中世ヨーロッパの玩具のような装置がじっさいに飛んだり、飛ぶ可能性があることを示す証拠は、なにもない。そういったものは、まわしてブンブン鳴らすのが目的の音を出す玩具だったと思われる。カエデの種のような自然の回転する物体が、一八世紀初頭のヨーロッパの回転翼機にかなり影響をあたえたと、進歩派は論じている。

たり、望遠鏡や顕微鏡を覗くことができた。こういった大道《だいどう》の科学は、講義ではなくカーニヴァルの見世物の要素が強かったので、一般市民は楽しみに加えてもっと役立つ情報を知りたがり、数学について長ったらしい話を聞くということまでした。

相棒のローノイのことは、あまりよくわかっていない。関係があるあらゆる印刷物にも、一七八五年にローノイがサインした領収証にも、ファーストネームが記されていない。また、住所、生地など、出自を示す詳しい事柄を、ローノイはどこにも書いていない。職業は博物学者だとしているが、当時のフランスの博物学者の人名簿には載っていない。一七八四年にローノイが出した新聞広告は、鉱泉が誇大な宣伝をしたり質の悪い水を売るのを取り締まるパリの鉱泉局と契約していることを示している。しかし、鉱泉局にもその上部機関にも、同名の職員はいない。

この謎の実験家ローノイは、当時のパリで活躍していた博物学者で科学者のクロード・ジャン・ヴォー・ド・ロネー（一七五五－一八二六年）の別名であるかもしれない。ヴォー・ド・ロネーとビアンヴニュの結びつきについては、状況証拠しかない。ヴォー・ド・ロネーは、トゥーレーヌのサントモールという町で生まれ育った。ここはビアンヴニュの生まれ故郷でもある。ビアンヴニュは、電気装置を製造していた。ヴォー・ド・ロネーは、電気装置に強い関心があり、出版した目録でビアンヴニュの装置を取り上げている。

一七八四年六月、フランソワ・ビアンヴニュと謎の人物ローノイは、〝機械仕掛けの機械《マシーヌ・メカニク》〟という意味がだぶっている名称の装置を公開する。会場はビアンヴニュの店と、娯楽と買い物の中心地、〈パレ・ロワイヤル〉にあるコーヒーハウスだった（パレ・ロワイヤルは、フランス革命前の時代のショッピング・モールのようなものだった。一七八九年七月、この界隈《かいわい》で革命の炎が燃えあがり、はじめて自由と平等と博愛を叫ぶ声が高まった）。小銭数枚の代金で、ふたりは宣伝用パンフレットを販売した。人間が乗れる大型のものを製造する資金を募《つの》るのが目的だった。この売り込みでは必要な資金は得られなかった。だが、ローノイとビアンヴニュのヘリコプター模型は、イギリスのヨークシャーに住むひとりの若者の関心をつかんだことにより、航空機の歴史に記録されるようになる。

その若者の名は、ジョージ・ケイレー、一七七三年生まれだった。のちの世の若きライト兄弟とおなじように、ケイレーは小さなヘリコプター模型に刺激されたケイレーは、空飛ぶ機械に一生を懸けて取り組むようになった。二三歳のときに二時間かけて、鯨の骨の弓を動力とするヘリコプター模型によって、航空の世界に引き込まれた。ローノイとビアンヴニュのヘリコプターを、ローノイとビアンヴニュの流儀に従ってこしらえた。オーヴィル・ライトがいっているように、この地方の大地主は「先人よりもずっと航空力学の原理に通暁《つうぎょう》していた。また、一九世紀末までの後人のだれにひけをとらない」

ケイレーが、無人飛行の原理やそのほかの理論的問題をじっくり研究できたのは、ヨークシャーとリンカーンシャーの広大な農地と准男爵の爵位を、父親から相続していたからだった。そういう立場にあれば、たいがい気楽にのらくらと過ごすものだが、ケイレーは非国教徒と呼ばれる宗教思想家集団の目標に一生を捧げていた。非国教徒は、特権階級の人間には特別な使命があり、文明を進歩させる権利があると考えていた。長年、地方で発明と発見に明け暮れたケイレーには、H・G・ウェルズの小説の登場人物のようなところがある。トラクターや戦車のためのキャタピラ（本人は〝万能鉄道〟と呼んでいた）、姿勢を自動的に保つ救命ボート、義手などを、ケイレーは発明した。シートベルトや、鉄道の踏切を安全にするための自動信号の図面も引いている。飛行機の降着装置を工夫しているときに、軽量のスポークを使った車輪を考え出したが、これはその後自転車の車輪になっている。議員としても活躍し、ロンドンの工芸学校設立に寄与している。

ケイレーの旋回腕

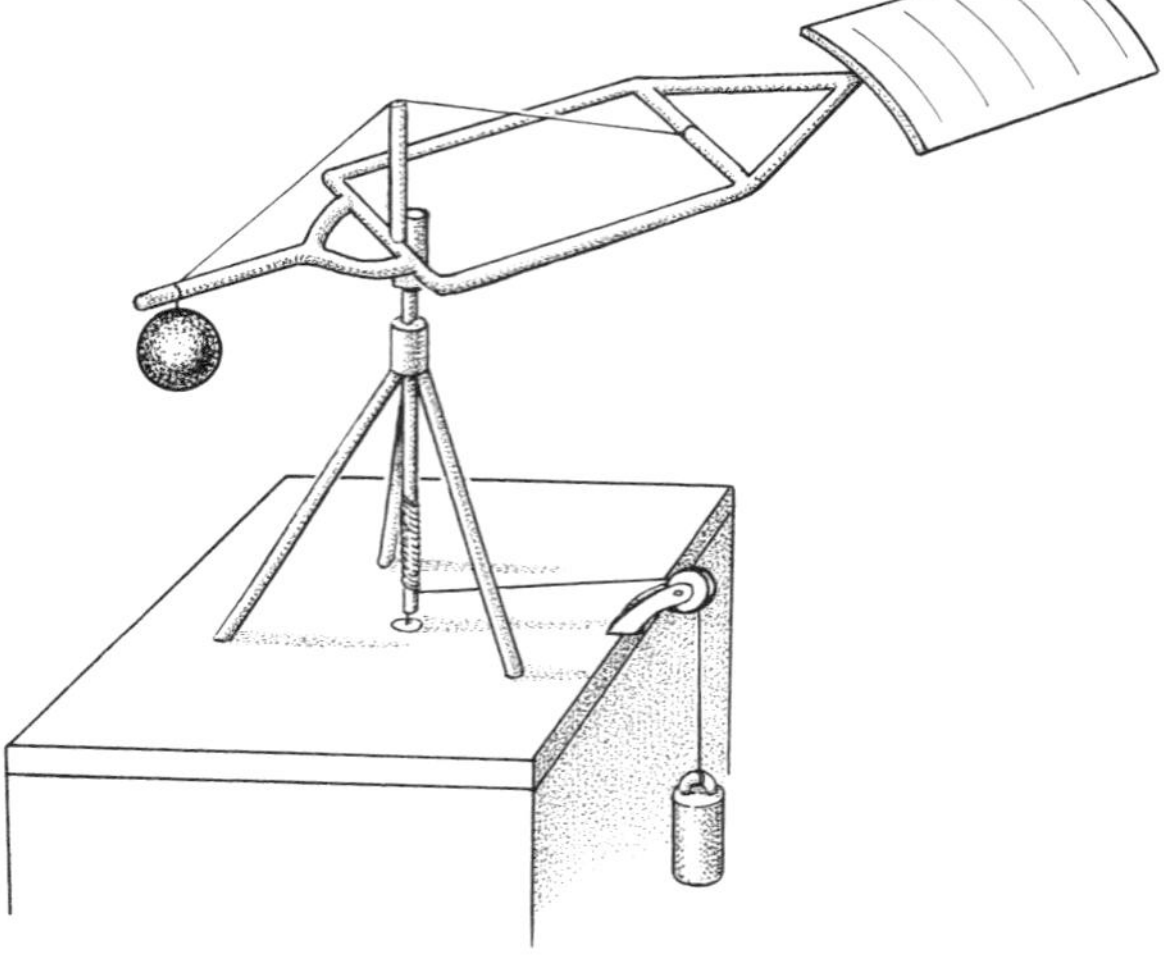

　ケイレーは、きちょうめんな人物で、物事を数字で把握するのを好んだ。たとえば、ハトが一秒に何度羽ばたくかを知ろうとした。一八〇八年三月には、膝丈のズボンにシャツ姿のケイレーが、ストップウォッチ片手に五〇メートルを全力疾走するのを、ブロンプトンの近所の人間が目撃したかもしれない。ふつうの人間がどれほど速く走れて、人力飛行機を離陸させるのに役立つことができるかを、ケイレーは計測しようとしたのだ。* 親指の爪一枚分がのびる時間を知るために、爪ののびを計ったこともある。四カ月という結果が出た。フライフィッシングの徒でもあり、ある日、釣った魚をじっくり調べて、マスの胴体のほうが鳥の胴体よりも飛行機の胴体に向いた形をしていると推定したが、これも的《まと》を射ている。鳥を調べたときには、航空機の翼にもっとも適した断面について、いくつか決定

的な理論を編み出している。カラスの翼を模した翼の実験に、ケイレーは旋回腕を用いた。後世のヘリコプター発明家たちも、この旋回腕を利用している。現在の研究者は、コンピュータと風洞実験に頼っている。(註3)

空気が物体のそばを流れるようすを研究するのに、旋回腕を使ったのは、ケイレーがはじめてだった。これは空気力学の嚆矢《こうし》といえよう。これを使うときには、試験する物体を棒の先に固定する。実験者は遠ざかって、腕の回転には錘《おもり》を使う（それがケイレーのやりかた）か、もっと大きな装置であれば、推力もしくは蒸気機関を使う。ケイレーはこの装置を使って、速度、翼の形、翼の角度をさまざまに変え、揚力や空気抵抗を調べた。そうやって集めた情報をもとに、一八〇四年に試験した最初のグライダーの模型を改良した。グライダーの翼の下側はかすかに湾曲してくぼんでいなければならないというのが、ケイレーの考えだった。鳥の翼もそういう仕組みになっているからだ。実験機の図面、他の科学者との往復書簡、関係する分野の参考書を読破した知識をもとに、ケイレーは一八〇九年から書きはじめた「空の航海について」という論文を完成させた。この論文は、現在では航空機飛行に関する最初の科学的著作と見なされている。そこでケイレーは、四つのきわだった問題を突き止め、それに数学的に取り組んでいる。揚力、抗力、重力、推力が、その四つの問題である。

ケイレーは、はじめて人間を乗せて飛ぶグライダー二機を製作した。一機は、一八五三年にブロンプトン・デールの山の斜面を舞い降りた。乗っていたのはケイレーの召使だったが、やけに説明の詳しいケイレーの付記にも名前は書かれていない。**

数々の実験によって、ケイレーは、空の航海が実用化されるには、蒸気機関に代わるものが出てこ

＊ケイレー准男爵の場合は、時速二一・八キロメートルだった。

同軸反転ローター・ヘリコプター
（カモフＫａ－50）

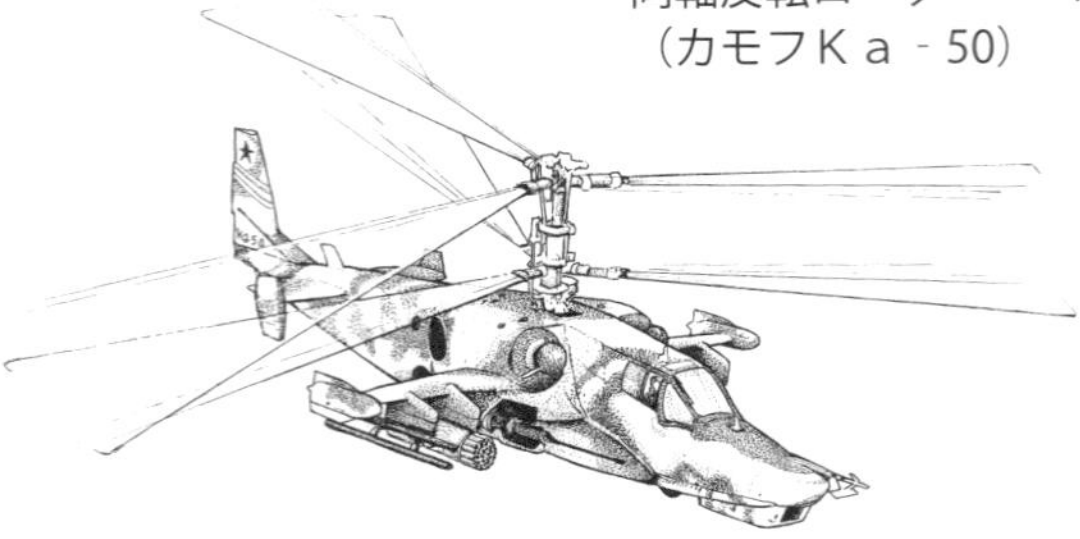

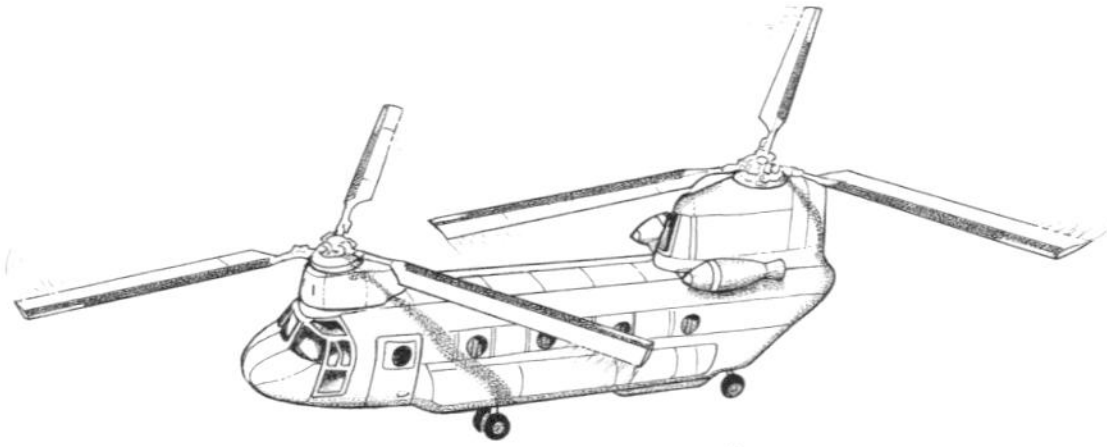

タンデムローター・ヘリコプター
（ボーイング－バートルＣＨ－47）

交差ローター・ヘリコプター
（フレットナーＦｌ－282）

単ローター・ヘリコプター
（ベル・ジェットレンジャー）

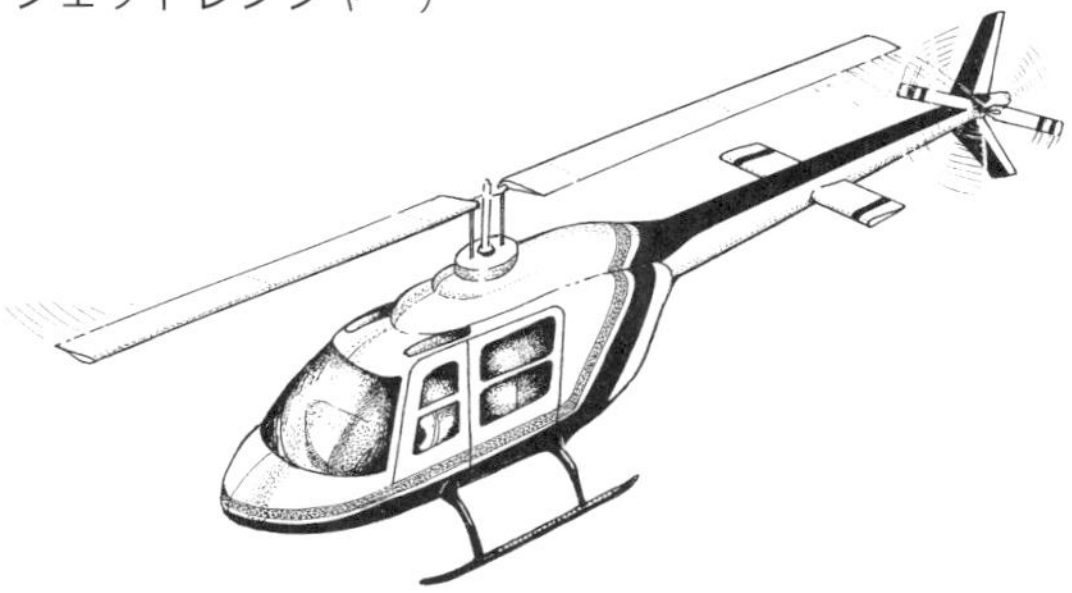

サイドローター・ヘリコプター
（フォッケウルフＦw61）

なければならないと気づいた。一八〇七年には一分間に一ポンド（四五三・六グラム）の火薬を燃やす内燃機関で実験したが、メカニズム上の問題があって断念しなければならなかった。

ケイレーは、どちらかというと、ヘリコプターよりも固定翼機のほうで大きな進展を成し遂げたが、ヘリコプターの分野にも手をのばしている。《メカニックス・マガジン》一八四三年四月八日号に、ボートのような枠組みで機首がくちばしのように尖っているヘリコプターの詳しい設計図を載せ、ケイレーはそれを〝天空車《エアリエル・キャリッジ》〟と呼んでいる。揚力用のローター（上昇羽根）と、地面を離れてから推進に使う小さなローターがそなわり、大気中を自由に飛べるとされていた。[註4]

ケイレーが一八五七年に死ぬと、ヘリコプターの設計は急速に多様化した——あまりにも急だったため、どういうふうに発展したかを把握するには、生物学者が魚と鳥を分けるように、ヘリコプターを分類するしかない。単純な分類は、おびただしい量の企てを整理するのに役立つだろう。

飛行できるヘリコプターであれば、上昇と制御のためのローター、なんらかの形のエンジンがあり、高度と方向を制御する機構、すべてを支える骨組みがある。ローターは、何枚かのブレードを回転するハブに取り付けたもので、揚力《ようりょく》を生み出すものもあれば、そうではないものもある。天井の扇風機や芝刈り機も、仕組みからすると、一種のローターだ。ヘリコプターが飛ぶには、これらの要素を組み合わせる方法が五通りある。主ローターがひとつの単ローターと、四種類の双《ツイン》ローター——同軸反転ローター、並列《サイド》ローター、串型《タンデム》ローター、交差ローター——の五つである。

単ローター・ヘリコプターが、もっともありふれている。報道機関や医療機関のヘリコプター、自家用ヘリコプターは、すべてこの型で、ローターはひとつあれば必要な揚力を発揮できるとわかる。

ローターが複数の場合、かならずふたつでひと組でなければならない。また、それぞれのローターは、逆に回転することが求められる。さもないと、恐ろしい物理的作用によって、ヘリコプターはスピンを起こし、制御を失う。回転運動におなじ力の反作用が生じてしまうからだ。

ツインローターとしては、まずは二番めに多い型の同軸反転ローターが挙げられる。同軸とは、おなじ回転の中心を共有することを意味する。目覚まし時計の盤面を見てほしい。分針と時針には、同軸の動軸《スピンドル》がある。ヘリコプターの同軸の設計を理解するには、ビーチパラソルを改造するところを思い描くといい。パラソルの石突《いしづき》に短い鉄パイプをかぶせ、それにもう一本のパラソルの傘体《さんたい》を取り付ける。同心の軸がふたつ重なって、それぞれ独立してまわるようになる。ちょっとした仕掛けや歯車を使えば、パラソルふたつは逆にまわるようにできるだろう。同軸反転ローターの場合には尾部ローターが不要なので、機体を小さくできる。それはけっこうなことだが、工学の世界では、かならずプラスにマイナスがつきまとう。同軸反転ローターには、べつの問題があるのだ。たとえば、上のローターが、下のローターに、望ましくない気流の乱れをもたらす。それに、同軸ローターは、ふたつのローターの距離が近いと、ぶつかる危険性がある。

サイドローターでは、揚力を発揮するローターふたつが、主翼もしくはサイドブームに取り付けられる。ケイレーなど多くの設計者は、これがもっとも安定する型だと考えた。ドイツ製の世界初の実用的なヘリコプターは、この型を採用している。

四番めのタンデムローターは、ローターを上下に、あるいは距離を置いて、前後に配置した型で、CH－47チヌーク、CH－46シーナイトなどがある。

＊＊おそらく既番のジョン・アプルビーと思われる。ケイレーのこの偉業は、本国イギリスですら、一九七四年までほとんど注目されなかった。この年、ケイレーの有人グライダーを復元したものが、自動車に曳《ひ》かれて上昇したことで、歴史家たちはケイレーの残した記録や著作にようやく興味を示した。

左右のローターがすぐそばで回転していても、それぞれの回転面を外側に傾ければ、ハブとハブの距離がごく短くても、長いブレード同士がぶつかることはない。これが五番めの交差ローター型だが、現在ではまれになっている。

サー・ジョージ・ケイレーが勢いづけたあとの無数のヘリコプター設計を、この分類法で区別すると、サイドローターが設計の主流を占めていることがわかる。これが安定を得られる論理的な方法だと見られたのだろう。こうしたヘリコプターは、単ローターの型よりもずっと左右対称に近いので、一九〇〇年に至るまで技術者にとっては大きな魅力があったと思われる。しろうと目からすると、ローターがふたつあると、故障した場合の余裕があり、片方がはずれても無事に着陸できるような気がするが、それはまったくの思いちがいだ。飛行中に片方のローターが故障すると、複数ローターのヘリコプターは、よっぽどたくさんローターがないかぎりバランスを失って墜落する。だから、故障するのが片方でも両方でも変わりはない。ジュール・ヴェルヌは、そういう多ローター・ヘリコプター〝アルバトロス〟を空想したが、そんな多くのローターを持つヘリコプターはこれまで実在したことがない。

揚力を発揮するローターは複数あったほうがいいという意見が大多数を占めていたものの、細かい部分がどうにもはっきりしないという状態がつづいていた。ポール・コルニュをはじめとする初期のヘリコプター研究家たちは、ローターの回転速度をスロットルで調整し、ローターの下の舵のような羽板で風の流れを変えれば、パイロットはヘリコプターをあやつることができると考えていた。だが、どちらの手段も、ヘリコプターを自在に制御するには至らなかった。* ローターの運動量が大きすぎるので、スロットルの調整では反応が鈍く、パイロットは充分に制御できない。羽板は、ホバリング中のヘリコプターは制御できるが、前進しているときにはあまり効き目がない。だが、ヘリコプターを申し分なく制御するやりかたには、もっと古くからの発想もあった。こうした概念が、やがて日の目を見る。もっとも期待できそうな概念は、風車から生まれた。

ローノイやケイレーがひろめた弓の弦を動力とするヘリコプターの模型につづいて、チップジェットの設計がいろいろな模型で実験された。チップジェットは、ブレードの翼端《チップ》に噴射口《ノズル》があり、それによってローターがまわる仕組みになっている。イギリスのホレーショ・フィリップスは、燃焼室で火薬の混合物を燃やして発生する燃焼ガスを利用した。目撃者によれば、一八四二年にフィリップスの同軸反転型模型は、上昇して一〇〇メートルほど飛行してから墜落したという。それが事実とすれば、蓄えた機械的エネルギーではなく化学物質を燃料として飛んだ最初のヘリコプターだったといえる。＊＊

この新燃料の可能性に興味を抱いたニューヨークのモーティマー・ネルソンは、一八六一年に空中自動車（サイドローターの設計）の特許（三二七八号）をとり、ただちに資本金一〇〇〇万ドルを募りはじめた。ネルソンは、空気よりも重い空飛ぶ機械に対してはじめて認められたアメリカの特許を握ったことになる。ブロードウェーにほど近いロワー・マンハッタンのブルーム・ストリート四四四

＊スロットル制御でヘリコプターを操縦する設計で現代に近いものとしては、一九四三年のパイアセッキＰＶ－２が挙げられる。

＊＊フィリップスは、そもそも化学愛好家で、その後、〝滅炎器〟と称する消火器を発明している。鉄の容器にはいった装置で、作動すると炭酸を放出する。燃えている建物に投げ込むという使いかたで設計されている。アメリカの東海岸でアメリカ滅炎器社が設立され、Ｐ・Ｔ・バーナムという興行師が経営者に収まったが、一八五一年一二月にニューヨークで大々的に宣伝した実演に失敗し、それに使った二階建ての家が全焼してからは、いかな大言壮語のバーナムといえども、事業を軌道に乗せることはできなかった。

モーティマー・ネルソンの空中自動車
（下からの簡略図）

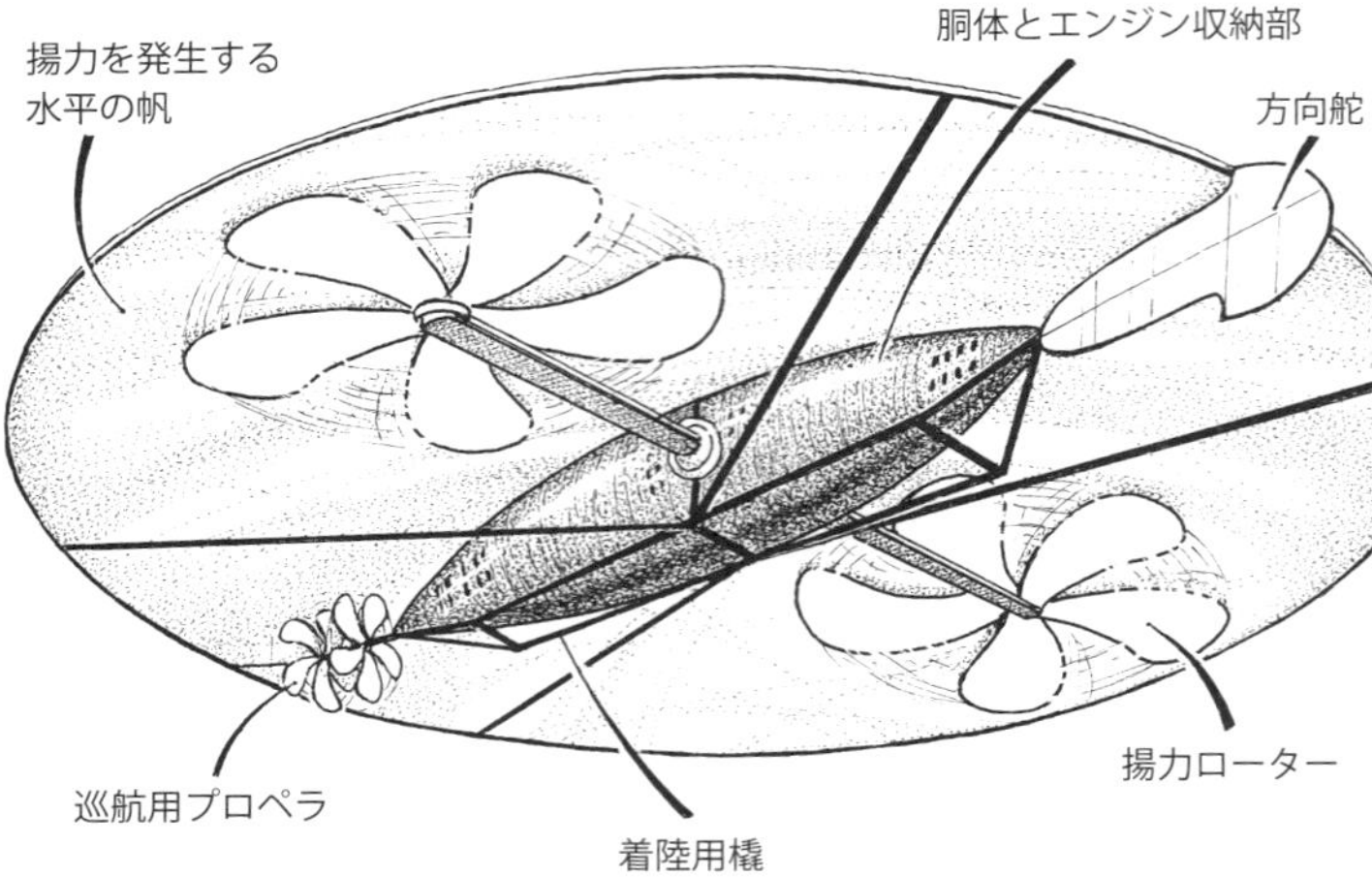

番地で、ネルソンはグリーティング・カードの印刷屋を営んでいた。回転翼機の飛行にともなう実用的な問題をはじめて真剣に考えたヘリコプター業界人が、印刷屋だったというのは、じつにおもしろい。

　ネルソンは、全長一〇メートル、重量五〇〇キログラム前後のヘリコプターを考えていた。ローターは二組で、大きなローター一組は離昇用、もう一組はプロペラの役割を果たす。それらすべてを四〇馬力の蒸気機関でまわす。燃料には、ガソリン、ナフサ、もしくは自分が考案したカーボ・サルファ・エタルという強力な新燃料――鯨油《げいゆ》を強化したようなもの――を使う。

　空中自動車が宙に浮くと、舵の近くに取り付けた後部のプロペラ二軸によって、時速二九〇キロメートルまで加速する。飛行を終えたときには、現在私たちが着陸《ランディング》用橇《スキッド》と呼んでいる二本の金属棒に支えられて着地する。こういう降着装置を提案したのは、ネルソンがはじめてだった。また、ネルソンは、不必要な重量が飛行の妨げになることを知っていて、アルミニウムという風変わりな新しい金属を構造物に使うのがいいかもしれないと提案した。売り込みのための書類でネルソンは、木製であろうがアルミニウム製であろうが、空中自動車が高くつくことを認め、「そのコストは、地球上の国々が共通の利害と見なす、偉大で重要な企てと天秤にかけるなら、さして重要ではない」と述べている。

フランスは、まちがいなくそうした国だった。気球に関してつぎつぎと着実に成功を収めてきたため、ヘリコプターで空に乗り出すことについても、国民の楽観は膨れあがっていた。そのひとつの表われが、ジュール・ヴェルヌの一八八六年の小説『征服者ロビュール』（『空飛ぶ戦艦』）だった。主人公は、『海底二万マイル』のネモ艦長によく似た強引な性格の聡明な発明家兼機長で、三七本マストに二七八軸ローターの船型ヘリコプターで、フィラデルフィアへと飛び、ウェルドン研究所のアメリカ人ふたり、アンクル・プリュデントとフィル・スミスを誘拐する。ウェルドン研究所は、気球の普及を目指す圧力団体である。この本では、気球の短所がならべ立てられ、ヴェルヌの意見を如実に表わしている。ロビュールは、このヘリコプターでの旅を経験したプリュデントとスミスが、気球ではとうてい太刀打ちできないことを悟るものと考えている。ところが、ロビュールがあまりにも粗暴なために、ふたりはダイナマイト一キロ弱でヘリコプターを破壊しようともくろむ。

ローターの動力は、充電の必要がなくパワーを維持する秘密のバッテリーによる。このヘリコプターの名は〈信天翁《アルバトロス》〉。現代では、船にせよ飛行機にせよ、鈍重な鳥を連想する不吉な名前と見なされるが、当時は、大洋のうねりにも平然としている気高い鳥と見なされていた。囚われのアメリカ人ふたりが爆薬に点火する機会を見つける前に、〈アルバトロス〉は低空でホバリングし、難破船の乗組員が乗ったボートを安全なところまで曳航《えいこう》する。ヴェルヌは、ヘリコプターによる救難を描いた最初の作家だった。

「〈アルバトロス〉をもってして、私は世界の七番めの部分の主となった」と、ロビュールはアメリカ人ふたりに告げる。七番目の部分とは、「アフリカ、オセアニア、アジア、アメリカ、ヨーロッパよりも大きい、この空のイカリア海だ。いつの日か、何百万人ものイカリア人が、ここに住むことになるだろう」

ヴェルヌがヘリコプターに多大な関心を抱いたのは、それより前の一八六三年だった。この年、〈空気よりも重い機械を使う飛行術をひろめる協会〉が発足した。ごく少数のフランス人がこの協会を設立したのだが、ヘリコプター関係の史書はたいがい、ポントン・ダムクールという機械工の役割を強調している。ダムクールは、蒸気やばねを動力とする模型を、協会のためにいくつも製作した。たしかにダムクールにも功績はあるが、この協会の真の立役者は、ある非凡な芸術家だった。この人物は、外交的で、風変わりな機械仕掛けを愛好し、名声を追い求めていて、パリの教養人のあいだでは、子供のころの綽名《あだな》のナダールという通称で親しまれていた。ナダールは、ネルソンとおなじヘリコプトリアンだった。ヴェルヌは、ナダールをたいそう尊敬していた。『月世界旅行』の登場人物ミシェル・アルダン（Ardan）が、ナダール（Nadar）のアナグラムであることからも、それがうかがえる。

ナダールは、一八二〇年、出版業者の父と母のあいだに生まれた。本名はガスパール・フェリックス・トゥールナションという。若いころは医学を志《こころざ》したが、やがて風刺小説や戯画をなりわいにするようになり、その辛辣な機知が、当時のパリにひろまっていたボヘミアン文化に認められた。当初、ナダールはパリのさまざまな社会の特徴を示す有名人の風刺肖像画一〇〇〇点を描こうとするが、三〇〇人ほどを描いたところでやめて、肖像写真に転向する。写真で人間の人格を捉えるたぐいまれな能力によって――現在の美術史家もそれには瞠目《どうもく》している――ナダールは一八五四年ごろから商業的に成功し、なおかつ高い評価を得た。大衆の反応に力を得て二年後に開店した写真館には、多くの名士が写真を撮ってもらうために訪れた。だが、ナダールは飽きっぽいたちで、新しい風景を求め、パリの下水道を撮影しようとした。その際にマグネシウムを光源に使い、人工の光を用いた最初の写真家となった。下水道の写真は、商業的には成功しなかったが、そのころにはもうナダールはべつの物事に関心が向いていた。

ナダールは、空から写真を撮った史上初の写真家になる。一九五八年、ロープにつないだ気球に乗って、ビエヴル谷から空に昇った。気球に乗った経験は、ナダールの気まぐれな空想力を虜《とりこ》にして、写真スタジオよりも気球で遊ぶことのほうが多くなった。財政面では復活することができなかったが、気球で飛ぶ才能は、写真術では得られなかった国際的な名声をもたらした。

ナダールは、気球の組み立てのためにパリの店を維持し、一八六三年九月、航空機産業に転業するのに支援を求めようと、友人や知人たちを集めた会合をひらいた。この会合は、急速に進む時代とぴったり嚙み合っていた。アメリカでは、大陸横断鉄道が建設中だった。ロンドンでは、地下鉄の最初の路線が開通したばかりだった。ジュール・ヴェルヌは、『八〇日間世界一周』を脱稿したところだった。

会合でナダールは、気球はとても楽しいが、風の意のままに流されるのが腹立たしいと述べた。「空を征服するには、空気よりも重くなければならない」と宣言し、一同に、〝空気よりも重い機械〟協会に参加するよう勧めた。折りしも、ガブリエル・ド・ラ・ランデルが、ダムクールのヘリコプター模型を飛ばす準備を進めていた。時機到来だ、とナダールは告げた。ダムクールのヘリコプターを実物大で製作する。世界をめぐる航海ができる〝空中機関車〟を作るのにうってつけの時機だ、と。

締めくくりとして巨大気球〈巨人《ル・ゲアン》〉を飛ばす、とナダールは宣言した。八〇人（と輪転機）を載せて、八日間の旅をする。オーストリアのバーデン・バーデン競馬場から離昇し、ロンドンへ行って、そこから地中海に向かう。

財政状況は悪かったが、驚いたことにナダールは〈ル・ゲアン〉を製造し、一カ月後には、ヘリコプター建造の費用を募るために、それを膨らませていた。〈ル・ゲアン〉は、ゴンドラをふたつの気球で吊る仕組みで、高さが六〇メートルあり、絹布一万八四〇〇平方メートルを使用した。ゴンドラは籐《とう》とトネリコでできていて、ゴムチューブを膨らませて形を整える。ゴンドラのみの高さも二階建ての家と変わらない。船長用のキャビン、二段ベッドのある乗客用キャビン四室、酒の戸棚、写真スタジオ、洗面所がある。これだけのものを、床面積三三平方メートルに詰め込んでいた。実験によって、兵士三五人が乗れることがわかった。馬鹿でかいピクニック用バスケットに詰め込まれる感じだと、乗ったものは感想を述べた。

一八六三年一〇月四日、パリの練兵場で行なわれる初飛行を見物しようと、何万人ものパリっ子が集まった。旅はナダールの思惑とはちがって、たいした距離を飛ばないうちに終わり、ゴンドラが横倒しになった。だが、二度めの飛行には、さらにおおぜいの見物が集まった。〈ル・ゲアン〉は、ベルギーとオランダを越え、ドイツのニエンブルクに不時着した。このときもゴンドラは高速で着地したが、横倒しになった場所が鉄道線路の上だった。旅は記憶に残る驚嘆すべき結末への〝軌道に乗った〟かと思えた。なぜなら、列車が迫っていたからだ。ナダールはのちに、このときのことを悪びれる様子もなく述べている。「私たちの喉から出る叫びがひとつにまとまった。なんともすごい叫び声だった！」気嚢がゴンドラをひきずって、世界初の列車と気球の衝突事故が起きようとするなかで、乗客は窓から逃げ出した。ひとりの助手が気球の吊索《つりなわ》を斧で切り、それが電柱にからまって、気球がとまった。機関車は手前で停止し、気嚢はほとんど無傷のままだし、致命傷を負ったものもいなかったが、乗客たちはふるえあがり、その後の飛行には参加したがらなかった。イギリスのある雑誌は、〈ル・ゲアン〉は「全員を死の瀬戸際へと運んでいったも同然だった」と評した。ナダールはその後も、だいぶ小型の気球に乗りつづけ、一八七〇年のパリ攻防戦の際にふたたびニュース種になった。フランスの伝承によれば、ナダールはパリ郊外で、気球に乗ってプロイセン軍を空から銃撃するという闘争をくりひろげたという。

結局、ナダールは空中機関車を建造できなかった。ネルソンも空中自動車を作ることはできなかった。空を飛ぶ夢がかなえられたのは、ヴェルヌの小説のなかだけだった。蒸気機関を動力とするダムクールの優美なアルミニウム製の模型も、見物人の目の前では、地面を離れることができなかった。だが、偉大なこころみのなかから生まれたひとつの事柄——その装置にポントン・ダムクールがつけた名称——は、ジュール・ヴェルヌの文学という手段による応援を得ながら、のちの世に伝えられることになる。螺旋型の翼《ヘリックス・ウィング》を意味するギリシア語のヘリコ・プトロンにちなみ、その機械はエリコプテール（訳注　フランス語で「ヘリコプター」）と名付けられたのである。

ケイレーやヴェルヌなど、草創期の気球乗りたちは、大気は大洋のように見立てられているが、海よりもずっと旅に適している場所だという考えかたを一般にひろめた。イカロスの領土である大気は、海の波のように万人の扉に打ち寄せているから、あらゆる移動の手段が考えられるはずだった。「この文明開化の機関車の時代に、世界の隅々に及ぶ大気という名の大洋を通って〝陸地を航海する〟手段を最初に確立する栄光を、わが国がものにするための資金を集められないことは、国家としてみっともないと思う」とケイレーは一八四三年に書いている。この考えかたは同時代人の共感を得ていた。船は、凹凸の多い地形の道路を何百キロメートルも旅するよりもずっと早く、おなじ距離を進むことができたからだ。

この〝空を飛ぶ船〟には、動力がなければならない。グライダーでは長距離を飛べない——ケイレーがブロンプトン・デールで飛んだのは、わずか一五〇メートルだったし、初期の気球は風のままに浮かんでいるだけだった。人間のなかの努力家が、蒸気機関よりもましなものを見つけられなかったら、ユージーン・フィールドの子供向けの詩に登場する〝ウィンクちゃん、パチクリちゃん、コックリちゃん〟みたいに、木靴のお舟に乗って、お空の海に夢見顔で浮かんでいるだけになってしまう。

第3章　新しい自然の力

一九世紀半ばになると、気球を造るひとびとは、移動しつづけるのはいいとしても、特定の目的地に到達するのは生易しいことではないと気づいた。有人気球、いや当時考えられていたすべての航空機には、推進力の面で飛躍的な技術革新が必要だった。アメリカの気球乗りジョン・ワイズの一八五九年の試験飛行が、この問題点を如実に示している。

ワイズは、米墨《べいぼく》戦争に使用する爆撃気球の予算を出してほしいと、議会に訴えていた。ベラクルス市の城壁に囲まれた要塞に気球から爆発物を落とす、とワイズは確言していた。議会は予算を承認しなかったが、ワイズは計画を続行した。前回、高高度で測定して、気球が高度一万二〇〇〇フィート（約三六六〇メートル）まで上昇してそこで安定すれば、西から東に吹く卓越風を利用して大西洋を横断できるとわかっていた。そこで、一八五九年七月に試験飛行を行なう準備をした。セントルイスから東海岸まで、自分の気球〈アトランティック〉で郵袋《ゆうたい》を運び、飛行距離の新記録を樹立する肚《はら》づもりでいた。乗客三人が同行した。財政を支援しているヴァーモント州の製陶業者O・A・ギャガー、気球技師ジョン・ラマウンテン、セントルイスの新聞記者一名。三人が乗ったのは木造の救命ボートだった。ワイズはその上の籐《とう》の籠に乗った。

〈アトランティック〉は、しばらく順調に飛んでいたものの、エリー湖上空で嵐に遭った。波のすぐ上まで降下し、一直線に吹く風によって加速した。米国郵政の郵袋以外のものをすべて投げ捨て、岸に到達すると、〈アトランティック〉は楡《にれ》の木に激突し、太い幹を折った。一三〇〇キロメートル以上を平均時速六五キロメートルで飛んだ計算になる。ワイズは、「いまだかつてない偉大な気球の旅だった」と述べた。

空を漂流してしまうという問題を解決するには、原動機《エンジン》で駆動するのがよいと思われた。最初に動力を使って気球を動かしたのは、ルーファス・ポーターだった。一八四七年、ポーターは時計の発条《ぜんまい》を小さな飛行船に取り付け、ニューヨーク市で実演飛行を行なった。サッターズ・ミルで金鉱を発見したあと、ポーターはさらに模型を製作し、発明家を集め、蒸気機関を動力とする水素気球をじっさいに建造しはじめた。乗客四〇人を乗せて、時速一六〇キロメートルで飛行することをもくろんでいた。宣伝のために、ポーターは前売り券の広告を出したり、『空中航海——ニューヨークからカリフォルニアまで三日間。楽しく安全な旅の実現』という本を出したりした。ポーターはこの巨大気球を完成することはできなかったが、その後、《サイエンティフィック・アメリカン》を発刊した。

目的のはっきりした空の旅の時代が、ほんとうにはじまったといえるのは、一八五二年九月二四日だった。フランス人技師アンリ・ジファールが、可燃性ガスを充塡した葉巻型軟式飛行船（訳注　竜骨などの内部支持構造を持たないタイプのもの）で、パリの曲馬場上空に上昇した。プロペラ二枚を駆動する石炭蒸気機関は、飛行船を時速八キロメートルで航行させる力があった。当時のひとびとはジファールを発明家のロバート・フルトンになぞらえ、〝空中航海のフルトン〟と呼んで誉めそやした。

一九世紀の模型航空機に積まれた蒸気機関の大半が、タンク内の高圧高温の湯の力を利用するものだった。もっともすぐれた性能を発揮したのは、一八六八年に水晶宮《クリスタル・パレス》の万国博覧会でひらかれた競技会のために、Ｆ・Ｊ・ストリングフェローが考案した高性能蒸気機関を使う模型固定翼機だった。ストリングフェローの原動機は一馬力を発揮し、加圧水タンクは一〇分間運転できる容量があった。観衆の前で実演するときには、この模型は安全のためにガイドワイヤーに沿って飛んだ。しかし、三〇〇メートルの長さがある屋内で非公式に試験した際には、水平飛行を維持できるだけの力があった。

一八六〇年の《サイエンティフィック・アメリカン》の論説は、航空機は分速一マイル（時速九六・五キロメートル）で航行できるはずだと予測していた。「なんと贅沢な交通手段なのだろう！　木立の上をなめらかに、優雅に、そしてすばやく舞い進み、自由自在に方向を変え、好きなように降りられる。陸地や海のそのほかの旅の手段は、すべて影が薄くなってしまうはずだ！　空想を誘い、実用面でも便利で価値の高いこの雄大な難題は、従来、一部の夢想家や、腕の悪い発明家の貧弱な努力に、もっぱらゆだねられていた……ほんとうに求められているのは、飛行家が易々と乗っていることのできる、なんらかの自然な力によって動かされる機械《マシーン》である。そのためには、ガス、電気、もしくは化学物質を使う原動機がなければならない」

この探求は実らず、行き詰まりばかりが多かった。《フォーラム》誌は一八八八年に報じている。「騙されやすい資本家の群れは増えるいっぽうである。エーテル・エンジン、二硫化炭素エンジン、アンモニア・エンジン、炭酸エンジン、雲エンジン、クロロホルム・エンジンが、ぜんぶとはいわないまでもほとんどが、今度こそ確実と唱えられながら、登場しては消えていった。どれも短いあいだに消え去り、そしてまた似たり寄ったりのものが現われる」

＊当時の一馬力工業用蒸気機関は重さが一トンあったので、わずか七・三キロの蒸気機関で一馬力を発揮したのは驚異的だった。

それでも夢はいっかな消滅しなかった。船の難所である世界の暗黒地帯を探検するのには、推進力に画期的な改善があれば、飛行船がもっとも適している。一八六〇年代には、探検家たちは船に代わる手段を切望していた。ことに、北極海の氷の海では、船体を押しつぶされるおそれがある。一八四五年に北西航路の海図作成のためにサー・ジョン・フランクリンが雇った〈エレバス〉と〈テラー〉という木造船の航海が、いい例だった。二隻とサー・ジョンが行方不明になったことが、一八四八年に発表されたあと、一〇年にわたって、生存者、遺体、船の残骸を探すための探検がつづけられた。〈エレバス〉と〈テラー〉には、外燃機関と分類される二〇馬力の蒸気機関が搭載されていた。これは、パワーを発生する部分の外に熱源がある仕組みの原動機を指す。薪をくべる釜が熱源になっている旧式の蒸気機関車を思い浮かべるといい。水と燃料の両方を消費する蒸気機関は無駄が多いということを、昔の技術者は知っていた。それで、〝熱気〟機関という発想が生まれた。この原動機では、燃焼室から取り出した排気ガスでピストンを動かす。

爆発性の混合物にピストンそのものの内部で点火したほうが性能が上がる、と考えた技術者もあった。これが内燃機関の考えかたで、有用な熱を原動機の内部で発生させる。

内燃機関の起源は、一六八〇年にオランダの科学者クリスティアーン・ホイヘンスが描いた、気筒《シリンダー》の内部で火薬を燃やす原動機だろう。蒸気機関の原理が明らかになる前の話である。ホイヘンスの弟子ドニ・パパンは、この案を検討したが、爆発の残りかすがシリンダー内に残って燃焼サイクルを阻害することから、研究をやめてしまう。ほどなく発明家のトーマス・ニューコメンが、蒸気機関を改善して使いやすくしたし、一七〇七年にはさかんにもてはやされていた。こうした蒸気機関は、大きく、重かったが、地面に置かれているのであれば、それは問題にはならなかった。イギリスの炭鉱から地下水を汲み上げるのがもともとの役割で、蒸気機関はそれにたいへん役立ったので、着実な改良に顧客は喜んで投資した。一八〇〇年には、最大の蒸気機関は二〇〇馬力に達していた。

それでも、熱気機関は、熱動力の効率が優れていて、軽量で強力なので、魅力があった。トーマス・エジソンがヘリコプターの回転翼《ローター》の試験をはじめたときには、爆発性の強綿薬《きょうめんやく》でこしらえたチッカーテープを使うエンジンを実験機に搭載した。巻いたテープがエンジンに引き込まれて燃料に使われるという仕組みだった。巻いたテープが試験中に爆発して、助手が焼死したため、エジソンはこの案を放棄した。

熱気機関の燃料としては、可燃性の液体やガスのほうが有望だった。一八六〇年、ジャン・ジョゼフ・エチエンヌ・ルノアールは、商業的に成功した最初の熱気機関を製造した。燃料には、石炭から抽出するガスを使った。ルノアールの初期の石炭ガス機関は、工作機械やプレスのベルトを駆動する小型の動力を必要としていた都市部の工場や工房にすぐさま採用された。この二サイクル・エンジンは、火花によって点火する方式で、のちに空気と燃料を混合するための気化器が採用された。だが、出力は小さかった。それを強力にしたのは、アルフォンス・ボー・ド・ロッシャ（訳注　一八六二年、四サイクル・エンジンの理論を発表）と、その後のドイツ人発明家ニコラウス・オットー（訳注　一八七六年、四サイクル・エンジンの概念を文書化した。実質的に四サイクル・エンジン開発の父とされる）だった。この改善は、点火前に混合気を圧縮するという、画期的な設計だった。それによって重量あたりの馬力が向上した。ライト・フライヤーやその他の初期の航空機の発動機は、オットーとド・ロッシャの努力がもとになっている。

オットーが砂糖や小麦粉を売る商売を辞めて、機関の研究をはじめたことについては、ルノアールに功績があるだろう。〝石油《ロック・オイル》〟を用いた数々の実験についても、ルノアールは手柄を認められるべきだ。石炭ガスよりも扱いやすく、鯨油や灯油よりも安いものを、ルノアールは探していた。当時の灯油は、石炭かアスファルトと呼ばれる天然瀝青《れきせい》を精製して作られていた。ルノアールの第二世代のエンジンは、新しい燃料を使うようになっていた。

現在では、岩盤から採掘された時点のものを、私たちは原油と呼んでいる。エドウィン・ドレークが、はじめて油田掘削に成功したのは、ルノアールの熱気機関が完成する直前の一八五九年だった。野心的な掘削業者が、世界各地へ行き、ベネズエラや東欧も含めて、数多くの油田を開発した。だが、一九世紀末には、石から出る油については、大いなる不満があった。

それは価格だった。精製された石油は、自動車の燃料としてもっとも望ましいと見られていたが、何百万ものエンジンに使うには法外に高価であるという難関があった。アメリカの原油は、オハイオからニューヨークにおよぶ油田開発の進んだ地域にあり、ロシアのバクーの新油田の生産も期待できた。しかし、こうした生産をすべてひっくるめても、怒濤《どとう》のような流れではなく小川のようなものだったし、アメリカとロックフェラーの権益が生産の大部分を支配して、国内価格を統制していた。(註1) 一九〇〇年の時点では、船や飛行船や自動車にガソリン・エンジンを使用できるのは、ごく少数の金持ちだけになる可能性が濃厚だった。

二〇世紀を動かすのに足りるほど石油が豊富にあることがはじめてわかったのは、まさに二〇世紀の年初のことだった。一九〇一年一月、テキサス州のボーモントに近い沿岸平野の低山地帯で、〝ハミル・ブラザーズ〟と呼ばれた試掘班が、蒸気機関と初期のロータリービットで試掘を行なっていた。最初のうちは軟弱な地盤に突き当たって、それが崩れ、試掘孔をふさぐおそれが生じた。そこで、泥を掘る方法を工夫して、試掘をつづけた。一月一〇日午前八時、ビットが地中三〇〇メートルに達したので、試掘班はビットを交換するために、ドリルの引き揚げを開始した。ちょうどそのとき、試掘の責任者の鉱山技師アンソニー・ルーカスは、ボーモントの食料品店にいた。ルーカスは、石油が見つかる兆候があると楽観していたので、家の家具を町で売り、生活費の足しにしていた。まともな油田は北東のほうにしかない、とみんなにいわれても、ルーカスはあきらめなかった。

試掘班が鉄パイプを引き揚げているとき、振動が伝わってきた。泥につづいて石油が試掘孔をすさまじい勢いで昇ってきて、鉄パイプが数十メートル上に吹っ飛んだ。差し渡し一五センチの生暖かい緑色の石油の流れが噴出し、たちまち六〇メートルの高さに達した。まるで巨人のパイプラインに穴があいたみたいに、それがどんどん太くなっていった。掘りはじめで産出量が豊富だったときのペンシルヴェニアの油田ですら、こんなことは起こらなかった。ルーカスは、息を切らして現場に到着した――馬車が遅すぎて気に食わなかったので、徒歩で戻ってきた――そして、噴き出している原油を貯めて売れるように土手をこしらえろと、作業員たちに指示した。じきに、五〇エーカーの人造湖でも、持ちこたえられなくなった。土手を越えた原油が川になり、やがて五五キロメートル離れたメキシコ湾に達した。「石油の量は増えるいっぽうに思えた」一五日後、ガルヴェストンの銀行幹部は、家にそう書き送っている。

油田を完全に管理できるようになるまでに、九日かかった。このスピンドルトップ油田は、ペンシルヴェニアの全油田の産出量の倍を算出したこともある。この油田でもっとも産出量が多い地区は、広さが一五エーカー――現在のショッピング・モールの駐車場程度――だったが、最盛期には世界のどの油田よりも多くの原油を産出していた。それだけのペースは長つづきしなかったものの、湾岸のその他の岩塩ドームでやっきになって探鉱が行なわれるのにはじゅうぶんだった。テキサスの原油価格は一バレル一ドルから二五セントに下落し、やがて一バレル二セントという史上最低価格を記録した。スピンドルトップ油田は、アメリカの原油をがっちり握っていたロックフェラーの権益を打倒した。スピンドルトップ油田を視察したオハイオ州トレド市長は、「液体燃料は二〇世紀の燃料になるだろう。石炭の煙、燃え殻、灰、煤《すす》は、戦争その他の蛮行とともに消え失せるだろう」と述べた。急速に改善されていた燃料とエンジンに大きく依存した新世紀の飛行家に、ブラジルのアルベルト・サントス＝デュモントがいる。デュモントは、航空機の旅についての新しい考えかたをひろめた。

デュモントが名声を挙げる前には、空の旅の目的は、ジュール・ヴェルヌの小説に描かれているような、気球（『八〇日間世界一周』）かヘリコプター（『征服者ロビュール』）による大旅行だった。一八六三年の〈ル・ゲアン〉の旅を見習ったものが、冒険としてもてはやされた。一八六三年の飛行の際にこの大型気球に乗ったラ・トゥール・ドーヴェルニュ家の皇女は友人に、「起きて私を待っていなくていいです。今夜は帰りません。あすの晩も帰らないかもしれません。ひょっとして永遠に帰らないかもしれません」という伝言を送っている。パリが包囲されていた一八七〇年には、どんな気球の旅でも大冒険だった。

デュモントは、派手なことよりも日常の雑用を行なうのに便利な小型の航空機をこしらえて、こういう雄大すぎる発想を、もっと実用的なものに押し縮めた。デュモントは、コーヒーを栽培するブラジルの裕福な農場に生まれ、幼いころから機械類に興味を示していた。一八の年に化学、物理学、工学を学ぶために、パリにやってきた。父親の死によって莫大な財産を受け継ぎ、子供のころからの夢だった気球に没頭することができるようになった。一九〇一年一〇月一九日、原動機付き気球によって一二キロメートルを三〇分間飛行し、〝エッフェル塔巡り〟賞を勝ち取った。この賞では、エッフェル塔を中心にUターンすることが条件になっていた。

この小さな旅は、男性用腕時計の大ブームを引き起こした。それまでは、腕時計は普及していなかった。デュモントが宝石商のルイ・カルティエに、飛行中は懐中時計をいちいち出して見ている時間がないといったので、カルティエは小柄で粋なブラジル人デュモントの名前を冠した腕時計を作った。

これがたちまち世界中で売られるようになった。

デュモントは、さらに小型のサントス－デュモントＮｏ９を製作し、〈散歩者《ストローラー》〉と名付けた。全長一五メートルに満たない気球に三馬力のエンジンを積んだ。小柄で体重の軽いデュモントがやっと乗れる大きさの木の枠が、気球の下に取り付けられていた。デュモントは、機会あるごとにそれに乗り、パリ郊外のヌイイのサンジャメとサンクルーのあいだの通勤にも使った。パリの友人の家に寄るときには、バルコニーに〈ストローラー〉をつないで、家と並木のあいだの舗道の真上にそれが浮かんでいる、という按配だった。

デュモントはこんなふうに発動機付き気球が大好きだったが、ガソリン・エンジンでは浮かんでいられないと判断するまで、タンデムローター・ヘリコプターの原始的な設計も行なっていた。とはいえ、冒険の準備が整っていた実験機が複数あったので、デュモントはあまたの先駆者たちとおなじように、そちらの冒険に心を奪われて、手に負えないヘリコプターと取り組むのは、他人に任せてしまった（訳注　一九〇六年に、複葉機でヨーロッパで最初の飛行機の飛行を行ない、距離と速度の公認記録を樹立している）。

第4章　ブレークアウト

一九〇七年一月初旬、ニューヨーク州のグレン・H・カーチスというメーカーが、フロリダ・スピード・カーニバルに出場する準備をしていた。年に一度、一月二三日にひらかれる一気筒もしくは二気筒の自動自転車《モーターサイクル》の競走《レース》で、デイトナ・ビーチの北のオーモンド・ビーチという硬い砂地が会場だった。そこはオーモンド・ホテルの正面にあたる。一八九〇年に完成したオーモンド・ホテルは、金ぴか時代が終わりを告げようとしていた当時でもまだ、北部人にとっては光り輝く保養地だった。

起業家や夢想家にとっても、生き生きと活動できるきわめて刺激的な時代だった。旅や開発のための広々とした空間が、突然ひらけたのだ。気球もある程度は有望だったが、航空機がいくらがんばっても、スピンドルトップが石油の独占体制を打破したようなわけにはいかなかったし、長距離輸送を長年独占してきた鉄道王の牙城を破れるのは、自動車と道路を措《お》いてはないようと見られていた。スピードはこの革命のひとつの側面にすぎないが、それがきわめて大きな側面だった。一九〇七年の競走に参加する自動車は、オーモンド・ビーチの硬い砂地で時速二〇〇キロメートル近くを出すと予想されていた。わずか六年前には、制限速度一〇マイル（一六キロメートル）の道路でアメリカ自動車クラブのメンバーが時速三〇マイル（四八キロメートル）出して法定に召喚されたというのに。

一九一〇年代のロシア人数学者ジョルジュ・ド・ボテザ（ゲオルギー・アレクサンドロヴィッチ・ボテザト）は、これを〝スピード中毒〟時代と呼んだ。「輸送のスピードがあがれば、人間の人生は相対的に長くなる。これは昔もいまも人間の激しい願望のひとつである」ボテザはある記事で、大洋を越える航空機は世界調和の新時代をもたらすだろう、と述べている。「すべての人間の歩む道すじが限られているとしても、せめて残された時間をできるだけ利用しようではないか。スピードは私たちのもっとも強力な味方だ。それを使い、発展させ、敬おうではないか。スピードは、幸せのもっとも力強い源《みなもと》と見なされるものと蜜月関係にある」

スピードへのあくなき欲望は、高性能のガソリン・エンジンへの激しい需要を生んだ。この発展は、有人ヘリコプターにとって最初の技術的な突破口をもたらすかに見えた。しかし、ヘリコプターは飛び立つときの制御と安定に深刻な問題を抱えていた。エンジンのパワーは必要ではあるが、それのみでは、ヘリコプターの飛行を成功させることはできなかった。

グレン・カーチスは、自分の名をつけたカーチス・モーターサイクルのチームを、スピード・カーニヴァルの普通車部門に出場させるつもりでいた。しかし、それだけではなく、航空機用にみずから設計したV8空冷エンジンを載せた特製バイクも、思い切って試すことにした。このエンジンは、他の原動機の四倍の大きさで、あまりにも強力なため、当てはまるクラスがなかった。カーチスは放胆な運転で数々の世界記録を樹立し、大衆には〝地獄のライダー〟と呼ばれていた。その肝っ玉の太いカーチスですら、これは刺激的だった。後年、カーチスとその生まれ故郷の町ハモンズポートは、発明の天才の少年トム・スウィフト物語を生み出すヒントになった。

カーチスは内気な男なので、あまり派手な称号は似合わないのだが、いずれも事実に基づいたものである。カーチスはアメリカのモーターサイクル・レースの初代チャンピオンであり、最初の自家用航空機を製造して売り、一九〇八年には最初の公式飛行を行なった。アメリカで最初のパイロット・ライセンス取得者でもある。カーチスの製造したエンジンは、飛行船〈カリフォルニア・アロー〉に搭載されて、一九〇四年、初のアメリカ一周飛行を成功させた。初の海軍機も製造している。一九一九年、カーチスNC－4飛行艇は、大西洋を横断した初の航空機になった。

カーチスには、適当なモーターサイクルのシャシーがなかった。そんな怪物エンジンにも耐えられるようなフレームや変速機がなかった。そこで、整備工に指示して、それを作らせた。時間がなかったので、V8エンジンを搭載したバイクは、走行試験をせずに、フロリダ行きの貨車に積み込まれた。カーチスは一度だけその車体で坂道を下って、たぶんバランスをとって乗れるだろうと思っていた。エンジンの動作については、飛行艇パイロットのトム・ボールドウィンが点検していた。

スピード・カーニヴァルの公認レースが終了すると、今度は実測マイル（一マイル）で競う純然たるスピードの競争がはじまった。〈ロケット・レーサー〉と称するスタンレー・スチーマー蒸気自動車が最初に走ったが、昨年の一マイル二八・五秒という記録を破れなかった。一月二五日、ドライバーのフレッド・マリオットは、蒸気圧を上げて二度めの挑戦を行なったが、ビーチの小さなでっぱりにぶつかって、時速一二〇マイル（約二〇〇キロメートル）で宙に飛びあがり、落下した際にバラバラになって、マリオットは重傷を負った。

カーチスは、ビーチの状態が悪いのにもひるむことなく、試走もしていないバイクで走った。押しがけでエンジンを始動しハンドルバーのスロットルをひねって――ハンドルバーにスロットルを付けるというのも、カーチスの発案だった――ビーチのスタートラインに向かった。凹凸をなんとかしのいで制御することができ、フィニッシュラインに集まった観客のそばを通過し、停止するまでさらに一マイルかかった。

スピード・カーニヴァルの係員たちは、カーチスの記録を時速一三六・四マイル（二一九・五キロメートル）と認定した。そんなスピードで走った機械《マシーン》は、それまで一台もなかった。人間の乗った乗り物でカーチスの記録が破られるまで、それから四年を要した。

オーモンド・ビーチでの走行で、カーチスのV8モーターサイクルの変速機は壊れた。それは二度と走ることはなかった。オーモンド・ビーチで速度記録を樹立したことにより、カーチスはアレグザンダー・グレアム・ベルから、会いに来ないかという伝言を受け取った。一九〇六年一月のニューヨークの自動車ショー（註1）で顔を合わせて以来の再会ということになる。

ベルの招待の目的は、航空実験協会にカーチスを招聘《しょうへい》することだった。一九〇八年半ばには、カーチスは航空機開発者として歴史的な役割を演じはじめていた。最終的には、それがモーターサイクル事業よりもずっと重要なものになった。

「イカロスの翼をこしらえた名匠ダイダロスの子孫は、いよいよ栄える種族になっている」と、一九〇七年の《アウトルック》誌に、ハロルド・ハウランドが書いている。アメリカでもヨーロッパでも飛行機が登場し、パリでは飛行船が一般の遊山《ゆさん》に貸し出されていた。フランスの新聞記者たちは、ヘリコプターもようやく空にあがるだろうと、読者に断言していた。

一九〇〇年から一九三〇年にかけて、数多くの回転翼開発者たちがライト兄弟の偉業になぞらえて、自分は〝ヘリコプターのライト・フライヤー〟を製造したと豪語した。人間を乗せてほんものの初飛行といえるものを成し遂げた、という意味だ。だが、いずれも反証によって斥《しりぞ》けられることが多く、証拠書類に疑問が持たれることもあった。どの回転翼機のどういう飛行を、ノースカロライナ州沿岸のキル・デヴィル・ヒルズを直線飛行したライト・フライヤーにひけをとらない達成と見なせるのかという点に関して、合理的な意見の一致もなかった。ほんものの初飛行とは地上からの支援なしで低空の空中停止飛行《ホバリング》をすることなのか、それとも墜落せずに一キロメートル飛ぶことなのか、実用的な巡航速度で一周したことなのか――判断の尺度が多すぎだ。

従来のヘリコプター史では、離昇してホバリングした最初のヘリコプターは、ジャックとルイ・シャルル・ブレゲーが一九〇七年に製作した単純なマシーンか、おなじ年のその後にポール・コルニュが試験したマシーンであるとされてきた。エミール・ベルリナーとその相棒のジョン・N・ウィリアムズは、一九〇九年六月、ヘリコプター発達の四度の波の第一波のさなかに、メリーランド州の農場で、ホバリングに成功したといえるかもしれない。*あるいは初のホバリングを成し遂げたのは、一九一二年に飛んだデンマークのイエンス・エレハンマーの同軸ヘリコプターだったかもしれない。

ヘリコプターが本格的な飛行を行なったのは一九二〇年代初頭であるという点で、ヘリコプター史家の意見はおおむね一致しているが、最初のホバリングとなると、いまだに闇の中なのである。

ポール・コルニュは、一八八一年にフランスのリジューで生まれた。最初の一キロメートル周回飛行を行なった人間への賞金に惹かれ、コルニュは一九〇六年に航空界に乗り出した。一〇〇人以上の友人から資金を集めて、タンデムローター・ヘリコプターを製作した。四輪の荷車の上にローター二枚があり、動力は二四馬力エンジンだった。コルニュは自転車製造業者だったので、ローターブレードは、自転車の大きな車輪を思わせるベルト駆動のプーリーを主体とするものだった。絹張りの短いブレード二枚が、プーリーまわりにボルトで固定され、それで揚力を得る仕組みだった。軽量の骨組みと、楕円形の透き通ったローターと方向制御のための似たようなパネルのおかげで、コルニュのマシーンはまるで妖精の乗る箱型自動車のような幻想的な外見だった。コルニュはそれで航空グランプリに出場することはしなかったが、一九〇八年のある記事で、一九〇七年一一月一三日にリジューで地面からふわりと浮かび上がったと主張している。その後も、弟を乗せて飛んだと主張している。

　空気力学の基本原則に、モーメント理論**と呼ばれるものがある。これによって、特定のローターがどれほどの揚力を発揮するか、その最高値を計算することができる。メリーランド大学航空宇宙研究所のゴードン・ライシュマン教授は、コルニュの主張を否定する。揚力を発生する翼面がどれほどうまくできていても、二四馬力エンジンでは、せいぜい車輪にかかる重みを減らす程度で、突風がローターの下で渦巻いて支えたとしても、ほんの一瞬ぴょんと跳ぶのが精いっぱいだという。理想的な状況であっても、ヘリコプターが完全に地面を離れるには、さらに八馬力を必要とする、というのがライシュマンの意見である。いずれにせよ、コルニュのマシーンが飛んでいることを撮影した写真は存在しない。コルニュはホバリングについて真剣に努力したことは認められるべきだろうが、自分のマシーンのやったことについては誇張している、というのがライシュマンの意見である。

　一九〇七年にヘリコプターで飛んだと唱えているもうひとりは、有名なフランスの時計製造会社の出身であるルイ・シャルル・ブレゲーが主な関係者であるため、ずっと信用できる。ブレゲーは航空機設計でも成功を収めているし、一九三五年には完全に機能する試作ヘリコプターの製造に関与している。

＊最初の波は一九〇七年から一九一二年にかけてだった。一瞬ぴょんと跳ぶだけのヘリコプターが出現した。第二波は一九二〇年代初頭で、ホバリングして短い距離を飛べるヘリコプターが出現した。第三波の開始は一九三〇年代で、一定の距離を飛行し、荷物を運べるヘリコプターが出現した。第四の波は、ガスタービン・エンジンを搭載したヘリコプターが登場する一九五〇年代である。
＊＊モーメント理論はW・J・M・ランカイン、アルフレッド・グリーンヒル、R・E・フロード、ウィリアム・フロードの研究による。

ブレゲーは、一九〇七年八月一四日にシャルル・リシェーと共同製作した〝ジャイロプレーン一号機〟が、フランスのドゥエで自力で浮揚したと主張している。操舵装置がないため、浮遊している四五馬力のマシーンを助手四人が押さえていなければならなかった、とブレゲーは述べている。だが、助手ふたりは、それ以上のことをやっていたと、のちに認めている。ジャイロプレーンが〝浮揚する〟のに手を貸していたのだ。歴史家は、その手のことをやった野心家を失格と見なす。

コルニュとブレゲーの主張に問題があったため、その後も、はじめてホバリングを行なったヘリコプター、もしくははじめてぴょんと跳んだヘリコプターの資格を得ようと競うひとびとがつづいた。ただ、正否はどうあれ、当時はそれらの力のないマシーンは、あまり注意を集めなかった。というのも、コルニュとブレゲーがあまりにも有名になったために、なにを主張しても負け犬の遠吠えのように思われたからだ。そのなかに、夢を抱いた年配の発明家がいた。昔ながらのヤンキーの機械いじりで、垂直飛行の新世界に参加しようとしたその人物は、力のある発明家たちをまとめてチームを組むという先見の明があり、どこでそれに着手すればいいかを心得ていた。ニューヨーク州北部のハモンズポートがその場所だった。

飛行船、飛行機、ヘリコプターなど、アメリカの航空機開発活動の中心地は、フィンガーレイクス地域のハモンズポートだった。一九〇八年には、航空機愛好家や求職者数百人が、ケウカ湖の南にあるこのブドウ栽培の町を目指した。そこまで鉄道の支線で行くことができた。航空機製作者や見物人は、町の南のプレザント・ヴァレーというワイン造りの場所に集まった。低い山に囲まれて、さながら〝小スイス〟のようだったというものもいた。

観光地でもあるハモンズポートは、一九世紀末のユーコン川流域が金鉱探しを惹きつけたのとおなじような魅力をそなえていた。現代でいえば、シリコン・ヴァレーが、コンピュータおたくやベンチャー・キャピタリストを吸い寄せるようなものだ。なぜそうなったかといえば、グレン・カーチスがそこに住んでいて、カーチスの〝工房《ショップ》〟があったからだ。Ｇ・Ｈ・カーチス工業という社名を、口数の少ないカーチスはただショップと呼んでいたのである。とてつもなく忙しいにもかかわらず、カーチスはライト兄弟とはちがって、夢想家や機械いじりの好きな連中が押し寄せても、邪魔者扱いしなかった。

「現在のハモンズポートのように航空機関係の仕事に天才が列をなしているような場所は、地球上のどこにもない」と、アレグザンダー・グレアム・ベルは述べている。「もっとも軽量でもっとも馬力があると認められているカーチスのエンジンに惹かれて、ひとびとはここに来る」人力飛行船を建造しようとしているシカゴの貧乏な靴職人のような夢想家から、ヘンリー・フォードのような有名人にいたるまで、さまざまなひとびとが、毎日列車でやってきた。一九〇八年七月四日におりたひとびとは、ほとんどが科学アメリカ杯での優勝を狙っていた。その日、カーチスはストーニー・ブルックス農場の競馬場の走路から飛び立ち、西半球ではじめて公式な証人のいる飛行を行なった。*

このとき、ハモンズポートでの優勝を目指していた最年長の人物は、ジョン・ニュートン・ウィリアムズという白髪の技師兼起業家だった。ウィリアムズは、ヘリコプターの部品や簡略な設計図を、コネティカット州ダービーから持参してきた。グレン・カーチスがウィリアムズに、オーランド・ビーチの有名なモーターサイクル走行に使用したのとおなじ型のＶ８エンジンを貸そうと持ちかけたからだった。

＊ライト兄弟は、受賞のための証人付き飛行を開催者が提案したのを断わった。受け入れればカーチスよりも早く受賞していたはずである。

ウィリアムズがヘリコプターに手を染める前の経歴を見ると、さまざまな発明を行ない、広い分野のビジネスに関わっていたことがわかる。だが、航空機や重量物が回転するときの力学についてのなじみはまったくなかった。航空関係の経験が皆無なのに、六八歳でそんな冒険に乗り出したことは、ウィリアムズがきわめて楽天的であるあかしだろう。ブルックリン生まれのウィリアムズは、マーク・トウェインのわずか五歳下という世代に属している。一九〇八年の写真を見ると、もじゃもじゃの口髭を生やして、昂然と顎を突き出し、川船の水先案内人にして作家のマーク・トウェインと似ていなくもない。

ウィリアムズは、一八六二年に一家の農場を出て、ミネソタ州連邦軍に入営し、ネイティヴ・アメリカンを相手の戦闘に何度か加わった。戦後、競馬の騎手になったが、農具や事務用品のデザインと販売に転業し、金ぴか時代の苛酷《かこく》なビジネス環境では珍しくなかった長い法廷闘争に巻き込まれることも多かった。ウィリアムズ・ヴィジブル・タイプライター（訳注　カバーがなく、内部機構がすべて見えているタイプのもので、各社に存在する）は、競争力のある商品だったが、一八九二年まで量産には至らなかったし、そのころにはもう、好況の事務用品販売に参入するには手遅れだった。コネティカット州ダービーにタイプライター工場を建設したものの、一九〇五年には商売は傾いていたので、ウィリアムズはそれを共同経営者に譲渡した。その時点で、ヘリコプターを製造することを決めた。

ハモンズポートに持ってきたものは、単純な同軸反転ローター・ヘリコプターの設計だった。四角い木のプラットホームに大きなエンジンと変速機を積み、一本の軸に取り付けたローターふたつと接続する、という仕組みだった。パイロットはスライド式の椅子に座る。その椅子を動かして重心をずらすのも、操縦の手段になっていた。ローターブレードには角度がついていた。

一九〇八年夏にハモンズポートで離陸を試みたときには、満足できなかったにちがいない。もっと大きなエンジンを探しはじめたことから、それがうかがえる。パワーが足りないことは、初期のヘリコプター発明家にとってつねに悩みの種《たね》だった。一九〇九年四月、ウィリアムズはエミール・ベルリナーの本拠であるワシントンDCに移った。ドイツ系移民のベルリナーは、最初は音響製品で名を挙げたので、アメリカ人にはエジソンの蠟管蓄音機に取って代わった円盤式蓄音機（グラモフォン）の発明者として知られている。また、グレアム・ベルが電話機に使用した改良型のマイクロホンも発明した。さらに、初の航空機用回転式《ロータリー》エンジン（訳注　マツダ車などのロータリーエンジンとはまったくちがうもの。初期の空冷星型エンジンで、シリンダーを回転させて冷却する仕組み）――それがここでは重要――の発明者でもある。

エンジンのシリンダーとプロペラがまわるいっぽうで、クランクシャフトが固定されている星型回転式エンジンは、潤滑油を大量に使うが、単純な仕組みで強力だった。ベルリナーは、飛行機やヘリコプター（本人はエアロバイルと呼んでいた）に魅力を感じていた。《ワシントン・ポスト》によくベルリナーについての記事が載っている。ベルリナーはウィリアムズに、自分の設計した三六馬力の回転式エンジン〝アダムズ＝ファーウェル航空機用発動機〟二基を使うよう勧めた。(註2)

このエンジンを使って、ウィリアムズが乗るベルリナー＝ウィリアムズのヘリコプターが、一九〇九年六月に地面を離れたと、《ニューヨーク・タイムズ》は報じている。しかし、写真はなく、決定的とはいえない。＊

＊航空時代の初期、マスコミは達成されたことを大げさに報じることが多かった。記者が現場で立ち会ったときですらそうだった。一八〇九年のウィーンにおけるヤコプ・デゲンの〝有人飛行〟の報道が典型である。両腕に取り付けた翼で飛ぼうとしていたデゲンの体が水素気球に吊り下げられていたという事実を、記者たちは書かなかった。

しかし、ウィリアムズが発表した詳細なデータからして、たとえ安定させるために助手たちが手を貸していたにせよ、そういう重量と特徴を持つマシーンが、エンジン二基で離昇し、ホバリングしたことは、じゅうぶんに考えられる。「ホバリングした可能性はあるが、かろうじてだっただろう」メリーランド大学のゴードン・ライシュマン航空宇宙工学教授は推定する。「コルニュのマシーンにおなじ計算をあてはめると、そちらは明らかに不可能だったとわかる」

ヘリコプター開発の先駆者たちは、離昇が近づくと自分のマシーンがあぶなっかしい動きをすることに、さぞかし意気阻喪《いきそそう》したにちがいない。地面を離れると、いっそうそれがひどくなる。大きな重量のものが高速で回転しているので、強い梃子《てこ》の力が働いて、ねじれと振動が生じるからだ。ウィリアムズのマシーンも、ローターのドライブシャフトが上下左右に暴れることに悩まされた。ヘリコプターの不安定、ねじれ、振動は、初期の固定翼機の場合よりもずっとひどい問題だった。ヘリコプターは滑走路を走るわけではないので、そうした問題を和らげる強い空気の流れが得られない。軸の先端で起きた振動が、マシーン全体にひろがり、反対側の先端が華奢《きゃしゃ》だとたちまちそれが増幅する。

一九〇九年六月の試験飛行は、ベルリナーの研究所の従業員ひとりが深い裂傷を負うという事故によって中止された。ヘリコプターが飛ぶときの問題は短期には解決できないと判断したベルリナーは、ほかの事柄に目を向けた。ウィリアムズも製造業に戻り、今度はモーターサイクルや三輪の配達自動車を、ニューヨーク・ロータリー・モーターという社名のもとではじめた。(註3) 第一次世界大戦と、大西洋でのUボートとの戦いをきっかけに、ウィリアムズはまたヘリコプターに目を向ける。一九一七年には資金集めに奔走し、試験飛行を行なって、軍艦から発進して潜水艦を捜索するウィリアムズ－ベルリナー・ヘリコプターを開発してはどうかと、海軍に売り込んだ。海軍施設技術局は、海上で使用するにはパワー不足であると返答したが、家族や友人たちが出資し、戦争中ずっとその計画を存続させた[*]。戦後もウィリアムズは、コネティカット州東部の牧草地でヘリコプターの工夫をつづけた。高度二〇〇〇フィート（六〇〇メートル）に達することができ、時速六〇マイル（一〇〇キロメートル弱）で飛び、エンジンが故障しても無事に着陸できる世界初のヘリコプターに対するイギリスの賞金をあてにしていたのかもしれない。その後、進展のないままに、ウィリアムズは老人ホームにはいった。そしてその三年後に、このタイプライター／ヘリコプター開発者は、八八歳で亡くなった。

だが、ヘリコプターの賞金を得たものは、だれひとりとしていなかった。航空関係者も、期待ばかりは大きくてなにも成果がないこの厄介な航空機をどう扱えばいいのだろうと困《こう》じ果てていた。歯に衣《きぬ》を着せない陽気な熱中の人、ジョン・フレデリック・トーマス・ジェーンも、ヘリコプターに疑問を持っているひとりだった。イギリスで生まれたジェーンの武器や輸送機械についての百科事典[**]は、文明とともに進みつづけることになるが、当初、ジェーンが自分の名前を冠するほどに熱中していたのは、軍艦だけだった。

ポーツマスの教区付司祭の息子だったジェーンは、おなじ艦種——たとえば、ドイツのヴィクトリア・ルイゼ級巡洋艦——に属する軍艦を一隻ずつ区別できるくらい詳細な絵を描くという夢をかなえるために、二四歳の年に家を離れた。それには細かい部分まで見分けるたぐいまれな目を必要とするが、それでもロンドンでは夢の仕事は見つからなかった。金がなくなったジェーンは、大好きな船が投錨しているのが見られる、海に面した岸辺に居を移し、物乞いをして飢えをしのいだ。美しくも精密な自作の画集のおかげでジェーンはついに雑誌の仕事を得て、そのころスピットヘッド港に投錨し

＊ウィリアムズのヘリコプターに出資したなかに、高名な草創期の気球家ロイ・ナベンシューがいた。
＊＊『ジェーン世界の戦闘艦艇年鑑』はそのうちの一冊。

ていたドイツ艦隊の絵を描くことになった。

その仕事を卒業したジェーンは、初の艦船百科事典を刊行する。それが専門家にとって必携の書となった。順調な歩みをつづけるなかで、一九〇九年にジェーンは航空機にも手をつける。もともと船が好きだったので、当然ながら、最初のころの本は航空機に懐疑的だった。一九一三年に完成した『世界の飛行船のすべて　第二版』では、四年前の第一版に登場したヘリコプターが本文からはずされ、この分野の開発に興味を持っている読者が極端に減少したことを示している。少数のヘリコプターが〝歴史的航空機〟という付録にかろうじて載り、ジェーンはそれを〝死滅した理想の共同墓地〟と評している。航空機全般も疑問視しており、私的な交通手段としては衰退するだろうと述べている。

「飛行機は戦争機械として以外は、あまり興味を持たれることはなく、だれにも利用されないだろう」

この辛辣な予想は、的はずれな面もあるが、軍の必要性が、民間需要ではとうてい不可能だったような道すじで航空機産業を発展させたという点では、的中したといえよう。オーストリア人とハンガリー人の一団が第一次世界大戦中に製造した最初の軍用回転翼機にも、その流れが見られる。このヘリコプターは、それまで戦場の観測に用いられていた、ロープでつないだ〝凧式《たこしき》（繋留）〟気球に代わるものだった。当時、観測員は空から敵の位置についての情報を得て、砲兵隊と歩兵部隊の指揮官に伝えていた。

戦争にはじめて気球が使われたのは一七九四年で、フランス軍の水素気球〈ラントルプルナン〉が観測員を空に上げ、モーブージュのオーストリア軍前線を偵察させた。だが、第一次世界大戦になると、気球は利点よりも欠点のほうが多くなった。[註4] まず輸送の問題があった。第一次世界大戦時のドイツ軍の凧式気球は、運ぶのに一四〇人と自動車六台を必要としたし、充填する水素ガスは扱いづらく危険だった。さらに、敵の砲撃という問題もあった。新型の強力な〝対気球銃〟の導入により、一九一七年までに多数の気球がしぼんで墜落した。気球乗りたちは、ヴィッカース七・六九ミリ口径機銃から発射される焼夷弾《しょういだん》をもっとも怖れていた。飛行機によるふつうの機銃掃射では、気球の気嚢に縫い目のような穴があいて、ガスがゆっくりと漏れるだけなので、敵機も気球のまわりの厳重な防空陣地に攻撃される危険を冒しはしない。しかし、焼夷弾を食らうと、気球は火の玉と化す。一九一八年九月、それを使用したカナダ人撃墜王《エース》フランク・ルークは、ドイツの気球を一日に三台撃ち落とした。ベルギー人パイロットのウィリー・コッペンズは、六カ月の間に三四台の気球を撃墜した。一二〇年間勇敢に軍務に服した軍用気球の時代は終わりを告げた。

　こうして戦場の観測に空白が生じ、オーストリア－ハンガリー連合軍のテオドール・フォン・カルマン少尉の足もとに、それがぽんと投げ出された。フォン・カルマン少尉は、戦前は航空学者兼航空技師だった。兄の計算問題を暗算で問いたことから、数学の天才児と見なされ、一九〇八年にアンリ・ファルマンがヨーロッパ初の周回飛行に成功してドゥッシュ－アルシュデック賞（註5）を獲得するのを見て刺激を受け、空を飛ぶための科学を志《こころざ》した。

　第一次世界大戦が起きて陸軍に召集されると、フォン・カルマンは、ドイツのアーヘンにある航空学研究所の有望な若手所長に任じられた。航空学の才能の豊かなフォン・カルマンは、ウイーンのオーストリア－ハンガリー軍飛行隊に出頭し、当地の研究所長に着任するようにという命令書を一九一五年八月に受け取って、欣喜雀躍《きんきじやくやく》した。飛行隊の予算はわずかで、実験のための航空機も廃棄されたおんぼろが数機あるだけだった。だが、飛行隊の野望はそれをはるかにしのぐ大きなものだった。それが明らかになったのは、一九一七年のことだった。フォン・カルマン少尉は、上官のシュテファン・ペトローツィ中尉に、作戦用のヘリコプター製造を命じられた。フォン・カルマンはまず、地面に長いロープでつないだ模型による試験からとりかかった。

とてつもなく困難な任務だったが、二〇世紀きっての優秀な航空学者であるフォン・カルマンにとっては、不可能な仕事ではなかった。ついでながら、後日カリフォルニア工科大学ジェット推進研究所の所長をつとめることになるこのフォン・カルマンは、空気の流れが、先の丸い物体から交互に規則正しい渦の連なりを描いて離れてゆく現象をはじめて数学的に解明した人物でもある。*ペトローツィ中尉は、フォン・カルマンに、繋留型ヘリコプター《シュラウベンフリーゲル》の製造を命じた。この計画はその後、ペトローツィとカルマン、もうひとりの協力者のヴィルヘルム・スロヴェッツのイニシャルをとって、ＰＫＺと呼ばれるようになる。このヘリコプターの完成が近づくと、その異様な形が明らかになった。

現在のヘリコプターはほとんどが一番上にローターがあり、ローターハブが機体の全重量を支えるようになっている。ＰＫＺでは同軸反転ローターがなかごろにある。観測員の乗る桶のようなものが、その上に載り、降着装置とエンジンが下側にある。観測員のところには、敵機に対する防御として機銃があるが、あとはなにもはいる余地がない。最小限の性能しかないＰＫＺは、戦場をぶんぶん飛びまわることは目的としていなかった。双眼鏡を持った観測員が敵前線を見て、ケーブルを通じ、その情報を下に伝えられるように、一定の高さまで上昇すればよかった。山の向こうの状況を砲兵隊が知りたい場合には、支援要員二四人と車両二台で輸送しなければならなかった。上昇するときには、ウインチに巻いたケーブル三本で地面につながれる。着地の衝撃を和らげるためには、空気を入れた嚢が用いられた。

数多くの実験が行なわれ、いくつかは即座にぽしゃった。たとえば、ローターをまわすのに特製の電気モーターを使ったときには、一五分後に火災が起きた。フォン・カルマンのチームは、墜落した敵機から回収したガソリンを使う一二〇馬力のル・ローヌ・ロータリー・エンジンに切り替えた。発明家たちによれば、もっとも成功したＰＫＺ２型は、オーストリアで一五分以上の有人飛行を行なったという。それだけ長い実験をやれば、エンジンの回転が、ケーブルをぴんと張れるだけの力を発揮しなかったり、ウインチの操作員がそれに気づかなかったりしたときには、墜落の危険が増大することに気づいたはずだ、と彼らはいう。そうなった場合、ＰＫＺはおそらく罠にかかった獣みたいにばたばたと動きまわり、あげくの果ては大きく傾いて落ちたにちがいない。＊＊

　ペトローツィは、ＰＫＺの特許をハンガリーで取得したが、戦後に観光客を乗せて飛ばそうという計画は実現しなかった。イタリア軍が機体を押収し、博物館に収蔵した。ＰＫＺの特殊な造り――人間が上でローターが下――は、完全に消えはしなかった。ローターが下にある試作型は、一九五〇年代のデ・ラックナー・ヘリ・ヴェクターなどに見られる。

　ＰＫＺが評判になったことで、ほかにはどういったヘリコプターが戦時に役立つだろうかと、航空関係者はすぐに考えをめぐらすようになった。一九一七年、ドイツ軍上層部は、フォン・カルマンをベルリンに呼び寄せ、大幅に改善したＰＫＺが敵前線を越えて補給物資を運ぶことが可能かどうかについて報告するよう命じた。一八七〇年にパリがプロイセン軍に包囲されたように、ベルリンが連合

＊渦が作られる過程を数学的に記述すると途方もなく複雑なことになるが、フォン・カルマンはその現象を単純明快に、渦列《かれつ》と呼んだ。ヘリコプターのローターブレードの先端でもおなじような現象が起き、ヘリコプターのパイロットや設計者の悩みの種となっている。

＊＊スミソニアン研究所の回転翼機歴史家ロジャー・コナーによれば、観測員が乗ったＰＫＺ２が飛行したという証拠はないという。「観測員用バスケットに何者かが乗って浮揚しているように見せかけた写真はあるが、安定しなかったため、人間が乗る実験はできなかった」この発想は、第二次世界大戦直前にドイツ軍が無線アンテナをあげる手段として一時的に復活した。

軍に包囲された場合を想定してのことだった。ジュール・ヴェルヌの小説の主人公ロビュールが、〈アルバトロス〉から助けの手を差し伸べて、難破船の生存者を救ったように、軍用ヘリコプターにも救難能力があるのではないかと考えているひとびとも多かった。負傷者の大多数はトラックなどの車両で後方の病院に運ばれるが、道路は轍《わだち》や砲撃の跡で荒れ放題だった。アーネスト・ヘミングウェイは、そういった救急車での旅のつらさを、『武器よさらば』に書いている。(註6)

アメリカ陸軍もヘリコプター熱に取り憑かれ、戦後、開発計画を発足させた。陸軍がそのときに助力を仰いだ人物とはだれだったのだろう？

一九三五年六月一五日、プリンストン大学国際関係クラブは、ロシア生まれの数学者ジョルジュ・ド・ボテザを講演会に迎えた。ボテザは、ずんぐりした体格で、頭が薄くなり、口髭と山羊鬚を蠟で固め、ひと前で話をするときにいつも着る三つ揃いを身につけていた。かつては世界でもっとも偉大な数学者を自負していたものだった。それに見合った成功は得られなかったものの——当時はアインシュタインが存命だったということもある——ボテザには、経済学から工学にいたるさまざまな著作があった。

その日の講演は、〝時間の等時性〟と題されていた。アインシュタインの相対性理論に対する正面攻撃ともいえる。ボテザは、この見解を取り上げた『ニュートンに戻る』という本を書いていた。数多くの数学者が出席し、そのなかにはプリンストン大学数学部部長もいた。《ニューヨーク・タイムズ》の記者が、講義の内容がわからないままに、その一部を引用している。「時間の相互等時性がふたつの同時性体間で立証されうるならば、時間そのものの等時性は存在全体を通じて、それぞれとの関係において立証される」講演を終えたボテザが、喧嘩腰で質問があるかどうかをたずねると、手を挙げるものはひとりもいなかった。

やがて、二列めにいたもじゃもじゃの髪の男が立ちあがった。アルバート・アインシュタインその人だった。アインシュタインは、思慮深い物静かな口調で、質問をはじめた。ボテザは、やや逃げ腰で堅苦しく答えた。アインシュタインは黒板の前に行き、チョークを手にして書きはじめた。この対決を細かいところまで見届けられたものは少数だったが、たいへんなことが起きていることを、聴衆は察した。ボテザが両腕をふりまわし、声が甲高く、ふるえていたからだ。アインシュタインはなおも質問をつづけて、三〇分近く数式を書き殴りながら、ボテザがどのようにしてその結論に達したかを追究した。ボテザがついに降参すると、アインシュタインは妻の隣の席に戻った。

ボテザが自分で唱えているような〝世界でもっとも偉大な科学者にしてずば抜けた数学者〟であることを、歴史は認めていないが、戦後アメリカのヘリコプター開発計画で大きな役割を果たしたことはたしかである。

アメリカ陸軍の回転翼飛行への興味を高めた貢献者は、オハイオ州マックック・フィールドにある飛行研究班の班長をつとめるサーマン・Ｈ・ベーン陸軍少佐だった。ベーン少佐は、ありあまっている安価な軍用機が、新型機の研究に巨額の費用をかけるのを阻んでいるという事態の打開策を探していた。故障したイギリス製のハンドレページ爆撃機を処理する最善の策は火をつけることだと、こぼしたことがある。しかしながら、ヘリコプターの研究には、戦後の余剰物資というぼろぼろの足かせがない。ベーンはハンガリー製のＰＫＺ２のことを戦争中に耳にしていたし、ボテザの一九一六年のローターブレードに関する論文も読んでいた。陸軍向けに自由飛行ヘリコプターを建造するという提案書を送るよう、ベーンはボテザに働きかけた。アメリカは開発中の軍用ヘリコプターがない唯一の大国だし、ボテザには使える設計がある。それがベーンにはいらだたしかった。ヘリコプターのローターに関しては、ボテザの右に出るものはない、そうベーンは確信し、公開の入札は意味がないと考えていた。ボテザはかつてロシアのヘリコプター理論家ニコライ・ジューコフスキーの天才的な弟子だったし、ジューコフスキーはその分野の泰斗《たいと》だった。それがボテザの信用に結びついていた。

アメリカ陸軍は、ボテザの手紙を公式の提案と見なし、製作を開始するよう指示した。このプロジェクトについてはボテザが注目を一手に受けているが、作業をじっさいに監督したのは相棒のイワン・ジェロームだった。

工兵科H-1という暗号名のヘリコプターをスパイの目から隠さなければならない、とボテザはい い張った。そのため、組み立てのために外に出すときに、ベーンは木の高い枠に黒い布の幕を張ったものを用意した。マックック基地のパイロットがその囲いの上を低空飛行すると、モスクワやベルリンや東京に情報が漏れるとでも思ったのか、ボテザは激怒した。一週間休みなしで、製作には一八カ月を要した。それでも、ボテザは時間を見つけてデイトン近辺で講演を行ない、人類はいつかロケット推進の宇宙船で他の惑星に飛んでいけるだろうという話をした。

完成したH-1は、初期のヘリコプターの例に漏れず、怪物じみた外見だった。マックック・フィールドのパイロットたちは、四ローターの巨大なヘリコプターを上から見て、肝をつぶした。骨組みだけでも幅が二〇メートルあった。中心から四つの腕がX字状に突き出した形だった。腕は金属の筒で、直径四メートルの大きなファンブレード・ローターが端にあった。制御のために、そのほかに四つの小ローターを備えていた。

一七〇馬力のエンジンを搭載したH-1は、一九二二年一二月一八日に飛行を開始した。地上の人間の手を借りずにホバリングしたという明らかな証拠がある。陸軍を除隊してテスト・パイロットになっていたサーマン・ベーンは、重量三六〇〇ポンド(一・六三トン)のマシーンを制御できた。その後、あるパイロットが、理想的なパイロットは、タコ並みに手足がいっぱいないといけないと述べているくらいだから、驚異的な操縦の技倆だったのだろう。ホバリングするためには、飛行機とおなじような操縦桿とラダーペダルに加えて、自動車のハンドルに似たものと、その内側の小ハンドルを操作しなければならなかった。高さ一〇フィート（約三メートル）で二分間ホバリングしたあと、九〇メートル風下に流され、フェンスに近づいていることに、ベーンは気づいた。そこにひっかかる前に、ベーンは着陸した。好意的な目撃者は、「ああいうことができるのだから、街中の狭い空き地や通りや建物の屋上を、航空基地の代わりに使える」といった。

こうした試験飛行が一〇〇回ほどくりかえされ、低速での飛行も何度か供覧された。六カ月とたたないうちにH‐1は、四人の人間がジャングルジムにぶらさがるようにX型のフレームにぶらさがったままで離陸できるようになっていた。だが、細かい改良を加え、より大きなエンジンを積んだにもかかわらず、マックック・フィールドの芝生の一二メートル上まで上昇するのがやっとだったので、たとえ手を放しても、たいした距離を落ちることにはならなかったはずだった。H‐1は地面効果の範囲内を超えて上昇することはできなかった。翼によって揚力を得る物体はすべて、地表に近いところでは、そのクッションのような空気の恩恵を受ける。このクッションは、ローターの直径の半分以上に昇ると消滅する。

一九二三年七月、ボテザは記者団に、H‐1はいますぐに陸軍が実用化できるようなものではないと認めつつ、ライト・フライヤーが固定翼機で得たような地位をヘリコプター史において得るべきだと述べた。だが、H‐1は、そういう地位は得られなかった。構造が複雑すぎて信頼性が低かったし、飛ぶというよりは浮遊するだけなので、初期のヘリコプターの範疇を脱していなかった。アメリカ陸軍の報告書は「パイロットと航空偵察員の生命を軽視してもよいような軍事的緊急事態でないかぎり」こうしたものを開発する必要はないと、冷淡に述べている。

地面効果の空気の流れ

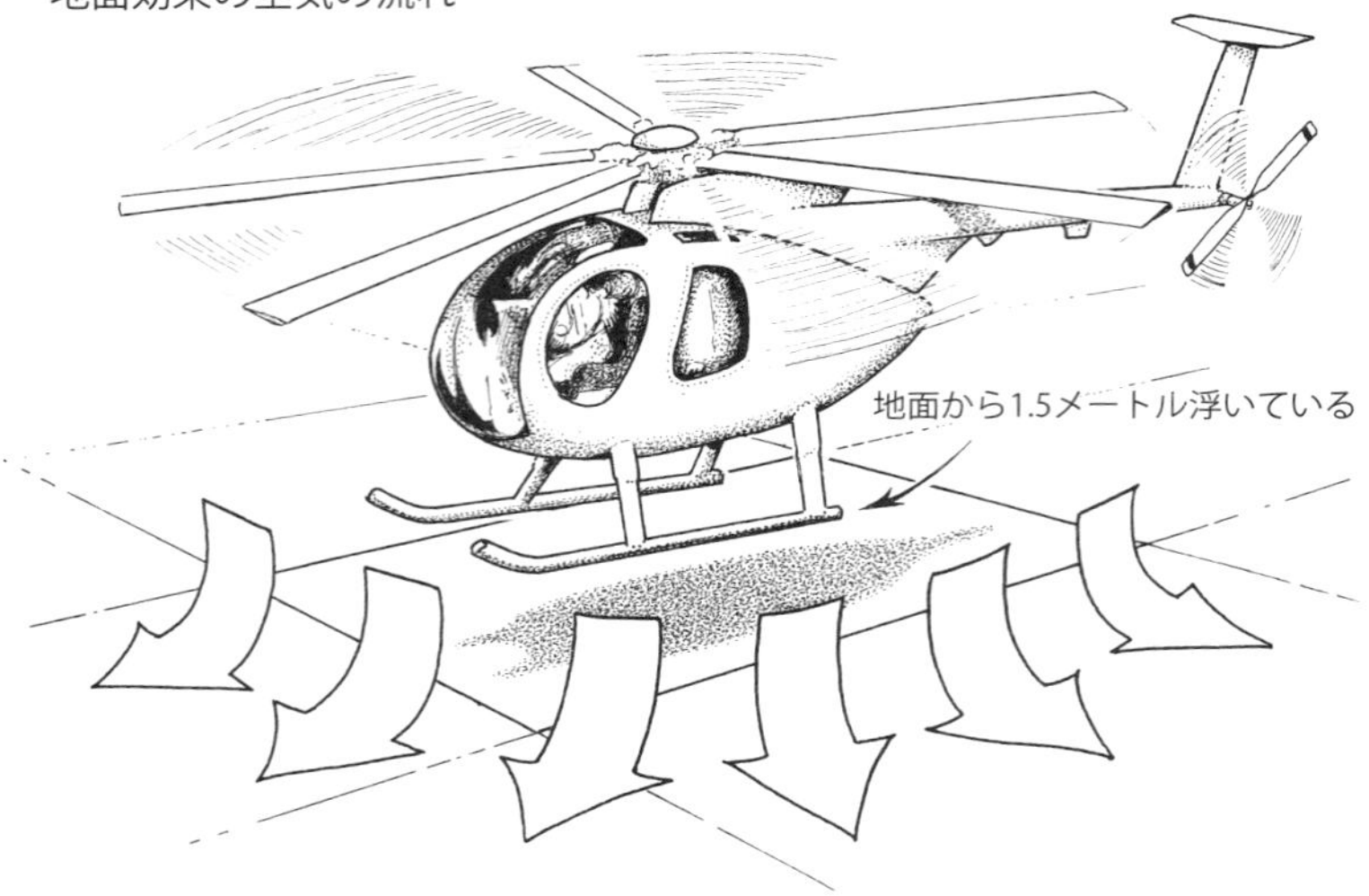

アメリカ陸軍は、このヘリコプターに二〇万ドルの予算を費やした。これは当時では莫大な金額だったし、まして陸軍の年間予算は年々減らされていた。ボテザの作業場となったマックック・フィールドの年間運営予算は、作業がはじまった年にはわずか五〇〇万ドルだった。陸軍はそれだけの金を費やしたが、H‐1はボテザに財政的な成功をもたらさなかった。期待していた成功報酬がもらえなかったからだ。

現在まで保存されているボテザのH‐1の名残は、操縦桿《そうじゅうかん》とひとつのローターの金属の骨組みだけだ。メリーランド州スートランドのポール・E・ガーバー保管・修復・貯蔵施設の天井からぞんざいに吊るされている。第二次世界大戦直前には、完全な機体が、他の歴史的航空機とともに、オハイオ州デイトンのライト・フィールドに保存されていた。しかし、戦争がはじまると、急遽《きゅうきょ》、屑鉄が必要になったために、H‐1は他の機体とともにスクラップとして熔かされた。ヘリコプター博物館長たちにしてみれば、後世のひとびとに対する犯罪である。

そういったことや、博物館や図書館に生き残っている人工物を見ると、ヘリコプターは懐胎期間がとてつもなく長かったことがわかる。最初の模型が飛んでから、長距離飛行ができるものが完成するまで、一五〇〇年もの歳月が過ぎている。最初のころの発想は極端なまでに楽観的で、先を見越しているものは少ない。華奢な足場みたいなからくりが、ぜんぜん飛ばないでバラバラになるのを昔の映像で見ると、まるで悲喜劇の一幕のようだ。成功例はめったにないのに、多くの発明家たちは、アイデア泥棒が近くに潜んでいて先に特許をとるのではないかという恐怖を拭い去れなかった。一九一〇年のある記事は、一年のあいだ航空にわか景気に沸いたニューヨーク州ハモンズポートに現われた、妄想に取り憑かれた発明家の行列について述べている。「奇天烈《きてれつ》な機械を持った異様な連中がみんなそこへ行く。彼らはみな、自分のアイデアを地球上のすべての人間が盗もうとしているという妄想に取り憑かれている」

現存する世界最古のヘリコプターの実物は、スミソニアン博物館が所有していて、メリーランド州カレッジ・パークの小さな航空博物館に貸し出されている。地元住民の目には、建物と木立と線路に囲まれたちっぽけな民間飛行場にしか見えない。しかし、歴史家にとって、カレッジ・パーク飛行場は、特別な存在である。そこはアメリカでもっとも古い飛行場でありながら、いまなお運用されている。ウィルバー・ライトは、そこで陸軍の飛行士たちに訓練をほどこした。

狭い展示室には、三葉機がある。漆《うるし》の塗装が長い歳月のあいだに変色し、ミイラを包んでいる布のような色になっている。翼の上に木のローターがある。これがベルリナー五号機だ。製造したのはエミール・ベルリナーの息子のヘンリーである。一九一四年にヘンリーは父のヘリコプター開発を引き継いだ。パイロットでもあったヘンリーは、一九二二年に海軍関係者の前で供覧を行ない、一定の距

カーチス‐ブリーカー・ヘリコプター

離を飛び、ホバリングした。

手摺《てすり》のそばのテレビ・モニターは、五号機が新しかったころにカレッジ・パークで撮影した映画を流している。数メートルぴょんと跳び上がる五号機のプロペラに似たブレードは、ひやひやするぐらいパイロットの頭の近くでまわっている。数秒浮かんでいって、わずかに横に流され、また着地しては浮遊するありさまは、引力の弱い惑星でふわふわ浮いているようだ。五号機にはベルリナーの以前のヘリコプター実験に使われた部分を流用しているので、古く見える箇所がある。

ほんとうの成功といえるものは一九二〇年代に――それもほとんどヨーロッパで――実現しているのだが、それ以外のいっぷう変わった興味をそそるアイデアも、記者たちの注目を集めている。エドワード・フィッツジェラルドの試作機は、一九二八年にロングアイランドで試験飛行中に爆発したため、歴史に名をとどめていない。高さ三メートルのアルミの筒にプロペラを収めて、揚力《ようりょく》を得るというアイデアだった。一九〇八年のウィルバー・キンボールによる〝ヘリオ・コプター〟は、五〇馬力の原動機で二四の小さな木のプロペラをまわすというものだった。ハンシュクというドイツ人は、一日で大西洋を横断できるヘリコプターを製造したと、一九二二年に主張している。ほかにも〝ヘリコジャイア〟なるものがある。これは、ブレード一枚一枚に小さなプロペラが付いていて、それによってローターそのものがまわるという仕組みになっている。ジャイロ・カーで有名なルイス・ブレナンは、そういうヘリコプターを製作して、建物内で飛ばし、一九二五年にぶつけて壊している。ブレードにプロペラを付けてまわせば、回転トルクが発生しないので、尾部ローターは必要ないが、ハブからのばしたシャフトもしくはブレードごとに取り付けたエンジンで、プロペラをまわさなければならないので、機構が複雑になるという欠点がある。一九三〇年のカーチス－ブリーカー・ヘリコプターが、この手のヘリコジャイアだった。不安定で振動が激しいので、カーチス－ライト社はこの計画から手を引いた。

ときどき、発明家の主張を、記者たちがせっかちに受け売りして報じることがあった。「ヘリコプターついに登場！」と、一九二一年の《イラストレイテッド・ワールド》誌が宣言した。「翼のない飛ぶ機械はもはや既成事実となった！」読者は、記事の最後まで読んでようやく、「完璧に実用的な有人ヘリコプター」と記事で表現されているクロッカー－ヒューイット機が、いまだに飛んでいないことを知るのである。

試作機の大半は、完成したヘリコプターの四つの条件*を満たしていないが、どの博物館も、一九二〇年代の発明家ふたり、ラウル・ペスカラとエチエンヌ・エーミシェンのマシーンやその残骸を収蔵していることを誇っている。いずれも、まったく異なる設計の制御可能なヘリコプターを、ほぼ同時に創りあげている。

一九二〇年、フランス人技師エチエンヌ・エーミシェンは、『鳥たち——われらが主人』という謙虚な題名の本を上梓した。鳥や昆虫の翼の仕組みを、三年にわたって研究したもので、高速撮影の写真も載っていた。エーミシェンは、第一次大戦末期にフランス特許省に勤務している際にこの研究に着手し、戦後に自動車技師として仕事をはじめてからも、それをつづけていた。

本を上梓する前から、エーミシェンは翼の研究の一環として、ヘリコプターの簡略な図面を描いていた。そして、自動車を製造している雇い主のロベール・プジョーを説得し、費用をすべて出してもらった。コルニュが採用した基本的な二ローターの型ではあったが、ローターブレードは、じっさいの翼の仕組みに関するエーミシェンの知識を利用した設計だった。驚くべきことに、エーミシェンの最初のヘリコプターは、ソーセージ型の気球をてっぺんに取り付けていた。一九二一年一月一五日、このセミヘリコプターは、ヴァランティネー近くで自由飛行を行なったが、気球がなければ歴史的偉業の栄誉を得ていたにちがいない。気球は現代のトラックでいえば、トレーラー部分のようなもので、ウーミシェンの体重を持ちあげるだけの力しかなかった。この動力付きヘリコプターは、乗員を除いた自重を離昇させたのである。

気球を取り付けたのには、理由があった。試作機の制御を容易にするためだった。初期のヘリコプターはたいがい、好き勝手な方角に勢いよく飛んでゆくという、抑えがたい性質を持っていた。この〝スケーティング〟作用は、現代のヘリコプターでも、サイクリック・スティックをタイミングよく繊細に操るすべを憶えるまでは、私のような新米の操縦によって起きる可能性がある。エーミシェンの気球は、そういった回転運動に対するブレーキの役を果たしたが、それには代償もあった。前進しようとしたときに、空気抵抗による効力を発生させたのだ。一九二三年、エーミシェンは気球を取り去り、制御のためのローターを八つ増やして、ほんもののヘリコプターを創りあげた。骨組みはマルタ十字の形で、ボテザのマシーンによく似ていた。一九二四年四月一四日、それに乗ってエーミシェンは墜落することなく三三〇メートル飛び、初のヘリコプター飛行距離記録を樹立した。

エーミシェンが記録を樹立した四日後に、ラウル・パテラス・ペスカラ侯爵が、まったく斬新な設計のヘリコプターで、その記録を破った。

ペスカラはアルゼンチン生まれのスペイン人で、弁護士の仕事を擲《なげう》ち、航空機開発に乗り出した。最初は魚雷を発射する水上機を設計した。この水上機は一九一二年に完成した。この成功につづき、ペスカラはコルニュやブレゲーとは異なった手法でヘリコプター製作に取り組むことを考えはじめた。ローターブレードに、マシーンを空中に持ちあげる以外の役割を持たせてはどうだろうか？　ブレードによってヘリコプターの水平方向の動きを制御できれば、ほかの装置類はいらなくなる。これはじつに優れた着想だった。現在ではこれをサイクリック・コントロールと呼んでいる。パイロットは、ローターが回転しながらピッチを変えるように制御する。ブレードそれぞれが空気をつかむ力が変わるので、ヘリコプターの進行方向をすばやく変えることができる。

ヘリコプターの実験を行なっていたひとびとは、この可能性をまだ探求していなかった。どの計画や模型も、ローターを揚力だけにしか使えないプロペラと見なしていた。飛行中のヘリコプターをパイロットが制御するためにローターブレードのピッチを変えるという方法はまったく使われず、舵のような板で空気の流れを変えたり、小さなローターを推進装置に使って向きを変えたり、いくつかの

＊自重に搭載物の重量を加えても離昇できる。一定の制御のもとでホバリングできる。有用な移動手段として迅速に空中を動ける。エンジンが停止した場合でも安全に着陸できる。四つめは、パワーを失った主ローターが空気の力でまわりつづけ、緊急着陸時にクッションの役割を果たすことで、オートローテーションと呼ばれる。

ペスカラ２号機

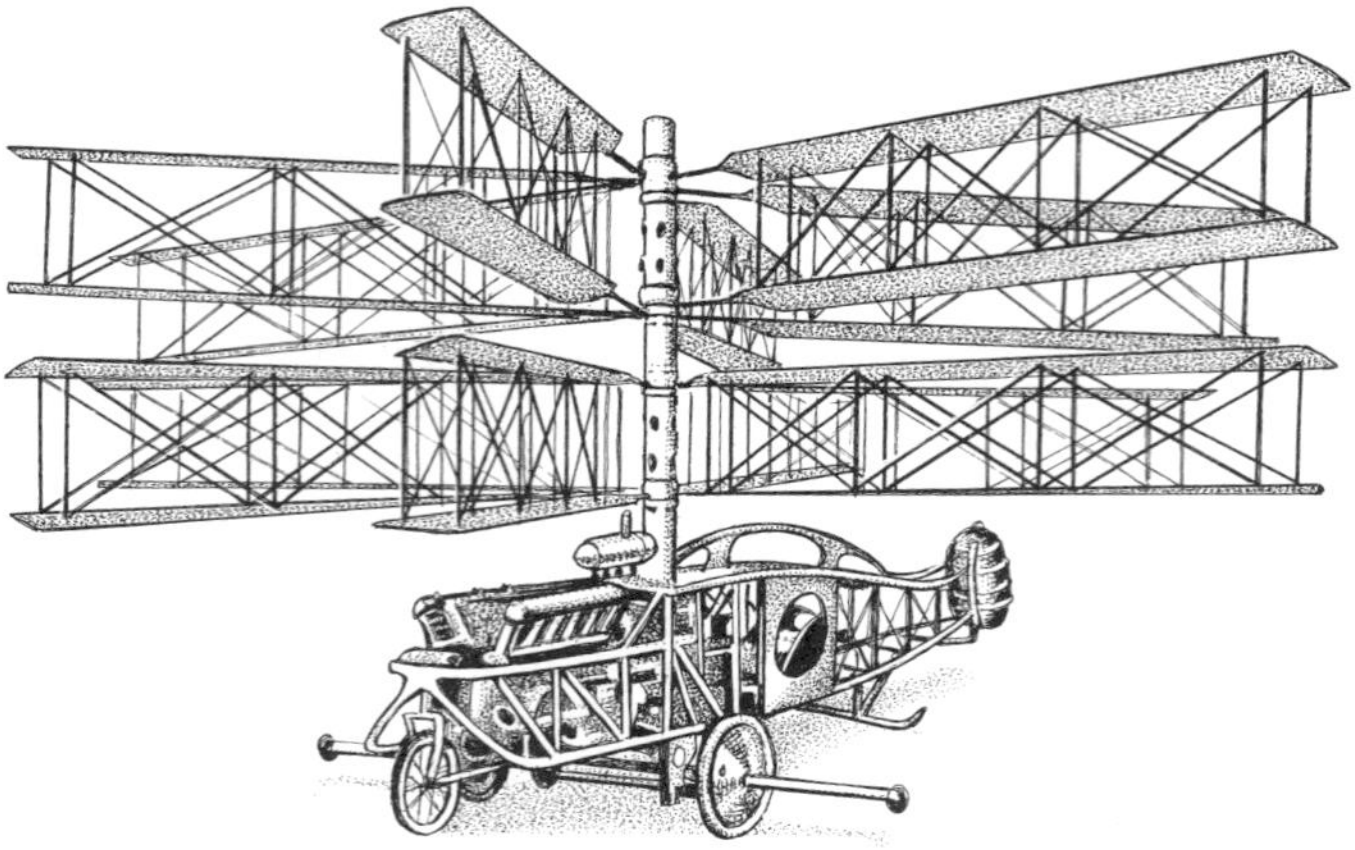

ローターをスロットルで調整したりしていた。いずれの方法にも大きな問題があった。

一九一六年、ペスカラはアルゼンチン政府に訴えかけて、こういう路線のヘリコプター建造に費用を出してもらおうとした。アルゼンチン政府は提案を拒んだが、アルベルト・サントス・デュモントと会ったペスカラは、フランス軍の支援を取り付けた。

「もっとも速い飛行機よりも速い時速一八〇マイル（約二九〇キロメートル）以上を出すマシーンを製作する。次回のミシュラン・レースで優勝したいと思っている」一九二一年に、ペスカラはそう予告した。早まった発言だった。ペスカラは、マシーン五台を壊した。それでも、サイクリックをちゃんと作動させて、一九二二年に、飛行船用の格納庫内でヘリコプターを飛行させた。ベルリンのドイチェラントホールで、ドイツ製ヘリコプターがかの有名な屋内供覧飛行を行なうよりも、一六年早かった。

ペスカラのマシーンは、ボテザやエーミシェンのヘリコプターよりも水平面でのサイズが小さく、屋根なし乗用車に頑丈なトーテムポールをくっつけたような形をしていた。そのトーテムポールのようなマストが、第一次世界大戦中に活躍した複葉機の主翼に似たものを支えている。ある試験の際に、ローター・ハブがひっかかり、ローターがマストのまわりにからみついて、ちゃんとたたんでいない傘みたいなありさまになった。このマシーンは、なんとなく滑稽な外見ではあるが、初期の設計はみんな奇妙奇天烈《きみょうきてれつ》な格好だった。ペスカラのマシーンは、ほんもののヘリコプターの秘めた能力を、はじめて現実に示すことができたといえよう。

新技術に挑戦するひとびとのなかには、ごく少数だが成功しそうな人間がいた*ものの、彼らのヘリコプターは実用にはほど遠かった。速度が遅く、低空を飛ぶだけだった。振動が激しく、強力なエンジンが手にはいるようになっても、それを使いこなせなかった。エーミシェンとボテザのマシーンは、かなり幅があるので、戦場で使うには相当広い場所でなければ無理だった。ペスカラの設計はマストが高いので、飛行場でも横転するおそれがあり、飛行中は空気抵抗が大きかった。

こうした難問が目に付いていたほかに、ヘリコプトリアンたちにもどうにもできない大きな難問が持ち上がった。一九二三年、まったく新しいマシーンが出現して、ほんもののヘリコプターに向いていた注意を奪ってしまったのだ。新発見が小出しに現われていた分野には珍しいこの刺激的な出来事の源《みなもと》は、フアン・デ・ラ・シエルバという発明家のスペイン貴族だった。投資家がなかなか成果を得られないヘリコプター研究は、資金が枯渇した。ペスカラはヘリコプター開発をあきらめて、競走

＊作家でテスト・パイロットのジャン・ブーレは、最初の制御可能なヘリコプターについては、ペスカラ、エーミシェン、ボテザの三人が手柄を分かち合うべきだと述べている。三人のマシーンは、いずれも補助なしで離昇し、水平に飛び、垂直に着陸している。

自動車のナシオナル・ペスカラを製作した。

第５章　空の自動車

一八六九年から何十年ものあいだ、ジョン・タウンゼンド・トロウブリッジの滑稽詩はアメリカ人を大いに楽しませていた。一八二七年生まれのトロウブリッジは、冒険物語や青少年向けの小説を多数書いている。その滑稽詩の題名は『ダライアス・グリーンと空飛ぶ機械』。この詩に登場するダライアス少年は、翼と飛行用ヘルメットと鷲の尾に似たものをこしらえて、納屋の屋根裏から飛ぼうとする。ところが、納屋の前の庭に転げ落ちる。「悪魔が天使の槍で突き転がされたごとく／まっさかさまに下界へと」。残骸のなかから出てきたダライアスは、飛ぶのは楽しいが着地はそうではないと考える。トロウブリッジは、ダライアス少年を、鳥のように羽ばたきたいと思っているすべての人間になぞらえている。航空史家は、この手の鳥の飛びかたを真似た装置すべてを、羽ばたき飛行機に分類している。ライト兄弟が原動機付きの固定翼機を飛ばす前もあとも、腕に羽根をつけて羽ばたいても人間は地面を離れられないと、物理学者はきっぱり結論している。

それは真実だが、ヘリコプターのローターも一部の例外を除けばじっさいに羽ばたいていることを思えば、失敗した羽ばたき飛行家たちも、多少は気が楽になるかもしれない。ローターが回転するときには、毎回その激しい作用が起きる。スペイン人発明家のファアン・デ・ラ・シエルバは、翼が失速を起こして墜落しないような飛行機を工夫しているときに、ローターの羽ばたきの重要性に気づいた。そこでできあがったのが、商品名を〈オートジャイロ〉というシエルバの名高いマシーンだった。風《オー》車飛行機《トジャイロ》は、ヘリコプターの重大な欠陥を克服したかに思われた。だが、すぐに広告業界、個人輸送、報道関係の顧客を得たにもかかわらず、オートジャイロにも大きな問題があった。シエルバなどがオートジャイロで築いた基礎は、その後、一九三〇年代末に登場するヘリコプターの新しい波に、大きく貢献している。

　初期のしごく単純なオートジャイロは、動力なしのローターを飛行機の胴体の上に取り付けるという仕組みになっている。前進するときに風を受けて回転するように、ローターは斜めになっている。初期の型では、飛行中にパイロットが制御しやすいように、短い主翼のようなものがあったが、必要がないとわかって取りはずされた。飛行に必要な翼《よく》は、上のローターのみだった。オートジャイロのローターブレードは、空気の流れを受けて揚力《ようりょく》を発生するような形に設計されている。前進する力は、飛行機とおなじような機首のプロペラに任されている。

　完成直後の一九三一年、オートジャイロはニューヨークの港湾地帯でおおいに面目をほどこすことになる。ヘリコプターはまだ未発達で、実用に耐えることを示すのは、それよりもだいぶ遅かった。だが、この一二月二三日、完全に実用化されたオートジャイロが、スプリング・ストリートの桟橋に待機し、小粋な身なりのにこやかなスペイン人発明家フアン・デ・ラ・シエルバが、ドイツのUボートに撃沈された〈ルジタニア〉の姉妹船〈アキタニア〉から降り立った。風車みたいな飛行機にシエルバが乗り込み、商用旅行をはじめるのを、記者たちが間近で見守っていた。オートジャイロが乗客を乗せてマンハッタン島を飛び立つのは、それがはじめてだった。シエルバは、イースト川を越えて、フロイド・ベネット飛行場に降り、そこからペンシルヴェニアの田舎の屋敷に向かった。

わざとらしい派手な見世物ではあったが、一二年のあいだ苦労したシエルバは栄光の座に着くにふさわしかった。なにしろ、実用に耐える最初の回転翼機を製造したのだ。イギリスの企業家ハリー・ブリテインが予言したように、オートジャイロは自家用車に代わる待望の航空機になるかと思われた。シエルバのオートジャイロは、ヘリコプターをしばらく脇においやることになった。すくなくとも大衆の意識のなかでは、ヘリコプターは影が薄くなっていた。だが、第二次世界大戦直前に、ヘリコプターがようやく大きく前進すると、オートジャイロはいつしか輝きを失うのである。

ファン・デ・ラ・シエルバ・コドルニウは、一八九五年、スペインのムルシアに生まれた。父親のドン・ファン・デ・ラ・シエルバ・ペナフィエルは、弁護士、詩人で、のちにマドリード市長を経て、内乱の激しかったスペイン政界で、王党派の閣僚級大臣になった。趣味としての飛行術に関心を抱いていた息子を支持してはいたが、なにしろ多忙で時間がなかった。* むしろ祖父のほうが、飛ぶことへの興味をはぐくむのを手伝い、スペイン国内ではじめて飛行する飛行機を見物するために、ティーンエイジに達したシエルバをあちこちに連れていった。シエルバは、一四歳になると模型飛行機をこしらえはじめた。

その三年後、モーターサイクル店の店主が飛ばして墜落させてしまった複葉機の残骸を、シエルバはマドリード市内で見つけた。その部品やその他の残骸から一機を組み立てさせてくれと、シエルバは申し出た。そうやって完成した複葉機は、みずからの設計によるものだった。それを〝赤い蟹《かに》〟と名付けた。多くのスペイン人が、それをスペインで最初に作られた飛行機と見なしている。最初の成

＊ドン・ファン は道徳観の厳しいマドリード市長で、賭博をした著名人を逮捕し、深夜のレストラン営業を禁じた。内務陸軍大臣としては数多くの改革を断行し、政敵を銃殺すると脅した。

功で自信を得たシエルバは、一九一九年、スペイン空軍主催の競技会向けに三発爆撃機を製造した。みごとに飛んだものの、パイロットが自分の技倆を見せびらかそうとして低い対気速度で旋回したために墜落した。(註1)

「操縦士《パイロット》が、厄介な状況に陥ったときにとめられなかったために墜落した」と、シエルバはその後書いている。「あまりにもあっけなく墜落してしまったので、通常の飛行機に対する信頼が揺らぎ、もっとましなものを模索するようになった」

昔のパイロットがよく知っていた問題だった。低速で機体を傾けて旋回すると、失速を起こし、地面に激突する。墜落せずに一周できるのが、優秀なパイロットのしるしだった。教官によっては、新人がこういう危険を冒さないように、離陸後はまっすぐに飛び、いったん着陸して、地上走行で逆に向きを変えてから、もう一度離陸した場所に戻るようにと指示するものもあった。航空機設計者の多くは、主翼の形を工夫したり、速度をあげるよう努力したりした。どちらも旋回中の危険を減らすことができる。そのふたつが、墜落につながる失速という問題に対する単純明快な取り組みだった。

だが、シエルバは、飛行機がどうして空から落ちるのかを考えた。主翼が空気の流れによって回転すれば、いくら不注意なパイロットでも(三発爆撃機を墜落させた男のことが頭にあった)失速させてしまう気遣いはない。たとえエンジンがとまっても、パラシュートでおりるみたいにふんわりと着地できる。シエルバは、子供のころにローノイの考案したヘリコプターの玩具で遊んだことがあったので、くるくるとまわるローターというアイデアが、すぐ頭に浮かんだ。

シエルバは、そのアイデアを試すために、ローターを付けた小さな飛行機をこしらえてバルコニーから落とした。工業専門学校を出たあと、父親の商売を手伝いながら、自分の理想を追い求めていた。一九二二年には、C.1からC.3まで、原寸大の試作機三機を組み立てた。この三機はローターの配置が若干ちがっていたが、おなじひとつの問題をかかえていた。試験飛行中に右に横転し、パイロットが一所懸命、操縦桿《そうじゅうかん》を逆方向に引いても、それが収まらなかったのだ。シエルバはいくつもある模型をふたたび点検した。ひとつが有望に思えた。だが、それとまったくおなじC．2試作機も、やはり横転している。プロペラをゴムでまわす模型は、宙を飛び、優雅に前進して、ふんわりと着地した。模型もC．2試作機も、五枚ブレードのローターがついている。模型と実物では、どこがちがうのだろうか？

一九二二年一月、マドリードの王立劇場で、風車が舞台にある『ドン・キホーテ』を見ていたシエルバは、風車の羽根がまわりながらかすかに羽ばたいていることに気づいた。C．2試作機のローターブレードは、羽ばたかない。無線のアンテナを地面につないだ支え線で固定するように、ハブからのびているワイヤで支えてあるからだ。シエルバは家に帰り、どういうわけかちゃんと飛ぶ模型を、もう一度調べた。『ドン・キホーテ』の大道具の風車とおなじように、模型のローターブレードは、たわみやすい籐《とう》の薄板でできている。模型のブレードは羽ばたく。それが試作機とのちがいだった。シエルバは、その後もほんもののヘリコプターを製作しなかったが、羽ばたきに気づいたことは、のちにヘリコプターの飛行を可能にする重要な発見になる。まるで頭のなかで電球が急に点《とも》ったようだった。このたったひとつの重要な発見が、回転翼機に空中での自由な動きをもたらすことになる。*

＊シエルバ以前にも、ブレードを羽ばたかせたほうがよいことを予見していた人間がいる。フランスの軍事技術者、シャルル・ルナールはブレードの羽ばたきに言及している。ルイ・ブレゲーやドイツ在住のハンガリー人ふたりは、それを特許として登録した。一八九〇年のエリジオ・デル・ヴァッレのヘリコプターに似た道化師の玩具には、ヒンジ付きのローターブレードがある。

シエルバC.8オートジャイロのブレードの羽ばたき

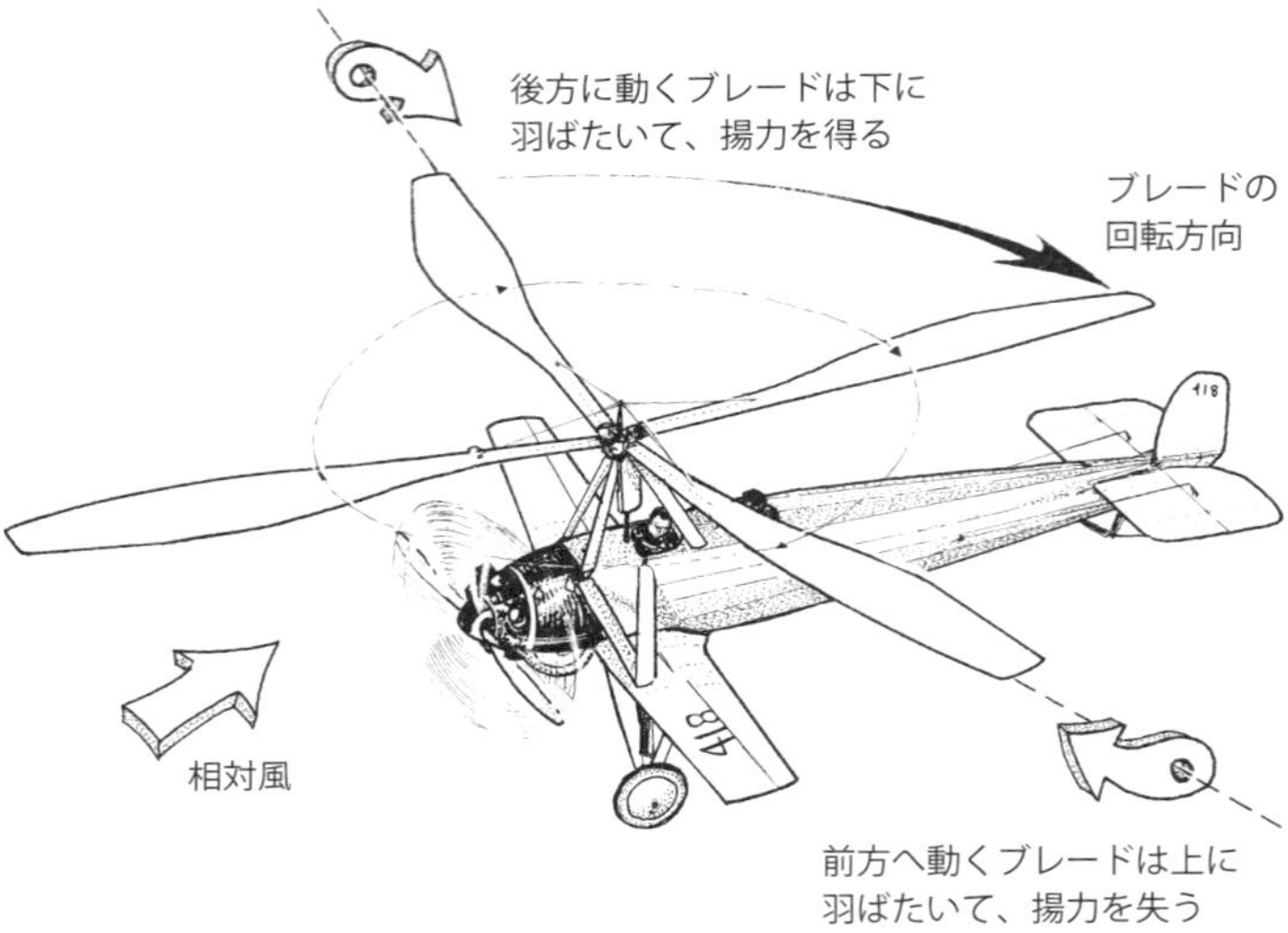
後方に動くブレードは下に
羽ばたいて、揚力を得る
ブレードの
回転方向
418
相対風
前方へ動くブレードは上に
羽ばたいて、揚力を失う

ブレードの羽ばたきがなかったら、オートジャイロもヘリコプターも、のろのろと前進することしかできなかったはずだ。オートジャイロの場合を例に、これを説明しよう。シエルバの初期のオートジャイロは、図のようにローターが時計回り(註2)に回転する。つまり、機体が前進しているときには、左側のブレードは空気の流れとぶつかるように動いている。右側では逆に流れから遠ざかっている。この非対称的な〝揚力〟の問題により、オートジャイロは前進飛行中にバランスを崩す。左側の揚力が、右側よりもはるかに大きいためだ。巡航速度に達したとき、このアンバランスのためにオートジャイロは横転しようとする。だが、ヒンジでブレードが動くようにすれば、前に向けて進むブレードは上にしない、揚力の一部を失う。うしろに向けて進むブレードは、下にしない、揚力を得る。まさに空気力学の奇跡が起きて、すべてのバランスがとれるようになる。ブレードが回転しながら、みずから理想的な位置を得ようとするからだ。

シエルバの羽ばたくブレードという解決策は、主ローターがひとつの現在のヘリコプターすべてに採用され、速いものだと時速二五〇マイル（四〇〇キロメートル）で飛ぶことができる。＊ブレードの羽ばたきのもうひとつの成果は、巡航飛行中のヘリコプターを支える揚力を、回転するローターがつくる円盤の前縁と後縁が発揮することだ。

ゴメス・スペンサーという珍しい名前を持つ、シエルバの有能なテスト・パイロットが、第四の試作機C．4で、この新型のフレキシブル・ブレードを試した。一九二三年一月一七日に、初飛行が行なわれ、シエルバはさらにこの型を製作した。二番めの大きな進歩は、離陸性能を高めたオートジャイロC．6によってなされ、供覧の目的で、シエルバはしばしばこれを操縦した。疲労によってブレードにひびがはいり、飛行中に折れたことから、上下に羽ばたくだけではなく、前後に動く第二のヒンジも必要だと、シエルバは判断した。

その後、いくつもの改良がなされるのだが、この段階でも、シエルバのオートジャイロはテニスコートに降りることができ、それをじっさいにやっていた。一九二八年にシエルバがイギリス海峡を横断すると、名声は高まった。そのときから、シエルバはイギリスを本拠地にして、スペインとの結びつきを絶った。（註3）

ヨーロッパを周遊するあいだに、何機かオートジャイロを墜落させたが、シエルバはつねに残骸から無事に歩いてでてきた。こういった災難も、ふつうの人間のための航空機が誕生したというシエル

＊実用的な最大速度は時速二〇〇マイル（三二〇キロメートル）弱。高速ではヘリコプターの機首が持ちあがり、加速しづらくなる。

バの主張を裏付けるのに役立った。オートジャイロは、ぜったい安全とはいえないまでも、命を落とす危険はすくないように見えた。シエルバが改良を重ねるうちに、オートジャイロは完全なヘリコプターのありように近づいていった。ひとつは、地上でエンジンがローターを回転するクラッチ機構の採用だった。これによって、離陸距離が大幅に短くなった。もうひとつはパイロットがブレードを制御できるようにしたことで、これによって短翼とその補助翼《エルロン》が不必要になった。

『ドン・キホーテ』を見て実用的なオートジャイロのヒントを得たことから、シエルバは好運とタイミングに恵まれた素人のように思えるかもしれないが、専門家はそうではないことを見抜いている。回転翼の空気力学について、シエルバは草分けともいえる論文を書いているのである。（註4）前進飛行中にローターがどういう作用を示すかを見抜いたシエルバの知恵は、あらゆる回転翼機に連綿たる影響を及ぼしてきた。たとえば、効率を高めるために、シエルバはローターの幅を縮めた。なぜか狭いブレードのほうが、広いブレードよりも高い性能を発揮する。* 細いブレードは空気抵抗で無駄にするエネルギーがすくないという、直観には反する事実を、シエルバは発見した。さらに、ローターブレードは独特の特性をそなえた翼《エーロフォイル》であり、飛行機のプロペラとはちがう扱いをしなければならないことにはじめて気づいたのも、シエルバだった。

オートジャイロの常連客はそう多くなかったのだが、大々的な評判のために、それがかなり大きく見られていた。ハイラム・ビンガム上院議員によれば、一九三一年の時点で、オートジャイロは「未来の通勤手段の将来性を示していた」。エール大学の探検隊を率いて一九一一年にペルーでマチュピチュ遺跡を発見して名を挙げたビンガムは、一九三二年の選挙運動中、みずからオートジャイロに乗った。オートジャイロは、ロングアイランドでニューヨーク市警が交通整理を行なうのにも利用された。バード提督も一九三三年の南極探検に使用した。オートジャイロは、ユカタン半島のチチェンイツァ大遺跡を冒険家が測量するのに役立ち、マンハッタンのヴァン・コートランド公園にサンタクロースを連れてきた。森林のニレ立枯れ病の監視にも使われた。マイアミで公園に着陸したあるオートジャイロのパイロットは、警察署長からあらかじめ用意された〝駐車券〟を渡された。パイロットはその場にいた記者たちに笑顔を向け、あとで署長をオートジャイロに乗せた。ティーンエイジャー向けのニューヨークのラジオ番組は、オートジャイロを取り上げた。配達が遅れた郵便物を、出発した汽船に、ロープで吊り下ろして届けたこともあった。

　軍も、この奇妙なからくり機械を試した。一九三二年六月、アメリカ海軍は、短距離離陸ができる型のオートジャイロを輸送艦〈ヴェガ〉に積み、ニカラグアで海兵隊が秘密裏に行なっていた戦いに参加させた。しかし、ピトケアンOP-1オートジャイロを戦時の画期的な兵器に使用する望みは、五カ月の試験の末についえた。ふたりが乗って短距離で離陸するためには、五〇ポンド（約二三キロ）しか貨物を搭載できなかった。二〇〇ポンド（約九〇キロ）を積むと安全ではないと、パイロットは判断した。強い向かい風がないと、ホバリングできなかった。また、第一世代のオートジャイロだったので、パイロットはローターによる操縦ができなかった。低速で着陸するときには、短翼と方向舵を流れる空気がじゅうぶんではなく、その危険な段階をパイロットが制御しづらかった。

　うまく着陸できても、不安をおぼえるパイロットがいった。「ローターのせいでOP-1は上下に揺れながら降下し、パイロットによっては船酔いにかかるものがいた。眠くなるものもあった」海洋歴史家リン・モントロスは、一九五四年にそう述べている。

＊エンジニアはこれを低剛率《ロー・ソリディティ》ローターと呼んでいる。ソリディティとは、プロペラ（ローター）回転面の円面積にプロペラ羽根（ローターブレード）の総面積が占める割合をいう。

初期のオートジャイロも、搭載量が大きく、短距離で離陸できる新世代の型になると、軍にとって多少の利用価値があった。空中から偵察でき、孤絶した地域に兵士を一度にひとりずつ送り込める。負傷兵の後送もできるが、担架を置く場所はないので、座れる状態の者しか運べない。アメリカ本土では、一九三一年にヴァージニア州で釣りをしているフーヴァー大統領のもとへ、海軍長官を送り届けたことがあった。

西半球開拓に際して、シエルバは航空界の若き実業家ハロルド・F・ピトケアンに助力を求めた。ピトケアンの父親ジョンは一八四一年生まれで、ピッツバーグ板ガラス商会の設立者である。ハロルドは、ガラスよりも航空機に興味を抱いていて、三〇歳のときに飛行場と郵便輸送の事業を興《おこ》した。これがのちのイースタン航空になる。（註5）

ピトケアンは、一九二五年に動力ヘリコプターの建造をはじめた。一機が制御を失い、鼻を怪我《けが》して、一生傷痕が残った。一九二八年のオートジャイロの供覧飛行を見て、将来性に心惹かれ、アメリカ国内でのシエルバ・オートジャイロの販売権を買った。ライセンスを扱うアメリカ・オートジャイロ社の財政基盤を固めるために、ピトケアンは他の航空事業を売却した。

「あれは偶然の産物ではないよ」一九二九年四月に帰国したとき、ピトケアンはオートジャイロについてそう語った。「空気力学に通じているれっきとした周到なエンジニアが、きちんと創りあげたものだ」アメリカ市場に合った型を開発するために、ピトケアンは第二の航空機会社（ピトケアン－シエルバ・オートジャイロ）を設立した。いくつか試作型を製作したのちに、PCA－2型を完成させ、飛行試験を行なって、いい結果が出た。三三〇馬力エンジンが動力で、パイロットの前に乗客ふたりが乗れる。この初のアメリカ製オートジャイロは、一九三一年に販売開始された。

空中での性能がいくら優れていても、地上でのタイミングが最悪だった。大恐慌のさなかだったし、

PCA－2型の一万五〇〇〇ドルという価格は、同等の固定翼機の三倍だった。* PCA－2に賭けたひとりが、最初の所有者となったジョニー・ミラーだった。ミラーは、その後、回転翼機の操縦を会得する最初のパイロットになる。昔の話である。

しかしながら、そんなに遠い昔とはいえない。ニューヨーク州ポキープシの郊外にいまなお住んでいるのを、私は探し当てた。郵便受けには、ジョン・ミラー大尉と、階級まで書いてある。現在九九歳のミラーは、私が話を聞いた時点ではまだ現役のパイロットで、コマンド・パイロット（訳注　飛行時間三〇〇〇時間以上、勤務一五年以上）の資格を有し、飛行時間は三万時間以上にのぼっていた。その飛行時間には、テスト飛行、曲芸飛行、曲技飛行、ヘリコプター、航空会社といった経歴すべてが含まれているという。航空界についての記憶の豊かさは、百科事典どころではない。住んでいるのは少年時代の家で、ポキープシ南部の納屋を改造した青い一軒家だった。

長身で痩せているミラーは、二〇世紀はじめの歴史的人物といっしょに写っている写真とおなじように、自信をみなぎらせていた。ただ、髪は白くなり、耳も遠い。徒歩で数分の距離――ハイウェイを横断して坂を下ったところに、地元でキャメロットと呼ばれている場所がある。一九一〇年五月二九日、よちよち歩きだったミラーは、オールバニーを離陸してマンハッタンへ行く途中で〈ハドソン・フライヤー〉に給油するために着陸したグレン・カーチスを見た。このときカーチスは、アメリカ初の長距離飛行で賞金を獲得し、史書に名前を記されることになる。ミラーの父親は、この日を忘れないようにと息子に命じた。四歳だったミラーは、蒸気機関が好きだったが、気が変わった。空を飛

＊たとえば、ちゃんとした客室に四人が乗れ、最大速度が時速一五〇マイル（約二四〇キロメートル）近いキャビン・ウェイコーは、四九九五ドルだった。

ぶ仕事がしたいと思った。

一九二三年、一七歳のミラーは、そのときもまだ飛びたいと思っていた。フアン・デ・ラ・シエルバのオートジャイロが初飛行に成功したという記事を、《ニューヨーク・タイムズ》で読んだ。ミラーは、返事が来るのを期待せず、スペインのシエルバに手紙を書いた。

「住所をちゃんと知っていたわけではなかったが、回送された」ミラーは、そのときのことを語った。「オートジャイロについて教えてほしいと頼んだ。返事が来て、ヘリコプターとのちがいが説明されていた。それで二通めを書き、空気力学についてたずねた。空気力学について説明する返事が来た。だから、私は回転翼機の飛行の空気力学について最初に知ったアメリカ人だったと思う。シエルバはあんなに有名だったのに、礼儀正しくハイスクールの生徒に手紙を書いてくれた」

一年後、ミラーはおんぼろのカーチスJN-4複葉機を手に入れる。ひと夏のあいだ整備員として働く見返りに、曲芸飛行士からもらったのだ。その飛行士は、扱いを教えずにべつの土地へ行ってしまった。ミラーは、『曲芸飛行術』という本を読み、自分には飛ぶのにじゅうぶんなだけの知識はあると判断した。そこで、教習はまったく受けずに、エンジンを始動し、干し草畑で跳ねたり低く飛んだりしながら、操縦装置に慣れていった。あとは空中でおぼえ、ひとり五ドルで地元住民を乗せるようになった。一九二七年に工業専門学校を卒業した。その年、ミラーは、リンドバーグがルーズヴェルト・フィールドからパリに向けて飛び立つのを眺めた。飛行関係の仕事は、ゲイツ・フライング・サーカスの整備工が最初になった。曲芸飛行士のころは、航空路からはずれた小さな町に着陸しては、一分一ドルで人を乗せた。

一九三一年、ミラーはポキープシで小規模な飛行機修理業を営んでいた。商売は活況を呈していた。修理する飛行機は大部分が、密売業者が酒をめいっぱい積んで酷使し、荒っぽい着陸をするせいで傷《いた》んだものだった。その年、八年前にシエルバが手紙で力説していたことを信じ込んでいたミラーは、ピトケアン＝シエルバ航空機のＰＣＡ＝２オートジャイロを一機購入した。そして、即座に、西海岸に向かう実演飛行を計画した。女性飛行士のアメリア・エアハートがおなじ目論見を抱いていて、ビーチ＝ナット・パッキング社と提携していることを意識していた。このガム製造会社は、すでにオートジャイロ一機を発注していた。

ミラーは、初の大陸横断回転翼機の旅を、二週間後の一九三一年五月二八日にサンディエゴで完了した。ロサンジェルスでは、ＭＧＭの映画監督クラレンス・ブラウンを特別に乗せた。オートジャイロの機首を強い風に向けることで、ロサンジェルス市庁舎の上空に一五分とどまった。

アメリア・エアハートが、カリフォルニアに向けて東海岸を発ったのは、五月末だった。復路で、テキサス州アビリーンの航空ショーの会場から離陸する際に墜落した。九月にデトロイトで着陸するときも、事故を起こしている。エアハートの夫は、マスコミへの発表で、オートジャイロには降着装置に構造上の欠陥があると述べたが、連邦機関はパイロット・エラーだと断定した。

それにもかかわらず、オートジャイロは順調に売れた。一九三一年に販売されたピトケアン製オートジャイロ四六機の多くは、企業が購入している。シルヴァーブルック石炭会社は、重役の輸送に使った。チャンピオン・スパーク・プラグやスタンダード石油は、製品の宣伝に利用した。経済不況にもめげずに、航空機会社二社がオートジャイロの特許のライセンス契約を結んだ。

個人経営では費用がかさむので、ミラーは大衆の前で低速で飛ぶ演技でそれをまかなった。クリーヴランドの航空レースでは、オートジャイロで宙返りや横転をやった。大衆がはじめて見るような妙技だった。籐《とう》と帆布でこしらえた吹流しの広告を曳《ひ》いて、東海岸のビーチも飛んだ。吹流しは重く、余分な抗力を発生するので、しろうとにはできない芸当だった。

「なんの広告なのか、たいがい知らないままだった。給油して、つぎの吹流しを曳くのに忙しくて、広告を見ているひまがなかった。どっちみち関係なかったが」とミラーはいう。「ただ、一度だけ、からまないでひろがるよう慎重に吹流しをおろしながら見ると、〝あなたとママの胸に〈バリ〉のブラを〟と書いてあり、電話番号もあった。それを曳いてマンハッタンを一周した。会社には電話がじゃんじゃんかかってきたそうだ」一度だけ、ジョーンズ・ビーチの社会主義寄りの自治体から、吹流しへの抗議がなされたことがあった。そこの自治体は、海岸から見える範囲の広告は、たとえ配達トラックに描かれた会社のロゴであっても禁じていた。抗力の大きな吹流しを曳いていると、オートジャイロの飛行性能は大幅に落ちるが、その仕事をしていたときに不時着したのは、一九三四年にエンジンが停止した一回だけだという。吹流しを切り落としたミラーは、ニュージャージイのノース・アーリントンの墓地に降りた。

一九三四年にミラーは、ジョン・ランドルフ・ホプキンスという高等遊民の記事を読んだ。ホプキンスは、口内洗浄剤〈リステリン〉の開発者が創業したビジネス帝国の遺産相続人だった。飛行機は安全ではないので、オートジャイロを買おうと思っている、とホプキンスは述べていた。ミラーはホプキンスに手紙を書き、PCA－2オートジャイロを売ると申し出た。ホプキンスはオートジャイロを買って、ミラーを専属パイロットに雇った。大金持ちの紳士のあいだでは、〝空のお抱え運転手〟と呼ばれている仕事だった。

ホプキンスは、オートジャイロを空のリムジンとして好んだひとびとに大衆文化があたえたイメージ――その当否はさておき――そのものの人物だった。金持ちで、気まぐれだった。映画『或る夜の出来事』には、上流階級の結婚式に花婿がオートジャイロに乗って現われる場面がある。カルト的なミステリ作家、ハリー・スティーヴン・キーラーが書いた当時の探偵小説『マルソー事件』では、百万長者のクロッケー場の芝生の真ん中で殺人を行なった小柄な犯人が、オートジャイロを脱出に使ったことを、探偵が見抜くという筋書きになっている。雑誌の広告や記事を見たかぎりでは、オートジャイロはもっぱら、カントリー・クラブ、ダービー、狐狩り、アイヴィー・リーグのフットボールの試合、ひまな金持ちのその他の隠れた遊び場から飛び立つことだけが許可されていたのかと思える。当時の雑誌に載っていたピトケアンの広告によれば、「私有目的でお使いになれば、混み合ったハイウェイを避けられるし、地上での娯楽に、空を飛ぶ楽しみを付け加えることができます」。

ミラーは、オートジャイロを、マサチューセッツ州グレイト・バリントンに置いていた。リーにあるホプキンス邸ともそう遠くない。ミラーが憶えているホプキンスは、〝若々しい楽しい人物〟で、邸宅には動物園まであった。オートジャイロが離着陸できる飛行場があり、ミラーはそこに着陸して、ホプキンスやその妻を運んだ。オートジャイロには無蓋のコクピットがあり、三人が乗れる。パーク街にアパートメントを持っているホプキンス夫妻は、ニューヨークに買い物に行くこともあれば、はるかフロリダ州のパーム・ビーチへ行くこともあった。そちらには冬用の別荘がある。全長三三メートルのヨットがあるが、それでは日にちがかかる、とホプキンス夫妻はミラーにいった。

マイアミでは、〈フロリダ通年《イヤーラウンド》クラブ〉という一連のリゾート施設が、社交の中心になっている。ここで年がら年中遊んでいるひとびとは、クラブのオートジャイロを使って、大不況時代の庶民の苦しい生活を見下すように、マイアミ・ビルトモア、ロニー・プラザといった数々のゴルフ場を快適に行き来していた。

オートジャイロを日常の足に使うというきらびやかな生活の基準は、ホプキンスが先祖から受け継いだものだった。ホプキンスの父方の祖父は、有名なアトランタの金融ブローカーで、一九一四年に大がかりな醜い離婚騒動を起こしている。その年、上流階級出身の夫人がニューヨークへ行った。ホプキンスの祖父が法廷で証言したところによると、都会の贅沢な生活に慣れてしまって、アトランタに帰るのを拒み、湯水のように金を使い、あげくの果ては私立探偵を雇ってこちらを尾行させたという。夫人は怒り狂って、悪いのは夫のほうであると反論した。アトランタの邸宅は毎夜煌々と明かりをつけたまま、みだらな女をもてなしている。そのうちのひとり、マーサ・〝バンガロー〟・ハリソンは、新聞にまで取り上げられている。生活費として夫が送ってくる小切手はあまりにもみみっちい額なので、ニューヨークのセントレジス・ホテルの豪華な部屋から一歩も出られない。なぜなら、宝飾品を未払いの勘定のかたにとられているから。

大喧嘩をしたこの夫婦は、ひとりしか子を生《な》さなかった。ラッセル・F・ホプキンス、すなわちオートジャイロの所有者J・R・ホプキンスの父である。一九〇六年、ラッセルは、〈リステリン〉の遺産相続人ヴェラ・ローレンス・ジーグリストと、ハドソン川に繋留してあったヨット〈U‐No〉に乗って駆け落ちした。このため、ヴェラはリステリン一族と疎遠になってしまった。だが、やがてヴェラの相続した遺産がまわりまわって、ラッセルとその息子J・R・ホプキンスも潤うようになる。ラッセルは熱心な収集家で、野生動物とあらゆる保険に凝っていた。空き巣、火事、竜巻、自動車事故などを塡補《てんぽ》する保険にはいっていた。飼っている動物の保険もあれば、当時新聞にさかんに載っていた悪名高い爆弾を使う恐喝団〝黒い手〟による暗殺未遂に対する保険もあった。ラッセルは若いころ、アトランタの屋敷の裏庭で肉食動物を飼っていたが、近所の住民が警察に苦情をいったためにとりやめた。後年、ハドソン川沿いのヴェルセレにある一族の別荘に、アメリカ最大の私有動物園をこしらえた。マンハッタンの五番街にある一族の家でも野生動物を集め、屋上にある四人の子供向けの柵で囲った遊び場の隣に、小動物園をこしらえた。

四人の子供のうちのひとり、ジョン・ランドルフ・ホプキンスは、まさしく銀の匙《さじ》をくわえて生まれてきた赤ん坊だった。生後二カ月のジョン・ランドルフに、父親は五番街の家をあたえた。一六歳になった一九二八年に両親が死に、ジョン・ランドルフは、一生金持ちの高等遊民として暮らせるだけの財産を得た。ミラーがオートジャイロを飛ばしていた二年間、ランドルフは白紙の小切手帳の一枚一枚にサインして、それをミラーに渡した。「どこかの悪党に盗まれるのではないかと思い、怖くてたまらなかった」と、ミラーは語った。「オートジャイロの経費と、自分への給金をまかなうのに、それを使った」

ミラーがホプキンスのもとにいるあいだも、オートジャイロのメーカーはもっと長続きする市場を探し、成功したとはいえないまでも、工夫を重ねていた。航空商務局のユージン・ヴィダル局長——作家ゴア・ヴィダルの父——がとりまとめた一九三三年の安全な航空機のための競技会で、オートジャイロを見た大衆は、興味をあらたにした。ピトケアンの子会社が製作して競技に出したAC‐35は、機首がずんぐりしたオートジャイロで、ローターブレードをたためば、一般道路を時速一五マイル（約四〇キロメートル）で走ることができた。地上では後輪を駆動して走る。パイロットのジェイムズ・レイが、ワシントンDC中心部のペンシルヴェニア・アヴェニューに着陸し、商務省に届けた。*一九三六年、ミラーはJ・R・ホプキンスのオートジャイロ専属パイロットの仕事を辞めた。**飛ん

*ヴィダルの最初の提案は、政府が勝者を選び、七〇〇ドルのコストで量産するというものだった。これは四年前のピトケアンPCA‐2の価格の五パーセントにあたる。安全な飛行機への努力は第二次世界大戦までつづいたが、この空飛ぶ自動車は量産されなかった。

**ホプキンスは相続した財産を使い果たし、連邦税脱税容疑で一九五六年に起訴された。三年後、ニューメキシコ州ラスクルセス近くに偽名で潜伏しているのを、官憲が発見した。

でいるよりも待っている時間のほうが長くなったからだ。ユナイテッド航空のパイロットをつとめたあと、ケレット・オートジャイロ社のテスト・パイロットとして、ミラーは一九三七年にふたたびオートジャイロを飛ばすことになる。ひまなときには、ワシントンDC界隈《かいわい》でケレット社の供覧飛行をやり、通りや公園に着陸したり、航空好きの議員を乗せたりした。

オートジャイロにとっての偉大な屋上実験が開始されたのは、一九三九年七月七日だった。ミラー（と予備パイロットのポール・ルーケンズ）は、KD-1を操縦して、天候の許すかぎり、一年中、毎日五往復して郵便物を運んでいた。そのころ、郵便輸送の認可を受けていた会社はイースタン航空だった。もともとは郵便輸送飛行のためにピトケアンが設立した会社で、オートジャイロ事業に転じたときに売却された。一度に輸送する郵便物は三五〇ポンド（約一六〇キロ）で、それを積んで、フィラデルフィア中心部の一三丁目の郵便局から、ニュージャージイ州キャムデンの空港までの空路一〇キロメートル弱を飛ぶ。「距離はたいした問題ではなかった」ミラーはいう。「どんな天候でもわれわれが飛べるかどうかが問われていたんだ」

最初の試験飛行は、郵便局の一〇万平方フィート（九二九〇平方メートル）の屋上に着陸するというもので、それは一九三五年にオートジャイロがすでに行なっている。だが、今回は屋上を毎日の離着陸場に使わなければならない。屋上が近づいたり遠ざかったりする模様を友人が撮影した映画を、ミラーは私に見せてくれた。映画で見る着陸は、驚くべきものだった。機首を起こし、急角度で接近するミラーのオートジャイロが、尾輪からふんわりと着陸する。まるで鳥のような姿勢で。

郵便局の屋上への最初の着陸は、それほどなめらかではなかった。南北に長い離着陸場の両側に長い屋上屋《おくじょうおく》があり、乱気流が発生しているという問題があった。きわどい着陸のあと、ミラーは手摺《てすり》沿いに歩いて、乱気流の場所を知るために、トイレットペーパーを垂らした。北西の風があるときが最

悪だとわかった。（註６）

郵便飛行をはじめてまもない一九三九年七月のある日、ミラーは非公式な乗客である、指揮者のアンドレ・コステラネッツを貨物室に押し込んで運んだ。試験が予定どおり終了し、郵便飛行二六三四便を終えて、契約の要件がすべて満たされるか、それ以上のことを成し遂げると、一九三一年にシエルバが述べた、「あらゆる町や都市の中心部に空港ができ、屋上にも造られて、オートジャイロが安全に離着陸できるようになる」という未来像に向けて、大きく前進したかに思えた。

一九四〇年のニューヨーク万国博覧会での着陸など、大衆の前での飛行を何度か行なったあと、ミラーは固定翼機に戻り、その後、ヘリコプターを操縦するようになった。「オートジャイロの飛行時間は三〇〇〇時間、曲技飛行もやり、機体をこすったことは一度もない」ミラーはいう。オートジャイロは、しろうとが操縦すると自滅したがる傾向がある、と指摘した。パイロット・エラーで墜落して大破したが死者は出なかったという事故は、枚挙にいとまがない。パイロットが飛行機とおなじようなやりかたで着陸しようとしたときに、よく事故が起きる。

「オートジャイロのグライドスロープは急なんだ」ミラーは説明した。「着陸地点に届かないと思われたときには、機首を起こさず、パワーをあげなければならない――さもないと、手前に着陸してしまう。だが、固定翼機のパイロットは注意したことをちゃんと聞かないんだ」

シエルバのライセンスを得て生産されたオートジャイロの市場は、一九三三年には衰亡していた。大恐慌のせいもあったが、価格を下げ、搭載量を増やすというシエルバの約束が果たされなかったからでもあった。それに、カーチス・タネジャー、フィースラー・シュトークなどの廉価でパワフルな新世代の飛行機は、短い滑走路でも降りることができた。いっぽう、ヘリコプターはまだ市場には出ていなかったが、じわじわとではあるが着実に復帰しつつあった。一九三〇年、コッラディノ・ダスカニオ(註7)が、同軸ヘリコプターで距離、高度、滞空時間の記録を樹立した。ヴァチカンは同年、ヘリコプター部隊を保有する最初の国になると宣言した。ダスカニオのヘリコプターを三機購入する、と広報官は述べた。空港を造る余地のない狭い国にとって、ヘリコプターはきわめて貴重である、と。

ダスカニオの飛行の直後、ソ連がＴｓＡＧＩ１－ＥＡを製造した。このヘリコプターのことは、西側ではほとんど知られていなかった。ソ連は証人のいる公開飛行を行なわなかったので、世界記録としては残っていないが、一九三〇年にはじめて離昇し、それから三年のあいだに高度二〇〇〇フィート（六〇〇メートル）に到達できるようになっていた。*

また、オランダにも、主ローターがひとつの単ローター・ヘリコプターがあった。Ａ・Ｇ・フォン・バウムハウアーが製作したこのマシーンは、二基めの小さなエンジンで尾部ローターを駆動していた。短くぴょんと跳べるだけで、ほとんど制御できなかった。しかしながら、これはその後のシコルスキー型のヘリコプターとおなじ流れの方式だった。この時代、フランス、ドイツ、イギリス、アメリカで、ヘリコプターは何度も試験飛行を成功させている。どうやら世界中で、ヘリコプターはオートジャイロにできなかったことを突然やりはじめたようだった。**

フアン・デ・ラ・シエルバは、ヘリコプターへの大きな回帰の波には加わらなかった。きわめて才能のある航空機設計者であり、ローターブレードの空気力学もじゅうぶんに研究していたら、オートジャイロからヘリコプターに転向したなら、大きく貢献していたにちがいない(註8)。しかしながら、シエルバは、一九三六年一二月、ロンドンのクロイドン空港を出発しようとしたＫＬＭ便に乗ったときに事故で死亡した。霧のため、パイロットが滑走路の中央線を見失ったのが原因だった。ＤＣ－２旅客機は左にそれて、空港の西側のテニスコートを突き破り、民家の屋根と電柱を壊した。胴体は機首を下にした状態で、ヒルクレスト・ロード二五番地の壁にぶつかってとまった。一九二八年にシエルバが最初のイギリス海峡横断を果たして、ヨーロッパ周遊で成功を収めたときに離陸したのと、おなじ空港だった。

「オートジャイロの詩人」と《ニューヨーク・タイムズ》の死亡記事には記されている。一九四九年、オートジャイロの創造したオートジャイロに対する最終判決は、法廷で下された。一九四九年、オートジャイロ・カンパニー・オブ・アメリカが、ヘリコプターの技術のもとになっているオートジャイロの概念に対するライセンス料を払わずに連邦政府が戦後、ヘリコプターを購入したことを、特許侵害として訴えた（シコルスキーは、三九の重要なアイデアに対して、特許有効期間中、ずっと特許料を支払っていたが、他のメーカーとそれを購入した政府機関は支払っていなかった）。この訴訟は二六年に及んだ。この手の訴訟はみなそうだが、延々とつづいたのである。ひとりの証人が、半年のあいだずっと証言台に立つ、という按配だった。オートジャイロはヘリコプターとは似ても似つかないという政府の反論に対し、ピトケアン側の弁護士は、オートジャイロの技術はヘリコプター開発を大幅に前進させたとイーゴリ・シコルスキーが述べている記事を提出した。ピトケアンの後継者たちは、最終的に三九〇〇万ドルを勝ち取った。

＊ソ連が早くからヘリコプターの実験を行なっていたことを示している。ボリス・ユリエフ率いるチームが、現代のヘリコプターと同様の仕組みの試作機を製作したのは一九一二年だったが、これは飛ばなかった。

＊＊ベテラン・パイロットのルー・リーヴィットは、オートジャイロ支援者たちが〝逆上に近い目立ちたがりの波〟を煽ったという意見を持っていた。それが意図せずに、裕福な趣味人の手にオートジャイロを押し付ける結果をもたらしたが、必要な技倆を学ぶ手間をかける人間は稀だった。というのである。そちらがだめになり、軍用機としてなんとか売り込もうとしたが、かえって欠点がさらけ出された、というのである。一九四三年には、リーヴィットや航空産業関係者は、ヘリコプターもその二の舞になるだろうと考えていた。

オートジャイロは、ヘリコプターを大衆化したという面でも、褒められるべきだろう。映画、ニュース、活字の媒体で、オートジャイロは、ぶんぶんまわるローターが、人間の乗る原寸大のマシーンを支えることができるという考えの正しさを示してきた。つまり、舞台準備をした。ヘリコプターがほんとうに人間をあちこちに運べるというのなら、いまこそそれを実地に示す時だった。

第6章　スーツケースのなかのジュール・ヴェルヌ

大陸を横断する初の本格的なヘリコプターの旅は、一九三七年一〇月二二日の朝に行なわれた。ハンナ・ライチュ機長が、ブレーメンからベルリンへ、荷物とともに飛ぶ必要に迫られた。この女性パイロットが乗ったヘリコプターはフォッケウルフFw61（訳注　一九三七年よりFa「フォッケアハゲリス」61と改称）だった。製作したのは航空機設計者ハインリッヒ・フォッケだった。フォッケは、一九二八年から活躍しはじめたシエルバのオートジャイロに関心を抱き、戦争のための固定翼機の製造に関わるのを拒否して、一九三三年に誕生したナチス政権に睨まれていた。ヘリコプターを作りたいと考えていたフォッケは、一九三六年に一機を初飛行させた。安定をとるために内側に傾いたローターふたつを、左右の鉄塔のような骨組みの端に取り付けるという方式だった。

ライチュは先ごろ、ブレーメンの少数の観衆の前で、このサイド・ローター機の供覧飛行を行なったばかりだった。そこでは、チャールズ・リンドバーグも見物人に加わっていた。このあと、ベルリンでの供覧飛行が控えている。ベルリンまでヘリコプターで行こうと考えること自体が、大きな飛躍だった。今回の飛行までは、開発者たちはヘリコプターをめっぽう大切にして、大陸横断中に墜落する危険を冒さず、鉄道で輸送して各地で供覧飛行を行なっていた。

フォッケウルフＦｗ61

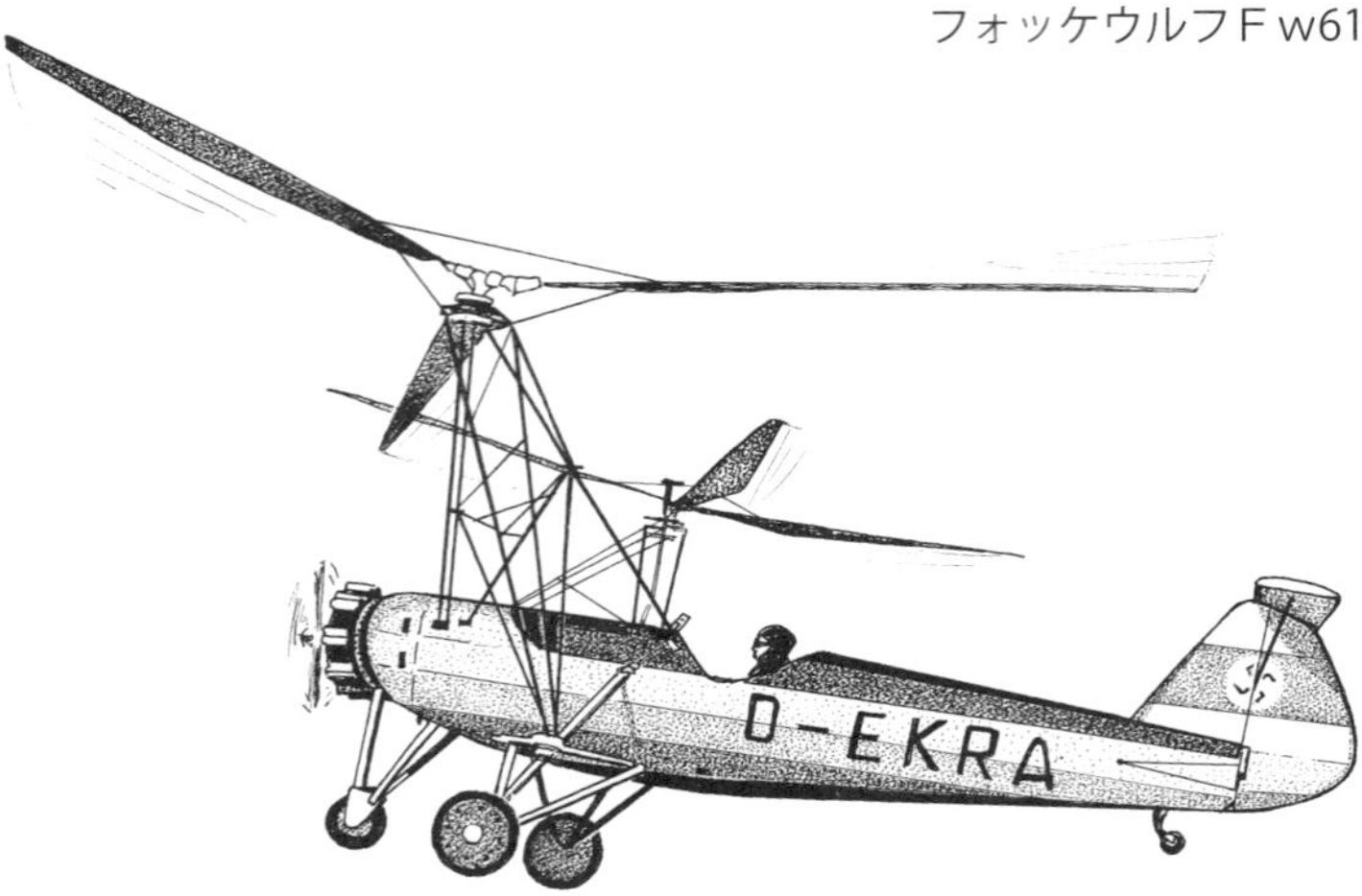

ルイ・シャルル・ブレゲーの助けを借りてルネ・ドランが製作した同軸ヘリコプターは、Ｆｗ61よりもやや先輩で、性能は互角だった。一九〇七年にフランスの第一世代ヘリコプター開発の背後にいたブレゲーが、ここでも顔を出している。このジロプラヌ・ラボラトワールは、〝胡桃《くるみ》の袋〟みたいに振動したが、一九三五年には時速五〇マイル（約八〇キロメートル）を記録し、世界最高のヘリコプターのひとつに数えられていた。しかし、ドランは六つの厳しい基準を満たすことができず、フランス空軍省の賞金三二〇万フランを手に入れることはできなかった。一九三八年には、戦争が差し迫っていたため、開発陣はオートローテーションの試験中に損傷した試作機の修繕を断念した。

　ライチュが飛行を計画したとき、Ｆｗ61は訓練用のロープから切り離してから、一六カ月しかたっていなかった。ライチュがそれの操縦をはじめたのは、ひと月前だった。それだけでも、風が強いときには高度が低いと扱いづらくなることがわかっていた。横風を受けると、ことあるごとに横転しそうになる。

ブレーメンを飛び立ち、農業地帯を越えて東に向かって飛んでいると、一時間とたたないうちに、Fw61の一六〇馬力エンジンの油温が上昇しはじめた。着陸しなければならない。潤滑油が過熱すると、炭化し、タール状になるからだ。ライチュは社交的なたちなので、ひと気《け》のない畑に降りればよいものを、農家の上空を旋回して、注意を惹こうとした。爆音を聞いて、酪農家が外に出てきた。ナチスの宣伝も、ヘリコプターについてのニュースを吹聴《ふいちょう》するところまではいっていなかったので、酪農家は興奮した。ライチュは、降りたいと手で合図した。酪農家が手をふりかえしたので、ライチュは庭に着陸し、世界初の住宅へのヘリ着陸を成し遂げた。予定外の修繕を何度か行なうなどして、さらに四度着陸し、ベルリンへ行くのに三日かかった。

ライチュは、伝道団の医師を志《こころざ》したことがあったが、一九三四年にそれをあきらめて、滑空機《グライダー》のパイロットになった。そののちに軍のテスト・パイロットになる。最初にFw61を飛ばしたのは、一九三七年九月だった。フォッケの目の前でのこの初飛行は、ライチュにとって忘れられない思い出になった。「私は空中でぴたりと静止してホバリングした。夢のようだった！　鳥のなかでもちっちゃくて軽やかな雲雀《ひばり》が、夏の畑の上に浮かんでいるありさまを思い浮かべた」自伝『大空に生きる』に、ライチュはそう書いている。「人間は雲雀から大切な秘密をもぎ取った」

ドイツで一四年以上もテスト・パイロットとしてつとめたライチュは、第三帝国のために数十機種を操縦した。なかには危険な仕事もあり、脚光を浴びることなくそれをこなしてきたが、技倆を示す機会があれば拒まなかった。一九三八年、ドイチェラントホールでひらかれた植民地博覧会で、ライチュは世界初の回転翼スーパースターの地位を得る。二月一九日土曜日の午前一一時、ブースを出てきたヘリコプターが、スポットライトを浴びた。ライチュが乗り込み、悠々と天井に向けて上昇し、八〇メートルもない範囲をゆっくりと飛びまわってから着地した。

この飛行は、「カ・スア・ヘリ」と題されたショーの一部だった（アフリカの村を模して椰子《やし》の木まであった）(註1)。南半球のドイツの植民地を題材にした音楽と寸劇で、ベルリン市民を楽しませるのが目的である。南の国を時速三〇〇キロメートルで旅するという謳《うた》い文句の演物《だしもの》だった。ライチュはこれを二週間つづけ、マジソン・スクェア・ガーデンよりも狭い屋内で演じるもようがニュース映画で報じられて、Ｆｗ61の名声はぐんと高まった。* 博覧会後、《ブリティッシュ・ジャーナル・オヴ・ザ・エアロノーティカル・ソサエティ》は、「フォッケのヘリコプターは、問題をはじめて解決してみせた……これまではありきたりの飛行機と似たり寄ったりだった分野を、まったく新しい分野として切り拓《ひら》いた」と報じた。Ｆｗ61は制御が容易だった。巡航と、高高度への上昇が容易で、エンジンが停止した場合には滑空や、オートローテーションができた。しかし、空気抵抗が大きいために速度が遅く、強い横風を受けると、いっぽうのローターの揚力が反対側の揚力を大きくしのぐために、横転するおそれがあった。

Ｆｗ61ヘリコプターは、一九三八年に、ニュルンベルクのツェッペリン・メドウズで毎年ひらかれていた航空ショーに出場するなど、それからも活躍していたが、ナチスの新型ヘリコプターが続々と現われるなか、一九四二年に二機とも退役する。Ｆ１２８２コリブリ（ハチドリ）は、二人乗りの偵察機で、艦船のヘリコプター甲板から飛び立てるように設計されていた。主な技師のクルト・ホーヘネムザーはユダヤ人だった。ユダヤ人を従業員にすることは禁じられていたので、ベルリンのフレットナー航空機は目こぼししてもらうために、〝顧問〟の肩書きで雇っていた。

積載能力で群を抜いていたのは、Ｆａ２２３ドラッヘ（竜）だった。フォッケは、それをＦｗ61の戦闘に参加できる大型版として製作した。数々の試験飛行の際に、アルプス山中で高度六〇〇〇フィート（一八三〇メートル）に達し、あるときは二万三四〇〇フィート（七一三〇メートル）まで上昇したこともあった。小型車両、大砲、ネットに収めた貨物を、一トンまで積載できた。ヒトラーはこの開発に関心を示し、実戦に投入する計画がいくつか立てられた。失脚して囚われているムソリーニをグラン・サッソ山塊のホテルから救出するのに使うという案も出た。だが、結局Ｆａ２２３は、試作機が供覧飛行を行なっただけで、戦闘に参加することはなかった。資材不足や連合軍の爆撃など、さまざまな理由によって、一〇〇機を生産するという目標は頓挫した。最初に生産された一〇機が、連合軍の爆撃機によって破壊され、一九四四年七月のドイツ南部への爆撃によって、さらに多数が破壊された。工場から無傷で逃れられたドラッヘは、わずか五機にすぎなかった。何機かが戦争を生き延び、さまざまな連合国に持ち去られた。

戦後、フォッケはあまたのドイツ国民とおなじように窮乏していたが、コーヒーの缶に特別な品物を収めた救援小包をときどき受け取っていた。缶には煙草がはいっていた。廃墟と化したドイツでは、それが食糧と交換する貴重な必需品だった。フォッケが受け取っていた救恤《きゅうじゅう》物資の送り主は、ソ連からアメリカに亡命したイーゴリ・シコルスキーという人物だった。

一九五八年秋、コネティカット州のフーサトニック河谷にいて、双眼鏡の助けがあれば、はるか上空のイーゴリ・イワノヴィッチ・シコルスキーの姿が見えただろう。そのときシコルスキーが乗っていたヘリコプターは、この分野に疎《うと》い人間が見たら空の幻かと思うようなものだった。キャビンがそっくりそのままなくなって、乗客四人がその残骸に座っているように見えた。吹きさらしで、不安だ

＊とはいえ、観衆の反応はライチュの予想に反して冷ややかだった。ポスターのせいで、屋内でも時速三〇〇キロメートルで飛ぶものと期待していたにちがいない。

ろうが、さぞかし眺めはいいだろう。

じつは、これは試験飛行だった。機種は、ピストン・エンジン双発ヘリコプターのシコルスキーS-60。キャビンがないのは、乗客用ではないからだ。S-60は、貨物のパレットを持ちあげたり、キャビンのあるべき場所に乗客用ポッドをはめこんだりする仕組みの、〝空飛ぶ起重機《クレーン》〟だった。そのときのS-60は、木のプラットホームを、キャビンがあるべき部分に吊り下げ、振動を調べる試験飛行を行なっていた。プラットホームには技師三人とシコルスキーが座っていた。そのころのシコルスキーは、ユナイテッド航空機シコルスキー・ディヴィジョンの、寡黙だが熱心なエンジニアリング・マネジャーだった。

視界のいい航空機を、シコルスキーは好んだ。フーサトニック川の上の激しい空気の流れは、歴史的なマシーンの機首展望台に乗ったときのことを思い出させた。その飛行機は、シコルスキーにとって、どんな飛行機よりも心を揺さぶる存在だった。その成功が、シコルスキーに成功をもたらしたのだ。〈ル・グラン〉という名にふさわしいその世界最大の飛行機は、一九一三年三月一三日、サンクトペテルブルクの飛行場で滑走を開始した。世界初の四発機だった。

まったくの独力だったとはいえないが、垂直飛行マシーンを実験段階から実用へと引き上げるにあたって、シコルスキーはどんなヘリコプター開発者よりも大きな貢献をしている。ヘリコプターは、シコルスキーにとって、三度めの航空関係の業績だった。

シコルスキーは、一八八九年、母なるロシアのかつての大公国の首都キエフに生まれた。子供のころは模型飛行機やモーターをこしらえた。ゴムバンドを動力にするヘリコプターも組み立てた。ティーンエイジのころに、無政府主義者《アナーキスト》の調合を真似て爆薬を作り、庭で爆発させた。キエフ大学の心理学教授だったイーゴリの父イワン・セルゲーエヴィッチ・シコルスキーは、驚くほどさまざまな物事に関心を持っている人物で、蔵書もきわめて豊富だった。イーゴリの姉オリガによれば、実直で謹厳な人物で、クッションのきいた椅子に座ることもしなかったという。

社会的地位が高く、学術的な家に生まれた聡明な若者だったシコルスキーは、帝政ロシアで誉《ほま》れ高い技術職の道を歩みはじめる。一九〇三年、サンクトペテルブルクのロシア帝国海軍兵学校に入学した。軍艦の高いマストなどの高所を、シコルスキー士官候補生がまったく怖れないことに、仲間の候補生たちは気づいていた。三年後に兵学校を辞めたシコルスキーは、キエフの工芸大学で工業技術を学んだ。そのあと、社会情勢が不穏になったロシアを逃れてパリにしばらく住み、やがてキエフに帰った。

一九〇七年に母親が死ぬと、シコルスキーは家を継がずにほかのことをやりたいようすを見せるようになった。翌夏、父親とともにドイツを巡ったとき、ウィルバー・ライトが空路でヨーロッパの各都市を歴訪しているところだった。チロルの山地のホテルに滞在しているとき、シコルスキーは直径一二〇センチのヘリコプター用ローターをこしらえた。錘《おもり》とプーリーを使ってホテルの部屋で実験し、計算によって、一馬力で八〇ポンド（三六・三キロ）を持ちあげられるとわかって驚いた。さらに研究して、原寸のヘリコプターの場合には、途方もなく大きなローターでないと、それは実現しないことを悟った。*

キエフに帰ったシコルスキーは、その後一生つづけることになる仕事をはじめた。工芸大学を辞めて、いったんパリに居を定め、ルイ・ブレリオとフェルディナン・フェルベールから、操縦と航空機

＊少年時代のライト兄弟も、ゴムが動力の小さなペノー式ヘリコプターの玩具が飛ぶのに驚き、おなじ誤解をした。

建造の技術を学んだ。フェルベールは、シコルスキーに助言した。「空飛ぶ機械を発明するのは無だ。こしらえるのは小だ。それを飛ばすことがすべてだ」シコルスキーは、リジューでコルニュのヘリコプターもじっくり見た。一九〇九年にキエフに戻り、生家の裏庭で、アンザーニ航空エンジンを使って、ヘリコプターを製作した。

その後、さまざまな出資者に加えて、裕福な銀行家の妻だった姉オリガからも資金を借りることになる。母親のジナイーダが生きていたら、シコルスキーの飛行機熱をなにも不思議には思わなかったはずだ、というのも、シコルスキーが飛ぶことに興味を持つきっかけは、母親がこしらえたからだ。若い母親だったころ、ジナイーダはレオナルド・ダ・ヴィンチの飛行機械のスケッチの虜《とりこ》になっていて、その興奮を息子に伝えた。息子が大空に理想を抱き、グライダーをこしらえたり、『征服者ロビュール』に読みふけるのを、ジナイーダは見守っていた。

完成したシコルスキーの試作一号機H－1は、同軸反転ローター・ヘリコプターで、ワシントンDCのジョン・ニュートン・ウィリアムズが製造したものと外見がよく似ていた。ただし、ウィリアムズはヘリコプターをいったんあきらめようとしていたが、シコルスキーは着手したばかりだった。プラットホームの上に二重のローターがあり、上のローターは直径四・六メートル、下のローターは直径四・九メートルだった。毎分一六〇回転で、それぞれ逆に回転する。回転していないときには、ネジ止め金具でワイヤを締めることによって、ローターブレードのピッチを変えられる。

一九一〇年、シコルスキーは、H－1も試作二号機のH－2も、離陸できないことを認めざるをえなくなった。たとえ離陸にじゅうぶんなパワーが得られたとしても、制御できず、安定しないので、どこへも飛んでいけない。しかしながら、同軸ローターがこの自称航空機を横倒しにするだけの揚力を発揮することは、確認できた。

計画を棚上げしたシコルスキーは、将来、もっと強力なエンジンが出現するのを待つことにした。そして、出資された資金の残りで固定翼機を製造した。プロペラの設計を実地にためそうと、その冬、橇《そり》にアンザーニ・エンジンとプロペラを取り付け、凍った道路に出た。一九一二年には単発旅客機Ｓ－６で速度記録を達成し、モスクワで多額の賞金を得た。それによって、ロシア・バルティック鉄道車両会社から依頼が来た。シコルスキーは、家族に借金を返し、少年時代の夢から現実的な着想へと移り変わった、三年におよぶ長期計画に取りかかった。

煙をもくもく吐く機関車に曳《ひ》かれて大草原を走る客車を彷彿させるいかめしい社名には似合わず、ロシア・バルティック鉄道車両会社には、航空機開発の一大勢力になるという野望とそのための資金がそなわっていた。同社の支援を受けたシコルスキーは、小型飛行機の製作をつづける。Ｓ－５は一定の成功を収めたが、操縦中にエンジンが停止して墜落した。原因は、蚊の死骸が気化器《キャブレター》にはいったからだった。飛行機の残骸から這い出したシコルスキーは、枕木の山に腰をおろして、エンジン故障の危険をどうやって減らせばよいかと考えた。エンジンが複数あれば、同時に故障する可能性は低いから、危険の軽減に役立つ。世界初の四発巨大機を建造しよう、とシコルスキーは決断した。ロシア・バルティック鉄道車両会社はそれに同意した。

ロシアは航空機開発では後発だったので、賢明な投資ではないと、外部の人間は判断していたかもしれない。ところが、この開発計画は、シコルスキーが一頭地を抜き、数人で持ちあげて格納庫に運び入れられるような華奢《きゃしゃ》な複葉機をいまだに製造して張り合っていた連中を引き離すきっかけになった。六カ月後、シコルスキーの〈ル・グラン〉は離陸し、墜落するのを見物しようと集まった観衆は度肝《どぎも》を抜かれた。〈ル・グラン〉は、ただ操縦性に優れていただけではなかった。シコルスキーは、それまでの固定観念を打ち破り、細く長い主翼が低速では有効だということを実証したのだった。現在の空気力学では、それを〝大縦横比《だいじゅうおうひ》〟（訳注　縦横比＝翼の平面系の翼幅と翼弦方向の比）翼と呼んでいる。細長い主翼を持つ現代の高性能グライダーを思い浮かべると、よくわかるはずだ。試作機というものはたいがい造りが粗《あら》く、乗り心地が悪いものだが、〈ル・グラン〉には、後世の旅客機の先鞭をつける閉鎖型の客室《キャビン》があった。思慮深いシコルスキーは、テーブルと椅子まで据え付けた。機長と副操縦士がならんで座るというのもはじめてだった。景色を見たい乗客のために、機首には展望台まであった。

初飛行の三カ月後、飛行中にばらばらになったポーランド製複葉機のエンジンが落下して、飛行場に駐機していた〈ル・グラン〉は大破した。だが、そのときにはもう、シコルスキーはもっと大型の〈イリヤ・ムウロメツ〉の製造に着手していた。この名称は、ロシアの伝説で名高い一〇世紀の戦士に由来する。乗客一六人を運ぶことができ、全幅は三〇メートルを超えていた。《ニューヨーク・タイムズ》の記者によれば、〈ムウロメツ〉は飛行機というよりは〝空飛ぶ村〟だった。一九一四年、〈ムウロメツ〉は、サンクトペテルブルクからキエフまで、往復二五〇〇キロメートルの飛行を行なった。途中でシコルスキーは視程ゼロのなかを飛ばなければならなかったが、やがて雲の上に出ることができた。有頂天になったシコルスキーは、展望台に出て、雲の絨毯が流れてゆくのを見守った。戦争のために旅客機の需要はなく、生産型の〈ムウロメツ〉はロシア空軍の重爆撃機として活躍した。ドイツ軍に対して四〇〇回の出撃を行ない、戦闘中に損耗したのはたった一機だった。

一九一八年三月までに、シコルスキーは名機を数々製作して地歩を築いていたが、ボリシェヴィキの反乱が高まっているなかでは、それにはなんの価値もなかった。上流階級の出身の〝白系ロシア人〟だったので、帝政ロシアとつながりがあると見なされる。航空業界でふたたび仕事をすることを願って、シコルスキーは数百ポンドの所持金を持っただけで、客船に乗ってイギリスを目指した。まだ戦争はつづいていたので、一トンの大型爆弾を搭載する双発爆撃機をフランスで製造する許可が得られた。しかし、試作機が完成する前に、戦争は終わった。シコルスキーは、客船〈ロレイン〉でニューヨークに向かった。一九一九年三月三〇日に到着し、スーツケースをひとつ提げただけで、エリス島の桟橋に降り立った。そのスーツケースには、服とこれまで製作した航空機の写真と、これから製作しようと思っている航空機の設計図のほかに、少年時代の愛読書だったロシア語訳の『征服者ロビュール』がはいっていた。

「当時はきわめて不安定と思われていた職業で、ほんとうにチャンスを見つけられる国は、アメリカしかないと思った」シコルスキーは、のちに自伝『翼を持ったSの物語』で述べている。

だが、当初はそれも危ぶまれた。戦闘飛行機と名付けた爆撃機を製造する新会社を設立しようと、一八カ月がんばったが、戦後の新航空機市場は崩壊していた。軍が何百機も放出していたからだ。シコルスキーは、オハイオ州デイトンへ行って、サーマン・ベーン大佐に会ったが、小規模な設計契約をもらえただけで、仕事はすぐになくなった。かつて重爆撃機と輸送機に関しては国際航空業界の寵児だったシコルスキーも、一九二〇年秋には、ニューヨークで食い詰めていた。ホテルを出たシコルスキーは、イーストサイドの小さな貸間に移った。

卵や肉は高いので食べず、ベイクトビーンズとコーヒーだけで、一日八〇セントという暮らしをしていた。まだ英語は流暢《りゅうちょう》ではなく、航空関係以外の仕事をする能力はないので、どうやって暮らしを立てようかと考えていた。「有名という菓子の苦味を味わっていた」後年、《ニューヨーク・タイムズ》のインタビューに対して、そう述べている。「自分の選んだ分野では名高いのに、その分野には自分にやれることがほとんどなかった」

戦後のニューヨークそのものも、第一次世界大戦の余波の苦渋を味わっているところだった。シコルスキーが住んでいたロワー・イーストサイドでは、ことにそれが顕著だった。ミッチェル・パーマー司法長官が社会活動家への取締りを強化し、その流れで反ボリシェヴィキの波が沸き起こっていた。ヨーロッパでは失業が深刻になり、エリス島には船に乗ってやってきた移民がひしめいていた。

一九一九年に米軍がロシアに出兵したことに憤《いきどお》るロシア人もいた。帝政ロシアの復活を狙ったこの動きは、失敗に終わった。ボリシェヴィキの扇動者たちが、毎日通りでビラを配っていた。一九二一年一〇月、〝同志キャプラン〟や〝同志ボブ〟といった扇動者がラトガーズ広場に集まって、資本主義政権を打倒して、アメリカで労働者ソヴィエト共和国を樹立し、現政権に取って代わろうとイギリス人、ロシア人、ユダヤ人に訴え、マサチューセッツ州で、殺人容疑で逮捕されたイタリア人無政府主義者、バルトロメオ・ヴァンゼッティとニコラ・サッコの釈放を呼びかけた。

こうした運動は失業問題を改善できなかったが、ニューヨークのロシア系移民の強い結びつきのおかげで、シコルスキーは最初の運をつかむことになる。ある友人から、ロシア人学校で非熟練工に数学を教える仕事があると聞かされたのだ。シコルスキーはその仕事に就《つ》き、夜間の天文学の講座もつくって、そちらは幅広い層のロシア系移民に教えた。ランプを使うスライドを自然史博物館から借りて、重い映写機を持ち、地下鉄で教室に通った。歴史、美術、文学の自由な教育を受けたかった学生たちは熱心で、目の色を変えて勉強した。なかにはシコルスキーのような赤貧の白系ロシア人もいたが、元ボリシェヴィキのシンパだった人間もいた。「そういうひとびとは賞賛に値する」と、シコルスキーは述べている。「彼らは毎日の仕事にはほとんど役立たないような事柄を学ぶために、みずから金を出して授業を受けていた」

天文学の講義は好評だったが、その分野ではシコルスキーは趣味人にすぎなかった。飛行機のことを教えてほしい、と生徒たちが訴えたので、シコルスキーは新時代のとば口にある航空界について話した。この話題は心の底から語ることができた。これから登場するであろう巨人機について話した。シコルスキーはニューヨーク近辺の空港をたびたび訪れていて、繁盛しているのを興味深く眺め、恨みがましい気持ちになることもあった。一九一八年以降、そういう仕事から遠ざかっていたので、講義の内容を新しいものにするために、公共図書館に通いつめて、エンジンや空気力学の最新の発展について学んだ。

シコルスキーの話に刺激を受けたロシア人たちが、また航空機を製作してはどうかと勧めた。シコルスキーは、スーツケースから古い図面を出して、改良型の輸送機の設計図を描きはじめた。一九二三年三月、シコルスキーは移民仲間から募《つの》った資金で、事業を再開するめどがついた――ピアニストのセルゲイ・ラフマニノフは五〇〇〇ドルを出資し、帳簿には副社長と記載されている。優先株が一株一〇ドルだった。シコルスキーは、ブルーカラーの投資家たちに危険性をきちんと説明した。ロングアイランドにあるヴィクトル・ウトゴフの養鶏場で複数エンジンの輸送機を製作するという計画は、成功の可能性がそう高くはないと、毎回の株主会議で注意した。資金はぎりぎりだったので、資材には、軍の放出品、廃品、地元の一〇セント雑貨店で買ったものを使った。降着装置を取り付けるときには、クレーンやジャッキを手に入れる金がなかったので、胴体の下に溝を掘った。

ロシア移民たちは、出資するだけではなく、一週間一五ドルで働いてくれた。ロシア製航空機の復活というシコルスキーの話にはげまされた移民たちは、食べるだけでもかつかつの仕事と、シコルスキー航空工学会社の株を持っているだけで、満足していた。離れが何軒かある農家にすぎない〝工場〟に寝泊りしているものもいた。シコルスキーが、飛行機につづいてヘリコプターを製作するまでのきわめて厳しい時代を乗り越えられたのは、こうした空の郷士がいればこそだった。なかでも重要な存在は、設計技師としてシコルスキーに仕えたボリス・ラベンスキーだった。

ラベンスキーがロシアにいたころの経歴は、シコルスキー社の伝説に属している。イーゴリ・シコルスキーの息子のセルゲイによれば、オデッサを母港とするロシア帝国海軍駆逐艦の艦長だったという。ボリシェヴィキの軍勢が陸路で押し寄せるなかで、ラベンスキーは乗組員に選択させた。艦を去り、端艇で上陸してもよいし、自分といっしょに亡命してもいい。半数がラベンスキーに従った。ラベンスキーは黒海沿岸を南下し、トルコの町の軍司令官に駆逐艦を装備ごと売った。金を分配し、自分も相当の分を取った。アメリカに移民し、しばらく工作機械技師として働いた。一九二二年にシコルスキーと知り合ったときには、ニューヨーク州北部の農場で働いていた。そこでは、畑を耕す重労働は、すべて旧ロシア海軍の士官たちの仕事だった。

一九二四年四月、シコルスキー社の秘書が、出資者たちが不安がっていると、シコルスキーに注意した。飛行機はいつでも飛べるように見えるのに、まだまったく動かされていない。飛べないのではないかという噂が立っている。だから、安全に飛べるかどうかはべつとして、最高経営責任者が乗って飛ばすべきだ、というのだ。シコルスキーはそうした。そんなわけで、一九二四年五月四日、重すぎるロシア移民の夢を満載したシコルスキーS－29は、エンジン故障を起こして、ルーズヴェルト飛行場近くのソールズベリ・ゴルフ・クラブのコースの谷間に墜落した。作業員八人が、乗客として乗っていた。最初の試験飛行に乗客は乗らないほうがいいのだが、シコルスキーにもそれをいう勇気はなかった。

死者は出なかったが、会社のほうは死に絶えるかと思われた。墜落する前ですら、資金が底をつきかけていたので、この旗艦《フラッグシップ》のための新しいタイヤを買うことはおろか、ガソリンタンクをいっぱいにすることもできなかった。シコルスキーの部下たちは、以前にも増して必死であさったりねだったりして集めたもので、修理を行なった。「彼らの友情と忠誠があればこそできたのだ」と、シコルスキーは自伝で回想している。「給料を払う金もなかったのに」しかし、エンジンは修理不能だった。代わりのエンジンがなければ、ふたたび飛ぶことはできない。

シコルスキーには、ひとつの計画があった。ヨーロッパ人らしい礼儀正しい物腰を身につけてはいるが、シコルスキーはけっして気弱ではなかった。もっとも忠誠な支援者たちをマンハッタンの自分の弁護士の事務所に集めて、ドアに鍵をかけさせ、合計二五〇〇ドルを集めるまで帰さなかった。短い初飛行によって、エンジンさえ問題なければ飛ぶことがわかっている、とシコルスキーは説得した。出資者たちは納得し、解放してもらうために小切手を書いた。約束どおり、S‐29はその年に飛んだ。はじめて会社の金の流れが逆に動きはじめた。S‐29の初仕事は、ワシントンDCにグランドピアノを二台運ぶというものだった。一九二七年七月には、S‐29はのべ五〇万マイル（八〇万キロメートル）を飛んでいて、煙草会社に〝空飛ぶ葉巻店〟として貸し出されていた。頑丈にできていたので、一九二五年に不時着したときには、主翼で太い木の枝を折りながら進み、布地を張り替えるほかには修理する必要もなかった。そのときの桜の枝をシコルスキーはとっておいた。一九七二年一〇月に死んだときに置いてあったそのままの状態で、いまもユナイテッド・テクノロジーのシコルスキー航空機部にあるオフィスの一角に飾ってある。S‐29は、ハワード・ヒューズ監督の映画『地獄の天使』の撮影中に、改造されてドイツ爆撃機の役を演じ、その生涯を終えた。

シコルスキーの飛行機は、その後も数々の試練を経た。もっとも大きな心の痛手となったのは、一九二六年、ルネ・フォンク大尉がS‐35輸送機で大西洋横断飛行を開始しようとした矢先に墜落炎上したことだろう。「つねに前進」がシコルスキーの合言葉であり、二年後には、冒険家や島を巡る航空路に適した小型のS‐38飛行艇で、最初の商業的成功を収めた。改良を重ねて、ようやく大洋を横断できる巨大なS‐42飛行艇が完成した。ヨーロッパの各メーカーにくわえ、アメリカのボーイングやマーチンも、さまざまな飛行艇を製造していた。エキゾチックな着水地点に舞い降りては、べつの着水地点を目指す旅客飛行艇のロマンティックな時代は短く、第二次世界大戦勃発とともに終わりを告げた。

ブレゲー＝ドーラン同軸ヘリコプターが、一九三五年にフランスでヘリコプターの記録を樹立しはじめると、シコルスキーはそちらに目を向けた。一九二五年からヘリコプターの分野には多少手を出していたのだが、輸送機と飛行艇の製造（出資者たちが一九二九年にユナイテッド航空機に売却）に追われていて時間がなく、回転翼についてはなにも結実していなかった。いまやシコルスキーは農家の屋根裏部屋の隣にオフィスを構え、バザーで買った本棚と机を置いていた。夜と週末を使って、そこでふたたびヘリコプターの図面を引きはじめた。ニューヨーク公立図書館、ニューヨークにある航空機製造業協会図書館、エール大学図書館にも通いはじめた。ヨーロッパの最新の成果については、くまなく読んでいた。それからまた計算に戻って、自分の初期の設計を修正した。飛行艇の製造はまもなく立ち行かなくなるので、まさに格好のタイミングだった。一九三八年になると、どれほど巧みに設計しても、飛行艇は離陸時――つまり水面から離れる際の積載量に制限があり、それが巡航速度での積載量を制約してしまうという事実が明らかになった。その間に、陸地を発着する大型で高速の航空機が、主要路線を奪いはじめていた。それに、ユナイテッド航空機は飛行艇の製造をボーイングやグレン・L・マーチンに任せて手を引くのではないかという噂が、工場でひろまっていた。シコルスキーが沈みかけた艀《はしけ》から他の艀に飛び移らなかったら、S＝29時代の子飼いの設計者や職工は馘になるか、あるいはコルセア戦闘機のような軍用機の開発にまわされるおそれがあった。そうなったら、シコルスキーが自分の夢であるヘリコプターを作る望みは絶たれる。

一九三八年、シコルスキーは飛行艇の書類提出のためにドイツへ行き、ブレーメン滞在中にＦｗ61の飛行を見た。完全に実用可能なヘリコプターに必要な要素が固まりつつあるという確信を胸に、コネティカットへ帰った。つまり、参入するにはすばやく行動しなければならない。フィラデルフィアのフランクリン研究所でひらかれたヘリコプター発明家の集会に、シコルスキーは参加した。激しい競争がはじまろうとしていることを、だれもが強く意識していた。一九三八年一二月、シコルスキーの設計の略図が完成した。コネティカット州ハートフォードへ行ったシコルスキーは、ふたつの考えを提示して、ユナイテッド航空機の経営幹部にそれを売り込んだ。ひとつ、ヘリコプター開発に投資するのに最適の時機であること。ふたつ、特許をとったアイデアが実現できる態勢になっていること。「科学関係の顧問たちはヘリコプターに懐疑的だったし、しかも父の提案した新しい様態のヘリコプターにはさらに懐疑的だったが、説明会は驚くほどうまくいった」と、セルゲイ・シコルスキーは述べている。

ユナイテッド航空機が、シコルスキーの新規な設計を受け入れた理由は、あまりはっきりしていない。そのころに記録を樹立していたヘリコプターはすべて、同軸反転ローターか、並列ローターだったが、シコルスキーは主ローターと尾部ローターがひとつずつの単ローター・ヘリコプターを製作しようとしていた。

単ローター・ヘリコプター型の実験は、一九一二年にロシアではじまっていたが、並列ヘリコプターの半分も性能を発揮できていないという問題があった。おそらくシコルスキーが一世一代の大弁舌をふるって、単ローター・ヘリコプター（まだ飛行可能であることが実証されていない）は、並列ローターや同軸反転ローター（どちらも飛行可能であることが実証されている）よりも欠点が少ないということを、経営陣に納得させたのだろう。並列ヘリコプターのＦｗ61が横転しやすいことと、同軸反転ではローターとローターの間隔が狭く、空気力学的に見て干渉が生じていることを、シコルスキーは指摘したはずだ。

ユナイテッド航空機の経営陣は、作業を進めて設計の詳細を煮詰めるようシコルスキーに命じたが、試作機の製作は許さなかった。ところが、その後、試験的な航空機の設計に二〇〇万ドルを助成するドーシー法が成立し、助成金をもらえる可能性が出てきた。*

陸軍航空隊が二〇〇万ドルを提供するという、アメリカの回転翼発明家全般への初の支援は、引き出しに設計図を、地下室に模型をしまっていた野心家たちの群れを吸い寄せた。たとえば、イリノイ州ベアーズタウンの食料品商フランシスとラッセル・ハリガン兄弟の助成金申請書によれば、まずゴム動力の模型をこしらえ、（本人たちの主張では）一九三二年に原寸の回転翼機を飛行させたという。陸軍将校のフランク・グレゴリーが、確認のために現地に赴いた。〝ハリガン機〟を照会する前に、兄弟のうちのひとりがピアノを引き、もうひとりが飛ばした模型が天井をかすめて飛んだ。その序奏が終わると、グレゴリーは試作機をひそかに隠してある裏庭に案内された。揚力を発生するローターがふたつある、飛行機に似た代物《しろもの》で、改造した三二馬力船外機一基が動力だった。それがその日に飛んだかどうかはわからないが、グレゴリーはハリガン機を数すくないリストから抹消した。「ストーブのボルトや鋳鉄のパイプでつなぎ合わせてあるように見えた」と、グレゴリーは書いている。**

他の申請者にとって口惜しいことに、陸軍は当初、プラット・レページ航空機を選んで、ヘリコプター開発に割り当てられた助成金の大部分にあたる二〇万ドルを授与した。ドイツのＦｗ61のような滞空性のある並列ヘリコプターを製作するものと期待したのだ。プラット・レページの最初のヘリコプターＸＲ‐１は、一九四一年五月に試験飛行を開始した。だが、テスト・パイロットのルー・リーヴィットは、ＸＲ‐１が旋回時に制御に支障をきたすことを怖れて、巡航速度へ加速して一キロメートルの経路を飛行すべしという陸軍の要求に応えられなかった。二年間そんな調子だったので、業を煮やしたフランク・グレゴリーは、みずからＸＲ‐１に乗り込んで、最初の高速試験を行なった。その後、ＸＲ‐１は墜落し、修理された。二号機も製作されたが、やはり墜落した。それも再建されたが、陸軍も一九四四年には匙《さじ》を投げ、試作機二機めでこの開発計画を断念した。

ＸＲ‐１が当初から問題含みであったため、陸軍は万一の場合の押さえとして、ドーシー案の予算のうち五万ドルを、ユナイテッド航空機シコルスキー・ディヴィジョンに割りふった。主ローターと尾部ローターがひとつずつあって機体の回転を防げるというシコルスキーの手法が、ようやく合理的と見られるようになっていたが、解決しなければならない大小の問題点がいくつもあった。試作機製作は一九三九年初頭に開始されたが、じっさいに飛行する準備が整うまでに、何年もかかった。一九四二年になってもまだ、進捗《しんちょく》ははかばかしくなかった。そのころ、英海軍は信頼性の高い艦載ヘリコ

＊もともとはオートジャイロ開発者を支援するためのもので、オートジャイロ関係者の働きかけにより一九三八年に成立した。ドーシー法の公聴会がはじめてひらかれた四月は、オートジャイロにとってタイミングが悪かった。Ｆｗ61がみごとな飛行を行なったのを、アメリカ国民数百万人がニュース映画で見て知っていたし、公聴会に出席した海軍関係者がオートジャイロの性能について不利な発言をした。議会はオートジャイロという用語を削り、〝回転翼機その他の航空機〟に対するものとして、助成の範囲を拡大した。

＊＊ハリガン機はほんの一瞬離昇したのかもしれないが、陸軍は納得しなかった。専門知識のないアマチュアの関心は、その後もずっと高かった。一九四一年、オハイオ州のライト・フィールド航空研究所は、新航空兵器のアイデアを処理するジュール・ヴェルヌ課を設けた。四つのローターを持つ〝アヴォレイター〟なるものの略図が持ち込まれたことがあった。発明家は傍注に〝ならぶもののない傑作〟であり、時速一〇〇〇マイル（約一六〇〇キロメートル）に達すると書いていた。

プターを必要としていた。陸上基地からの上空支援が見込めない大西洋のまんなかで、海中に潜んでいる潜水艦を阻止する哨兵線の役割を、艦載ヘリコプターに期待していた。一九四〇年から四一年にかけて、ドイツの潜水艦は連合国の建造能力の三倍に及ぶ艦船を海に沈めていた。*

　しかし、どれほど必要に迫られていても、この時代の知識の範囲では、ヘリコプターの開発をあまり急ぐわけにはいかなかった。進捗は遅く、地面からほとんど飛びあがらないまま、地上で進められた。最初の段階――じつは会社が承認する一年前からはじめられていた――は、エンジンと変速機とローターを積んだテスト装置の組み立てだった。離陸することを考えずに、ローターの性能を測定する。飛行可能な試作機を組み立てるのは、そのつぎだ。VS（ヴォート‐シコルスキー）‐300一号機のエンジン運転試験は、わずか六カ月後の一九三九年九月一四日に行なわれた。七五馬力のライカミング・エンジンがうなりをあげ、見ているものたちは、すべての車輪が同時にあがるかどうかを、しゃがんで確認した。VS‐300は地上では安定を保っていたが、離昇するとすさまじい振動を起こし、周囲の人間には、〝ぼやけたひとつの大きな物〟に見えた。制御を失う気配を示した場合に機体と格闘しようと、ボリス・ラベンスキーがそばで身構えていた。

　チーフ・テスト・パイロットのシコルスキーは、ローターブレード一枚一枚のピッチを変えて機体を制御できるようになるまで、早くとも数カ月かかるだろうと判断した。それが当初の予定だった。操縦桿をそっと動かして、望む方向にヘリコプターの機体を傾けるためのサイクリック・コントロールに、問題が残っていた。試験飛行を映した映画では、じっさいよりもちゃんと制御されていると大衆に思わせるために、映写速度を落としていた。**

　安定に問題があるため、墜落が日常茶《さ》飯事《はんじ》になるおそれもあったのだが、単純な便宜的手段を使うことで、試験飛行を重ねることができた。整備工ボブ・クレトヴィクスが、シコルスキーのヘリコプター開発計画に参加したのは、一九四〇年九月だったが。クレトヴィクスの仕事のひとつは、偉大なヘリコプター開発者が命を落とさないように、人間の錨《いかり》の役割を果たすことだった。シコルスキーが最新の実験を行なうために離昇するときには、クレトヴィクスは舗装面の環《わ》に通してヘリコプターの基部に結びつけたロープを握る。問題が起こりそうだと見てとったが早いか、クレトヴィクスやほかの整備士がロープを引いて、ヘリコプターを地面に引き戻す、という寸法だった。

振動はいっかな消滅せず、進捗を阻《はば》む危険な障害になっていた。大きなローターブレードは、揚力、抗力、ブレードそのものの重量バランスが微妙に按分《あんぶん》されていないと、それぞれのまわる軌道が異なってしまい、ヘリコプターは飛ぶたびに墜落するはめになる。まったくもっておかしな問題もあった。供覧飛行の映画を見ていた副社長が電話してきて、どうして映画ではヘリコプターが前進しないのかとたずねた。シコルスキーは、たいした問題ではないと答えたが、それはほんとうではなかった。進めないのは、時速三〇マイル（四八キロメートル）を超えると、激しい振動を起こすからだった。まるで、ボテザH-1のような初期のヘリコプターの低速飛行をやめたくないと、マシーンがだだをこねているみたいだった。問題を分析するために、シコルスキーは後進するような仕組みに変えたこともあった。

「ホバリングするか、時速一〇マイルないし一五マイル（約一五ないし二五キロメートル）で前進す

＊イギリスは、Uボートの脅威に対する船団上空掩護に躍起になるあまり、ハリケーン戦闘機を艦船から発進させ、数時間後に燃料が尽きると海上に不時着させて放棄するという作戦まで行なっていた。
＊＊こうした初期の試験飛行の際に冒した危険のことは思い出したくもない、とシコルスキーは何年もあとで告白している。

シコルスキーVS‐300

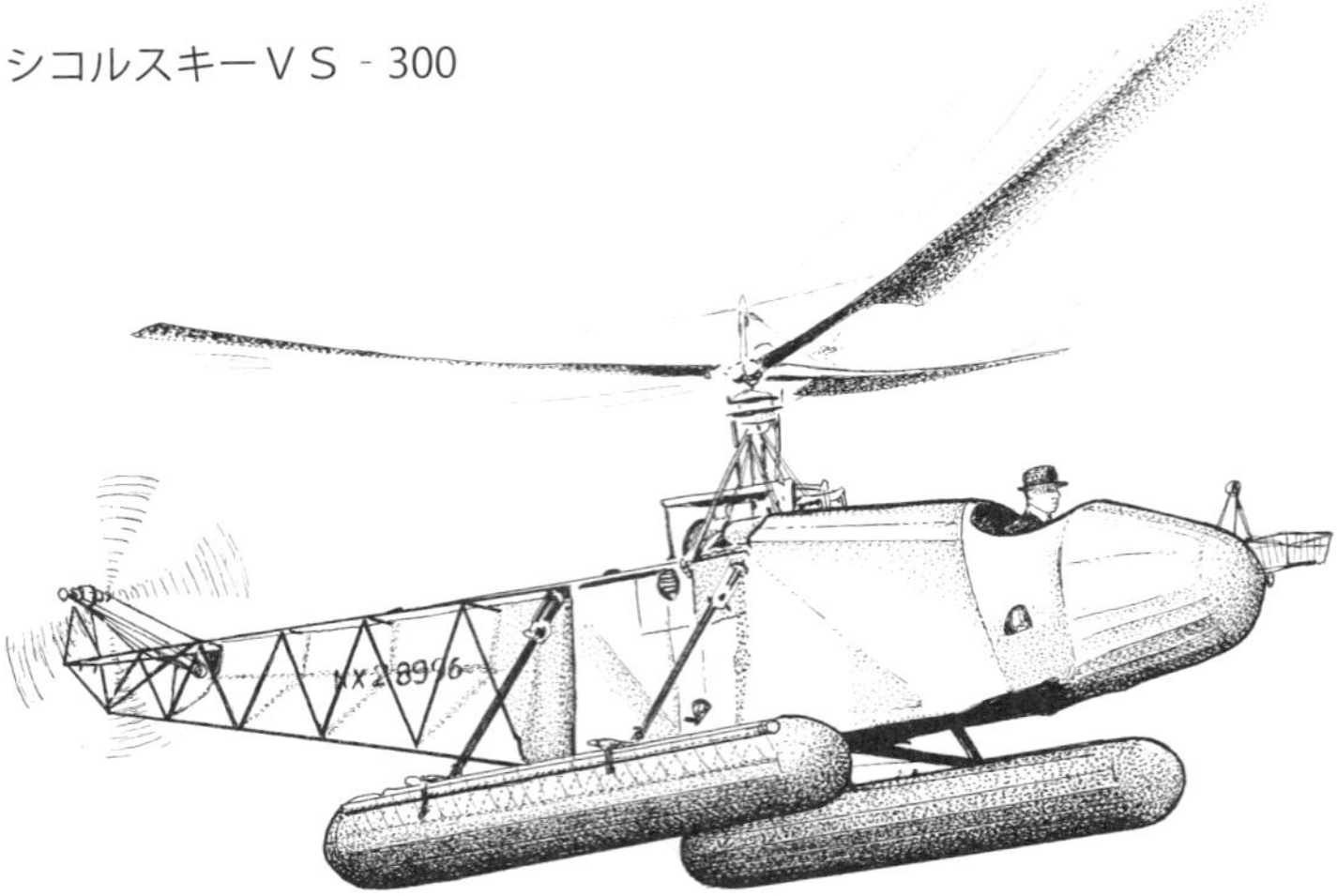

る分にはだいじょうぶだったが、二〇ないし三〇マイル（約三〇ないし五〇キロメートル）に加速しようとすると、前進できなくなるようだった」*と、セルゲイ・シコルスキーはいう。さいわい、この問題の解決策――リードラグ・ダンパー（訳注　主回転翼の上下運動の角度が大きくならないように減衰する装置）は、もうひとつの脅威――特定の状況のもとで制御不能な振動を起こしてバラバラになろうとする、ヘリコプターの特性――を制御するのにも役立った。これは地上共振と呼ばれるものである。リードラグ・ダンパーは、自動車のショック・アブソーバーに似たものだが、ローターハブに特殊なやりかたで組み込まれる。

　チームがはじめて地上共振を経験したのは、一九四一年一〇月だった。この事柄からは、草創期の実験者たちがどういうことに対処しなければならなかったかが、ひしひしと伝わってくる。エンジンのまわっているヘリコプターでは、あっというまに事態が暗転する危険性があることもよくわかる。この時期のＶＳ‐３００試作機は、ゴムを空気で膨らませたソーセージ型の浮き袋のようなものが降着装置だった。シコルスキーのテスト・パイロット、マイケル・グルハレフは、格納庫近くで着陸しようとした。「きわめてみごとな着陸で、浮き袋はほんとうにふんわりと接地した」と、べつのテスト・パイロットのレス・モーリスが書いている。「そのとき驚くべきことが起きた」ＶＳ‐３００が、浮き袋の上で左右に跳ね、それにつれてグルハレフは激しく揺さぶられた。のちに専門家は、〝ヒンジ付きローター・ブレードの自励《じれい》不安定〟と呼んだ。パイロットたちは地上共振と呼んでいる。＊＊

グルハレフは、機体を地面に押さえつけようとして、コレクティブ・レバーを押したが、あやまってスロットルに袖を引っ掛けた。それでいっそう事態が悪化したので、グルハレフはコレクティブ・レバーを引き、上昇した。地面を離れると振動が止まったので、エンジンを切ると、勢いよく降下したため、尾部ローターを地面にぶつけて壊してしまった。ローターブレードそれぞれにリードラグ・

＊ヘリコプターが前進するとき、ローターブレードが風を受けて上に羽ばたき（リードラグ角が大きくなり）、つづいて風とおなじ向きになって下に羽ばたく（リードラグ角が小さくなる）。振動はこの副産物である。この上下運動はどうしても避けられないものだが、それによって回転する面積が変わり、ブレードのモーメントの角度も変わる。ハブのまわりを回転するブレードは、前に向かうときには勢いが増し、うしろに向かうときには勢いが弱まるという運動をくりかえす。リードラグ・ダンパーは、その揺れが危険なほど大きくなるのを防ぐ。この機構は、現在のヘリコプターにも使われている。

＊＊地上共振は、ヘリコプターが降着装置の上で弾《はず》み、主ローターがハブのヒンジのところで左右にふれるという現象からはじまる。降着装置の上での弾みと、ヒンジから上下するブレードの動きが一致してしまうと、厄介なことになる。〝揚力の中心〟が急速に振動するありさまは、洗濯機の脱水機の重心がぶれたときを思い浮かべればわかるだろう。数秒にして状況は激化して制御不能になり、横転するかローターが分解するという結果を招く。地上共振は、陸軍航空隊のオートジャイロが大破する事故の最大の原因だった。

ダンパーを取り付けることが、地上共振と高速時の危険な振動の防止策になった。ダンパーがあれば、ローターブレードが極端な上下の揺れを起こすのを防ぐことができる。

焦燥の歳月のあいだ、シコルスキーはいつでも礼儀正しく、けっして声を荒らげることがなかったが、それでいて相手をかならず説得した。説得力があったひとつの理由は、部下たちがとことん忠実だったからだ。「思いやりが深くて、物静かな人だった」クレトヴィクスは、当時をふりかえってそういった。「あんなにいい人はいない」シコルスキーは、人事システムを出し抜くすべを知っていた。ユナイテッド航空機が飛行艇部門の製造コストを下げようとしても、シコルスキーが大切にしている助手たちを馘にすることはできなかった。「従業員をあちこちに異動させた技は、ただの語り草ではなかった」セルゲイ・シコルスキーはいう。「父の作業チームは、ひとつの大きなゴム風船みたいだった」ユナイテッド航空機のユージン・ウィルソンもこう語っている。「たとえば、作業監督をある日にレイオフしたら、翌日にはその男が図面を引いていて、さらにつぎの日には旋盤を使っている、といった按配だった」

シコルスキーは、工場の従業員すべての名前を知っていて、ロシアなまりの英語で丁重に敬意を示しながら話をした。いつもすこし身をかがめ、踵《かかと》をコツコツ鳴らしていた。あらゆる形の帽子が好きだった。泰然自若《たいぜんじじゃく》としたこのロシア人が、ビジネススーツを着て、ゴルフ帽から中折れ帽に至るさまざまな帽子をかぶり、無蓋のコクピットに乗っている姿を見て、ウィルソンはいつもおもしろがったものだった。「シコルスキーは、メモを思い出そうとして途方に暮れている教授みたいに見えた。よく飛行機の操縦を憶えられたものだと思った」だが、シコルスキーは、テスト・パイロット仲間からも、固定翼機とヘリコプターの両方を飛ばすたぐいまれな技倆の持ち主と見なされていた。何度となくいっしょに飛んだことのあるセルゲイ・シコルスキーによれば、慣れていない型でも、ざっと点検するだけで、いつも飛ばしているみたいに操縦できたという。飛行機の操縦をはじめた最初のころ、生き延びるための手段として、そういう技倆が身についたのだろう、とセルゲイは考えている。

「イーゴリは、怖れを知らなかった。〝怖れ知らずのフォスディック〟そのものだった」戦時中に整備工としてシコルスキーのもとで働いていたハリー・ナクリンはいう。フォスディックとは、アル・キャップの有名な漫画「リル・アブナー」でリル・アブナーが愛読している漫画の主人公の探偵である。「墜落しても、残骸から悠々と歩いて出てきたものだ」

一九四一年秋には、試作ヘリコプターは順調に飛ぶようになっていたので、シコルスキーは、水平飛行を制御するという当初の計画に立ち返った。はじめのうちうまくいかなかったサイクリック・コントロールの穴埋めとして、張り出し材《アウトリガー》に補助尾部ローターを複数取り付けたが、それも機械的な問題が多く、抗力が大きいために前進飛行を阻んでいた。サイクリックの問題を、なんとしても解決する必要があった。

「なぜうまくいかないのか、最初はわからなかった」セルゲイ・シコルスキーはいう。もっと具体的にいうと、ヘリコプターが理屈の上では進むはずの方向へ進まなかった。解決策として、常識的なタイミングよりも四分の一回転早いところでローターのピッチが変わりはじめるように、制御装置を調整した。回転するジャイロスコープは、力を加えると、九〇度の角度をなして離れてゆく。それに、回転しているヘリコプターのローターは、とてつもない力を持っているジャイロスコープにちがいない。

一九四一年一二月三一日、シコルスキーのサイクリック・コントロールは、ようやく機能するようになった。* ユナイテッド航空機は、シコルスキーが一九三八年に約束したような試作機を目にすることができた。名称はＶＳ‐３００のままだったが、一八回作り直されていた。「シコルスキーは経験を重んじる天才だった」スミソニアン研究所垂直飛行コレクションの学芸員ロジャー・コナーはいう。「問題は、飛行艇を製造していたときですら、優秀な製造者とはいえなかったことだ。シコルスキーの航空機は、工業製品ではなく工芸製品だった——組み立てラインなど頭になかった」

最終試作型をアメリカ陸軍の資金援助によって改良したVS-300Aには、R-4という制式記号があたえられた。イギリスはこれをホヴァーフライと名付けた。** いまやこのヘリコプターは、全方面の注目を集めていた。日常的に飛行を行なうところまで到達していたのは、ドイツのフォッケウルフのいくつかの型だけだったが、アメリカはヘリコプターをさらに進歩させる計画を立てた。一九四二年以降、シコルスキーのチームは、VS-300Aやホヴァーフライが作戦に投入された場合になにができるかということについて、じっくりと創造的な研究を行なった。加速は？ 停止からの発進は、自動車よりもずっと速く、時速八〇マイル（約一三〇キロメートル）で飛べる。シコルスキーがVS-300Aを駐車している車の列のあいだに入れる写真を、《ライフ》が掲載している。「シコルスキーの水陸両用ヘリコプターは自動車よりも操縦が簡単」と見出しにある。コクピットから模擬爆弾を投下し、目標に命中するかどうかを調べた。縄梯子をおろして、救出の実地訓練をした。縦横《たてよこ》が四、五メートルの裏庭に降りるということもやった。

一九四二年五月、モーリスはR-4を、コネティカット州からオハイオ州へ自力空輸した。完成品を届けるためだった。民間の航空機監視員が何人も、異様な動きのものが飛んでいると通報した。ひとりの監視員は、風車が上空を通過したと報告した。アレゲニー山脈を通るときに、モーリスは回り道をして、草原の鹿を追いかけた。シコルスキーは得意の絶頂にあった。四カ月後の《アトランティック・マンスリー》誌が、〝空の時代の到来〟と題するシコルスキーの一文を載せている。展望台付きのヘリコプターで家族がキャンプに行くだろう、という予想がそこに書かれていた。ヘリコプターは、ふつうのひとびとを道路のない僻地へと運ぶ、と。シコルスキーは、ヘリコプターが自動車に取って代わると思っていたわけではなかった。まったく新しいものをヘリコプターがもたらすと期待していただけだ。

シコルスキーＲ-４が立派に制御できるようになったいま、世界のためにヘリコプターになにができるかを考える時期だった。

＊羽ばたきブレードのローター・ハブにサイクリックとコレクティブの制御を組み込むなどの細かい工夫は、ラウル・ハフナーが三年前に終えていた。
＊＊ヘリコプターにまつわる昔の軍事用語を調べるのは困難をきわめる。なぜなら、シコルスキーＲ-５のような型について、各兵科がそれぞれにアルファベットや番号を割りふっていたからだ。それぞれのヘリコプターを読者が見分けやすいように、可能なときにはよく知られている愛称（たとえば〝チヌーク〟）や、もっとも一般的な制式記号を使うことにする。したがって、Ｒ-４はイギリスではホヴァーフライという名称のみで知られているが、本書ではあえてＲ-４と呼ぶことにする。

第7章　空をいっぱいにする

民間人救助が最初に行なわれたのは、一九四四年四月のことだった。ニューヨークのジャマイカ湾の砂洲に取り残されたティーンエイジャーの男の子を、沿岸警備隊のシコルスキーR－4が救助した。高潮が来ていたので、フロイド・ベネット・フィールドの沿岸警備隊基地は、それを人命救助の勘定に入れた。ヘリコプターがひとびとを運命の冷たい魔手から救い上げるたびに、イーゴリ・シコルスキーは、フーサトニック川を見おろす工場のオフィスで、助けた人数を記録するようになった。新聞記事で知ったときには、ヘリコプターの乗員に祝いの手紙を書いた。「人が海で溺れ散るとき、飛行機では葬送の花輪を落とすことしかできない。だが、ヘリコプターはその人を家に連れて帰る」という表現を好んだ。

こうした救助活動――戦時でも平時でも数限りなく行なわれた――は、ヘリコプターが実用化された最初の一〇年間、さかんにニュースとしてもてはやされた。驚異的な用途の広さを見て、消費者を満足させるようなメーカーが輩出すれば、戦後は高級な自動車並みに需要が高まるだろうと考えたひとびともいた。第二のシコルスキーを目指して、数百人がそれに挑んだ。短期のものも含めるなら、二〇人ほどが資金を調達して起業した。

しかし、あるライターが一九四二年一二月に無礼にも〝奇人変人の夢〟と評したものに、果たしてアメリカの家庭が飛びつくものだろうか？　たいがいの記事が、ヘリコプターの操縦はエレベーターの操作や車の運転とおなじくらい簡単だとしていたが、夫たちは熱中していても、妻たちの忠節は怪しいものだという見かたが濃厚だった。だからこそ、主婦がボタンを押したりレバーを引いたりして、巡航高度に上昇し、べつのなにかを引っ張るか押して、電子のハイウェイを走る車を操るみたいに、目的の場所に向けて水平にびゅんびゅん飛ぶ――といった書きかたをする記事が多かったのだ。五、六メートル四方の狭い裏庭でも着陸できるといったような、軽はずみな話もあった(註1)。一九四八年、ヘリコプターに懐疑的なひとびと向けに、チャールズ・H・カマンが《ライフ》の協力を得て供覧飛行を行なった。その際に、〝コネティカット州シムズベリーの若い主婦〟アン・グリフィンに、三六分間の教習をほどこして、K-190交差ローター・ヘリコプターで単独飛行をやらせた。写真と〝だれにでもできます〟というキャプションが、意図を物語っている。しかし、《ニューヨーカー》お抱えの詩人フィリス・マッギンレーは、ユージン・オニールの作品をもじった一九四三年の作品、『すべて神の子はヘリコプターに乗る』のある連で、「いまなお日曜操縦士空に昇る／休日の惨事もおかまいなしに／またもや惨事に遭う／前よりもずっと疾《はや》く」と疑問を呈している。

この主婦という市場を期待どおりに開拓していたら、家族を巻き込む惨事が起きていたはずだ。はっきりいって、巡航高度に垂直上昇し、それから水平飛行に移るというのは、ヘリコプターの正しい飛ばしかたではない（初期のヘリコプター・パイロットですら、それを知っていた。ことに単発ヘリコプターでは、パイロットはつねにエンジン故障を考えに入れておかなければならない。つまり、エンジン停止の場合にオートローテーションが可能なように、着陸のための接近の最中と、最後の着地の直前には、ヘリコプターは機首を下げた姿勢で、じゅうぶんな対気速度を維持しなければならな

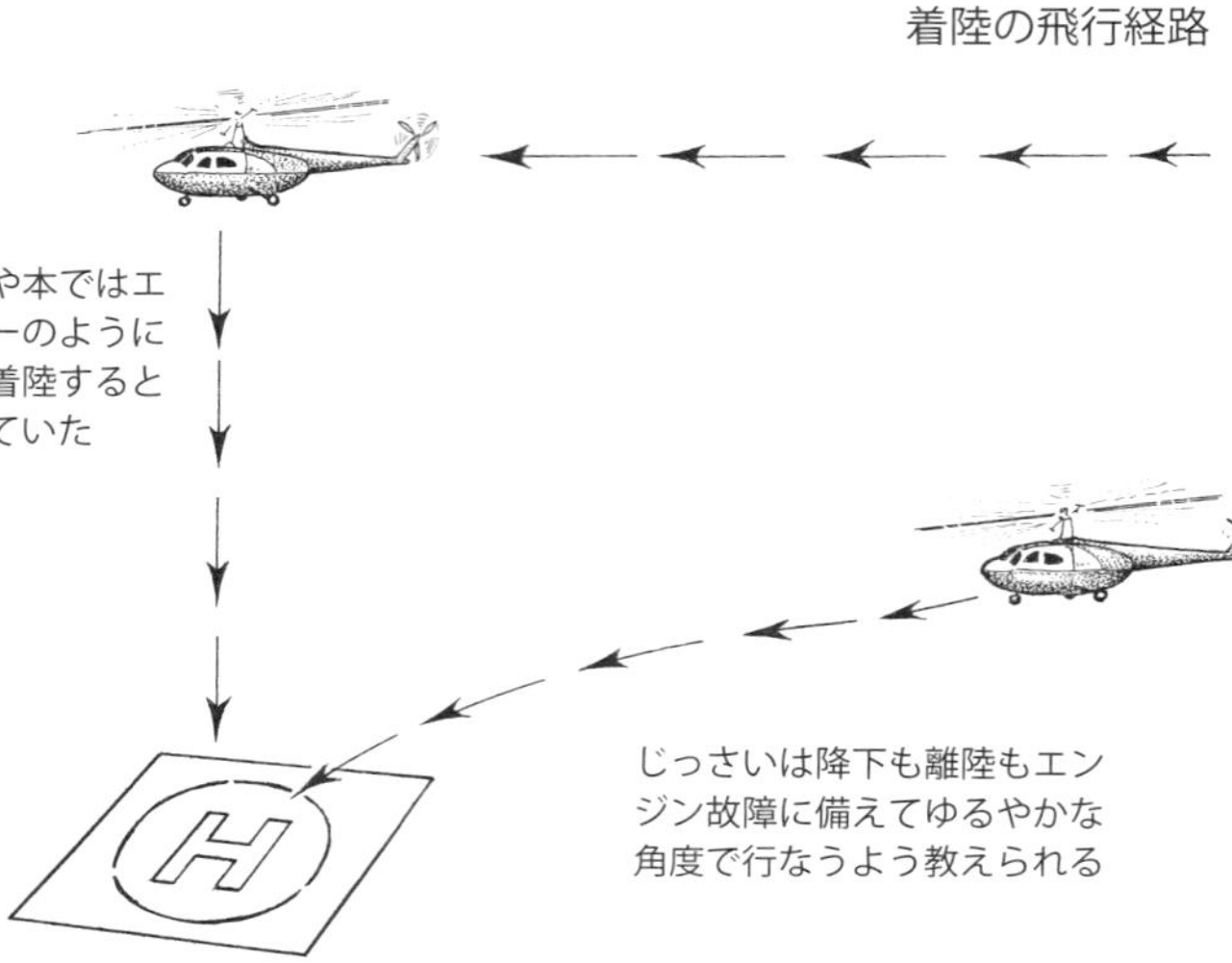
着陸の飛行経路
昔の記事や本ではエレベーターのように垂直に離着陸すると予想されていた
じっさいは降下も離陸もエンジン故障に備えてゆるやかな角度で行なうよう教えられる

い)。

主婦の操縦するヘリコプターが、現実であろうと、売り込みたい連中のはかない夢であろうと、救難ヘリコプターが必要であることは疑いの余地がなかった。* もっとも厄介な救助活動の原因を引き起こしていたのは、ほかならぬヘリコプターの宿敵である飛行機だった。飛行機は毎週のように、山地や原生林の奥深くに墜落していた。

ヘリコプターが登場するまでは、飛行機が着陸できるような草地や砂利の洲や台地や広い岩棚のない孤絶した場所に取り残された人間を救出する唯一の方法として、デラウェア州ウィルミントンのオール・アメリカン・エンジニアリング社が考案した〝人間縛帯《ヒューマン・ハーネス》〟なるものを、飛行機に積んでいた。この会社は、遠隔地の郵便局の郵《ゆう》袋《たい》を、飛行機が低空飛行して拾いあげる道具を製造することからはじめた。第二次世界大戦中には、杭を二本立て、ロープを大きな環《わ》にしてそのあいだに渡し、身につけたパラシュートの縛帯《ばくたい》に似たものに、そのロープをつないで待機するという方法が、孤立した奇襲隊員や諜報員の脱出手順として、ごくふつうに使われていた。適切な装備をほどこした飛行機が、特殊なフックを曳いて低空飛行し、ロープの環をひっかける。諜報員はたちどころに空に引き上げられる。最初の数秒間、ケーブルを繰り出して加速を緩和し、ロープが鞭のようにしなるのを防ぐために、飛行機は制動装置付きのウインチを備えている。その後、ウインチは諜報員を機内に引き上げるのに使われる。この仕組みはきわめて有効で、大型機であればウェイコー社の輸送グライダーを引っ張りあげることができた。ただ、パラシュート降下とおなじで、この方法には特殊な訓練と器材が必要だった。負傷者には使えないし、地形によっては適切ではない。（註2）

いっぽう、シコルスキーR-4は、アメリカ国内で着々と名声を築いていた。最初の劇的なニュースの発信地は、沿岸警備隊が救難技術の開発のためにヘリコプターを配置している、ニューヨークのフロイド・ベネット・フィールドだった。一九九四年一月三日の早朝、ニューヨークのアンブローズ水道に錨泊《びょうはく》していたアメリカ海軍駆逐艦〈ターナー〉が、爆発を起こした。ひどい火傷《やけど》を負った乗組員五〇人以上を、沿岸警備隊の艦艇がサンディ・フックに搬送した。負傷者たちは血漿《けつしょう》をただちに必要としていたが、雪と風と低く垂れ込めていた雲のために、飛行機が飛べなかった。自動車や船では間に合わないという判断が下され、ヘリコプターによる血漿輸送を敢行することに、フランク・エリ

＊一九四四年までは、気球による救出も稀に行なわれていた。一九三二年一月、グッドイヤーの軟式気球は、フロリダのエヴァーグレイズ国立公園で飛行士二名を救出した。一九四四年三月には、気球が墜落した爆撃機の乗員二名をアマゾン川の河口から救出した。だが、救出用気球は、常時警急待機させるには扱いが厄介だし、遠くで起きた緊急事態に急行できない。嵐のときには使えない。

クソン中佐が同意した。エリクソン中佐はフロイド・ベネット・フィールドを離陸し、マンハッタンの南埠頭で血漿二箱を受け取って、サンディ・フックの砂浜を目指した。「天候は最悪だった」当時、若き整備士としてフロイド・ベネット・フィールドに勤務していたセルゲイ・シコルスキーは語る。「エリクソンは船のあいだを縫うようにして、手探りで港を通過した」

シコルスキーR-4はパワーがなく、航続距離は一二〇マイル（約一九〇キロメートル）にすぎないし、赤道に近い熱帯の気温のもとでは最高の性能を発揮できない。しかし、南太平洋でも、戦闘中の傷病者後送や、陸上基地の固定翼機の応急修理の補助など、割り当てられた仕事をみごとに成し遂げている。一九四四年九月には、ホヴァーフライ三十数機が現役として軍で使われていた。改良型のR-6（英空軍と仏空軍向けの名称はホヴァーフライII）は、一九四五年春に南太平洋に配備された。

一九四四年四月、カーター・ハーマン中尉は、オード・ウィンゲート少将の英軍奇襲部隊〝チンディット〟が日本軍支配地域へ縦深侵入《じゅうしんしんにゅう》する作戦を支援した際に、初の戦闘救難任務を行なった。〝チンディット〟とは、ビルマの寺院にある羽の生えた獅子〝チンシー〟に由来する言葉で、ウィンゲート将軍の第七七インド歩兵旅団は、それを徽章《きしょう》に用いていたので、チンディット部隊と呼ばれていた。

チンディット部隊のこの手の遠征は、一九四三年春に行なわれたが、そのときは第二次世界大戦の通常の作戦手順に従っていた。歩兵と荷駄が地上を移動し、輸送機がときどきパラシュートにつけた補給品を投下した。だが、渡河し、日本軍の追撃を受けながら鉄道を攻撃するあいだに、飢えと戦闘による傷病者がいちじるしく増加した。ウィンゲート少将は、負傷がひどくて進軍についていけないものは、武器と水をあたえて置いていくと、出発前にあらかじめ注意していた。これは本気だった。三月六日、ボングヤン駅近くの橋に爆薬を仕掛けていた仲間を護衛していたチンディットのパトロール班が、日本軍のトラックと遭遇し、銃撃戦によってチンディット工作員五名が負傷した。バーナード・ファーガソン少佐は、ウィンゲートの指示どおりに、ジョン・カー少尉を含む五名を置き去りにした。

この五名のうち捕虜にならなかったのはわずか一名で、それが士気をいたく低下させた。この最初の作戦後にインドに戻ったウィンゲート少将は、一九四四年初頭に開始されるつぎの遠征の際に新型ヘリコプターを傷病者後送に使えないかと、米軍に頼んだ。ビルマのアバディーン前方航空基地に配属されていた第一航空奇襲群のカーター・ハーマン中尉は、基地から五〇キロメートル離れた開豁地《かいかつち》にいる奇襲隊員三名と輸送機のパイロット一名を救出するよう命じられた。初期のヘリコプターは、こうした悪条件の任務には適していなかったが、ハーマンは命令を実行して、軽飛行機が着陸できるような川岸にひとりずつ運んだ。

それほど有名ではないが、シコルスキーR－4は、南太平洋の島の航空基地の沖合いに投錨した航空機修理艦にも載っていた。少数のR－6も含めて、こうした艦載ヘリコプターは、船から島に部品を運ぶのに使われていた。ビルマ山中での救出作戦の話がひろまると、ヘリコプターのパイロットたちはフィリピンでもたびたび戦闘救難を実行するようになった。そのため、エンジンの寿命が犠牲になった。救出を成し遂げるために、パイロットが性能の限界を超える使いかたをしたからだ。エンジン故障やパイロットミスを中心とする事故率の上昇に、ヘリコプターは悩まされるようになった。ビルマでは、電線にひっかかって一機が墜落した。

シコルスキーR－5（イギリスのウェストランド社がライセンス生産した型はドラゴンフライと呼ばれる）は、戦時のR－4の不足分を補うはずだった。シコルスキーは、イギリスで二〇〇機を量産する予定だったが、納入期限の一九四四年には間に合わなかった。ユナイテッド航空機のR－5生産が遅々として進まないので、陸軍は冷蔵庫メーカーのケルヴィネーター社に当座しのぎとしてR‐6の製造を依頼した。そのため、パイロットたちはそれを〝冷蔵ローター〟と呼んだ。

待ち望まれていたR‐5が前線に届けられる前に、第二次世界大戦は終了した。もし米軍が日本に侵攻していたら、陸軍はR‐5が使用できることを前提に作戦計画を立案していたので、R‐5の不在は痛手になっていたはずだ。戦後、R‐5は民間型のS‐51として、ベルやヒラーのヘリコプターとともに、民間市場を切り拓《ひら》いてゆく。

ブレゲー、フォッケ、シコルスキーの成功によって、投資家や発明家たちは目前に迫っている民間航空ブームに遅れを取るまいとして、ヘリコプター事業にこぞって参入した。シコルスキーは、試作機に毛が生えた程度のもので奇跡的な救出をやってのけたのだから、完全に成熟したヘリコプターは輸送の様相を一変させるにちがいない、というわけだった。造船会社のヒギンズ重工も、ヘリコプターに期待を寄せた企業で、工業設計者のイーニア・ボッシに依頼して、ハンティングや釣りに使う二人乗りヘリコプターを設計させた。べつの造船会社（カイザー重工）、ブラジャー製造業（ブランティ・ヘリコプターを製造したニュービー・O・ブランティ）、タイヤ製造業（ファイアストーン・タイヤ&ゴム）、ブルドーザーと農機製造（アリス‐チャーマー）なども加わった。ほとんどが、涙滴形のセフティ・コプターも含めて、自家用ヘリコプター市場向けの製品を目指していた。セフティ・コプターは、一般市民が自宅のドライブウェーから飛び立っても安全だというのが謳《うた》い文句だった。*

たいがいのこころみは、商業的には成功しなかったが、一九四四年のアメリカには、ユナイテッド航空機のほかに三社のヘリコプター製造業者が存在し、競争は目に見えて激化していた。三社とは、アーサー・ヤングを抱えたベル航空機、スタンレー・ヒラーとフランク・パイアセッキのそれぞれの会社である。

一九四四年になると、ヘリコプトリアンたちは、通常の飛行機が（いまだに）自動車や家電製品が成し遂げたような大規模市場を作り出す兆しがないことを見てとっていた。戦争直前に売れた自家用機は、自動車一五〇〇台に対して一機という比率だった。造りが単純で安全な飛行機を製作し、飛行場を整備するためにたいへんな努力が払われたにもかかわらず、その程度の結果しか出ていなかった。たとえば、カーチス・ライト社は、研究と空港建設に巨額の投資を行なっていた。

ヘリコプター信者は、そういう状況をべつの目で見ていた。飛行機は滑走路に出すのに、順番を考えたり、調整しなければならないが、ヘリコプターは駐車場に車を入れる程度のゆったりした注意を払えば、ふんわりと家まで飛んでいける。迷子になったり、雲にはいりそうなときには、安全のために着陸すればいい。空港は必要がないので、自家用ヘリコプターは自宅にも会社にも置ける。空港を使うわずらわしさは避けられる。ヘリコプターは、最初は高価に思えるかもしれないが、オールズモビルやフォードが大量生産という魔法を使うまでは、自動車だってそうだった。

ひとつひとつの論理は筋が通っていても、それが組み合わさると、いまだかつてなかったようなとんでもない的外れの予想ができあがる。原子力時代になれば電気は安くなってメーターを使うまでもなくなるとか、一五〇〇メートル以上の高さの高層建築が空のハイウェイで結ばれるといったような空想とおなじだ。だが、ヘリコプターの場合は、そういう期待が長くつづいた。ヘリコプター産業の泰斗《たいと》の大多数は、一九五〇年代になると、一〇〇万台のヘリコプターという夢は捨てていたが、雑誌の表紙や子供の本は、それから一〇年のあいだ、楽しい御伽噺《おとぎばなし》を大切にはぐくんでいた。連邦政府の郵便事業への助成金がとだえると、大型輸送ヘリコプターを使うローカル路線航空会社がばたばたと

＊セフティはもちろん安全《セイフティ》のもじりだが、同軸反転ローターの間隔が狭く、安全といえなかった。

つぶれたことからもわかるように、ヘリコプターはそもそも運用コストがかさむ。助成金があったときですら、その手の倒産は多かった。

新しい三社はいずれも、小型汎用ヘリコプターを開発するという発想から起業したのだが、まもなくちがう道を歩みはじめる。最初の大きな計画は、アーサー・ヤングのもとで発足した。

一九二六年、白い鋼鉄の大型帆船が、ドイツを発ってアメリカを目指した。この〈バーデン・バーデン〉の出帆《しゅつぱん》に記者たちが集まっていたのは、設計家のアントン・フレットナーが、帆も機関も使わずに航海をすると宣言していたからだった。その船は〝ローター船〟と称し、船首と船尾の甲板に垂直に設置された巨大な筒を電気モーターで回転させ、それをめぐる空気の流れを利用して進む仕組みだった。まるで筒型の煙突が二本突っ立っているようだったが、このうえなく不格好だった。〈バーデン・バーデン〉は、三四日という異例の早さでアメリカに到達した。* 造船会社は、この新規な発想にまったく心を動かすことがなく、それ以上の実験はなされなかった。やがてフレットナーは、べつのものに興味を持つようになった。主翼の代わりに水平の回転筒をそなえた飛行機もいったんは研究したが、そのアイデアを捨てて、ドイツ空軍のために数々の成功したヘリコプターを考案した。

フレットナーが一時的に試したローター船のアイデアは、アメリカにひと条《すじ》の長期的な影響を残した。フレットナーが一九二八年に著《あら》わしたローターの空気力学に関する書物『垂直飛行《ル・ヴォル・ヴェルティカル》』が、大学を卒業したばかりだったペンシルヴェニア州ラドノーのアーサー・ヤングの哲学的な心を惹きつけたのである。

ヤングは、芸術家の父親と裕福な上流階級の母親のもとに生まれた。そんなわけなので、数学を専攻して一九二七年にプリンストン大学を卒業すると、両親の屋敷に戻って、一生をかける仕事のことをじっくり考えるという贅沢ができた。フレットナーの著作を読んだころには、学生時代に時の流れと人間の心の動きについて学んださささやかなことだけを基盤に、困難だがやりがいのある仕事を見つけようとしていた。フレットナーの本の写真を見て、新しい形の風車に興味を持ち、図書館へ行って、ヘリコプターに関するありとあらゆる書物を読んだ。さまざまな案が一〇〇年以上も前からあって、最初のころには固定翼機よりも研究がなされていたにもかかわらず、いまだに実用的なヘリコプターをだれも開発していなかったので、ヤングはおおいに興味をそそられた。

玩具店や金物で部品を集め、ローターブレードに小さなプロペラがあって、それで単ローターをまわす形式のヘリコプターの模型をこしらえた。ルイス・ブレナンのヘリコプターとおなじ原理で、ヘリコジャイアと呼ばれるものだ。

ヤングは、七年ものあいだ、この計画にこだわって、実家の納屋《なや》で作業し、何百枚ものブレードやプロペラを壊した。動力はゴムから小さなガソリン・エンジンまでさまざまだった。ついにプロペラ駆動式ローターをあきらめて、コネティカットでシコルスキーが開発したのとおなじ単ローターの設計に転じた。だが、人間が乗れるものは作らず、ワイヤで制御する電気モーター駆動の模型のみを製作していた。たいがいのヘリコプター開発の先駆者たちとはちがい、原寸大の試作機の製作を急がなかった。

ヤングは、安定の問題に集中して取り組んだ。ホバリングする航空機は、振り子のように左右に揺れる傾向がある。パイロットが修正しないと、揺れは徐々に大きくなる。ヤングはふたつの方法を考えた。ひとつは回転するフライホイールのジャイロ運動を利用するもので、もうひとつはローター・マストに錘《おもり》の棒を組み込むというものだった。一九四一年には、安定してホバリングし、納屋の入口

＊〈バーデン・バーデン〉はその後、帆とディーゼル機関に戻り、一九三一年に時化で沈没した。

ベル47D

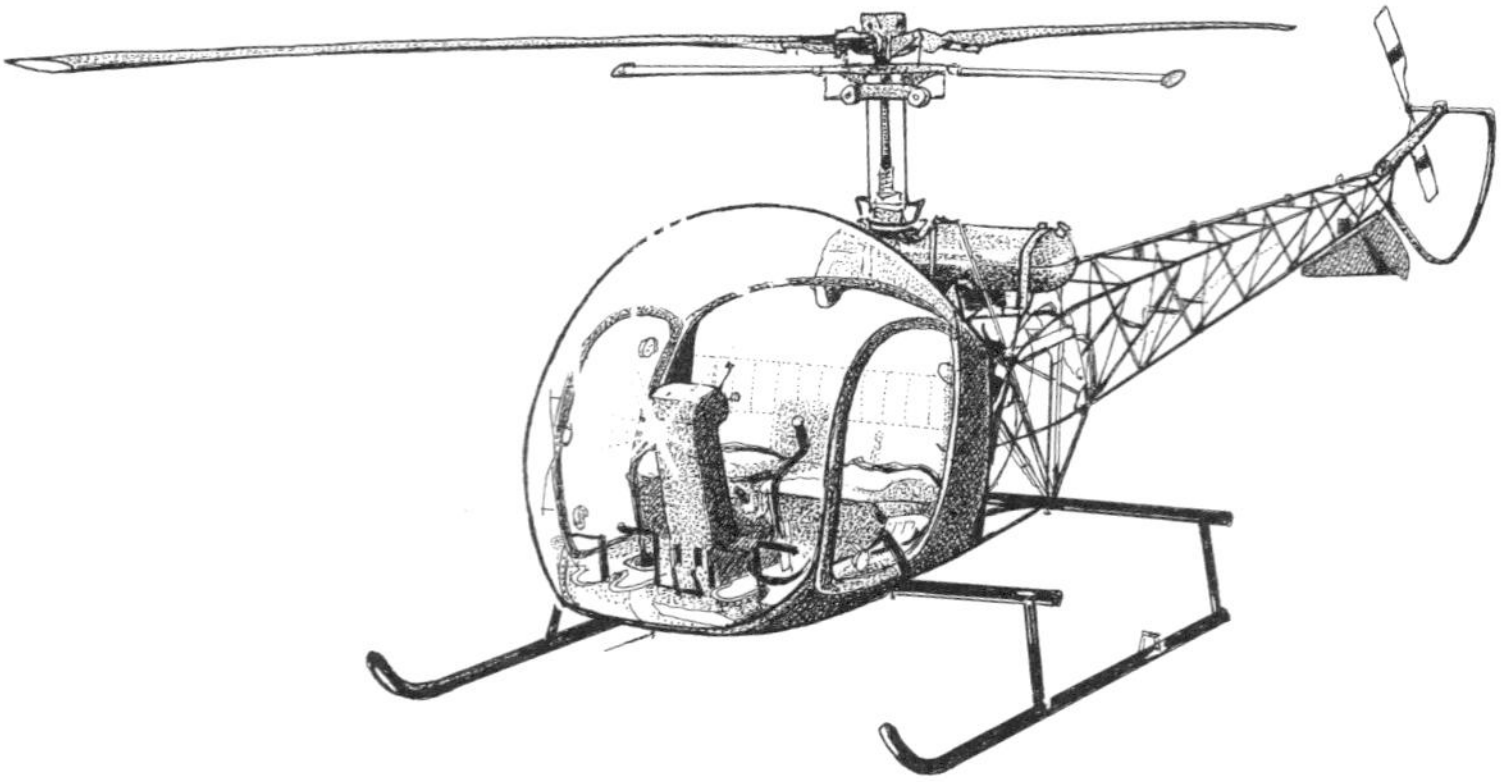

から出入りできるような模型ヘリコプターができあがっていた（註3）。

　大手軍用機メーカーのベル航空機のラリー・ベルは、バッファローの工場でヤングの模型ヘリコプターの実演飛行を見て、実寸大のヘリコプター二機の製作を監督するために雇い入れた。ヤングは、ニューヨーク州グレンヴィルの空き家になっている自動車ディーラーに越した。そこでチームとともに、モデル30と呼ばれる最初のヘリコプターを半年で製作した。シーソー式ローターと、ローター・マストに取り付けたバーベルに似た安定バーが採用されていた。模型では、その安定バーがホバリング中の揺れを防ぐのに役立っていた。ベルの工場は戦時の生産がたけなわだった——当時は、軍用機生産を急ぐために、毎週従業員一〇〇〇人が増員されていた——が、ラリー・ベルは、戦後に航空機生産が急激に落ち込むのを見越して、ヘリコプター開発計画に関心を示していた。*

　モデル30を撮影した最初のころの映画では、飛行機では権威だがヘリコプターには慣れていないテスト・パイロットのボブ・スタンレーが、低空でホバリングしている。突然ヘリコプターが前進し、スタンレーは雪の山に投げ出されて、軽傷を負った。ベルの主任テスト・パイロットだったジョン・マシュマンの自伝によれば、政治家や企業家の昔の供覧飛行では、演出が過剰になる傾向があったという。見物している要人たちが、試作機の一時的な欠点をヘリコプターの永遠の問題だと見なしてしまうのを怖れたからだ。そのため、欠点を隠そうとした。たとえば、ある経営幹部は、ヘリコプターの本拠地から三〇キロメートル以上離れたナイアガラ・フォールズの本社工場でヘリコプターの飛行を見せるのに、こっそりトラックに積んでナイアガラ・フォールズまで運び、供覧飛行をはじめるまで石炭の山の陰に隠しておき、適当なときに飛ばして、さもガーデンヴィルから飛んできたように見せかけた。「ヘリコプターの主要部品を信頼していなかったことがよくわかる」とマシュマンは書いている。

ベルはヤングに、クッションのいい四人乗りの座席をそなえた、流線型のヘリコプターを製作するよう命じた。戦後の航空ブームに乗って企業や家族が使えるような、空の乗用車が狙いだった。ヤングのチームは試作機を製作したが、じつは最初の試作機二機の発展型——のちにベル47と呼ばれる——の開発に傾注していた。許可なく第三のヘリコプターを製作することを、ベルが禁じていたので、この作業はひそかに進められた。一九四六年、ベル47は、初めてアメリカ民間航空局から型式承認を

＊ヘリコプター市場にはさまざまなビジネス分野があると、ベルは考えていた。ベル47が全面的生産を開始すると、ベルは、おなじ小型ヘリコプター市場を果敢に狙っているスタンレー・ヒラー・ジュニアという若いヘリコプター発明家から、助力を求められた。ベルの在庫にあるローターブレードを、競合する型に使うので用立ててほしいというのだ。ベルは善意から、ヒラーがベル傘下のブレード・メーカーと取り引きすることを認めた。

得た小型ヘリコプターとして、市販されるようになる。小型ではあるが、頑丈で万能なので、たちまち好評を得た。格子状の尾部に水滴形キャノピイのベル47は、これぞヘリコプターという定番の姿を勝ち得た。

ベル47のあと、同社はタンデムローターのさまざまな型を試作した。そのうちの一機が、懸吊式聴《ソ》音機《ナー》を海中におろして潜水艦を捜索することを目的とするベル61ことHSL（対潜軽ヘリコプター）ー1だった。（註4）五〇年代のベルの試作機には、パンフレットに載っただけで実用化されなかったものもある。スタジアムの座席に似たものが機内にならんでいる、巨大なハーモニカに似たヘリコプターがあった。このハーモニカ・ヘリコプターは横長で、最前列の乗客すべてが大きな窓から景色を眺められるようになっていた。

こうしたヘリコプターは、設計の概略を示す絵ではすばらしく見えたかもしれないが、五〇年代のテレビ視聴者にとっては、小型ヘリコプターといえばベル47のことだった。なぜなら、《アイ・ラブ・ルーシー》の製作者たちによる冒険アクション・ドラマ・シリーズの《ソニー号　空飛ぶ冒険（Whirlybirds）》がはじまっていたからだ。一一一話つづいたこのドラマの大部分はロバート・アルトマン監督で、パイロットふたりが謎を解決し、犯罪者を追い詰め、困っているひとびとを吊り上げて救助する。典型的な一話の「人間爆弾」では、P・T・ムーアとチャック・マーチンが演じる両パイロットが、チャーターの仕事に向かう途中で銀行強盗に出くわし、高飛びをはかる強盗にヘリコプターをハイジャックされる。

機能こそ美であると信じている向きは、ニューヨークのMOMA（現代美術館）がベル47の部分を常設コレクションにしたことを知ったらよろこぶにちがいない。

ヘリコプター開発に成功したアーサー・ヤングは、人間の意識の研究を再開したいといって、一九四七年に航空業界を去る。その後、〝サイコプター〟と称する、完全に解放された意識の研究にいそしむことになる。

スタンレー・ヒラーには、アーサー・ヤングのような夢想が欠けていたが、粘り強さと、ヘリコプター市場が大好況を迎えるはずだという確信では負けていなかった。一九二四年生まれのヒラーは、父親、祖父、曾祖父すべてが発明家であったため、早くから発明の道を歩んでいた。八歳のときに、古い洗濯機からガソリン・エンジンを取り外し、それでゴーカートをこしらえた。カリフォルニア州バークレーの通りをそれで走り、警官に制止された。つぎは模型飛行機用の小さなエンジンをはずして、ミニチュアの車に取り付け、円形のレーシングコースを時速一〇〇マイル（約一六〇キロメートル）で走らせた。一六歳のときには、この〝ヒラー・コメット〟で一大事業を築いていた。さらにおなじ年に、ヒラー産業を多角化し、従業員三〇〇人を雇う軍需産業として、戦闘機用の強度の高いアルミ製部品を製造した。年間の支払い給与総額は三〇万ドルにのぼった。カリフォルニア大学の一年生だったヒラーが、ヘリコプターの最高の設計について講師と口論したとき、自分の意見の正しさを証明するために一機製作したらどうかと、父親がいった。ヒラーは、ヘリコプターについて調べはじめた。ヨーロッパでもアメリカでも、話題になっている機種で同軸反転タイプのものが皆無であることに、興味をそそられた。その分野は未開発なので、特許にできるようなアイデアがあるかもしれないし、自家用には尾部ローターのない同軸反転ヘリコプターのほうが安全なように思えた。

ヒラーは、一年で大学を中退した。製造会社を売却し、自動車修理工場で、従業員三人とともに一九四二年から同軸反転ヘリコプターの製作に取りかかった。商業的なヘリコプター開発は、どこもその道すじを歩んでいなかったので、大胆な行動だった。*戦時生産の規制のために、航空機用エンジンを一基も入手できなかったので、ヒラーは重さ一〇〇ポンド（約四五キロ）の模型をスーツケースに入れて東海岸に行き、ようやく当局の許可を得て、九〇馬力のフランクリン・エンジン一基を購入した。工房で最初の運転試験をしたとき、XH-44のローターは、天窓のガラスをすべて吸い寄せた。XH-44は一九四四年初頭に初飛行した。工房の横にXH-44とならんで立つ一九歳のヘリコプター製造業者の写真を見ると、口を一文字に結び、顔には笑みの気配すらない。

ヒラーは、バークレーの両親の家で操縦を学んでいるときに、XH-44を転覆させてしまったが、ローターを修理し、バークレー・メモリアル・スタジアムに移って飛行訓練をつづけた。一九四四年七月に操縦を完全におぼえると、サンフランシスコ近くのマリーナまで飛んでいって、通りに着陸した。努力すればだれにでもできることを示すために、バークレーの工房の屋上に着陸した。八月には報道陣向けの飛行を行なったが、徴兵されていたので、翌月には任務のために出頭する予定になっていた。海軍はまだ一〇代のヒラーの業績に感心して、小規模な開発契約をあたえるとともに、徴兵を免除した。

連合軍の勝利が間近に迫っている折り、ヒラーは、自分の同軸反転ヘリコプターを日常の使用にもっと適したものにするために、改良をつづけた。一九四四年のうちに、造船業者ヘンリー・カイザーと長期契約を結んでヘリコプターを生産する一歩手前まで行ったが、カイザーが工房を東部に移すよう要求したので、二の足を踏んだ。結局、カイザーは自動車生産に乗り出すことになり、ヒラーは自分の会社を立ち上げようとした。銀行や証券会社が関心を示さず、そちらからは資金が集められなかったので、ユナイテッド・ヘリコプターの株は、小規模な出資者に売った。ほとんどが、小額の貯金のある一般市民の軍需産業労働者たちだった。資金集めの機会を一度たりとも逃したくなかったので、カリフォルニア・ハイウェイ・パトロールに電話して、新婚旅行中のテスト・パイロットのいどころを突き止め、投資家向けの供覧飛行に間に合うように帰らせたこともあった。

ヒラーは、単ローター・ヘリコプターも開発することを決断した。シコルスキーやアーサー・ヤングがヒラーよりも先に認識していたように、同軸反転ヘリコプターに比べて操縦性能が優れていたからだ。そうなると、自家用ヘリコプターにとっては危険な尾部ローターが必要になる。このヘリコプターは、ヒラー360と呼ばれた。試作第一機が転覆して壊れたあと、ホバリング中にパイロットを補助する安定装置のローターマチックが付け加えられた。ヒラーのマシーンでは、パイロットはローターブレードをじかに操作しない。二枚ブレードと直角にローター・マストに取り付けられた小翼を動かし、その小翼がブレードを動かす仕組みになっている。これがジャイロスコープの役割を果たして、飛行をきわめてなめらかにする。それを実証するために、カリフォルニアのモフェット・フィールド上空で、ヒラーと助手はコクピットを離れ、後部に行って、エンジン区画のそばに立った。近くを飛ぶ飛行機からカメラマンが撮影した写真には、だれも操縦装置についていないヘリコプターが写っている。キャビンにはドアがないので、機内がはっきりと見えている。

ヒラーがモデル360の実用化に向けて進んでいたこの時期は、航空関係の起業家がひしめいていた。一九四七年九月の《ウォールストリート・ジャーナル》は、「無数の精力的な職工――ほとんどが若年者――が、サンディエゴからプロヴィデンスに至るまで、ガレージや裏庭や格納庫や倉庫や改造した工場で、航空機時代の大懸賞を勝ち取ろうと競っている。楽に操縦できて安全で安価なヘリコ

＊平行するローターふたつが反対側に回転しているときには、なんらかの対策を講じないかぎり、巡航速度に達するとローター同士が接触する危険性がある。片方のローターのブレードが上に羽ばたき、もういっぽうのローターのブレードが下に羽ばたくからで、たわまないブレードでないとぶつかってしまう。安全のために、ヒラーのチームは初めて全金属製のローターブレードを製作した。

プターを開発しようとしている」*

一九四四年四月、マンハッタンから見てハドソン川の対岸にあたるハドソン・ブールヴァード・イーストにあるツイン・サービス・ステーションの所有者が、ヘリコプター専用サービス・ステーションとして営業する許可を申請した。そのガソリンスタンドを経営しているヘンリー・キーファーは、予想が的中すれば、何千人もがヘリコプターで通勤するようになり、燃料や整備を必要とするだろうと踏んだのだ。キーファーは、マンハッタンには使えるような屋上駐機場がなさそうだと見て、自分の土地を駐機場に使わせることももくろんでいた。パイロットはそこからバスで市内に行けばいい。

一九四七年にレッドウッド・シティのフットボール・スタジアムでひらかれた株主大会で、ヒラーはモデル360を覆っていた防水布を取り、社としてどちらの型を推し進めるべきかを、株主たちに選ばせた。当初の提案であるUH－4同軸反転ローター・ヘリコプターか、それとも新鋭の単ローター・ヘリコプターか。単ローターのモデル360が多数決で勝利を収めた。モデル360は、通勤用ヘリコプターのような未来的な姿ではなかったが、屋根に降りたり、孤絶した場所へ釣りのために行ったり、ヨセミテ国立公園で救助を行なったりするなどして、評判が高かった。評判を聞きつけたフランスのディーラーから問い合わせがきて、インドシナでの軍用救難ヘリコプターとして二機をフランス政府が購入した。農業や建設などの民間使用の道もひらかれた。殺到する注文をさばくために、ヒラーは工場拡大のための資金を調達しなければならなかった。またもや一般的な金融市場は、投資を拒んだ。このころには、当初あてにできたブルーカラーたちの戦時の貯蓄も底をついていた。しかし、巧みに説得すれば農民が投資するだろうと、ヒラーは判断した。二二歳にして、ヒラーは会社の最初の製造工場の建設に乗り出すことになった。

一九四八年のカリフォルニア州共進会のだいぶ前から、ヒラーはカリフォルニア中部の農場や牧場で供覧飛行を行ない、観衆を楽しませてきた。共進会がはじまると、競馬場で飛行展示を行なった。無害な水溶液を使って殺虫剤散布の実演をしたり、池で溺れている演技をしている人間を救いあげたりした。ショーが終わると、ヘリコプターは最新の農機のひとつだという印象をあたえるために、トラクターのあいだにヒラー360を駐機させた。価格は一万九九九五ドルだった。競馬場で見物した連中が、もっとよく見ようと集まってくると、株の販売員が投資を勧誘した。こういうやりかたで、ヒラーは共進会で一〇〇万ドル相当の株を売った。それにより一週間に三機の生産が可能になった。一九四九年初頭には、カリフォルニアの本社からウォール街への大陸横断飛行の最後の航程だけを操縦するという、ビクトリーランまがいのことをやっている。銀行や証券会社の窓の外でホバリングし、金融業界がしり込みしたにもかかわらずヒラー・ヘリコプターが活躍していることを見せつけた。

スタンレー・ヒラーは、家庭と企業向けの軽ヘリコプターを製造して売るという、はっきりした目的を持って、航空事業に乗り出した。その路線をしっかりと維持したのちに、他の産業に移った。フィラデルフィアのフランク・パイアセッキも、おなじ考えを持って事業をはじめたが、向こう見ずな性質なので、まったく異色のヘリコプターを開発する機会を早々と得ることができた。他人ならすぐにあきらめるようなとてつもない難題に、パイアセッキはまっこうからぶつかっていった。試験飛行は自分でやり、ヒラーよりもずっときわどい目に遭って生き延びている。

パイアセッキの会社、P－Vエンジニアリング・フォーラムは、大部分に廃品を使って試作第一機を製作した。機体は壊れた軽飛行機、降着装置は他の壊れた飛行機、という按配だった。廃車と船外

＊この記事にはギルバート・マギルという起業家の名があげられている。タンデムローター・ヘリコプター製作のための資金を募るために、映画会社やラジオスターに株を売ったという。

機は、変速機になった。驚いたことに、このちっぽけなPV-2ヘリコプターは、一九四三年四月に初飛行している。アメリカのヘリコプターとしては、シコルスキーのVS-300AとXR-4につづいて三番めに飛行に成功したヘリコプターということになる（訳注　R-4はVS-300とほぼ同一なので、二番めと見なすほうが適切だろう）。初飛行のとき、パイアセッキは飛行時間一四時間で、しかもヘリコプターを操縦したことはなかった。*

しかし、そのころには、大衆は他のヘリコプターの技術的躍進の話をさんざん聞かされていたので、パイアセッキの製品を差別化するには、かなり劇的なことが必要だった。パイアセッキは、ヘンリー・S・パックという後援者に国防総省幹部を説得してもらい、PV-2の供覧飛行を予定に組み込ませた。飛行の予定は一九四三年一〇月一二日だった。

それがまた最高のタイミングだった。海軍はヘリコプター開発計画を血眼《ちまなこ》になって求めていた。国防計画を調査する上院特別委員会から、激しい圧力を受けていたからだ。トルーマン委員会と呼ばれるこの委員会は、海軍がヘリコプターの調達を拒んだことを批判する新聞の社説が一九四二年に出た時点から、ヘリコプターに関心を抱くようになった。陸上基地の航空機が作戦行動できない北大西洋の〝航空空白地帯〟でのUボートの脅威を、ヘリコプターは打破できる、というのが社説の論旨だった。委員会は海軍幹部を召喚して、英海軍がヘリコプターを緊急に必要としているのに、米海軍がそれに目を向けないのは信じがたいと告げた。一九四三年三月、Uボートとの長い戦いで大きな犠牲を払いつづけた冬が終わったところで、英海軍省は、イギリスが今後も戦いをつづけられるかどうかに疑問を呈した。

この危機的状況を受けて、連合軍の対潜作戦はだいぶ改善されたが、トルーマン委員会の主張は変わらなかった。米海軍はヘリコプター革命に参加するのかしないのか。海軍は考えを革《あらた》めることにした。表向きはシコルスキーの提案する大型ヘリコプターを望むふりをしていたが、陸軍が採用した小型ヘリコプターを購入したくないというのが本心だった。それでは、ヘリコプターをずっと避けてきた海軍の方針がまちがっていたと見られてしまう。一年前にはこの分野に参入する機会すらなかった新参者にお鉢がまわってきた背景には、そういう事情があった。

パイアセッキがワシントンのナショナル空港で供覧飛行を実行する日が近づいた。トラックやトレイラーを用立てる金がなく、かといって大陸横断飛行で試作機を危険にさらしたくはなかったので、パイアセッキはローターをたたみ、フィラデルフィアからワシントンDCまで、ポンティアックで牽引した。供覧飛行では、晴れ姿のパイアセッキが、ヘリコプター・パイロットにやれるすべてのことをやり、墜落することなく自由自在に飛行した。PV‐2もなかなかの晴れ姿だった。P‐Vフォーラム社には資金がなく、二番機の製作はとても望めなかったのだが、パイアセッキは思慮深かった。金属板やプラスティックで骨組みを覆って、できるだけ試作機らしくないような姿に仕立ててあげていた。

PV‐2の姿かたちがとても好評だったので、パイアセッキは〝どこの家のガレージにも空の大衆車《フリヴァー》〟(註5)と題したニュース映画で演技をすることになった。映画館で本編の前に上映される短篇だった。この映像を真《ま》に受けた観客は、PV‐2の所有者はガレージからマシーンを引き出し、折り畳んだローターをひろげて、ゴルフバッグを載せ、近所のガソリンスタンドで燃料を満タンにして、カントリークラブに出かけるのだと信じ込んだ。

＊イーゴリ・シコルスキーは、それとは対照的に、ヘリコプターの操縦をこころみるまでに固定翼機を二〇年にわたって飛ばしていた。

パイアセッキHRP－1〝フライング・バナナ〟

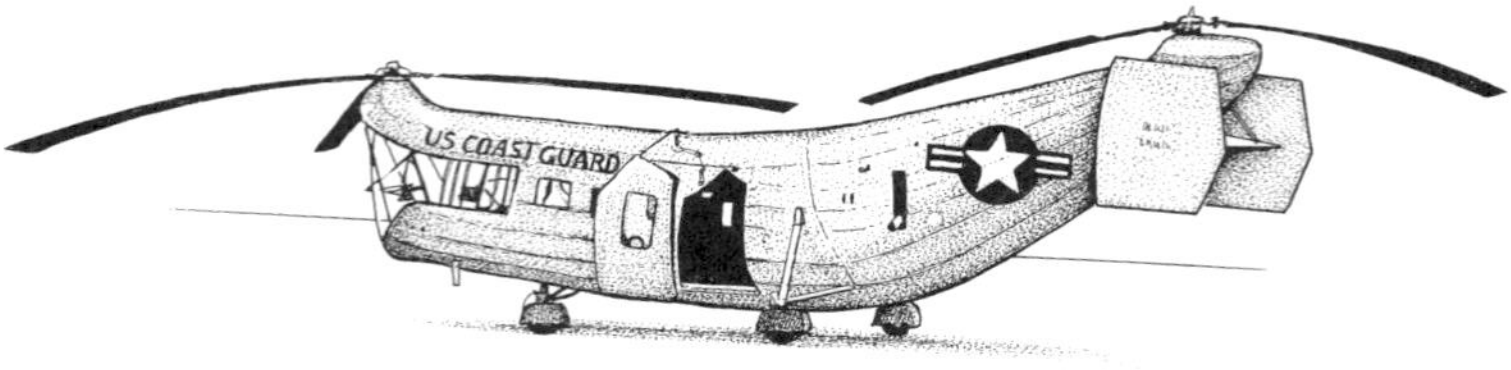

じつは、ヴァージニア州のガソリンスタンドでの垂直飛行は（周囲に障害物がいっぱいあって）、かなり危なっかしかった。PV－2は揚力《ようりょく》が小さいので、ゴルフのクラブとパイロットの両方を載せて飛ぶことはできない。クラブは車で運び、フィルムを編集して、カントリークラブのゴルフコースに着陸したときにキャビンからおろしたように見せかけていた。

こういったいんちきはべつとして、空気力学の知識が乏しかった時代に、P－Vフォーラムがこれほどの低予算で飛ぶヘリコプターを創りあげたことは、驚異的といえる。パイアセッキのチームは、設計の簡素化と振動の軽減にも貢献している。海軍航空局は、P－Vフォーラムの成果に応えて、兵員輸送用超大型ヘリコプターを試作するという契約をあたえた。これは難題だった。海軍は、一トン近い積載量を運べることを要求していた。アメリカの大手重工が引き受けたとしても、たいへんな取り組みだったろう。まして、パイロットとゴルフクラブをいっしょに運べないような試作機を一機こしらえただけのP－Vフォーラムにとっては、とほうもない作業だった。パイアセッキは、何週間もかけて設計図を引き、計算して、この難問の解決策はタンデムローター・ヘリコプターであると結論を下した。タンデムローター・ヘリコプターとは、縦にならんだ前後のツイン・ローターを用いる型のことである。

一九四五年三月、パイアセッキは第二の試作機を飛ばした。公式の呼び名はＰＶ－３だったが、チームは〝犬船〟と呼んでいた。ＰＶ－２と比べると、ＰＶ－３はあらゆる面でとてつもない大飛躍だった。まんなかが低くなっているように見える湾曲した長い胴体の中央に、四五〇馬力エンジンが積まれている（訳注　生産型は六〇〇馬力）。胴体の前後の上端にローターがある。飛行中、何度か危機に見舞われたが、＊それを克服し、この第一世代のツインローター・ヘリコプターは、実用化できることを証明して、海軍と陸軍向けの大型輸送ヘリコプターの生産開始が承認された。一九四七年に、このパイアセッキ・ヘリコプターは、ジープ一台を吊り上げている。一九四九年には第二世代の型（胴体が円筒に近い形のＨＵＰシリーズ）を海兵隊が導入した。上陸作戦の際にヘリコプターで兵員を上陸させる方法を試験するためだった。

アメリカ・ヘリコプター博物館の元パイアセッキ社員イジー・センダロフによれば、パイアセッキが先駆者となったツインローターの設計の長所のひとつは、貨物に関して許容性があることだという。初期の単ローター・ヘリコプターは、重心の移動に敏感だった。パイロットは、乗客や貨物に応じて、バラスト板を動かさなければならなかった。

軍はその後、バナナのような形の第三世代、Ｈ－21〝フライング・バナナ〟を制式装備にした。Ｈ－21は、五〇年代からヴェトナム戦争初期まで生き延びた。(註6)

戦後アメリカでヘリコプターを開発生産した主な新興企業四社、シコルスキー、ヒラー、パイアセ

＊電気的原因による火災、変速機の過熱、墜落に近い事故などがあり、一度は海軍査察チームの前で事故を起こしている。

ッキ、ベルは、ヘリコプター設計の大きな道すじをつけたといえよう。現在のヘリコプターにも、この四社のヘリコプターの道具立てが活かされている。

だが、航空に関わる物事の例に漏れず、ヘリコプターの分野にも、特化された専門分野を開拓する異端児のはいり込む余地があった。そういったひとりがチャールズ・カマンだった。音楽の才能に恵まれたカマンは、ティーンエイジのころからトミー・ドーシー楽団で演奏するプロだったが、それをやめて航空工学を学んだ。一九四五年にプロペラ工場で働いていたときに、自分のヘリコプター事業を立ち上げようと決意した。母親のガレージを拠点に、従来のローターブレード・ピッチ制御に代わる優雅な方式に取り組んだ。* カマンが最初のヘリコプターを販売するまで、さらに二年の月日を要することになる。戦争から帰ってきた兵士が、自家用機を買うのに、そこまで待つだろうか？ 軍の熟練パイロットがいっせいに退役して、戦時の貯金を使おうとしていた。軍需産業は、大量生産の消費財の生産に転じようとしていた。自家用機革命のためのお膳立てはすべて整っていると、大衆紙は書き立てた。

＊パイロットは、カマンがサーボフラップと呼ぶものによって、ローターブレードを制御する。この可動式の小さな板は、ブレード後縁にあり、ローター・マストを通っている機械的仕組みで操作する。サーボフラップの上下動につれて、ブレードのピッチが変化する。

第8章 競争

第二次世界大戦中、ヘリコプターは、ビルマ、中国、南太平洋で、きわめて苛酷《かこく》な条件のもとで実力を発揮していた。しかしながら、戦争が終わると、ヘリコプター製造者たちは、活況を呈していた消費財市場に活路を見出さざるをえなくなる。一九四六年七月、そういった意気込みで、イーゴリ・シコルスキーはみずからに難題を課した。週日にコネティカット州ブリッジポートからイースト・ハートフォードのユナイテッド航空機本社までの五〇マイル（約八〇キロメートル）を行くレースを企画し、四万八〇〇〇ドルの愛機S‐51（わが子、わがベイビーと呼んでいた）と、その他の従来の交通手段を競わせた。当然ながら、参加者はヘリコプター・ディヴィジョンや関連企業の人間だった。シコルスキーも参加し、ロッキード・ロードスター旅客機に乗った。

ヘリコプターに興味を示したことのあるニューヨーク近在の記者は、レース当日、ラガーディア空港までリムジンで送り届けられた。ユナイテッド航空機は、レースの結果が見られるようにイースト・ハートフォードまで運搬すると約束していた。費用のかかる宣伝だったが、ヘリコプター産業は事業に弾《はず》みをつける必要があった。戦後の自動車通勤は激しい渋滞に悩まされていたから、ヘリコプターを使えば企業幹部は一日の時間をもっと有効に使える。それに多数の企業家に気づいてもらうとい

シコルスキーS‐51

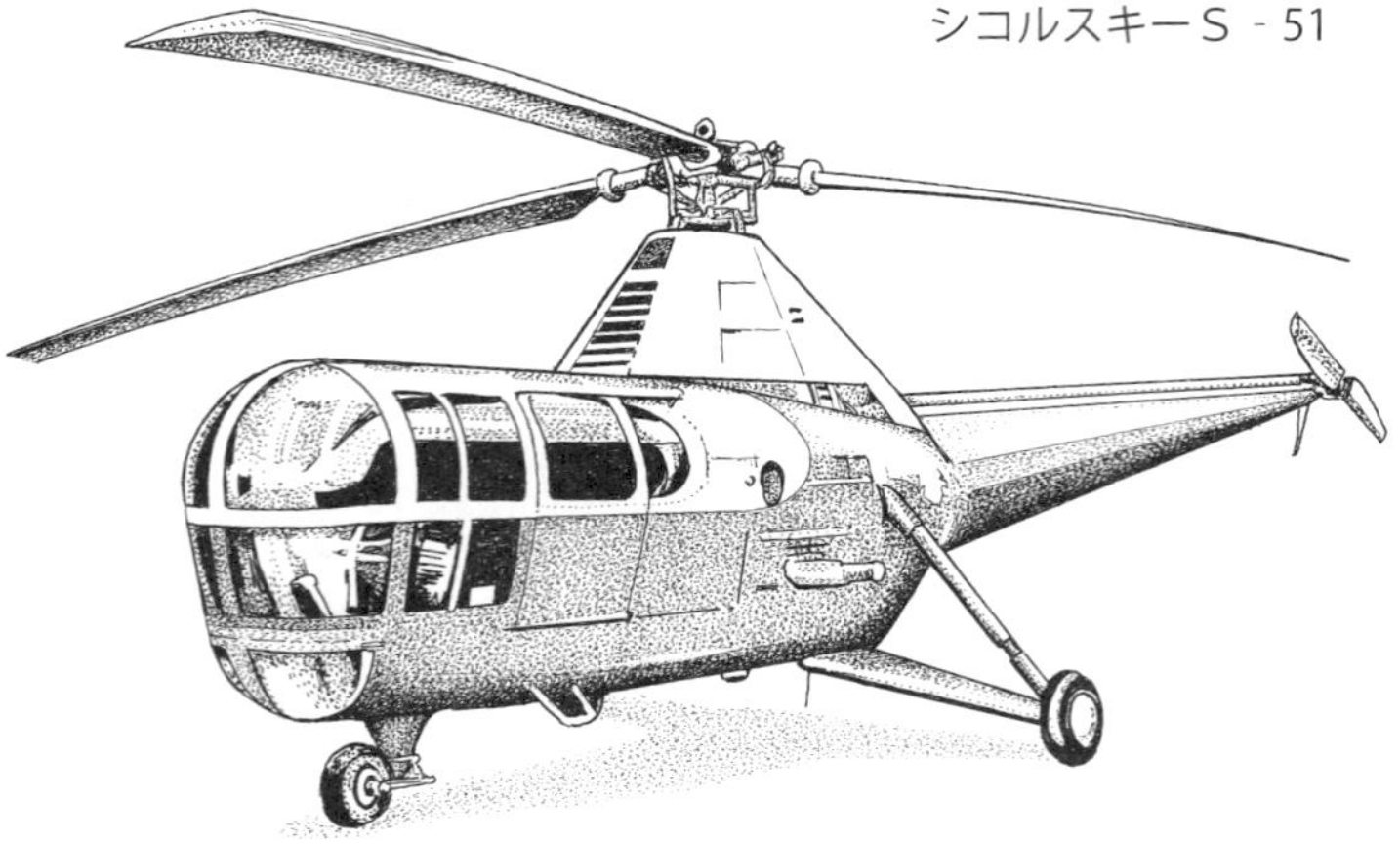

う狙いがあった。喜劇役者のバート・ラーが主演した一九三一年の映画『青空狂想曲』(註1)で茶化された風変わりな空飛ぶ機械に代わる、ビジネス向けの新しいイメージを築く好機だった。

レースは正午過ぎに開始された。S‐51が最初にゴールに到着した(わずか三一分で)。つぎが旅客機に乗ったシコルスキー、つづいて自動車を運転してきた女性(競争に負けまいとするあまり、速度違反で捕まったと、広報係が告げた)。最後に、列車に乗ってきた人間が、だいぶ遅れて到着した。航空会社の社長が、S‐51に乗っていた。ゴールに降り立った社長は、一機を購入することを発表した。

宣伝活動としては、このレースは失敗だった。広報部は記者団が乗る飛行機をラガーディア空港に待機させていたが、悪天候のために出発が遅れた。代替の輸送手段を、広報部は用意していなかった。この致命的なミスのために、ニューヨークの記者はすべて現場から遠く離れたところにいた。《アメリカン・ヘリコプター》誌によれば、「ニューヨークの報道陣は機嫌を損ねて、数社の例外を除き、レースの記事を載せることすら拒んだ」という。ニューイングランドの小さな新聞社の記者たちが、なんなくゴール前にたどり着いたと知ったら、ニューヨークの記者たちはいっそう腹を立てたにちがいない。

それにひきかえ、ヘリコプターが危険を冒して救出を敢行するという事件は、まずまちがいなく報じられた。こうした偉業は、ニューヨーク界隈《かいわい》で多かった。一九五一年六月、ニューヨーク市の聖ヨハネ大聖堂で作業員が足を滑らし、屋根の狭い部分に落ちたときには、警察のヘリコプターが救助した。ジャマイカ湾では、釣りをしていた男が、溺れているように見えた男を救うためにモーターボートから飛び降り、そのモーターボートが暴走して、錨泊《びょうはく》している船や巡航している船のあいだをぐるぐるまわりはじめるという事件が起きた。ニューヨーク市警のヘリコプターが到着し、ボートに追いついて、警官が飛び降り、ようやく暴走をとめることができた。戦争中に警察犬として使われていた獰猛な犬たちが逃げ出して、サンディ・フックに居つき、船で上陸する人間がその野犬によって生命の危険にさらされるようになったときには、ヘリコプターに乗った狙撃手が処理を行なった。オレゴンでは、ロープを垂らして大繁殖したコヨーテを駆除する方法を、ヘリコプターの乗員が編み出した。なぜかコヨーテはロープに噛み付いて、死に物狂いでぶらさがる。そこで、ヘリコプターが数十メートル上昇し、乗員がロープを離すという寸法だった。

一九四七年二月、アディロンダック山地のとある山小屋の近くに、一機のヘリコプターが着陸した。そこは三五年にわたって、長い顎鬚を生やした著名な隠者、ノア・ロンドーの隠れ家になっていた。*しかし、もうそうはいかなかった。ヘリコプターは、ロンドーと、大量の弓矢、毛皮の服、その他の手作りの品物を、ニューヨーク市のグランド・セントラル・パレスでひらかれたアウトドア用品ショ

＊時事評論家による。

ーの会場まで運んだ。「これまで空は鳥のものだと思っていたが、これからは飛行機やヘリコプターに占領されるのだろうね」と、ロンドーは語っている。

回転翼の革命にまつわる有名な話で、長いあいだ語り草になった驚くべき物語がある。舞台は一九四八年春のテキサスだった。ひょろりとした長身の下院議員が、たいへんな困難に陥っていた。リンドン・ベインズ・ジョンソン下院議員は、うっかりして書類提出の期限を忘れてしまい、下院議員選挙に立候補できなくなった。あとは、テキサス州選出の上院議員の地位を得ることに望みをつなぐしかない。しかし、民主党の予備選で勝つために必死で運動をしていなければならない五月下旬、ジョンソンはミネソタ州ロチェスターのメイヨー・クリニックに入院して、腎臓結石を取り除く手術を受けなければならなかった。入院は一週間に及んだ。

七月二四日の民主党予備選でジョンソンが打ち負かさなければならない相手は、非常に人気のある前テキサス州知事、コーク・スティーヴンソンだった。スティーヴンソンは牧場主で、テキサス人が自分の州を誇りに思うようなことをすべて具現していた。テキサス州知事を一二期つとめ、知事選挙には一度も落選していない。ジョンソンが、ルーズヴェルトの系統のリベラルとして、州都オースチン近辺でのみ名が通っているのに対し、スティーヴンソンは州全域で有名だし、根っからの保守派だった。テキサスでは、〝保守派〟すなわち多数派だった時代のことである。

退院したジョンソンは、わずかばかりの騒々しい聴衆を必死で駆り集め、上院議員選挙に復帰したことを示す最初のラジオ演説を行なった。復帰演説は、最初に立候補したときにオースチンのウッドリッジ・パークで行なった演説とおなじように、新聞では小さく報じられただけだった。ジョンソンのような野心家がつぎつぎと名乗りをあげていたが、いずれもスティーヴンソンの前では影が薄かった。

ジョンソンは、予備選にはとうてい勝てないという思いを抱きながら、本拠地であるオースチンへ帰った。そこでジョンソンは、一族が経営するラジオ局KTBJで、自分の運命を自分で決められるものなら、いつか大物政治家になると熱弁をふるっていた。強烈な保守派の主張をたずさえて広大な州全域で運動しなければならないとわかっていた。主張そのものを設定するのは簡単だった。タフト－ハートレー法（全国労使関係調整法）に明確な姿勢を示さないコーク・スティーヴンソンを、日和《ひよ》見《み》と決め付けて攻撃する。タフト－ハートレー法は、労働組合の力を弱めるもので、一九四七年に成立したばかりだった。だが、その主張をひろめるには、やはりただの人間にすぎないスティーヴンソンが運動中に顧《かえり》みないような小さな町を、ジョンソンが拾っていかなければならない。こうした見捨てられ、忘れ去られている町は、数百ヵ所あり、ろくに舗装されていない無数の農道によって結ばれている。それに、数週間という期間内で訪問できるような数ではなかった。ジョンソンは、そのうち四〇〇ヵ所近くをまわることになる。

形勢を逆転する必要があった。逆転の手段として、回転翼機よりも適切なものがあるだろうか？一瞬にして方向を転換することこそ、ヘリコプターの取り柄だからだ。ジョンソンにヘリコプターを使って選挙運動を展開してはどうかと最初に提案したのは、法律顧問のウォーレン・ウッドワードだった。その春、ワシントンDCでヘリコプターの供覧飛行を目にしていたジョンソンは、短期間で注目を集める唯一無二の手段だと判断して同意した。もちろん、テキサスの田舎の住民は、ほとんどがヘリコプターなど見たことがない。一九四八年六月の世界では、民間ヘリコプターは、片手で数えられるくらいしか存在していなかった。まして、型式承認を受けており、乗客を乗せて、暑いテキサスの夏の日に町の広場から離陸できるような強力なヘリコプターは、ごく少数だった。さいわい、ユナイテッド航空機シコルスキー・ディヴィジョンが、そういうヘリコプターを一機保有していた。軍用のR－5の後期の民間型S－51で、性能が格段に向上しており、中古ではあるがじゅうぶんに使える。「ジョンソンの運動本部は金を払うといった」機付長《クルーチーフ》に任命されたハリー・ナクリンはいう。「しかし、渡されたものは、私の給料すらまかなえないような額だった」費用について質問されると、ジョンソンはきまって、退役軍人病院の患者一〇〇人（〝ジョンソンを応援するダラス退役軍人会〟という組織のことらしい）がひとり五ドルを寄付したと答えた。ヘリコプターの運用経費が一日二五〇ドルかかるといっている業界関係者が聞いたら、さぞかし笑うだろう。しかし、その説明が通用し、ジョンソンが本選挙よりも予備選に多額の費用を使って、直接支出を一万ドルに限っている選挙法に違反していたことは隠蔽された。

ジョンソンが使用したヘリコプターは、市販型S－51の最初の一〇機のうちの一機だった。すぐにそれが借用できたことは、一九四八年の時点ではヘリコプター産業がまだ軍の調達に大きく頼っていたことを物語っている。*

最初の所有者は長距離バス路線会社のグレイハウンドだった。ヘリコプター部門をつくり、ゆくゆくは都市や町一〇〇〇カ所をヘリコプター路線で結ぶという計画を、一九四三年に立てはじめた。C・E・ウィックマン社長はこう述べている。「申請に許可が下りれば、旅客機に必要な大規模空港から何百キロも離れたところに住むひとびとに空の旅を提供する予定だった」五大湖地域初のヘリ・バス路線グレイト・レイクス・グレイハウンド・スカイウェイ社を開業するという計画だった。その地域の社長マンフレッド・バーレイが、グレイハウンドの経営陣のなかで、もっとも熱心なヘリコプター推進派だったからだ。

こうした壮大の計画のつねとして、グレイハウンドの実験は最初はさかんに喧伝《けんでん》されたものの、最後は尻すぼみになった。空の交通を監督していたのは、民間航空委員会（CAB）だった。当初、C

ＡＢは限定された路線（デトロイトのバス停から空港およびベイ・シティ）を許可したが、バス・ヘリコプターが独占化されることに議会が警鐘を鳴らしたため、許可を取り消した。その間も、アイデアそのものは勝手にひろがっていった。それを試すためにグレイハウンドが購入した二機のＳ－51は、乗客が三人しか乗れず、現在の貨幣価値に換算すると一時間一〇〇〇ドルの運用経費がかかった。結局、中西部の北の諸州の政治的実力者をただで乗せる程度の用途しかなかった。また、フロリダで料金五ドルで観光客を乗せたり、実験的に郵便を輸送したりした。ナクリンはいう。「請求書がグレイハウンド本社に届くようになると、本社は例の地域社長を呼んで、〝引き取らせろ〟と命じた」ユナイテッド航空機シコルスキー・ディヴィジョンが、二機を買い戻し、宣伝や試験飛行に使った。

そういうしだいで、重量二トンの元グレイハウンド・ヘリコプターは、即座に用立てることができた。立候補者がヘリコプターで票田をまわるのは、これがはじめてではなかったが、**選挙結果を大きく変えるのは前代未聞のことだった。一九四八年六月一〇日、ユナイテッド航空機ストラトフォード工場で、シコルスキーの部下ふたりが機体記号Ｎ９２８０５のヘリコプターに乗り込み、ジョンソン・シティ風車と呼ばれる政治伝説の舞台に登場しようとしていた。ひとりは元Ｂ－25爆撃機パイロットのジェイムズ・チュダーズ、もうひとりは機付長のハリー・ナクリンだった。ナクリンは、五大湖地域でグレイハウンドの実験に協力していて、そのヘリコプターに通暁《つうぎょう》していた。

＊ヴェトナム戦争の時期も、この傾向はつづいていた。軍の需要は一九七〇年のシコルスキーとベルの総販売数の五分の四を占めている。
＊＊一九四六年一〇月、アレグザンダー・スミス上院議員が、ヘリコプター航空運輸社からＳ－51一機を借りて、ヘリコプターを使用した最初の候補者となった。

ジョンソンのテキサスの田舎への空中強襲は、一九四八年六月一五日の午前九時前に開始された。ダラスの五〇キロメートルほど南にあるテリルのソフトボール場に、ジョンソンは降り立った。聴衆が五〇〇人集まっていた。ジョンソンは、義憤にかられた保守主義者という役を演じ、両腕をふりまわしてトルーマンの公民権計画に抗議した（このような〝ごまかしやペテン〟と断固闘う）。学校を牛耳《ぎゅうじ》ろうとする連邦政府の動きも攻撃した。そして、天に向けて上昇し、その日のうちに七カ所をまわった。

　一週間とたたないうちに、ジョンソン・チームは、夜明けから日没までのあいだに、多くの町をまわり、給油し、聴衆を煽るすべを身につけていた。ヘリコプターによる選挙運動には、通常の陸路での票田まわりよりも多くのスタッフを必要としたが、それだけの甲斐があった。一週間後の世論調査で、スティーヴンソンとジョンソンの差は、当初の三六ポイントから一〇ポイントに縮まったことがわかった。おそるべき猛追だった。ラジオ演説を古くからの友人たちに聞いてもらうのがやっとだった男が、突然、平日なのに町の人口よりも多い聴衆を相手にしゃべっているのだ。[註2]

　どこの町や都市でも、つぎのような手順が行なわれていた。訪問の数日前に、大学生や現地の民主党員が目抜き通りを車で走って、ポスターを張り、ビラを配る。地元の関係者が、ジョンソンの要望（できるだけ町の中心に降りたい）に沿うように着陸地点を決める。チューダーズからも注文がある（障害物にぶつからないように着陸するだけの広さがほしい）。ジョンソンが到着する日、屋根に拡声器を取り付けた車が一台か二台、前の訪問地から町に急行して、みんなが〝演説を聞きにくるように〟宣伝する。

「もちろん、群衆はほとんどがヘリコプターを見るためにやってくる」ジョンソンの参謀格だったフィクサーのトミー・コーコランは、ジョンソンの伝記作家マール・ミラーに語っている。「なにしろ一度も見たことがないんだから。ほんとうに効果覿面《こうかてきめん》だったよ」

ジョンソンが、トルーマン大統領に対する不満を煽っているあいだに、補佐官たちは道路を突っ走り、つぎの町を目指す。速度が自動車よりも速く、しかも直線で飛べるヘリコプターに先んじるために、時速一五〇キロメートルぐらいですっ飛ばした。そうした先乗り要員のひとりがサム・プライラーで、着陸の瞬間に尾部ローターを護り、聴衆があやまってそこに突っ込むのを防ぐ役目を担っていた。

現地に到着したシコルスキーS‐51は、ジョンソンのスタッフが決めた着陸地点近くを一周する。降着装置に取り付けた拡声器を使って、まもなく演説を行なうことを、ジョンソンが大声で告げる。チュダーズが着陸地点を丹念に調べる。気に入らない場合には、べつの場所を目指す。たいがい野球場に降りることが多かった。最初のころ、ジョンソンは変更に腹を立てたが、やがてしかたがないと思うようになった。

「ジョンソンを従わせることができたのは、パイロットのチュダーズだけだった」ナクリンはいう。「それどころか、ジョンソンは彼をそういう男だと紹介した。〝こちらはジム・チュダーズだ。私にノーといえるたったひとりの人間だよ〟。チュダーズは、ジョンソンの意向など、屁とも思っていなかった」

ヘリコプターの機体には、大きな活字体でジョンソンの名が記されていた。地面が近づくと、二五ドルのステットソン帽を先に投げ下ろし、スタッフに探させて回収するか、持ってきた子供に一ドル払った。ローターがとまると、木箱の上に立ってマイクを握って、現地で行なわれている計画や著名人の名前を織り込んだ演説をする。そして、群衆のなかに飛び込み、握手をし、そばの人間をかきわけてはまた握手をする。毎日のリストにある町をすべてまわるために、なにもかもが大急ぎで行なわれた。遅れて来たためにヘリコプターの着陸を見られなかった聴衆のなかには、ヘリコプターが飛べるというのを信じないで、運動員たちに、ヘリコプターを運んできたトラックを見せろと迫るものもいた。

ジョンソンの伝記には、弟のサム・ヒューストン・ジョンソンが当時を回顧して、テキサス州キッカプーの農夫が、演説のあとで憎まれ口を叩いたことが述べられている。その農夫は、妻に向かってこういった。「やっこさん、ぐるぐるまわっているあれに首をちょん切られずにすんだら、まっとうな上院議員になるかもしれねえ」

「離陸準備ができると、群衆はさがるが、けっしてじゅうぶんに離れてはくれない」ナクリンはいう。「パイロットが手をふってさがらせ、土埃が舞いはじめると、いわれたとおりに離れればよかったと後悔するわけさ」

ジョンソンは、好機と見れば、町と町のあいだでも〝風車〟を運動に活用した。土木建築現場の近くに着陸して、作業員と握手としたり、ヘリコプターの拡声器で空から農夫に向かって叫んだりした。ジョンソンが〝人間が二人以上いて大きな犬が一匹いる〟のを見たときには、いつもそういうことをした、とチュダーズは語っている。嵐のために着陸しなければならないようなとき、ジョンソンは農家の庭に着陸させて、ノックもせずに母屋にはいっていって、休む場所と一票がほしいと頼んだ。七月初旬のある日などは、一日に二四ヵ所をまわっている。修理と点検のためにヘリコプターが休めるのは、日曜日だけだった。ジョンソンは夜も三時間しか眠らず、周囲の人間を容赦なくこき使った。ホテルの従業員を、まるで長年雇っているスタッフみたいにどなりつけた。

S-51は、三週間以上にわたってジョンソンを合計一〇〇時間乗せ、大規模なオーバーホールのためにコネティカットに戻った。*シコルスキーにはほかに使える機体がなかったが、ジョンソンは競合する型のベル47Bを用立てて、予備選のあいだずっと飛びつづけることができた。ベルのほうが小型で小回りがきくので、狭いところにはいり込むことが容易だった。あるときなどは、パイロットのジョー・マシュマンが、ガソリンスタンドの屋根に着陸させた。だが、ベル47Bはパワー不足で、危なっかしい離陸も多かった。「初対面だったので、上院議員候補が大男で体重が重いとわかったときにはぞっとした」マシュマンは、ジョンソンの伝記作家マール・ミラーにそう述べている。「おまけにこっちも大男で、体重が八四キロあった──ベルの性能からしてかなりきわどいとわかっていた」

離陸重量を軽くする必要があったときには、ジョンソンは群衆に、町の外の安全な着陸地点でマシュマンと合流すると告げた。だが、その前にひやひやするような話をして、群衆をからかった。うちのパイロットは勇敢なんだが、あの西側の柏《かしわ》の林は越えられるかな？　メイン・ストリートの電線にひっかからないといいが、といった按配だった。飛行条件はよくなかったので、じっさいに危険だった。当時、民間ヘリコプターは、七四〇〇時間ごとに一機が墜落していた（現在の二五倍という恐ろしい危険率である）。みずから巻き起こした風のために街路に向けて突然急降下したこともあり、何度か危険に陥りはしたが、マシュマンのベル47Bは、予備選挙運動の第二段階で、ジョンソンをのべ一〇〇〇キロメートル以上も運んだ。

ヘリコプターは、田舎の票田に行くのに最適だったが、ジョンソンはたまに、ヒューストン、ダラス、フォートワースなどの都市の郊外にあるショッピングセンターにも着陸した。一九四八年八月、

＊修理されて塗りなおされたジョンソン・シティ風車（N92805）は、電線敷設作業を中心とする用途に、一九七〇年代まで使われた。二〇〇六年からアラバマ州フォート・ラッカーで保管されている。

予備選の焦点は大都市の票田に移っていたが、そこではヘリコプターは有権者に訴えるのにさほど有効ではなかった。ジョンソンは、自動車を使う従来のやりかたに戻った。だが、ヘリコプターは、それまでにかなりの点数を稼いでいた。七月二四日には、ジョンソンは翌月に行なわれる予備選決選投票にじゅうぶんな票を獲得していた。そしてスティーヴンソンを破ったのだが、開票に不正があったと、うなずけないこともない非難を浴びている。

「大衆に接近できたことが重要だった」チューダーズは述べている。「ヘリコプターがなかったら、あれだけおおぜいの有権者には会えなかった」

ジョンソンは知らなかったが、じつはきわめて大きな危険にさらされていた。S‐51が選挙運動から去る日、アーカンソーとテキサスの州境付近の松林上空を飛んでいるときに、突然エンジンが停止した。さいわい、下降中にチューダーズが再始動できた。点検したところ、給油の際にガソリンに混じる砂を濾《こ》すためにナクリンが使っていたセーム革が分解し、糸くず状になってガソリンに混じっていた。この糸くずが、一瞬、燃料の供給を詰まらせたのだ。問題を解決するには、工場でエンジンを完全に分解しなければならない。分解の結果、空港以外の場所で着陸した回数が多かったため、土埃がシリンダーの内壁を傷つけていることもわかった。

「出発の前の日に、私たちはジョンソンを乗せた」エンジン故障についてナクリンは語る。「離陸時にエンジンが停止したら、歴史書の内容は変わっていただろうね」

ジョンソン・シティ風車は、シコルスキーとベルに大きな恵みをもたらした。また、一九五〇年の選挙では、他の政治家もヘリコプターを利用した。しかし、こうした仕事は一時的で、幅広いビジネスを築くには至らなかった。それどころか、ヘリコプターの仕事は、どれも不安定だった。一九四八年にアレグザンダー・クレミンが、ティーンエイジャーを対象とする『ヘリコプターの冒険』という本に書いたように、移動労働者まがいの半端仕事と見られていた。現金さえもらえば、どんな仕事でもこなしていた。

地方を転々とするヘリコプター稼業の典型的な例は、山岳飛行のベテラン・パイロットとして著名な、カリフォルニア州のボブ・トリンブルだろう。ベル47を載せたトレイラーを自動車で曳《ひ》き、ホーボーみたいに仕事を求めて移動した。それによって、ロッジポールマツ林の消火作業、グランドキャニオンでのウラニウム探鉱、政府の自然保護区域調査、鉱夫小屋建築のための木材運搬など、ありとあらゆる仕事を引き受けることができた。北米では、似たようなヘリコプターの便利屋が、いたるところでおなじようなことをやっていた。カナディアン・ロッキーの山奥のダム建設資材二〇〇トンの運搬、ルイジアナの沼沢地《しょうたくち》での石油鉱脈探し、北極圏での艀曳航《はしけえいこう》。

この実験的な時期に盛んになった日常的なヘリコプター使用は、実用化されたはじめてのタンデムローター・ヘリコプターを製作したニコラス・フローラインの二〇年前の予想と、ほぼ一致していた。ヘリコプターは、魚群捜索、航空写真撮影、市街地と空港のあいだの交通手段、観光、砲撃観測、対潜作戦、国境警備にきわめて役立つと、フローラインは提案している。

戦争で鍛えられたヘリコプター乗りのひとりに、ニュート・フリントがいた。フリントはアメリカ陸軍航空軍に属し、シコルスキーR‐6で一九四五年に救難作戦に従事していた。数人の支援者を得て、〈アームストロング‐フリント・ヘリコプター〉を創業し、ベル47B二機で、国際ヘリコプター・チャーター事業の先駆けになった。当初は、グランドキャニオンに教会の建材を運んだり、映画『ジョニー・ベリンダ』の撮影に参加したり、種蒔きをしたりしていた。一九五三年になると、パラシュートをつけた補給物資を飛行機から投下するという方法では探鉱をつづけられないと悟った石油会社に雇われて、ニューギニアに補給物資を運んだ。〈アームストロング‐フリント〉の乗員たちは、雨林を切り拓《ひら》いて、ヘリコプターが着陸できるだけの開豁地《かいかっち》をこしらえ、切り倒した木を積んで、その上に着陸プラットホームを築くという作業を、半日でやってのけた。エジプトでは、第二次世界大戦中に敷設された地雷原があるために石油会社が作業できない地域に、フリントが爆発物処理班をヘリコプターで運んだ。ヘリコプターから地雷探知機を地面に向けてのばして調査し、人間がおりられる安全な場所をまず確保した。そして、地上におりた爆発物処理班が地雷を撤去し、ヘリコプターの着陸できる広さの場所をこしらえた。

サンタクロースを運ぶのは、クリスマスの時季だけの仕事とはいえ、〈フリント－アームストロング・ヘリコプター〉にとっては堅実な仕事だった。ニュージャージイ州キャムデンのヘリコプター航空運輸社は、一九四六年のクリスマスの時季に、サンタクロースを百貨店に届ける仕事をはじめ、その年だけで百貨店六社の仕事をした。降りる場所は、駐車場か、屋上を改造したヘリパッド（ヘリコプター離着陸場）だった。買い物客が郊外に流れる傾向があったので、繁華街の店の客をつなぎとめるために通年ヘリコプターを利用する方法を、百貨店はずっと模索していた。オクラホマシティの〈カーズ〉が、ひとつの解決策を考え出して、一九四三年のヘリコプター・コンベンションで発表した。広い駐車場とヘリパッドのある郊外の駐車場空港《パーク・オ・ポート》まで買い物客をヘリコプターで運ぶ、という案だった。屋上のヘリパッドが完成するまでは、繁華街の店舗までバスで運ぶことになる。実用化できそうな案だったが、戦争中には計画を進められなかった。消費財も民間用の航空機も、不足していたからだ。

そこで考えだされたのが、〈アダムのヘリコプター・ショー〉だった。旅回りの店内装飾の主役は、エアロノーティカル・プロダクツ・モデルA3自家用ヘリコプターがつとめた。戦争末期の配給制度が終われば、すぐに交通手段の革命が訪れるということを、アメリカ国民に信じてもらうために、大手百貨店のフロアにはヘリコプターが展示されていた。「裏庭や屋根や狭い空き地から飛びたてるヘリコプターを使おうという熱心な計画が、至るところで生まれている」と、一九四三年の《ウォールストリート・ジャーナル》の記事にある。

一九四六年には、《ニューヨーク・タイムズ》のファッション・ライターが、年次のファッションショーの寸劇にヘリコプターを織り込んでいる。屋上の中庭にベンディックス・ヘリコプターが降りてきて、ペントハウスに住んでいる富豪がびっくり仰天する。ファッション・モデルのナン・グリーンが、ヘリコプターから出てきて、つむじ風のようなロマンスを掻き立てる。第二幕では、〝自分の飛行機の操縦を学んでいる女子学生やビジネスガール〟向けの最新の女性用飛行服が発表される。そうした発想から、ボストンの百貨店〈ファイリーンズ〉は、〝未来のヘリコプター・ドレス〟と称する商品を販売した。

戦後、コネティカット州ニューヘイヴンの〈G・フォックス〉は、本店から郊外店や州のあちこちの顧客に商品を輸送するのに、ヘリコプター四機を使った。しかし、革命を唱えているヘリコプター関係の新機軸は、ほとんどが短期の宣伝のためのもので、これも開店一〇〇周年行事の一環にすぎなかった。

しかし、小売の中心が繁華街の店舗から郊外のショッピングセンターやモールに移っても、ヘリコプターにはまだやる仕事があった。開店のときにおおぜい集まった客の上でホバリングして、クーポンやサワーボール・キャンディや豪華な賞品の当たる数字を書いたピンポン玉を撒《ま》いた。一九五〇年代末になると、ヘリコプター関係者が宣伝の仕事に二の足を踏むようになる。マーキュリー・ヘリコプター・サービスのジェイムズ・ギャヴィンもそのひとりだった。ギャヴィンは、初期のヘリコプター利用者のなかでは指導的立場にあった。一九六二年には、興奮した子供の群れの近くでヘリコプターを飛ばすような仕事を、ギャヴィンはすべて断わるようになっていた。豪華な賞品を狙って、大人が駐車した車のあいだを近道して走るようなことが起きていたからだ。キャンディも、雹《ひょう》が降るような勢いで子供や親に当たるおそれがある。

ヘリコプターからニュースの映像を撮影したり、緊急ニュースを生中継したりするのは、西海岸の民間テレビ局ＫＴＬＡがはじめた。ＫＴＬＡを牛耳っていたクラウス・ランズバーグは、一九三七年にナチスドイツに協力するのを嫌ってドイツから移民してきた電子技師である。ランズバーグは、ニューヨーク万博でテレビの実演を準備する仕事を得た。その後、パラマウント映画系のテレビ局を開設する仕事を引き受けた。一九四一年に実験放送をはじめ、一九四七年に本格的に開局して、バラエティ番組の司会にボブ・ホープを採用した。番組制作の指針は、しごく単純だった。専制的で人使いの荒いランズバーグが、大衆に受けると思ったことは、なんでもやる。マリリン・モンローをテレビに出演させたのは、ランズバーグがはじめてだった。ボブ・クランペットと操り人形のビーニー、アイナ・レイ・ハットンとオール・ガールズ・バンド、ハリー・オーエンズとロイヤル・ハワイアンズ、オーシャン・パークのダンスホールでランズバーグが見出したローレンス・ウェルクというバンドリーダーなどが、スターになった*。

一九四九年、ランズバーグは、陳腐なものも画期的なものもすべてひっくるめて、自局の全番組を中断し、サンマリノで井戸に落ちた三歳の少女キャシー・フィスカスについての報道をつづけた。救出隊が必死の救助活動を行なうあいだ、ランズバーグはＫＴＬＡの取材班を現場に派遣し、二八時間にわたって生中継した。どうなることかと視聴者がはらはらしながらテレビを見ているあいだ、カリフォルニア南部の日常生活はぴたりと停止していた。取材班に対する大衆の怒りは激しく、キャシーが死んでいることがわかったとき、郡保安官はニュースキャスターのビル・ウェルシュに、キャシーの両親につらい報せを伝える役を命じたほどだった。「キャシー・フィスカスの取材は、ロサンジェルスのテレビにとって転換点になった」と、のちにKTLAのスタン・チェンバーズが語っている。「それまでは、テレビはただの遊び道具だった」

ランズバーグは、一九五二年にヘリコプターを使いはじめた。ネヴァダの砂漠で行なわれた核実験を放送する際に、遠隔操作の送信機と中継アンテナを設置するためだった。ヘリコプターにテレビカメラを積む初期の実験がロサンジェルスで行なわれたときには、太いケーブルを地面に垂らして、ヘリコプターが高度五〇フィート(約一五メートル)まで上昇した。その後、一九五八年に、KTLAとナショナル・ヘリコプター・サービスによる画期的なテレコプターが完成した。カメラを装備したこのベル47は、地上との接続ケーブルを使わず、ウィルソン山に設置したアンテナを介して、画像を電波で送ることができた。一九六三年一二月一五日、ボールドウィン山地の貯水池の水が漏れはじめたときには、テレコプターのパイロット、ドン・サイズがKTLAのために実況中継をつとめ、ダムが崩壊して高さ一五メートルの本流がクローヴァーデール・アヴェニューを殺到して家屋五〇棟を押し流す光景が放送された。〈ナショナル・ヘリコプター〉のディック・ハートがいうには、ボールドウィン山地の実況中継は、ほかのどんな出来事にも増して、テレコプターが必要としていた大きなきっかけをもたらしてくれた。ほかのテレビ局は、それまでは金のかかるこのテクノロジーに無関心だった。一九六五年のワッツ暴動では、テレコプターは銃弾を浴びるほど接近した。

*ランズバーグは、《賢者コルラの音楽的冒険》という番組にもOKを出している。ターバンを巻いたオルガニスト兼神秘家のインド人が、九〇〇話を通じてひとことも漏らさず、うしろのスクリーンに映し出される流れる雲を背景に、オルガンを弾く。べつの番組では、レンツォ・チェーザナというラテン系の色男が、小さなテーブルに向かって、女性の視聴者向けにロマンティックな独白をする。

《ポピュラー・メカニックス》の有名な表紙絵によってあれほど期待されていた自家用ヘリコプターのほうは、どうなったのだろうか？　一九五一年二月号の表紙には、一般の住宅の持ち主が、ガレージに自家用ヘリコプターを格納するもようが描かれている。一〇〇万機以上のヘリコプターが売れる市場になると予想されていた。* ヘリコプター一万機が都市部への通勤に使われるという発想は、いまでは馬鹿げているように思えるが、ヘリコプターが市場に出た最初のころは、連邦政府による州間高速道路の大規模な建設ははじまっておらず、人口稠密《ちゅうみつ》地を車で移動するのは——市街地だけではなく、都市間の二車線の幹線道路ですら——いらだたしく、危険でもあった。だから、自動車よりも空の旅のほうがましに思えた。

　道路が混雑するようになった一因は、デトロイトの〈オールズ・モーター・ワークス〉にあるかもしれない。一九〇一年、同社は庶民が買える自動車を製造販売する方法を編み出した。自動車はヨーロッパで発明され、これまで外国では、手作りの車に金持ち向けの値段がつけられていたので、この変化による影響はとてつもなく大きかった。〈オールズ〉は、他の自動車メーカーの設計を単純化して、必要最小限のものしかない型を作った。部品は大量生産に向いているものだけが使われていた。そうした部品を一度に一〇〇〇個買うことで、小売価格を下げ、他の起業家たちに手本を示した。アメリカの自動車登録台数は、一八九五年から一九〇五年までのあいだに一五〇倍増えた。その後も、一九一〇年には五〇万台だったのが、一九三〇年には二二〇〇万台になった。

　ただ、幹線道路が整備されていなかった。一九二八年の年間自動車事故死亡者数は二万八〇〇〇人で、翌年にはそれが三〇〇〇人増えている。たいがいの幹線道路が二車線で、小売店やレストランに行くためにドライブウェイで方向転換する車のせいで、渋滞がひどかった。東海岸を走るＵＳハイウェイ１が最悪だった。一九三〇年代のハイウェイ１では、全長八〇キロメートルに六〇店舗が一キロメートル強ごとにならんでいた。一九三八年から三九年にかけての万博や、さまざまな雑誌の記事で、スーパーハイウェイができれば、そうした悩みから解放されると唱えていたことからも、アメリカ国民が道路の必要性を痛感していたのだとわかる。

一九四〇年になると、たいがいの自動車が時速七五マイル（約一二〇キロメートル）出せるようになっていた。ドライバーは、遅い車がいると、たとえ常軌を逸した無茶な追い越しであろうとかまわず、即座に前に出ようとする。一九四一年には死者数は四万五〇〇〇人に達した。その後、戦時法案によってガソリンやタイヤが配給になり、自動車製造が一時中断されたために急減したものの、配給制度がなくなると、自動車による災禍はぶりかえした。トルーマン大統領は、毎年のように会議で警告した。一九四六年の高速道路安全会議で、交通事故による死者を前年の四五パーセント増にした〝馬鹿者どもや頭のいかれた連中〟を、トルーマンは非難した。交通事故によるアメリカ人の死者は、フランスや先住民との戦いも含めて、アメリカが戦ってきたあらゆる戦闘の戦死者よりも多い、と述べた。

トルーマン大統領が警告し、幅の広い高速道路網の整備を建設会社や自動車メーカーが提唱したにもかかわらず、実行に移した州は少なかった。一九五〇年の時点では、中央分離帯のある四車線の高速道路といえば、ニューヨーク州、コネティカット州、カリフォルニア州、ペンシルヴェニア州のそれぞれ孤立した道路だけだった。最初にできたのはブロンクス・リヴァー・パークウェイで、もっとも先進的だったのはペンシルヴェニア・ターンパイクだった。

＊戦時中の記事はたいがい、自家用ヘリコプターの価格は一五〇〇ドルないし二五〇〇ドルと予想していた。既存の軍用ヘリコプターを自家用に改良して量産するのは簡単だというのが根拠だった。

そんなふうにハイウェイが混雑し、危険だったので、自家用ヘリコプターの商機はまだ残っているように思われた。ヒラーは一九四〇年代末に、通勤用ヘリコプター市場を創ろうとしたが、それをやめて、商用と軍用の方向に進んだ。だが、ヒラーの転向を朗報と受け止めたヘリコプター開発者もあった。一九五〇年代末でも商機が残されていることを意味したからだ。

一か八かヘリコプター小売市場に賭けた最後の起業家は、ミシガン州の半島北部のクリスタルフォールルズに住む鉱業機械整備工のルディ・J・エンストロームだった。一九四二年、エンストロームは父親の製材所でヘリコプターを製作しはじめた。実地試験、失敗、図書館で集めた情報、ディーゼル・エンジンについて学んだ知識のみが頼りだった。自家製ヘリコプターを作るなどという発想に、母親は戦慄したが、エンストロームはやめなかった。四年の骨折りの末に、一機のホバリングに成功した。最終型の試作機は地下室で組み立て、格別大きな扉から引き出して、トレーラーで砂利堀の穴へ運び、薄暗がりの中で試験飛行をした。万一の場合は、妻のイーディスが近所に助けを求めることになっていた。(註3)

エンストロームがそんなふうにこそこそとやっていたのは、実験機を製作する届けを出しておらず、パイロット・ライセンスも持っていなかったからだった。一九五八年には自家製ヘリコプター五機を製作した。ちょうどそのころ、ミシガン州メノミニーの有力者たちは、町に航空機産業があれば、大規模な鉄鉱山の閉鎖によって危機に陥っていた地方経済を立て直せるかもしれないと考えはじめていた。むろんエンストロームも乗り気になった。自分も鉱山で働いていて、閉鎖によって仕事を失ったのだ。そのあと七年の試行錯誤がつづき、その間、六〇〇〇人のミシガン州人がR・J・エンストローム社に投資して、三座のF-28の型式承認を得て、市販にこぎつけた。* 一生かかって貯めた貯金を投資しようとしたものもいたが、やんわりと説得されて思いとどまった。ある農夫は、ほんとうに薪の下から現金を出してきた。「われわれは、大きな危険を冒して、エンストロームに賭けた。ヘリコプターがフォードみたいに売れることを願って」株主（で市長）のジョン・レインドルはそう述べている（訳注　エンストロームF－28は、あまり知られていないが、自家用・汎用として一定の成功を収めたヘリコプターで、現在もその後継機種が市販されている）。

セスナやエンストロームのような後発メーカー（註4）が、自家用ヘリコプターの市場で足場を築こうとしているあいだに、ブルドーザーやコンクリートミキサーの大群の活躍によって、交通渋滞対策というヘリコプターの役割は、ほとんど必要ではなくなっていた。ドワイト・アイゼンハワー大統領が、政治的な膠着《こうちゃく》状態を打破して、州間道路建設を阻《はば》んでいた予算問題に決着をつけた。一九五六年の連邦高速道路補助法によって、分離帯のある高速道路を建設する年間予算は、四倍に跳ね上がった。「だれも口にはしなかったが、ヘリコプター業界は連邦政府の提案するハイウェイ計画を不安視している」その年のヘリコプター販売を予測する記事で、《エヴィエイション・ウィーク》誌は述べている。距離が四〇〇キロメートル程度の短距離の旅で、鉄道とヘリコプター輸送は利益をあげられると見込んでいたのだが、どうやらその望みはついえたようだった。「疑問の余地はないだろう」と記事を書いた記者は結論づけている。「この未来図ではターンパイク建設が主流になっている」ヘリコプターをアメリカ中のガレージに格納させる見通しが仮にあったのだとすれば、高速道路網の充実が、一九六〇年にそれを消滅させたといえる。

＊一九六一年、アルブ・バローア率いる技術者チームが、エンストロームの最初のころの試作機をほとんど廃棄し、新しい型を製作しはじめた。翌年、試作機が墜落してテスト・パイロットが死んだため、第二の危機が訪れた。

だが、失われたものを嘆いてもしかたがない。最初にヘリコプターを採用したのは軍だったし、うまく説得すれば、そっちで金儲けができる。原子爆弾数発が、説得に役立つはずだった。

第９章　地形の艱難《かんなん》

一九四六年、ビキニ環礁で標的の戦艦〈ネヴァダ〉に向けて原子爆弾を投下したとき、B－29爆撃機の爆撃手は、まちがいなく照準を合わせたはずだったが、なんらかの狂いが生じ、投下された爆弾は八〇〇メートルも離れたべつの標的、揚陸輸送艦〈ギリアム〉の上に落ちた。

核戦争で両用戦部隊はいかにして上陸し、任務を果たすのか？　原子爆弾が投下される前から、地上部隊が認識していた〝地形の艱難《かんなん》〟と呼ばれる難題を、この疑問はいっそうきわだたせる。戦後の空は空軍が制空権を握り、海は海軍が制海権を握っているが、陸軍や海兵隊などの地上部隊は、厳しい地形をのろのろと進軍しなければならない。轍《わだち》やら谷間やら川やらが進軍を遅らせ、側面は敵にさらけ出されたままになる。こうした問題があったので、早くもこの時期から、ヘリコプターが戦争で大きな役割を占めるだろうという観測が出はじめていた。

一九四四年八月に就役した基準排水量四二〇〇トン余の揚陸輸送艦〈ギリアム〉は、上陸作戦に参加するという新しい艦種だった。その二カ月後、兵員七五〇人を搭載して、サンフランシスコを出帆《しゅっぱん》、ニューギニアに向かった。日本軍の占領する島々での上陸作戦に際して兵員を運び、南太平洋でおおいに活躍した。一九四四年一二月、レイテ湾に兵員を輸送する際には、神風攻撃や雷撃機の攻撃を撃退するのに貢献している。翌年には、沖縄で、やはり神風攻撃を浴びながら生き延びた。それから一〇カ月におよび、太平洋のあちこちに兵員を輸送したが、実戦参加は沖縄が最後になった。一九四六年二月、ビキニ環礁の潟《かた》に錨泊《びょうはく》して、〈ギリアム〉の航海は終わりを告げる。そこで〈ギリアム〉は、クロスロード作戦の一発めの原子爆弾投下のための標的九五隻に加わっていた。核エネルギー収量二〇キロトンの原子爆弾は、七月一日に、〈デイヴの夢〉という愛称のB‐29爆撃機から投下され、水面の一五〇メートル上、〈ギリアム〉の五〇メートル横で爆発した。

この実験《テスト・エイブル》Aによって、〈ギリアム〉は完全に破壊された。爆発の衝撃で甲板が艦体から切り離され、まるでパンケーキみたいに、船底に押し込まれた。七九秒後に沈没した。艦首は巨大なハンマーと金敷でつぶされたみたいに見えた。べつの揚陸輸送艦〈カーライル〉は、爆心地から一海里の海上にあったが、やはり主甲板がひしゃげて沈没した。七月下旬の水中爆発試験、実験《テスト・ベイカー》Bでは、その四倍の船舶が沈没した。

通常兵器による上陸作戦の未来について、ロイ・S・ガイガー海兵隊中将が抱いていた自信もひしゃげた。ガイガー中将は、沖縄戦も含めた激戦の上陸作戦に参加した老練な指揮官で、海兵隊の代表として、核実験を視察していた。ガイガーはただちに、戦場になりそうな海岸に大規模な艦隊で兵員を上陸させるという作戦手順を、海兵隊は今後使うわけにはいかないという内容の報告書を、海兵隊司令官宛てに送った。艦隊を集中すれば、核攻撃能力のある敵によって全滅する危険性がある。ヘリコプターが解決策になると、海兵隊は判断した。核攻撃でも全滅しないように沖合いに分散させて配置した空母から、兵員輸送ヘリが発艦すればいい。HMX‐1（第一海兵ヘリコプター開発飛行隊）の海兵隊員たちは、一九四八年五月の演習の際に、シコルスキーR‐5を使用して、新手法のヘリボーン上陸作戦訓練を行なうよう命じられた。

ソ連がおなじ問題に気づくのは、朝鮮戦争勃発後だった。一九五一年一〇月、ヨシフ・スターリンは、西側との戦争に備えてヘリコプターを開発するよう命じた。この開発計画によって、Yak－24、Mi－4といった初期の輸送ヘリコプターが完成する。目的は敵前線の後背で空挺強襲を行なうことだった。ロシア語ではこれをヴェルトリョートヌイ・デサント（ヘリコプター空挺降下）という。*

しかしながら、ヘリコプターによる強襲という案は、当初はなかなか実現しなかった。実例がそれを示している。一九五〇年三月の午後、ニューヨークの海兵隊予備役部隊、第一九歩兵大隊A中隊が、海兵隊検査官リチャード・M・クック大尉に技倆を示す訓練が行なわれたときのことである。A中隊は一三六丁目の練習艦から、ハドソン川を越えてニュージャージイのパサイクに行く必要があったのだが、移動用の海兵隊ヘリコプターがなく、雇ったバスも時間どおりに到着しなかった。そこで自家用車一六台とジープ一台にぎゅうづめになり、通行料金を払ってジョージ・ワシントン橋を渡った。検査官はあとをついていった。ニュージャージイ側で車を降りた海兵隊員たちが、目標の公園を予定どおり占領確保するのを、検査官のクック大尉は見守った。記者たちに向かってクック大尉は、大隊長は演習を上空から査察しようと思っていたのだが、一時間六〇ドルというヘリコプターの経費が捻出できなかったのだと語った。

一九五〇年三月には、こうしたどうしようもない高コストと、使用者の予算逼迫《ひっぱく》のために、ヘリコプター産業は深刻な状況に陥っていた。売上げは、三年つづけて落ち込んでいた。一九四七年の販売からは、いよいよ好調なスタートを切ったかと思われたのだが、それはみじめな幻想だった。その

＊最終的には、ソ連のヘリコプターは軍事よりも民間利用に重点が置かれるようになる。Mi－6やMi－26のような大型輸送ヘリコプターが、鉱物資源が豊富な地域の開発におおいに役立ったからである。

翌年、航空ブームが去ったことが判明した。ベルの場合、ヘリコプターの販売は半分以下に減少した。一九五〇年六月には、出荷したヘリコプターの総数は、会社の予想の四分の一でしかなかった。一九四六年の《ニューヨーク・タイムズ》のファッションショーに使われたベンディックス・ワーラウェイを製造していた会社は、軍用でも民間用でも販売不振のため廃業した。一九四三年に百貨店の店内で催されたアダムズ・ヘリコプター・ショーの、その会場で用いられたヘリコプターを製造していたエアロノーティカル・プロダクツは、一九四六年には唯一の型を廃止した。航空機メーカーも事情はほとんど変わらなかった。一九四六年には三万機が販売されていたが、一九四七年にはその半分、一九四八年にはそのまた半分、という落ち込みようだった。

とはいえ、ヘリコプター産業がなんとかもちこたえれば、そのうちに軍がヘリコプターの将来性に心を寄せる可能性があった。まだパワーのない輸送ヘリコプターしかなかったにもかかわらず、一九四九年に東海岸で行なわれた模擬演習によって、ヘリコプターは敵地への上陸作戦を革命的に変えることが確信された。

一九五〇年六月、ソ連軍の支援を受けた北朝鮮軍が韓国に侵攻したとたんに、アメリカのヘリコプター産業の危機は解消される。北朝鮮軍はその後、中国軍の支援も受けて、八月までは、米軍と国連軍を朝鮮半島南端から海へ追い落とそうかという勢いを示していた。だが、比較的少数の米軍ヘリコプター部隊が、増援が到着するまで、押し寄せる敵軍を食い止めるのに貢献した。けっして派手な貢献ではなかったが、報道陣や友軍兵士のあいだでは評判が高かった。仁川上陸作戦の際に、ある海兵隊指揮官は、ヘリコプター調達は、他のすべての武器購入よりも優先させるべきであると述べた。

第二次世界大戦中、陸軍航空軍はヘリコプターを救難任務に使っていたので、朝鮮でもおなじ任務を行ない、おなじ軽装備を使用すると考えるのは、当然の流れだった。それで、第二次世界大戦に生産が間に合わなかったシコルスキーR‐5が当初は投入された。ベルとヒラーの同様の軽ヘリコプターも、後送や戦場の観測に使われるようになった。こうした軽ヘリコプターを使って、陸軍、空軍、海兵隊は、三年間の戦争のあいだに三万回の傷病者後送や救出任務をこなした。

最初の数週間は、こういう航続距離の短い小さなヘリコプターでもじゅうぶんに役立つような戦術的状況だった。連合軍は、水陸両用戦部隊が確保した小さな海岸堡を拠点に、反撃を開始した。ヘリコプターが救出のために飛ぶ距離はごく短かったので、たとえ対空砲火を浴びて潤滑油が漏れるようなことがあっても、エンジンが停止する前に友軍の前線に戻ることができた。だから、朝鮮での使用条件は、第二次世界大戦中の南太平洋での使用条件とほとんど変わらないと見なされた。そのままの状況であれば、ヘリコプターは朝鮮における〝地域的治安活動〟の歴史書では、脚注に小さく記されただけだっただろう。しかし、連合軍がソウルを奪回し、北朝鮮軍が現在の非武装地帯の北に撤退すると、新世代のヘリコプターにとってまたとない好機がめぐってきた。距離ははるかに遠くなり、しかも北は山が多い地形なので、連合軍部隊が攻撃する際に、通常の手順では高地を奪うのが困難だった。ヘリコプターが解決策をもたらす――ただし、それには、一九四〇年代の型よりも航続距離と積載能力が大きく向上しなければならない。

朝鮮戦争勃発の時点でアメリカ陸軍が保有していたヘリコプターの総計は五六機で、すべてが軽ヘリコプターだった。それは陸軍が好んで決めたことではなかった。一九四八年に航空機に関する縄張り争いがあり、キーウェスト合意によって陸軍は機体重量四〇〇〇ポンド（約一・八トン）以上のヘリコプターの保有を禁じられた。*空軍はその後この禁止を放棄するのだが、朝鮮戦争時のS‐55配備では、陸軍は最後にまわされた。

戦闘作戦にヘリコプターを使用する実験を最初に行なったのは海兵隊で、一九五〇年八月には数々

シコルスキーS‐55

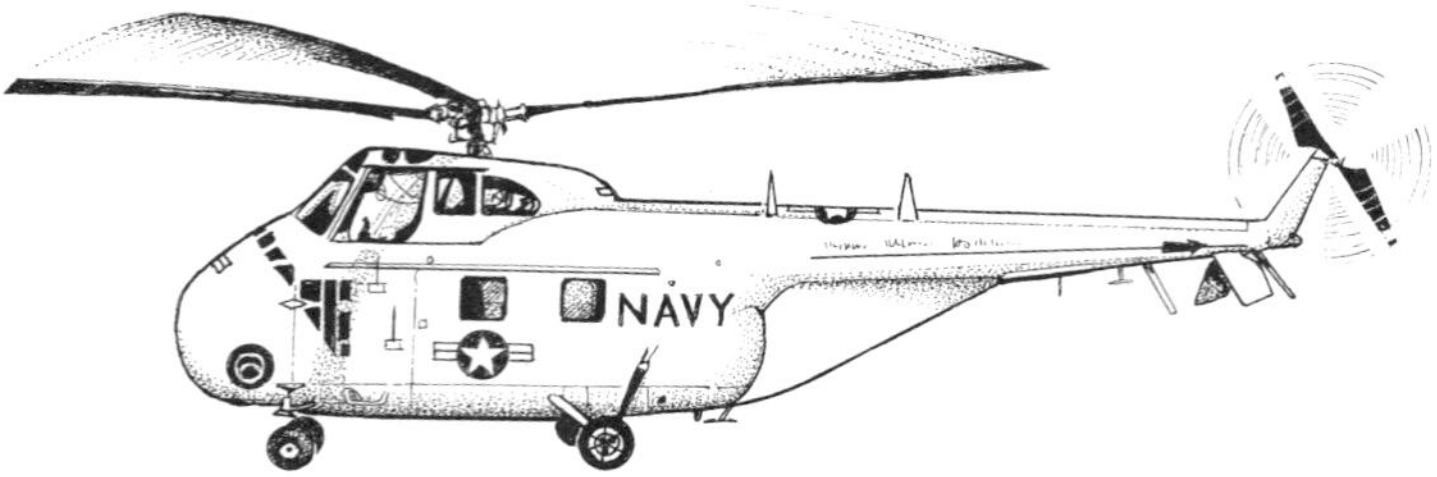

の有望な兆しが見られるようになっていた。海兵隊が最初に配備したヘリコプターは、VMO‐6（第六海兵観測飛行隊）に属していたが、結局、標的観測を超越して活躍した。たびたびニュースで取りあげられたため、新聞の読者はこの飛行隊にヘリコプターが数十機あると思ったにちがいないが、じっさいは四機しかなかった。四機のシコルスキーR‐5がたえまなく飛んで、釜山付近で救出任務をこなしていたのである。

　海軍は、ヘリコプターに狙撃手を載せ、港内の掃海に使おうとした。狙撃手は、前線をこっそり移動している敵兵も狙い撃った。海兵隊は、特殊作戦チームをヘリコプターで運んだ。ある空軍ヘリコプターは、強襲を行ない、墜落したソ連製MiG‐15戦闘機の残骸を回収した。

　ヘリコプターがこうして人気が出たことが、もともと小さかったヘリコプター産業にとてつもない影響を及ぼした。不調だったところに注文が殺到して有頂天になり、こんどはその注文に応じるのに四苦八苦していた。[**]

　この新しい軍馬は、戦場でどうやって耐えたのだろう？　答は想像もつかない。ヘリコプターの一部の部品はきわめて攻撃にもろいが、敵の砲手があまりにも射撃が下手だったのかもしれない。一九四三年の『「空」の未来図』の著者バーネット・ハーシェイによれば、「ヘリコプターは運動性能が高く、空中でパイロットが自由自在に制御でき、それで銃撃をよけられた」という。しかし、敵の砲手に囲まれた場所での戦闘救助作戦では、接近するヘリコプターに銃撃をよける余裕はない。一九五〇年九月、はじめての戦闘によるヘリコプターの墜落が記録されている。アーサー・バンクロフト海兵隊少尉のシコルスキーR-5が、ソウルの北で墜落した固定翼機のパイロットを救出する際に撃墜された。

救出は兵士の指揮に重要だし、ヘリコプターが救出を行なう光景に、司令官たちは悦にいった。だが、当時の海兵隊の幕僚たちは、ヘリコプターの最大の役割は、軍事目標を急襲する兵士多数を運べることにあると判断していた。パラシュート降下や輸送機でも、たしかに敵の後背に大部隊を運べるが、特定の目的地に少数の精鋭部隊を送り込み、なおかつ回収できるのが、ヘリコプターの利点だった。

朝鮮で戦闘員を載せて戦いに飛び込むのにもっとも多く使われたのは、シコルスキーS-55（H-19、HRS-1、H045またはチカソーとも呼ばれる）である。もともとは、北極圏用救難ヘリコプターを決める空軍のコンペに臨んだヘリコプターだった。優勝したのはパイアセッキだったが、空

＊戦術航空支援と輸送を独占したかった空軍にとっては都合がよかったが、陸軍は後送と戦場観察に能力が限られることになった。空軍はこれにともない、補給品と兵員を輸送するための、C-47輸送機に匹敵する大型ヘリコプターの製造を、メーカーに指示した。墜落事故のために製造中止になったパイアセッキH-16大型輸送ヘリコプターは、その指示によって生まれたヘリコプターのひとつである。

＊＊一例がカマン航空機である。朝鮮戦争勃発時には従業員が二五人だった。それから二年とたたないうちに四五〇〇パーセントも増加した。カマンのヘリコプターは朝鮮戦争では使用されなかったにもかかわらずである。

軍はS‐51独自の将来性を見込んで、ごく少数だが購入した。真横から見ると、S‐51は丸いパンに似た胴体に車輪をつけたような奇抜な形をしている。パイロットは、機首に収めたエンジンの上の高い操縦席に座る。そういう配置によって、機体中央近くに乗客と貨物のための広い空間ができた。

全長一二・八八メートルで、兵員一〇人が乗れるこのヘリコプターは、新しい戦いかたを導入した。一九五一年九月半ば、ヘリコプターは、孤絶した場所の海兵隊部隊に、弾薬、食糧、増援を送れることがわかったが、部隊を丸ごと戦場へ投入するのに使えるかどうかが検討された。使えるとすれば、大規模なパラシュート降下以来の、大きな戦術の改善につながる。

全面的に試す機会が、九月二一日に訪れた。友軍の前線から徒歩で四日の距離にあたる、東海岸の急峻《きゅうしゅん》な原生林の尾根を、海兵隊司令部が目標に選び、シコルスキーS‐55一二機が任務に割り当てられた。三機がホバリングして、先遣部隊がロープで降下し、降着地点を設営した。*兵員二二八人と補給品九トンを、ヘリコプター山（地図では高地八八四）と名付けた岩山におろすのに要したのは、わずか四時間だった。北朝鮮軍はそこを包囲していたが、ヘリコプターを一機も撃ち落とせなかった。

〝地形の艱難〟は終わりを告げたように思われた。

こうした作戦の成功により、一年とたたないうちに、陸軍が兵員と補給品を輸送するのに必要な大型輸送ヘリを保有することを禁じるキーウェスト合意は、不合理であることが明らかになった。空軍は、納入されるシコルスキーの一部を陸軍に譲った。一九五三年、三年におよんだ朝鮮戦争後に、陸軍はようやく最初のS‐55を受領した。英軍ですら、もっと早く入手していた。

アメリカ海軍は、特殊な型を必要としていた。ひとつの優先事項は、対潜作戦だった。一九五〇年から海軍は、タンデムローター・ヘリコプターのパイアセッキHRPと水中聴音機を使って、フロリダのキーウェスト沖で苛酷《かこく》な試験を行ない、ナチスドイツが製造したもっとも静かな最新鋭潜水艦、

UボートXXI型（米軍が接収したもの）の位置を乗員が標定できるかどうかを調べていた。二カ月のあいだ、いらいらする状態がつづいたが、一九五一年初頭には、HRPの乗員は潜水艦の位置標定に成功し、その後はほとんど失敗せずに見つけられるようになった。海軍は対潜作戦専門のヘリコプターを発注した。洋上で長時間ホバリングできる信頼性の高いヘリコプターが要求された。

当時、インドシナで共産主義勢力と戦っていたフランスは、やはり輸送ヘリコプターを配備したかったのだが、その予算がなかった。そこでフランス海外遠征軍と外人部隊は、現地の狭いくねくねと曲がった道路を使って、部隊や補給品を運ぶしかなかった。第一次インドシナ戦争における仏軍のロレーヌ作戦の惨敗からもわかるように、道路を進軍することによって生じる犠牲はすさまじかった。一九五二年一〇月、フランスは戦車の支援する兵員三万人を、ド・ラットル・ライン（訳注　ド・ラットルは、一九五〇年末からインドシナ派遣軍司令官をつとめた人物）沿いの要塞化した陣地から、敵地の奥へと進ませた。この部隊は、一五〇キロメートル離れたフードアンのヴェトミン（ヴェトナム独立同盟会）補給処を攻撃する任務を負っていた。この攻撃によって、ヴェトミンは他の地域での攻勢を中止し、大部隊によって平地での会戦を挑むはずだというのが、仏軍の読みだった。そうすれば仏軍は航空機でヴェトミン部隊を攻撃できる。数週間後、大規模な仏軍攻撃部隊は、フードアンに到着し、ソ連製の新型装備を含めた武器数百トンを発見した。しかし、ヴェトミンの各師団はそれでも会戦を挑まなかったので、フランスは第二次世界大戦時代の戦術を用いることができなかった。付近の町をいくつか奪ったラウル・サラン将軍は、長期間の占領を避けるつもりだった。ヴェトミンの司令官ヴォ

＊ヴェトナム戦争中、こうしたチームは先導部隊《パスファインダー・ユニット》と呼ばれた。パスファインダーは、木を切り倒し、周辺の索敵を行ない、ヘリコプターの離着陸を誘導した。

ー・グエン・ザップ将軍が、もっとも近い仏軍前線から一五〇キロメートル離れて伸び切っている仏軍部隊縦隊を攻撃することが懸念されたからだ。隘路《あいろ》を一列縦隊で進む部隊は、部隊規模に即した攻撃力を発揮できない。そこに罠を仕掛けるのは、ザップ得意の戦法だった。一一月中旬、サランは安全地帯に向かうよう命令を出したが、怖れていたとおり、ザップの部隊が待ち伏せていた。

ヴェトミンは、フードアンから撤退する仏軍が、チャンムオンの狭隘《きょうあい》な谷間を抜けるはずだと予測していた。そこの道路を丸太で封鎖し、もっとも狭い部分に重火器の狙いをつけた。そこはじょうごの口のようにすぼまった地形で、道路の両側は切り立った岩壁とマニオク畑だった。一一月一七日、ヴェトミン数個大隊は、仏軍の戦車にはほとんど手出しをせずにそのまま通し、もっと脆弱《せいじゃく》な縦隊の中央を攻撃した。縦隊後方の車両が爆発して、まだ隘路にはいっていなかった戦車の支援を妨げ、縦隊前方の車両の爆発によって、そちらの方角へも逃げられなくなった。迫撃砲と手製の梱包爆弾が、逃げ場を失った車両をつぎつぎと破壊した。混乱のさなかで仏軍の指揮官たちは歩兵を集めて、斜面を登らせ、迫撃砲や機関銃の陣地を攻撃させた。仏軍歩兵の銃剣突撃によって、ようやくヴェトミンは撤退した。その後も戦闘が一週間つづき、ド・ラットル・ラインの安全地帯に仏軍部隊は到達した。死傷者は一二〇〇人にのぼった。仏軍にヘリコプターがあれば、こうした待ち伏せ攻撃は旧聞に属していただろうに、と評するものもあった。

しかし、フランスは国家財政が厳しく、ヘリコプターはごく少数しか配備できなかった。(註1) それらのヘリコプターは、戦場の観測と後送のために温存されていた。ヘリコプターによる傷病者後送が開始されたのは、一九五〇年五月で、ヒラー360軽ヘリコプター二機が使われた。戦争中には突拍子もないことが起きるものだが、ひとりの脳外科医は、ヘリコプターが戦時の医療にもたらす利益を、身をもって実現しようとした。

この女性脳外科医は、ヴァレリー・アンドレという。一九四八年に脳神経外科医の資格を得ると、インドシナの仏軍落下傘部隊を支援する医療班に志願した。脳外科手術のために戦闘地帯にパラシュート降下しなければならない場合も多かった。パラシュート降下は、医療の手段としてあまりにもお粗末だとわかり、一九五〇年六月に帰国すると、ヘリコプターの操縦を習った。「ヘリコプターのおかげで、傷病者を後部に乗せ、速やかに安全なところへ運べます。医療班が作戦地域近くに降下する必要はありません」ヴァレリーは、女性ヘリコプター・パイロットの〈つむじ風娘協会《ワーリー・ガールズ》〉で、そう述べている。

二〇時間の操縦教習を受けたヴァレリーは、一九五〇年末にヴェトナムに戻り、後送ヘリのパイロット兼脳外科医という新しい職務について、ハノイ近くの航空基地を拠点に活動した。一九五三年に帰国した時点で、戦場から運んだ兵士の数は一六五人に及んでいた。

一九五四年にフランスがアルジェリアの反政府勢力と戦ったときにも、ヴァレリーは傷病者後送ヘリコプターを操縦した。一九五六年には仏軍の現用ヘリは九〇機で、さらに多数を注文していた。最終的には六〇〇機以上を使用した。インドシナでは仏軍がヘリコプターに割り当てる任務はごく限られていたが、この時代になると、正規戦や特殊作戦などあらゆる分野で使用し、一九五五年にはモロッコのバブタザ峠の包囲された部隊を救出している。（註２）

山岳地帯で反乱軍の奇襲攻撃を受けるという決まりきったくりかえしに業を煮やしていた仏軍歩兵部隊の指揮官たちは、ヘリコプターの機動性がそれを打破してくれたことを喜んだ。ヘリコプターが出現する前には、反乱軍はどこでも理想的な待ち伏せ攻撃の場所を選んで、車両縦隊を銃撃し、岩場を登って反撃しようとする兵士をひとりずつ狙い撃つことができた。仏軍に多数の死傷者が出たところで、反乱軍は岩山に逃げ込んで姿を隠す。じつに単純で効果的な戦法だった。

仏軍は、待ち伏せ攻撃が行なわれたことのある地点に、兵員輸送ヘリを配置することで、それに対抗した。戦闘がはじまったら、兵員をヘリコプターで運び、反乱軍が占領している場所よりも高いところに哨兵線を設ける。それから外人部隊が包囲の環《わ》を縮める。この〝立体包囲攻撃〟は、アメリカの南北戦争以来の戦術だった。当時は騎兵隊が敵前線の後背にまわって、補給路を断ち、指揮所を攻撃した。

イギリスも、マレー半島で反乱軍殲滅《せんめつ》作戦をくりひろげていた。この地域紛争でも、ヘリコプターが交戦の状況を急激に変えることが予測されていた。一二万九五〇〇平方メートルのこの地域で英軍が勝利を収めたのは、英空軍と英海軍の運用するシコルスキーS‐55（イギリスのライセンス生産型はウェストランド・ワールウィンド）輸送ヘリコプターの機動性が役立ったからでもあった。マレー動乱では、中国系共産ゲリラ（イギリス側は共産主義テロリストを略してCTと呼んでいた）が、ゴムや錫《すず》などの天然資源があるマレー半島からイギリスの権益を追い出そうとしたことからはじまり、当初のテロ活動からゲリラ戦に拡大した。英軍の規模はそう大きくはなかったが、一九六〇年に共産ゲリラに武装闘争を放棄させた。ヘリコプター空挺歩兵部隊が敵部隊を包囲し、攻撃を受けている前方駐屯地を護り、傷病兵五〇〇〇人、一般市民の傷病者数百人を後送した。〝マレーの虎〟の異名をとるサー・ジェラルド・テンプラーは、「イギリスは戦闘に勝っただけではなく、人心を勝ち得たのである」と述べている。

そんなふうに、ヘリコプターは一九五〇年代の戦争で活躍したので、軍幹部は当然ながら、その後の戦争でも技術力の高い国のためにいっそう働いてくれるだろうと考えた。大型化し、正確で強力な兵器を積めるようになっていたことも大きかった。第二次世界大戦中、アメリカ陸軍航空隊（訳注　一九四二年より陸軍航空軍）は、ヘリコプターに爆弾架を取り付ける案を練ったが、実行はしなかった。

武装ヘリコプターへの関心は、一九五〇年代に復活した。固定翼の戦闘爆撃機は空対地兵器を大量に積んで、戦場に早く行くことができるが、速度が速いために照準が不正確だし、機銃掃射にも間隔があく。目標をじっくり選んで攻撃するのは、ヘリコプターのほうが得意だった。

ベル・ヘリコプターの実験は、一九五一年にはじまった。ベルのテスト・パイロットのジョー・マシュマンとハンス・ワイクゼルが、国防総省へ行って、バズーカ砲を借りた。ベル47で地上の敵軍を連続攻撃で悩ます方法とともに、その対戦車ロケット砲の反動などでヘリコプターの機体が損傷しないかどうかを試すつもりだった。

いまよりも素朴な時代だった。マシュマンとワイクゼルの乗ったバッファロー行き旅客機の客室乗務員は、ふたりが手荷物としてバズーカ砲を機内に持ち込むことを認めた。試験はヴァージニア州の射爆場で行なわれた。発射後に炎と煙が噴き出したが、ヘリコプターは損傷もなく持ちこたえた。一九四五年に無反動砲を載せて試射したことがあったが、そのときとおなじだった。

武装ヘリコプターに最初に真剣に取り組んだのは、フランスだった。岩場に潜むアルジェリア反政府勢力を撃退できるような支援の航空機がすぐ近くにいないとき、兵員を載せたヘリコプターが地上砲火によって撃墜されるのは望ましくない。フェリックス・ブリュネ大佐は、まずシコルスキーS－55輸送ヘリコプターに機関銃とロケット弾を取り付け、他の型にも同様の改造を加えていった。

武装ヘリコプターは、疑問視していたものたちの予想をくつがえして、かなりの効果を発揮した。だが、アルジェリアでの教訓が伝わってきても、アメリカの一部の軍事専門家は、ヘリコプターが指揮官たちに貢献できるのは、朝鮮でやったような兵員輸送だけだろうと予想していた。《ニューヨーク・タイムズ》の記者が、一九六〇年の一般的な通念をまとめている。「武装ヘリコプターの対地制圧射撃の価値は、十中八九、最低限の重要性しかそなえていないだろう」

ヘリコプターが最初に発射した誘導ミサイルは、フランスのAS－11だった。アルジェリアの反政府勢力の補給路を絶つために、東と西の国境に阻止地帯あるいは非武装地帯をもうけるという大きな戦略の一環だった。病人を吊り上げるバスケット式担架で歩兵二名が伏射の姿勢をとって発射する。これは自動火器での射撃にも使える。対戦車ロケット弾や銃をこうして搭載したフランスの新型ヘリコプター、アエロスパシアル・アルーエットⅡが、洞窟に潜むアルジェリアの反政府勢力を攻撃した。アルーエットⅡは、ピストン・エンジン（レシプロ・エンジン）ではなくガスタービン・エンジンを最初に採用したヘリコプターとしても、世界の注目を集めた。

ヘリコプター搭載のガソリン・エンジンの欠点は、長いあいだパイロットや指揮官たちの不満の種《たね》になっていた。一九五四年の軍事航空報告書で、ヘリコプターは輸送のみに有用であると結論づけたあと、国防総省幹部はメーカーの担当者を呼び、ヘリコプターは積載量をもっと増やす必要があるし、頑丈で修理しやすい仕組みにしなければならないと指示した。ことに強調されたのは、ピストン・エンジンをやめるという点だった。高性能のガソリン・エンジンであっても、馬力が大きいものは重くて大型であるために、その分、積載量が犠牲になっていた。また、現場での整備作業をかなり必要としていた。

第二次世界大戦直後、ピストン・エンジンに代わるものとして、ふたつの方策が現われた。ひとつはチップジェット、もうひとつはガスタービンだった。

チップジェットは、ローターブレードの先端から、加圧されたガスが逆向きに噴射される。アレクサンドリアのヘロンというギリシアの機械発明家が一世紀にこしらえた〝アエロピレ〟という玩具と原理はおなじだ。薬缶《やかん》の湯が沸騰し、発生する蒸気が、中空の軸を通じて、中空の球に送られ、ノズルから噴き出す。それによって、球は軸を中心に、蒸気の噴き出す方向とは逆に回転する——というのがアエロピレの仕組みである。発明家のW・H・フィリップスは、チップジェットの原理を使って、一世紀以上も前に模型のヘリコプターで実験を行なっていた。ローターブレードを中空にして、先端に直角方向のノズルをつければ、圧縮したガスか燃料をブレードに送り込むことができる。そして、ガスか炎が噴き出す勢いで、ローターがまわり、揚力が発生する。オーストリアの発明家フリードリッヒ・フォン・ドブルホフは、第二次世界大戦中にこの型のヘリコプターとしてははじめての実機を製作した。ポンプで空気を圧縮してブレードに送り込み、ノズルから噴出させるという仕組みだった。*

ヒラーは、チップジェットは実績のあるガソリン・エンジンからの危険の大きい寄り道だと考えていたが、単純な仕組みであるのが魅力だった。自家用軽ヘリコプター事業を離陸させて大量生産に結びつけるには、価格の問題を解決しなければならないが、これが突破口になるかもしれない。

ローターブレードから炎を噴出しなかったフォン・ドブルホフの手法とはちがい、ヒラーの案はブレード先端に燃焼室を設けるというものだった。そのほうが推力が強まる。一九四七年、ヒラーは、ローターブレードの先端に小さなジェット噴射装置を取り付けて試験した。最初は、ロンドン空襲に使われたV-1ミサイルとおなじパルスジェット・エンジンを用い、つづいてラムジェット・エンジンでも試した。**

*フランスのシュドウェスト航空工業は、この原理を使ったジン・ヘリコプターを製造した。量産販売されたチップジェット・ヘリコプターは、これのみである。速度が遅く、燃費が悪いため、同社はジン・ヘリコプターの製造を中止した。

**ラムジェットの原理は、一九一三年にルネ・ローランが発見した。速い空気の流れを燃焼室に送り込み、その過程で圧縮して、そこへ燃料を注入して点火すれば、可動部品のないロケット・エンジンになることに気づいた。

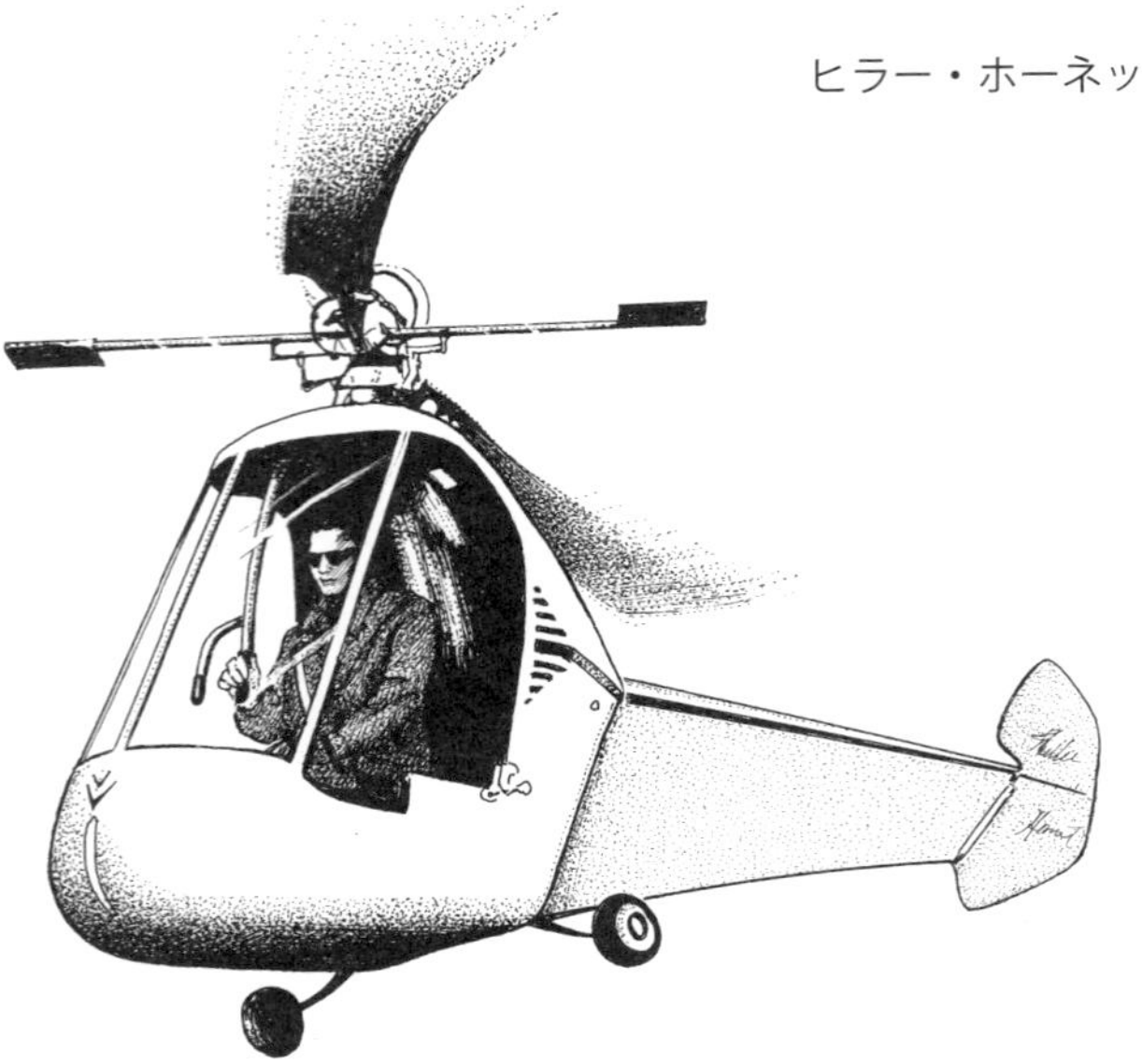

ヒラー・ホーネット

ヒラーの設計では、芝刈り機に使われる一馬力のガソリン・エンジンでローターブレードの回転をあげ、一定の回転に達すると、あとはラムジェット・エンジン（一基がわずか五・四キログラム）二基が引き受ける。ラムジェット・エンジンは、機体タンクから送られてくるケロシン（灯油）にただ点火すればいいという単純な仕組みになっている。機体に搭載されたエンジンがトルクというよけいな運動を引き起こさないので、この種のヘリコプターは尾部ローターを必要としない。一九五一年に報道関係者の前で飛行したヒラー・ホーネットは、漫画に出てくるようなヘリコプターそのものの姿で、流線型の電話ボックスに短い尾部ブームをくっつけ、車輪の上にちょこんと乗っているという按配だった。自家用ヘリコプターはふつうのガレージに格納できなければならないというのがヒラーの信念だったので、尾部ブームは蝶ネジをいくつかまわすだけで取り外せるようになっていた。座席は二人分で、小売価格は五〇〇〇ドル、航続距離八〇キロメートルだと、ヒラーは予告していた。狩りや釣りなどのアウトドアスポーツに、じゅうぶんに使える、と。

朝鮮戦争の初期、アメリカ軍が必要としていたヘリコプターは、少数の実験機ではなく、大量のありきたりのヘリコプターだったが、トラックで運べる砲撃観測機としての能力を試すために、陸軍と海軍は一九五二年にホーネットを購入している（訳注　制式記号は、陸軍がYH－32、海軍がHOE－1）。うまく利用できるようであれば、乗員二名が敵の陣地を確認して、ウォーキイトーキイで射撃指示をあたえる。一九五四年になると、ヒラーはミニチュア・ジープともいうべき軍・民間兼用のラムジェット・ヘリコプターを開発していた。攻撃ヘリコプター（ガンシップ）として使用できるかどうかを試験するために、アラバマ州フォート・ラッカー向けに、陸軍が二機を購入した。

陸軍のホーネットは、夜間の印象がものすごく強かった。ほんとうにちっぽけなのに、空では一〇メートルの幅の炎の環をこしらえ、〝ボーイング707みたいに〟咆哮したと、フォート・ラッカーでの実地試験を見た、CIAの秘密航空事業を一手に引き受けたエア・アメリカ社のパイロット、リンク・ラケットはいう。パロアルトの東になるヒラーのラムジェット試験場近くの住民は、何年ものあいだ騒音への苦情を訴えていた。

軍用に大型化したホーネットは、満タンで五五ガロン（二〇八リットル）の燃料を、三〇分で消費する。つまり、町を出るやいなや、もう燃料を補給しなければならない。(註3) ラムジェット・エンジン二基が停止しても、無事に緊急着陸できると、パイロットたちは報告していた。しかし、それにはホーネット特有のオートローテーションを学ばなければならない。まずは、着陸時の機首起こしを、ふつうのヘリコプターよりも高めにする必要がある。合わせて二〇機に満たない実験機を購入したあとで陸軍と海軍が関心を失ったのは、当然かもしれない。スミソニアン博物館のスティーヴン・F・アドヴァー＝ヘイジー・センターのヘリコプター用に割り当てられた奥の一角で、現存の一機をいまなお見ることができる。ホーネットのセールスポイントのひとつは、他のヘリコプターとはちがって、手入れの厄介な数多くの部品を必要としないことだった。チップジェット・エンジンは、ねじ回し一本で調整できる。それに、率直にいって、初期の民間用ホーネットは、もっと軽量で小型の軍事用ヘリコプターよりもはるかに性能が優れていた。

最初のラムジェット・エンジンの効率が悪く、パワーが小さいと気づいたヒラーは、他の設計のチップジェット・エンジンを試した。不安定な〝低沸点過酸化物〟を使ったこともあった。この装置の場合、純度八七パーセント以上の過酸化水素を、銀の細かい網に通し、酸素と高熱の霧に変える。起業家にして発明家のギルバート・マギルによるひとり乗りピンホイール・ヘリコプターも、この燃料を採用していた。ピンホイールもホーネットとおなじように燃料を大食いし、一時間に六〇ガロン（二二七リットル）を消費するが、空に持ちあげられるのはひとりだけだった。一九五七年に撮影した写真で、パイロットのリチャード・ホワイトヘッドは、ひきつった顔をしている。おそらく、骨組みだけのような重量六八キロの機体をかついで、二本の脚で支えているせいだろう。

チップジェットには、もうひとつ利点があった。長距離を飛ばなくてよいのであれば、大きな重量を持ちあげることができる。そのため、数百トンを持ちあげられる巨大ヘリコプターを建造できないかという案が浮かんだ。そういう超大型ヘリコプターがあれば、パラシュートで着水したNASAのアポロ打ち上げロケットの回収に使える。(註4) ヒューズ航空機は、XH‐17というチップジェット・ヘリコプターを製作し、報道陣の前で九分の供覧飛行を行なった。ある記者は、「炎を噴き出すやかましい怪物で、さかさまになって飛ぶこと以外は何でもできる」と評した。このヘリコプターは長期的な成功の見込みはなく、その意味では歴史的な意味合いは薄いのだが、この一九五二年一〇月二三日以降、航空界の大立者《おおだてもの》ハワード・ヒューズが報道関係者の前には姿を現わさなくなったことは興味深い。

チップジェットはこうして機能することがわかり、驚異的な見世物にはなったが、燃料消費が多すぎるという問題は、解決されなかった。ヘリコプター設計者にとってさいわいなことに、エンジン開発の面で、もっと実りのある路線が用意されていた。

それはガスタービンだった。昔からあるアイデアで、ヘリコプターとおなじぐらい懐胎《かいたい》期間が長かった。イギリスのジョン・バーバーがタービンを設計したのは一七九一年で、石炭を燃やす排気ガスでタービンを回転させてパワーを得る仕組みだった。しかし、そのあとは実用に耐えるガスタービンはずっと存在せず、一九〇六年にソシエテ・アノニム・デ・チュルボモトゥール（ターボエンジン無名協会）が一基を完成させた。その後数十年、ガスタービンは重くて大きいために、ポンプや発電機の動力に使うほかは、ほとんど使い道がなかった。戦争による需要がそれを変え、一九五〇年には軽量でパワフルな新世代のタービンが、ヘリコプター業界に舞いこんだ。*この新エンジンの利益を即座に受けたのは、UH-1イロコイ（訳注　愛称の〝イロコイ〟よりも〝ヒューイ〟という呼び名で親しまれている）だった。ベルXH-40として一九五六年に試験飛行を開始したこのヘリコプターは、戦場での救出作戦を主な目的とするはずだった。エンジンはアヴコ・ライカミングT53――ドイツの戦時中のジェット戦闘機メッサーシュミットMe262のエンジンを製造した技術チームの流れを汲むエンジンである。

*最初のタービン・ヘリコプターは、フランス製のアリエルⅢで、チュルボメカ・アルトゥースト・エンジンを搭載し、一九五〇年四月に飛行した。これにつづいて、翌年、カマンK-225試作機が飛行した。

ヘリコプター用ガスタービン・エンジンでは、前面から空気を取り入れ、ファンで強く圧縮して、そこへ霧状の燃料を噴射し、混合気を燃焼器に送り込んで点火し、タービン・ブレードを通過する膨張したガスの力の大部分を取り込む。ガスタービン・エンジンは、ラジエターなどの通常の冷却システムを必要としない。タービンは減速ギアに接続していて、それによりローターを回転させる。(註5) 完成したヘリコプター用ガスタービン・エンジンは、四倍の重さのピストン・エンジンの出力に相当するパワーがあり、しかも整備の手間は半分ですむ。ヘリコプターの航続距離と積載量は大幅に改善される。

では、ヴェトナム戦争の前年にあたる一九五九年の状況を眺めてみよう。ヘリコプターは、二〇年にわたって頻繁に使用されてきた。アメリカではおよそ八〇〇〇機が製造された。それまでは軍事紛争中の支援の役割や、都市交通の一部を担ってきたが、ガスタービンというパワーを得たことで、数年以内にそれが大きく変わりそうだった。アラバマ州フォート・ラッカーのカール・ハットン准将は、戦闘における〝空の騎兵隊〟という新しい発想を唱導していた。* フォート・ラッカーやテキサス州キャンプ・ウォルターズで陸軍航空教育訓練を受けた優秀なパイロットが、つぎつぎと誕生していた。しかし、当面、戦争はありそうになく思えたので、ヘリコプターは軍事よりも民間で主に活躍していた。郵便輸送への助成金に支えられて、三大都市で大型ヘリコプターのシャトル便が運行されていた。** ヘリバスを一日数十便さばくヘリポートを都市中心部に建設するという提案も、さかんに行なわれていた。自家用ヘリコプター業界に新規参入した数社は、何千機ものヘリコプターを売りたいと願っていたが、平均的な郊外生活者の買い気をそそるような価格に下がる気配はまったくなかった。ヘリコプターがステーションワゴン並みにどこにでもあるような時代や場所を、アメリカ人ははたして目にすることができるのだろうか? もちろん、そうなったわけだが、その場所はアメリカではなかった。

＊空の騎兵という発想は、一九五〇年のセージブラッシュ作戦と呼ばれる大がかりな模擬演習の際に、明確な叙述がなされている。戦闘部隊を数ヵ所に分散させておき、雌雄を決する時機に決戦地域へ集中するのにヘリコプターを用いるというものだった。そのあとでまた迅速に分散する。敵は戦術核兵器を使用するはずだから、歩兵部隊は必要なとき以外は一ヵ所に集中させない、という軍幹部の確信から推進された戦術である。

＊＊一九四七年以降、アメリカ国内の都市を中心とする定期運航ヘリコプター路線会社は、二〇社に満たなかった。シカゴ、ニューヨーク、ロサンジェルス、サンフランシスコ－オークランドといった地域の路線が、もっとも活発だった。

第10章　チョッパー作戦

一九六一年、ホワイトハウスの特別軍事顧問マクスウェル・テイラー陸軍大将は、就任したばかりのジョン・F・ケネディ大統領に、ヴェトナム共和国軍（ARVN＝南ヴェトナム軍）に空輸と軍事作戦の技術を供与するよう進言した。アメリカはすでに、共産主義勢力と戦うための装備と軍事顧問をラオスに派遣していたので、ヴェトナムに対しておなじことをやっても、ずるずると戦争に巻き込まれることはなさそうに思われた。国防総省は懸念を示したが、ケネディ大統領はこの案を承認した。そこで米海軍管理民間船舶（USNS）（訳注　米海軍船舶輸送コマンドが管理し民間人船員が乗り組む民間船舶）の護衛空母〈コア〉が、サイゴンの河岸のマジェスティック・ホテル前に繋留した。〈コア〉には、フライング・バナナという名称で知られる陸軍のピストン・エンジン輸送ヘリコプターH－21Cが、三〇機以上積載されていた。それがアメリカのはじめての対ヴェトナム軍事支援だった。*輸送ヘリコプター部隊は、その年の最後の週に実戦参加する。チョッパー作戦で、アメリカ人パイロット三二人が、南ヴェトナム軍兵士一〇〇〇人を戦地へ輸送した。この部隊は、敵の無線通信施設を包囲して奪取した。

この暗号名は、ヴェトナム戦争全体のありようを伝えている。「われわれのヴェトナムでの戦術は、ヘリコプターの大量使用を基本としていた」駐ヴェトナム米軍司令官をつとめたウィリアム・ウェストモーランド将軍は、そう述べている。「ヘリコプターがなかったらどうしていたか、見当もつかない。もっと狭い範囲で、もっと大きな犠牲を払い、効率の悪い、まったくちがう戦争をしていただろう。昔でいうなら〝戦車がなかったら、パットン将軍はどうしていただろう？〟と問うところだね」

フランスがインドシナで使用したヘリコプターの三〇〇倍の数を、アメリカは使用した。最初はピストン・エンジン（レシプロ・エンジン）を動力とする型ばかりで、状況に比してあまりにも非力だった。〈コア〉が輸送したH-21フライング・バナナにくわえて丸いパンみたいな形のシコルスキーS-58チョクトー輸送ヘリコプター、敏捷なベルOH-13スーとヒラーH-23レイヴンの軽ヘリコプター二種類も、幅広く使われた。** 年を追うごとに、ヘリコプター運用の領域はひろがっていった。〝クソ野郎とゴミ袋輸送《アス・アンド・トラッシュ・ラン》〟と呼ばれる基地間の兵員・郵便物輸送は、待ち伏せ攻撃や道路に仕掛けた爆弾という危険を減じた。ヘリコプターは、兵員を降下させ、回収し、指揮官が戦闘を観察して指示をあたえるプラットホームの役割を果たした。大型ヘリコプターが、小型ヘリコプターを修理にまわすために、ジャングルから吊りあげて運ぶこともあった。海兵隊の狙撃手がヘリコプターに乗って、夜間に敵を空から攻撃した。枯葉剤や政治宣伝ビラを撒《ま》いたのも、ヘリコプターだった。ヴェトナムではヘリコプターによる交通がいまだかつてなかったほど隆盛になり、その後もそれに匹敵することは起きていない。

*ただし、この戦争での初のヘリコプター使用ではない。三カ月前にアメリカが供与したシコルスキーS-58チョクトーが、越境攻撃後にラオスに侵入し、負傷した南ヴェトナム軍将校一名を救出した。

**S-58は市販型の名称で、そちらのほうがよく知られているが、陸軍の制式記号はH-34。

おおまかにいうと、ヴェトナムでのヘリコプター使用は、三つの主な役割を経ている。そのうちふたつは、本章で取りあげる。じっさいに使用された順番でいうと、兵員輸送、空挺強襲、大規模撤退である。

当初、ヘリコプターは、兵員を迅速に運ぶために使われた。たいがいの場合、敵を包囲して〝哨兵線を敷き掃討する〟のが目的だった。北ヴェトナム軍は、やがてアルジェリアの反政府勢力の戦術を真似て、ヘリコプターを撃墜する方法を憶える。アメリカ側は、新戦術や新型ヘリコプターを試した。空挺強襲任務はたいがいの場合、敵を発見して正確な位置を突き止めるのに失敗していたが、一九六九年初頭にアメリカがヴェトナムから撤退を視野に入れるときまでに、いくつかの部隊がかなりの成功を収めた。新しいヘリコプターを新しいやりかたで使って成功した例もあれば、ヘリコプターなどない時代からある戒《いまし》めを守って成功した例もある。後者に属する指揮官のひとりが、ペンシルヴェニア州ミルフォード出身のハンク・〝拳銃使い《ガンファイター》〟・エマソン中佐だった。*エマソンは歩兵将校で、中央高地とその後のメコン・デルタでの攻勢の中心となった。ヴェトナム戦争当時、エマソンの斬新な手法はあまり公《おおやけ》にされなかったし、戦後も格別もてはやされることはなかった。

ガンファイターのことを最初に知ったのは、ヴェトナム戦争中に陸軍の航空機乗員が主催したタレントショーの歌のテープを書き起こしたものを読んだときだった。[註1]たいがいの歌が、無謀な任務、無知な指揮官、機械的故障、新米パイロットのミスを批判するものだった。評判が高まりつつあった、忍び足ピートこと陸軍特殊作戦部隊《グリーンベレー》にまつわる歌も、いくつかあった。

戦闘部隊の兵士が作った歌や寸劇では、指揮官はたいがい悪者なので、ひとつの歌だけが目についた。「ガンスリンガー」という題名のその歌は、第一〇一空挺師団の〝ハンク〟某中佐のことを歌っていた。歌詞の内容は、つぎのようなものだ。乗っているヘリコプターが、敵の射撃で油圧系統が壊れ、不時着した。ハンクは、身を潜めて救援を待つのではなく、部下をまとめ、歌を歌いながら、自分たちを攻撃したヴェトコンを追撃した。敵は手榴弾で反撃したが、中佐は昂然と吼えて、勝利をものにした。ウィスキイのはいった水筒二本の栓をとると、救援を待ちながら、兵士たちとまわし飲みした。

「こんないい仲間がいて、こんなにいい思いをしたことはない」と、歌は結んでいる。「その晩、おれたちはチャーリー（ヴェトコン）のケツをひっぱたいて、ファンランで酒盛りをした」

この手の歌を集めたデータベースをこしらえている元第一七四攻撃ヘリコプター中隊の将校、マーティ・ホイヤーはいう。「この歌が珍しいのは、ハンクがパイロットでも乗員でもないからです」当時、ヴェトナムで第一〇一空挺師団の一旅団長だったベンジャミン・ハリソンは、歌の作者は部下たちに〝ガンファイター〟と呼ばれていたヘンリー・エヴァレット・エマソン中佐のことを書いたにちがいないと、断定している（訳注　ハンクはヘンリーの別称）。

エマソンが、インドシナでの長い戦争に最初に触れたのは、マーク・クラーク陸軍大将の軍事補佐官をつとめていた一九五三年三月だった。当時のアイゼンハワー大統領が、直接報告書を提出するよう、クラークに命じた。朝鮮で第五連隊戦闘団の小隊長から中隊長へと昇級して経験を積んでいたエマソンは、フランス海外遠征隊の将校たちから情報を集めた。ヴェトミンがトラック車両縦隊を待ち伏せ場所で寸断するという戦術を使っていることを、フランス軍将校たちは説明した。「フランスは精兵を送り込んでいた」エマソンはいまそう語っている。「外人部隊など、第一級の部隊だったのに、

＊陸軍軍医の息子のエマソンは、ウォルター・リード陸軍病院で生まれた。四代つづけて医師の家柄で、本来なら五代めの医師になるはずだった。

ひどく苦戦した……クラークは本国に報告書を送った。〝インドシナは泥沼です――われわれは関わりたくありません〟。それで、アイク（アイゼンハワー）は手出ししなかった。軍事的に困難な地形で、補給線も伸び切ってしまう」

フランス軍をさんざん痛めつけていたヴェトミンの司令官は、ヴォー・グエン・ザップ将軍だった。一九一一年、北ヴェトナムの教育のある農民の家に生まれ、まったく独学で戦術を学んだ。一九四一年には、中国との国境付近のパクボにある鍾乳洞に潜んで、ヴェトミン解放運動を先導した。一九四四年一二月のザップによるフランス軍前哨攻撃を、ヴェトナムは革命軍の最初の一撃としている。それによって、ヴェトミン側の自信は急激に高まった。とはいえ、一九四九年に中国が大量の武器弾薬を供給しはじめるまで、ヴェトミンのフランスに対する戦争はさして進展していなかった。

一九五四年、ディエンビエンフーでヴェトミン部隊が包囲されて潰走《かいそう》したとき、ザップはその共産主義武装勢力を指揮していた。一九六一年一二月に護衛空母〈コア〉がアメリカ製ヘリコプターを積んで到着した時点でも司令官の地位にあった。一九七三年にアメリカが完全撤退したときも、司令官だった。そういう人物である。

一九六二年三月、ヘリコプター部隊はアンジアン省のカンボジアとの国境地帯を〝掃討〟した。その年のうちに、さらに多くの陸軍攻撃ヘリコプターが到着し、海兵隊もはじめて一個海兵攻撃ヘリコプター飛行隊を派遣した。ロバート・マクナマラ国防長官の圧力を受けて、予定よりも多くのヘリコプターを使用することになった陸軍は、かなりの規模でヘリコプター試験を行ない、歩兵部隊のトラックによる兵員輸送への依存を緩和した。やがてそれが空挺強襲師団や空中騎兵（ヘリコプター武装偵察）戦闘旅団を誕生させる。

やがて死傷者も出はじめる。まもなくサイゴンの西で、ヴェトコンが初の米軍ヘリコプター撃墜をあげる。この撃墜や、その他の一機だけの損耗は、まぐれ当たりだとして軽くあしらうこともできたが、一年後のアプバクでの事件は、そうはいかなかった。一九六三年一月二日、アメリカの助言によって立案された作戦が行なわれた。南ヴェトナム軍第七師団の部隊が、サイゴンの南西にあるアプタントイという村の近くのヴェトコン指揮所を攻撃することになった。フライング・バナナ一〇機を米軍パイロットが操縦し、南ヴェトナム軍兵士を運ぶ。南ヴェトナム軍は、装甲兵員輸送車、トラック、川船でも到着する。機関銃とロケット弾を装備したヒューイ武装ヘリコプター五機が上空を旋回し、援護射撃をする。

だが、アプタントイの村と周辺には、予想を超える大規模なヴェトコン部隊がいた。ヴェトコンは、南ヴェトナム軍と米軍基地のスパイを通じて攻撃のことを知っており、近くのアプバクという村で塹壕を掘り、ソ連製のDShK‐38一二・七ミリ重機関銃を配置するという、あらたな戦術を採用していた。この重機関銃は、旧式だが、近距離ではヘリコプターにとってきわめて危険な兵器だった。

南ヴェトナム軍の第一波が攻撃を受けると、アメリカの軍事顧問は、作戦に参加していなかった予備部隊を投入するよう求めた。悪いことに、この部隊が降着地点に選んだのが、たまたまヴェトコンの防御陣地のすぐ近くだった。このため、降着した部隊は、きわめて激しい迫撃砲と機関銃の攻撃にさらされた。ヴェトコンは、アメリカと南ヴェトナムの連合軍の砲撃をかわしながら、たちまちフライング・バナナ一機を撃墜し、動きが取れなくなっている乗員を救出しようとしたもう一機も撃墜した。あとの二機は逃れたが、損傷していた。ヒューイが森を銃撃し、一機のヒューイが、撃墜された二機の乗員を救出しようとして、撃墜された。装甲兵員輸送車が前進すると、ヴェトコンは一個分隊を突出させ、ソ連製のRPG（ロケット推進擲弾《てきだん》）で攻撃した。*

ヴェトコンが撤退したときには、さらに二機がアプバクで墜落していた。合計五機の損耗である。

作戦に参加した一五機のうち、無傷で帰投できたのは一機だけだった。北ヴェトナムの報道機関は、ヴェトコンが敵と正面切って戦っても勝てる証拠として、この勝利を喧伝《けんでん》した。ヴェトコンの各部隊の指揮官に、アプバクで学んだことを基本とする新戦術が伝えられた。孤絶した前哨を攻撃して挑発し、無線で支援を求めるよう仕向ける。そして、予想されるヘリコプターの攻撃を迎え撃つための重機関銃陣地を設ける。「逃げて虐殺されるよりも、踏みとどまって死ぬほうがいい」というのが、ヴェトコンの歩兵部隊指揮官の決意として浸透していた。

米軍上層部は、アプバクは〝勝ったり負けたり〟という長い連続の一部にすぎず、その戦闘自体に重要な意味合いはないと、マスコミに釈明した。軍事顧問のジョン・ポール・ヴァンは、甚大な損耗と南ヴェトナム軍の戦いぶりに衝撃を受け、南ヴェトナムは指示どおりに反撃してヴェトコンを哨兵線で遮断することができなかったのだと判断した。(註2)

アプバクの敗戦は、かなり否定的な見かたで報道されている。UPI通信のニール・シーハン、《ニューヨーク・タイムズ》のデイヴィッド・ハルバースタム、AP通信のピーター・アーネットといった記者は、〝米軍はヴェトナム駐留米軍の欠点とゴ・ジンジェム政権の戦闘能力について欺瞞している〟と自分たちが前年に指摘したことの証左であるとした。一九六三年八月、ハルバースタムは、大隊規模のヴェトコンが兵力と武器を増強しつつあり、メコン・デルタで米軍は地歩を失いつつあると書いた。

フランスのインドシナ戦争についての最高の参考資料『歓びのない街道』の著者ベルナール・ファルは、アプバクで米軍ヘリコプター部隊が大損害をこうむったのは、けっして意外ではないと見ていた。一九六一年四月、北ヴェトナム軍代表団がアルジェリアを訪問し、西側の機械化部隊と戦う方法を学んでいたことを、ファルは知っていた。さらに同年一二月には、米軍ヘリコプターを識別して破壊する方法を、北ヴェトナム軍は無線で各部隊に伝えていたという。

一九六四年八月、米議会は軍の直接武力行使を承認した。これによって、戦闘は激化し、ヘリコプターの損害も増加することになる。(註3) 米軍戦闘部隊とヘリコプターは、一九六四年夏に大規模な攻勢を開始した。一九五四年のアシャウ谷におけるサムライⅣ作戦では、一日で七機のヘリコプターが失われた。ヴェトコン部隊は、駐機中のヘリコプターも狙うようになった。チュライでは、破壊工作兵が、一九六五年一〇月の一夜のあいだに、梱包爆薬でヘリコプター一九機を破壊した。**

だが、その一カ月後、ヘリコプターはイアドランでの戦闘で画期的な働きをして、戦いを米軍側の優位に持ち込んだ。この戦いは、北ヴェトナム正規軍が南ヴェトナムに大規模侵攻を行なっていることを受けて行なわれた。イアドラン渓谷で、第一騎兵師団は攻撃ヘリコプター（ガンシップ）と兵員輸送ヘリコプター（スリック）を使い、北ヴェトナム正規軍三個連隊を撃破した。大隊規模で移動し、砲兵を山の頂上からべつの頂上へと運び、一週間にわたる戦争で一万三〇〇〇トンの補給物資を輸送させた。この悪い報せは、ハノイの北ヴェトナム政府に伝えられた。ヘリコプターのおかげで、米軍はいまやあらゆるところに大挙して姿を現わすことができる。ただし、米軍部隊は輸送と補給をヘリ

*RPG-2とその発展型のRPG-7は、本来は対装甲兵器だが、ヴェトコンはヘリコプターに対しても有効であることに気づいていた。ヴェトナム戦争中、この安価な非誘導兵器は、地上砲火によって撃墜された米軍ヘリコプターの一〇パーセントを撃墜していると見られている。

**こうした戦闘が本格化したあと、ヴェトナムで米軍ヘリコプター部隊の三分の一が損壊もしくは破壊されたという観測もある。南ヴェトナム軍がラオスへ越境攻撃を行ない、米軍ヘリコプターが支援したラムソン七一九作戦が典型。ソ連勢のSA-7対空ミサイルとレーダー誘導高射機関砲により、北ヴェトナム軍は二カ月のあいだにヘリコプター一五〇機を撃墜した。

コプターに頼りすぎていて、地形や住民についての綿密な知識が欠けている、と北ヴェトナム軍の指揮官たちは報告した。北ヴェトナム軍とヴェトコンを村人が支援した場合、米軍部隊にはそれを突き止めて対処することが難しいはずだ、と。

テクノロジーの戦争にヴェトコンと北ヴェトナム軍が熾烈に抵抗するうちに、ヴェトナムでは突然、ヘリコプターの旧来の仕事を行なっていた傷病者後送部隊、第五七医療分遣隊の役割が見直されるようになる。第五七は、一九六二年五月から傷病者輸送をはじめていたのだが、同部隊の非武装ヘリコプター五機は戦闘に使ったほうが有効だし、そっくりそのまま転用しないまでも、パーツを取るのに使うべきだという歩兵部隊幹部の反対に直面していた。当時の戦闘は南部で激化しており、北部のニャチャン航空基地野戦病院に近い、第五七の最初の駐屯地は、激戦地から遠かった。だが、アプバクの戦闘の反省から、後送ヘリコプターは戦場の近くに配置しなければならないと判断された。一九六三年には、第五七医療分遣隊は、二〇〇〇人を後送していた。

一九六四年、チャールズ・ケリー少佐が、第五七医療分遣隊の指揮官に着任した。そのころには、部隊は救急航空機を意味する〝ダスト・オフ〟という正式な無線コールサインを得ていた。怖れを知らないケリー少佐は、部隊の活動範囲をひろげただけではなく、夜間の救出も認めて、活動時間も拡大した。傷病者後送の世界の言い伝えによれば、ケリーは部下に、いかなる後送の要請も断わってはならないと命じたという。一九六四年七月一日、南ヴェトナム軍部隊に負傷者が出たとの報せを受けたケリーは、敵の砲火が激しいから任務を中止しろと、地上の米軍事顧問が無線で指示したにもかかわらず、ひきかえすことを拒んだ。「負傷者を乗せたらひきかえす」と、ケリーは応答した。負傷者を捜索しているとき、ケリーは攻撃を受けて落命した。一九六四年から六五年にかけてダスト・オフ・パイロットをつとめたジェイ・マッゴーワンは、タンソンニュット航空基地の第八二医療分遣隊に所属していた。「こういう状況にやみくもに飛び込んだわけではない」と、マッゴーワンはいう。

「ひとりを救出するのに四人が殺されたのでは無意味だ」

「あの医療後送ヘリがそれはありがたくてね」引退した人類学者のジェラルド・ヒッキーはいう。ヒッキーは、一九五六年から一七年間ヴェトナムにいて、孤絶した山岳地帯からデルタの肥沃な稲作地帯にいたる各地で、南ヴェトナムの民族誌を研究した。「戦争中、そうしたヘリコプターは、神の恵みのような存在だった」飛行訓練を受けてパイロットになった陸軍のパイロットはみんな若くて、ティーンエイジャーのようだったが、ヘリコプターの扱いに通暁《つうぎょう》していて、勇敢そのものだった、とヒッキーはいう。ヘリコプターをホットロッド・カーみたいにすっ飛ばし、他の兵種のパイロットたちがひるむような銃撃戦のさなかに着陸する。一九六四年七月、ヒッキーがキャンプ・ナムダンを訪れていたとき、敵軍が夜襲をかけてきた。(註4) 防御部隊＊は、九〇〇人前後とみられる敵攻撃部隊を抑えて周辺防御をひと晩護り抜いたが、敵軍は翌日も付近に居座って、食糧や増援部隊を載せた海兵隊のS-58ヘリコプターの第一波を機関銃で追い払った。ややあって、ヒューイ一機が到着し、ドア銃手が機銃をぶっ放して、救難ヘリコプターの通り道をこしらえた。ヒッキーは敵兵の死体を調べて、南ヴェトナム人ではなく、北からやってきた人間だという判断を、米軍幹部に伝えた。ヒッキーのこの身許識別は、北ヴェトナムが南への侵攻を開始したことを示す最初の兆候だった。

イアドランでの米軍部隊の活躍は、同様の戦闘に破壊的な火力を持ち込むのが可能であることを証明したが、その手の戦闘はまれだった。敵軍は姿を現わして正々堂々と闘うのを避けていたので、無数の雷撃のごとく襲いかかるヘリコプター機動部隊が役立つ機会はすくないのではないか？　これで

＊ジェラルド・ヒッキーもAR-15を抱えて戦闘に参加、爆発により負傷した。

は、米軍部隊が南ヴェトナムから敵軍を追い払うことはできないのではないか？

ヘンリー・エマソン中佐にしてみれば、これは時宜を得た疑問だった。一九六五年、エマソンはペンシルヴェニア州カーライル駐屯地の米陸軍軍学カレッジ《ウォー》（訳注　部隊指揮官向けの教育課程）在学中で、第一〇一空挺師団の一大隊長として、ヴェトナム出征の準備をしていた。標準のカリキュラムでは不充分だと考えたエマソンは、夜と週末には図書館にこもり、毛沢東やヴォー・グエン・ザップの著作を読んだ。フランスとアメリカ先住民との戦争や、アメリカの辺境での国境をめぐる戦争についての書物も読んだ。「もっとも興味をそそられたのは、ゲリラ戦術だった」エマソンは語る。「敵軍はアメリカ先住民のような戦いかたをする」ザップも軍人になったころに、やはり古典的な軍事の書物をさかんに読み、ヴェトナムを占領していたフランスや日本と戦う戦術をひねり出した。

エマソンがことに格別な関心を抱いたのは、イギリスの歩兵部隊指揮官リチャード・マイアズの『一撃必殺』だった。マレー動乱において、英軍はジャングルの反政府勢力を包囲する戦術を一九五一年ごろから駆使するようになったが、マイアズはそれについて詳説していた。ひとつの指揮中枢から四個小隊が放射状に進発する、というのが作戦手順だった。この戦術を発展させた英軍探索部隊は、ヘリコプターを用いて反乱軍を包囲し、捕獲するようになった。中心となったヘリコプター部隊は、英海軍第八四八飛行隊で、勇ましくも〝あれを奪取せよ！〟を意味するラテン語〝アシプ・ホック〟を標語にしている。イギリスは、ヘリコプターをトラック代わりに使うところからさらに進めて、哨兵線もしくは包囲の環《わ》を築き、ペハンのジャングルで反乱軍の動きを封じて、捕獲もしくは爆撃した。のちにこの戦術は、立体包囲と呼ばれるようになる。第八四八のウェストランドやシコルスキー・ヘリコプターは、上空を旋回するヘリコプターの指揮官に誘導されて、ジャングル内の開豁地《かいかつち》が使えるときには、そこへ降りて、歩兵部隊を移動させ、敵を包囲する。開豁地をこしらえる必要があるときには、ロープで兵士が降下して、鋸で木を切り倒し、人間の身長ほどある草をパランと呼ばれる山刀で刈る。一九五二年には、ジェラルド・テンプラー率いる英軍は、反乱軍の首領チン・ペンを放逐し、その最高幹部四人を殺していた。

イギリスがマレーのジャングルやゴム農園で数年かけて学んだ教訓に興味をそそられたエマソンは、探索部隊の学んだ教訓を発展させた歩兵戦術をヴェトナムで採用することを提案する期末レポートを提出した。ただし、いくつかの変更も提案した。* エマソンの説明によれば、探索部隊には「基地に縛り付けられるという弱点がある。敵は基地をすぐに発見する」軍学カレッジを修了すると、エマソンは自分の戦術を、フォート・ピケットやドミニカ共和国で行なわれた野外演習で試した。

一九六五年一〇月に、エマソンが大隊長に就任したとき、(註5) 作戦地域になる中北部の森林地帯（米軍の地図では第二軍団作戦地域および第三軍団作戦地域）は、徒歩で移動する北ヴェトナム軍侵攻部隊の低速ハイウェイの役を果たしていた。その年、紛争は急速に段階的拡大《エスカレーション》していた。北ヴェトナム軍全体が、一〇人ないし一五人ずつ、南ヴェトナムの水田や都市に移住しているのかと思うほどだった。エマソンは、そういった侵入部隊を発見して殲滅《せんめつ》するようにという命令を受けていた。

エマソンの期末レポートには、チェッカーボードと本人が呼ぶ作戦手順が記されていた。地形によって用法は異なるが、主に三つの要素がある。第一の要素は歩兵である。大隊のライフル中隊三個ないし四個を引き抜いて、さらに小規模な隊に分ける。すべての隊は無線で連絡を維持する。斥候を行なうレコンドー（長距離偵察）分隊もある。敵の動きを見張る監視所も少人数で維持する。エマソン

＊エマソンの期末レポートは、〝われわれがゲリラになって共産ゲリラを打ち負かせるか？〟という表題で、いまも第一〇一空挺師団の教範に引用されている。

大隊の場合、たいがい一個ライフル中隊を予備として温存した。

第二の要素は、ヘリコプターのきわめて限定的な使用で、作戦地域内で歩兵を移動するのに用いる。可能なかぎり〝全員が歩くようにした〟と、エマソン大隊の中隊長で、前駐ヴェトナム大使のマクスウェル・テイラー陸軍大将を父に持つトーマス・H・テイラーは説明する。「ヘリコプターによって隊を投入するのは避けたかった。北ヴェトナムに位置を知られてしまうからだ。われわれはジャングルをひそかに進み、ルートの交差する場所や米の隠し場所で遭遇するようにした」第三の要素は、数キロメートル四方にたえまなく砲弾を送り込めるように、高地や開豁地に配置した砲兵だった。* 必要な場合には、ヘリコプターで迫撃砲を運んだ。

エマソンの当初の案では、米軍部隊がみずから動きを決めてチェッカー盤の上を駒のように移動するのに、これらの要素が役立つはずだった。現実のチェッカー盤では、そんなふうに明確には進展しなかったが、エマソンは基本原則を貫いた(註6)。戦闘員をできるだけ長く野外に配置し、迅速かつ隠密に移動し、偶然の銃撃戦に巻き込まれて失敗しないように、入念に準備した罠に敵を追い込む。新しい地域へ踏み込むたびに、斥候や観測員が何日もかけて地形を調べ、北ヴェトナム軍が通るのに使っているルートを見つけ出す。移動パターンや野営地がわかったときには、大隊本部に無線で報せる。だいたいこんなふうな要請をする。「以下の敵陣地を〇二〇〇時に砲撃してほしい。近辺の友軍部隊に注意」

砲撃は野営地の敵を殲滅するためではなく、いぶり出すために使われる。「砲撃を受けた北ヴェトナム軍は、当然ながらルートを駆け出す」第二大隊の歩兵だったブライアン・リチャーズはいう。「砲撃は敵が移動しつづけるように仕向けるためのものだった。敵は決まってわれわれの存在に気づいていなかった」レコンドー分隊は、北ヴェトナムの移動ルートと見られる山道に近い〝友軍〟地域に潜んで待機する。エマソンの部隊が射界を設定する。レコンドー分隊は、擲弾発射器や自動火器も使用するが、もっとも破壊力の強い兵器は、方向性地雷だった。この対人地雷は、一定の高さに仕掛けられ、破裂すると、機関銃並みの分量の弾子《だんし》を扇状にまき散らす。(註7)一九六五年のエマソンの期末レポートは、チェッカーボード作戦というふさわしい名称を得て、D戦域での戦闘でかなりの成果を挙げた、とテイラーはいう。**

チェッカーボードは、さまざまに応用されて、たいがい成功した。《ニューズウィーク》の戦闘報道によれば、一九六六年半ば、エマソンの大隊は敵軍をその作戦地域で叩きのめしていたという。亡霊のごとく移動し、待ち伏せ攻撃をかけ、最大限の弾薬と最小限の食糧を入れた背嚢を担いでいた。肉の缶詰ひとつと、替えの靴下に詰めた米一キロ程度が、ふだん携帯する食糧で、空からの補給を受けるまで、それでひとりが三日ないし五日食いつないだ。「武器を山ほどかついで出かけた。弾薬、弾薬、また弾薬、それから水という按配だ」と、リチャーズはいう。

「みんなたえず移動していたよ」エマソンは、部下たちについてそういった。「日本軍の古い地図を頼りにして、私が待ち伏せ地点を選ぶのではなく、決定は指揮系統の末端に分散していた」

第一旅団のヘリコプターが、西のプレイク、沿岸のトゥイホア、サイゴン郊外など、南ヴェトナム中部全域の北ヴェトナム軍のルートへ、エマソン大隊の兵士を送り込んでいた。温かい食事やシャワ

＊照準の正確な迫撃砲の支援を、歩兵部隊指揮官は貴重に思っていた。迫撃砲の砲撃が雲の影響を受けないことも、ひとつの理由だった。

＊＊この広大な土地には、徒歩で通るわかりやすい道すじはなかったので、エマソン大隊はチェッカーボードの枡のように、味方と敵の位置を区切っていた。

ーのある基地へ運ぶのは、ヘリコプターの役割ではなかった。レコンドーに所属していたジム・グールドによれば、兵士は連続で三週間野外にいて、そのあと三日の休みがあったという。「それからまた出かけていく。最初のころは、野砲陣地もなかった。ただあちこちを転々として、降着地点を設営し、任務を行ない、つぎの降着地点へ行った」

エマソンは、出征期間を六カ月延長したが、陸軍は一九六六年一〇月に帰国を命じた。エマソンは、ふたたび出征する計画を練りはじめた。

この時期、第一〇一空挺師団タイプの純粋な歩兵部隊は、ヴェトナムでも珍しくなっていた。たいがいの部隊が、ヘリコプターやその他の手段による機動、航空支援、補給に依存していた。ヘリコプター運用実験の中心になったのが、一九六五年九月にキンホン港に到着した陸軍第一騎兵師団（空中機動）だった。この師団は、一九五五年の模擬演習をもとに、これまでの戦争では前例のない、ヘリコプターでの移動を作戦の核とする部隊に仕立てあげられていた。「朝鮮では、ヘリコプターはもっぱら後送と観測に使われていた」ヴェトナム到着時に同師団の広報将校だったチャールズ・シラーはいう。「しかし、空中機動師団では、航空機が部隊展開の第一の乗り物になる。トラック車両縦隊による陸上交通路を維持する必要がないわけで、これは画期的な変化だった」

それを可能にしたのは、新世代のヘリコプターだった。一九六三年、アメリカ陸軍は、朝鮮戦争時代から使いはじめたピストン・エンジン・ヘリコプターから、すべてがガスタービン・エンジンの新世代ヘリコプターに移行しはじめた。主力は、ヒューイという呼び名のほうがよく知られているベルUH‐1イロコイだった。いまでこそ伝説的な地位を得ているが、ヒューイがヴェトナム戦争に投入されたころは、情けないくらい積載能力が貧弱だった。初期の後送型ヒューイは、中央高地で運用されていたころ、乗員四名に傷病者一人が乗ると、離陸するのもやっとだった。D型と、つぎのH型

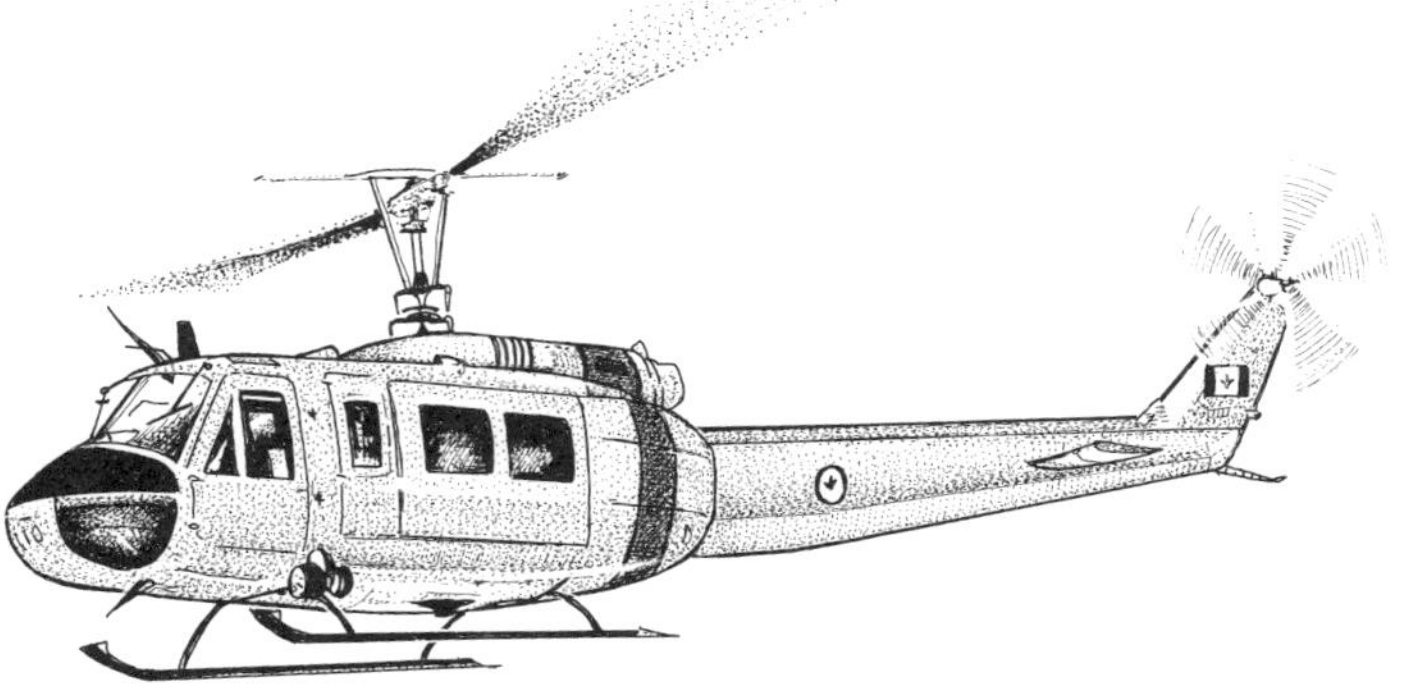

ベルUH‐1〝ヒューイ〟

（最新型の前の型にあたる）では、性能と積載量が格段に向上した。なにしろ敏捷で頑丈なので、ヴェトナムで使用されたヘリコプターの五分の四をこれが占めたのは当然だろう。だが、飛行中のヒューイはすさまじい騒音をたてる。二枚ブレードのローターが空気を切り裂く音は、三キロメートル離れていても聞き取れる。敵が山の斜面に蛸壺を掘って見張っていた場合には、もっと遠くからでも聞きつけられた。だから、敵に忍び寄る必要があるパイロットたちは、樹冠すれすれを飛び、ぎりぎりになってから上昇して着陸するか、機銃掃射をする、〝地面の産毛《うぶげ》飛行〟という戦法を身につけなければならなかった。彼我《ひが》が戦っている地域に兵員輸送ヘリ《スリック》が着陸を試みる前に、攻撃ヘリ《ガンシップ》や戦闘爆撃機が爆装や銃砲で飽和攻撃を行なって、敵を撃退したり、ローターの風で起爆する〝ヘリコプター罠〟を爆破したりした。

　ヒューイの重いローターブレードに秘められた回転エネルギーが、パイロットたちは気に入っていた。そのおかげで、緊急着陸時の制御が容易だったからだ。ブレードがホバリング用の縦穴をこしらえてくれる、という意見を持っているパイロットもいた。主ローターを馬鹿でかい山刀のように使って、樹木の枝葉を切り落としながら、地面に近づいていけるという。

枝が細ければ、それも可能だった。だめな場合もある。いずれにせよ、そういう縦穴をこしらえるときには、手に汗を握る。第一七騎兵師団（空中）のパイロットだったロバート・スタインブランは、ヴェトナムで、戦闘チームのもとへ降りようとして、樹冠に通り道をこしらえたときのことを回想する。華奢《きゃしゃ》な尾部ローターをぶつけないように、乗員が注意を促すなか、スタインブランは密生した竹林に降りていった。「半分降りたところで、怖くなった。竹が四方でぶつかってすさまじい音を立て、それを見ているだけでぞっとした」ラオスとヴェトナムでヘリコプターを飛ばしたエア・アメリカ社のリンク・ラケットは、枝を切りながら降下したことはない。ブレードの前縁がつぶれて揚力が弱くなるからだ。

《ニューヨーク・タイムズ》サイゴン支局長だったユージーン・ロバーツは、非武装地帯近くの長距離偵察パトロールに補給物資を運ぶヘリコプターに乗っているときに、樹冠を切り刻んで降下するのを目の当たりにした。あまりにも狭い谷間だったので、ローターブレードが左右の枝や葉を切り裂いていた。「補給物資が敵の手に渡らないように、できるだけパトロールに近づくためだった」ロバーツはいう。「煉瓦をひとつ持ったやつがいたら、ヘリコプターを撃墜できたにちがいない」

大規模なゲリラ戦を追跡調査するのは、報道関係者にとって至難の業《わざ》だが、ヘリコプターがそれを可能にした。「決まった前線というものがない」ロバーツはいう。「一カ所で戦闘があったと思うと、つぎの日にはそれがべつの場所に移っている。それも距離が離れていることが多かった。八五パーセントは、ヘリコプターを使うしかなかった。当時、報道に携わっていたものは、だれでもかなりヘリコプターを利用していた……ヘリコプターでの移動は、非常に危険だが、それ以外の交通手段はもっとひどかった」

連合軍上陸作戦の日のノルマンディーにジープやトラックが無数にあったように、ヘリコプターは数がありあまっていて、頼めばすぐに用意できた。* 「運用課に電話して、任務があるといい、目的地を伝える」第一騎兵師団に所属していたチャーリー・シラー元少佐はいう。「将校ならだれでもそうすればよかったし、命令があれば軍曹でも要求できた。私は書類を提出したことはない。車に乗るのとおなじで、日常茶飯事だった」

ヴェトナム駐留米軍（MACV＝ヴェトナム軍事援助集団）は、公式には記者やカメラマンをヴェトナムで名目上は少佐扱いしていたが、ヘリコプターを使用する権限については、将校と同等とはかぎらなかった。乗れるかどうかは、MACVにコネがあるかどうかやタイミングやしつこさに左右された。「何時間も飛行場で待って乗せてもらうこともあった」ユージーン・ロバーツはいう。やがてロバーツは、リトアニアの労働者向け週刊紙などの小さな出版社や新聞社と契約しているフリーランス通信員、ユラテ・カジツカスと知り合った。(註8)「彼女が飛行場にいると、ヘリコプターがどこからともなく現われるんだよ。それでよくいっしょに乗せてもらった」

米軍ヘリコプターに便乗すると、カメラマンは何週間も戦闘地域にいることができた。フィルムがなくならないかぎり、サイゴンや大規模な軍事基地に帰らなければならない理由は、どこにもない。写したフィルムは、記者かパイロットか広報将校が持ち帰った。アンリ・ユエというカメラマンは、

*特殊部隊が山地での移動手段にヘリコプターを使ったことは、辺鄙な山岳民族の村でも強い印象をあたえた。一九六五年ごろ、山岳民族の一支族のアルプ族の女性は、ヘリコプターを織物の模様にしていた。ランド研究所の人類学者ジェラルド・ヒッキーは、避難のためにチヌークとヒューイに乗り込もうとしている村人を描いた織物を発見している。

ヘリコプターが怖かったが、仕事のためなので毎日のように乗っていた*。

ヒューイは当初、攻撃ヘリとしても使われたが、兵装を余分に取り付けると抗力が増して、兵員輸送ヘリの速度についていけなかった。そこで、ベル・ヘリコプターでは、ヒューイの機構をもっと空気抵抗のすくない機体に詰め込んで、兵装を搭載してそれを使うことのみを目的としたものを開発した。このAH-1コブラ攻撃ヘリコプターは、武器の土台として製作された最初のヘリコプターだった。ガットリング砲、ロケット弾ポッド、自動擲弾発射器を搭載するスペースをこしらえるために、AH-1は他の機能をすべて犠牲にした。乗員二名は縦に乗る——銃手が前、パイロットがうしろという配置である。それによって断面積が減少し、ターゲットに接近する際に敵銃手が照準をつけづらくなった。

時間とイノベーションが重なって、ヴェトナムでのガンシップの数は、一九六三年の二〇機から、六年後には七〇〇機に増えていた。降着地点で兵員輸送ヘリコプターを護るために、ガンシップと固定翼戦闘爆撃機が、あらかじめ激しい空爆と機銃掃射を行なう。機関銃手の狙いをそらし、ヘリコプター用の罠を爆破するのが目的だった。ほとんどは木を薙《な》ぎ倒しただけだったが、戦果が挙がることもあった。戦後、ベンジャミン・ハリソン陸軍少将は、一九七〇年の野砲陣地リップコード作戦に関する本の下調べとして、その作戦の際に自分の部隊を蹂躙《じゅうりん》しようとした北ヴェトナム軍の指揮官たちを探し当てて話を聞いた。ガンシップは狭い谷間の崖に掘った防空壕にまでじかに銃撃を浴びせることができたので、たいへん怖れられていたと、退役した元北ヴェトナム軍将校は語っている**。他の航空機にはできないことだった。恐ろしいB-52大型爆撃機の波状爆撃ですら、そこまでは及ばない。

ガンシップにはたしかにだいじな役目があるが、地上での作業まで引き受けることはできない。それは歩兵やヘンリー・エマソン大佐のような指揮官の仕事だ。一九六八年二月、エマソンは二度めの出征でヴェトナムに戻った。今回は、メコン・デルタを担当する第九歩兵師団（標語は〝頼れる相棒〟）第一旅団の旅団長という地位だった。旅団の主な任務は、一見単純なようだった。四号公路の二五キロメートルの範囲およびその橋の交通を確保するというものである。この幹線道路は、南の米作地帯とサイゴンを結んでいた。

しぶとい敵がいるということを除けば、デルタは、エマソンの最初の出征で経験した過疎地帯の密林と、まったくといっていいくらい共通点がなかった。北のほうで成功したチェッカーボードの作戦手順は、ここでは通用しない。敵に姿を見られずに長距離を歩くことなど不可能だからだ。見通しのきく地形に、腰まで泥にはまってしまう水田では、長距離行軍などできない。それに、たいがいの村には番犬がいるので、隠密行動も難しい。また、チェッカーボードのような広範囲の砲撃では、密集した村の住民に危害が及ぶおそれがある。

デルタでの戦いは、それまでずっと、順調とはいえなかった。一九六四年までは四号公路も安全に通行できたが、一九六五年にヴェトコンの攻勢が開始されて、道路を遮断されたり、橋を爆破されたりしていた。エマソンが着任した時期には、ヘリコプターのパイロットたちが、田舎の村にヴェトコンの小さな赤旗が翻《ひるがえ》っていると報告していた。かつては、昼間はこっそり隠されていたのだが、いまは堂々と出してある。一年ほど前から機動河川部隊と呼ばれる武装高速艇の群れが、敵の兵力集中

＊ユエは一九七一年、ラオスへ侵攻するラムソン七一九作戦の最中に、乗っていたヘリコプターが撃墜されて死亡した。
＊＊現在でも、バグダッドのグリーン・ゾーンを射程内に収めている高層アパートメントのイスラム戦士を駆逐するのに、アパッチ攻撃ヘリが使われている。

を阻《はば》んできたが、その後ヴェトコンは航行可能な水路の地図を作成し、RPGや重機関銃で高速艇を待ち伏せ攻撃する戦術を駆使するようになっていた。

「デルタの心理的状況は、きわめて悪かった」第九歩兵師団師団長ジュリアン・J・ユーエル少将*(当時)は、のちにインタビューで語っている。「敗北主義とまではいわないが、緊張して神経を尖らしていた。果たしてやり抜けられるかどうかわからないと、兵隊たちが思いはじめていた」ユーエルは、三人の旅団長のうちのひとりだったエマソンに、新しい方策を講じる許可をあたえた。

エマソンが着任したとき、米軍歩兵部隊のデルタでの戦術は、たいがい〝掃討〟の変形だった。野生動物を狩る昔ながらのやりかたとおなじだ。もっとも単純なものでは、一列になって兵士が歩いて、隠れ場所から敵を追い出す。敵が現われたら、砲兵かガンシップに攻撃を依頼し、敵がちりぢりになって逃げる前に、できるだけおおぜいを殺す。ハンターが狐を追い詰めるような感じなので、掃討戦術は一見恐ろしそうではあるが、敵はたいがい掩蔽壕《えんぺいごう》に隠れたままでいるか、あるいは表にいるところを発見されると、すばやくトンネルを通って逃げてしまう。暗くなるのを待ったり、水路や溝伝いに逃げる場合もある。「たまに追い詰めて打撃をあたえられることもあるが、たいがいはもぬけの殻だ」と、ユーエルはいま説明する。

「従来の考えかたではうまくいかなかった」エマソンはいう。「デルタには鉱山や沼や水田の用水路があって、徒歩でパトロールできなかった。そこで私はいった。〝空中機動にしないとだめだ! ここはひとつのでかい降着地点だ!〟と」

エマソンは、〝ジターバグ〟(訳注 ジルバのこと)という戦術を編み出した。一九三〇年代に流行《はや》った激しいスイングのダンスにちなんでいる。ジターバグ作戦機動を行なう部隊は、さまざまなことを同時にやらなければならない。敵兵の大集団を見つけて、無理やり隠れ場所から引き出し、広いところに出たときには逃げ道がわからないように混乱させる、というのがこの戦術の狙いだった。それには高度な速い動きが必要とされる。

　だが、ジターバグ作戦では、撃ち合いをはじめる前の入念な下準備が重要だった。敵の主力部隊が隠れている可能性のある場所を、正確に見抜くために、手にはいる情報をすべてふるいにかける。エマソンは、自分の担当区域の敵主力の正体を知っていたが、隠蔽された重火器や中隊の現在位置は、たえまなく変化する秘密だった。それをいち早く知って、大規模攻撃をかけるには、村の情報提供者、考案されたばかりの光増幅式暗視装置、レーダー、長距離聴音装置、ヴェトコンが行動する夜間に欠かさず出している一二名の偵察パトロールなどの、幅広い情報網が頼りだった。（註9）エマソンの旅団は〝人間嗅ぎ分け装置〟も試験した。ヒューイに木箱型の実験装置を積み込み、野営地がかならず発しているアンモニアのにおいを探知するというものだった。この装置は、広々とした場所や樹木のすくない場所では有効だったが、敵が単純な対策でまったく無効にしてしまった。**

　かなり確実性の高い情報で敵の位置が突き止められると、ヘリコプターが発進し、迅速に兵員を配置する。このけたたましい動きにあわてふためいた敵軍は、ほとんど包囲されたと思い込んで、一二・七ミリ重機関銃でヘリコプターを狙い撃つ。グリーンの光を放つのですぐわかる曳光弾《えいこうだん》（上昇してくるのをヘリコプターの乗員が見ると、大きな風船のように見える）を見れば、敵軍の陣地の位置がわかり、さらに部隊規模も判明する。対空砲火が激しければ激しいほどありがたい。砲撃や銃撃が熾《し》

＊ユーエルは戦闘経験が豊富だった。二九歳のとき、バストーニュに降下した第五〇一落下傘歩兵連隊を指揮した。その後、ドイツ軍戦車をバズーカ砲で撃った際に負傷したため任をはずれた。

＊＊効果的な対抗手段のひとつは、小便を入れたバケツを木の枝に吊るすというもの。

烈《れつ》であれば、それは敵の主力にまちがいない。そこでエマソンのほうも主力が繰り出して、できるだけ大きな部隊を見つけて殲滅する。敵がレコンドーの攻撃範囲内にいると見られると、エマソンは無線で「猛　襲《パイル・オン》！」と命じる。歩兵部隊はすべて手近のヘリコプター揚収地点に急行し、移動して敵の周辺防御に迫れ、という合図だった。

敵部隊を隠れ場所からおびき出して、半径八〇〇メートルの包囲の環に閉じ込めることが目標だった。水田の用水路から逃げるのを防ぐために、蛇腹型鉄条網を水路に垂らすとともに、頻繁に手榴弾を投げ込んで恐怖を植えつける。敵部隊を発見して、蟻の這い出る隙間もない包囲網を敷くまでに、七二時間かかることもあった。包囲の環《わ》が確実に固まると、掩蔽壕が隠されている可能性の高いニッパヤシの木立に沿い、ヘリコプターが催涙ガス弾を投下する。木立の上でパイロットがヘリコプターをホバリングさせて、催涙ガスがいい按配にひろがるようにする。

包囲の環に捕らえられた敵軍は、固定翼機、攻撃ヘリコプター、砲撃の弾幕を同時に浴びることになる。「われわれの部隊には、ジョウ・ウォーレスやボブ・ダーマイアのような優秀な砲兵将校がいた」エマソンはいう。(註10)「ダーマイアは、私が必要としている砲弾をどう撃ち込めばいいかを心得ていて、あっというまに始末をつけた。航空機が砲撃で誤射されることのないように、飛行パターンも考えてあった」*この手順は、〝ドーナツを撃つ〟と呼ばれていた。ダーマイア砲兵中佐は、榴弾砲の砲弾が、米軍部隊の環の内側に落ちるように照準し、環が縮まってもなお、そういう砲撃を行なうことができた。米軍部隊は、一定の間隔で砲撃を中断し、拡声器で投降を呼びかけた。

「もったいぶった専門用語は嫌いだが、この場合はシナジーというのが、もっともふさわしい言葉だろう――それぞれの攻撃力が、お互いを護り――敵の対空砲火を制圧した」エマソンはいう。「とてつもないシナジー効果だ」

AP通信のピーター・アーネット記者の報告によれば――ヴェトナム駐在記者の例に漏れず、アーネットも軍の根拠のない大言壮語を信じていなかったが――一九六九年までに、第九歩兵師団は、ヴェトコンの恐るべき拠点だったメコン・デルタ北部ですら歯向かうもののない、無敵の戦争機械になっていたという。一九六五年までは、デルタのヴェトコン主力を打ち破ることは不可能と見られていたのだから、驚くべき偉業といえる。アーネットは、アメリカが絶大な火力で建設的な結果をもたらすという考えには疑問を示しつつ、〝猛襲〟によって敵を掃滅した〝頼れる相棒〟の召集兵たちを、戦いの達人と評している。

「かくれんぼをやっているうちに技倆が磨かれ、第九歩兵師団はすこぶる恐ろしい戦闘部隊になった」一九六九年四月、AP通信の記事に、アーネットは書いている。「最近押収された敵軍上層部の書類に、同師団はヴェトナムきっての危険な部隊だと記されていた」こうした戦いかたでは、将校すべてが戦場近くで指揮をとる必要があるため、将校の損耗も大きい。「第一旅団に最初に着任したときには、大隊長が六人いた。そのうち三人が戦死した」[**]エマソンの大隊長のひとりだったジェイムズ・リンゼイ退役陸軍大将は、当時を回顧して述べている。

「エマソン大佐は、この戦法をディントゥアン省で数カ月駆使して、省内の敵大隊をすべてほとんど壊滅させた」軍事史家のインタビューに答えて、ユーエルはそう述べている。エマソンの部隊は、とてつもなく危険なことで知られていたロンアン省でも、同様の戦果を挙げた。[***]「唯一の問題は、ジタ

*とはいえ、航空機にとっての危険が消えたわけではなかった。第九歩兵師団のべつの師団長デイル・クリテンバーガー大佐は、こうした作戦中に、ヘリコプターの衝突により死亡した。
**フレッド・ヴァン・デューセン、ビル・ベルゲナク、ドン・シュローダーの三中佐。

ーバッグはきわめて複雑で、達人でなければやれないということだった」

「ジターバッグは、じゅうぶんな数のヘリコプターによって戦闘部隊に高度の機動性を持たせるという意味で、きわめて合理的だった」今日、ユーエルはこう語る。「エマソンの戦術の美点は、激烈な要素を作戦に盛り込んだことにある。エマソンは戦士であり、ジターバッグでは粘り強さと速度をうまく組み合わせた。米兵の死傷者を最小限にとどめつつ、ヴェトコンを生きたままシチューにすることを唯一の目的として、エマソンは敵に取り組んだ」（エマソン自身は、勝利は大隊の将校や兵士の手柄だと力説している。「みんなのおかげで、私はよく見られているんだ」とエマソンはいう。ユーエルは、エマソンが指揮官をみずから選ぶのを許可した）

「エマソンには進取《しんしゅ》の気性があった――上のほうにはかならずしも気に入られてはいなかったが、かまうもんかといって、自分でルールを決めた」第一〇一空挺師団に所属して初期のレコンドー任務に携わったブライアン・リチャーズは、〝ガンファイター〟のサイン入りの写真を持っていることが自慢だという。

　写真のエマソンは、用水路の土手で一九六八年四月にヴェトコン兵士ふたりを射殺したときに使った四五口径のコルト・シングルアクション・リヴォルヴァーを身につけている。この銃撃戦とその日のそのほかの働きによって、殊勲十字章を授与されたが、エマソンは面目なさそうな顔をする。「もちろんまぐれだ――私はそれほど馬鹿じゃない――しかし、そいつらをやっつけられると思った……いや、若気の至りだよ」

「いいやつだったけど、変わり者だったね」リチャードソンはいう。医療用と称してときどき水筒にウィスキイを入れていたことを、エマソンも認めている。

〝ガンファイター〟の二度めのヴェトナム出征は、一九六八年八月二六日に、衝撃とともに終わりを告げる。エマソンが低空偵察任務を終えて帰投するヘリコプターに乗っているとき、ヴェトコンの射手がRPGを発射した。発射される擲弾は非誘導で、航空機を狙ってもたいがいはずれるのだが、このときばかりはそれが尾部ローターを吹っ飛ばした。機首を下げたヒューイは、きりもみをはじめ、水田に落下した。横転し、機体が燃えはじめた。ふたりが即死し、四人が這い出した。あとひとりが、炎に巻かれて逃げられずにいた。それがエマソンだった。アイラ・ハント大佐に助け出されて機外に逃れた直後、ヘリコプターは火だるまになった。落ちたところが、たまたま敵の弾薬集積所だったからだ。指揮統制ヘリコプターによって救出されたエマソンは、火傷《やけど》の手当てを受け、野戦病院でひどい感染症にかかった。MACV司令官クレイトン・エイブラムズ大将が、ウィスキイを一本こっそり持ち込んで渡し、つづいて同僚のベン・ハリソン大佐も一本持ってきた。エマソンは、一本を二時間で飲み干した。

映画では、戦闘中の降着地点に到着した歩兵部隊が、もっとも大きな危険にさらされるように描かれているが、ヴェトナムでは軍人であろうと民間人であろうと、ヘリコプターでの旅が危険であることに変わりはなかった。ことにヴェトコンの対空火器が進歩してから、危険はいや増した。統計の上では軍の最高幹部の場合、ヘリコプターは最大にして唯一の死因になっている。ヴェトナム戦争中に戦死した陸軍将官八人のうち四人が、ヘリコプターの墜落で死亡した。＊＊＊＊ さらに海軍将官もひとり死ん

＊＊＊〝戦略村〟が強化されていたにもかかわらず、一九六四年一月の時点でロンアン省の村の七五パーセントがヴェトコン部隊に支配されていると、MACVは判断していた。

＊＊＊＊ブルーノ・ホックマス、ジョージ・W・ケイシー、ジョン・ディラード、議会による名誉賞を受けていたキース・ウェアの四将軍。エマソンはウェアを〝とてつもない駻馬《かんば》〟と評している。戦闘員に対するエマソンの最大の賛辞である。

でいる。早いうちからヴェトナム戦争を批判し、伝記『輝ける嘘』の題材になったジョン・ポール・ヴァン陸軍中佐も、一九七二年六月に、ヘリコプターの墜落によって死んだ。

エマソンは墜落による負傷から回復したが、ヴェトナムには戻らなかった。ジターバッグ任務を一二回実行し、三度墜落に見舞われ、それが最後の被撃墜《ひげきつい》になった。一九六九年、第一騎兵師団に加わってヴェトナムに戻ろうとしていたエマソンは、ヘリコプター・パイロットの資格を得るためにフォート・ラッカーで訓練を受けていたが、修了前の週にヘリコプター学校から引き抜かれて、第八二空挺師団に特殊部隊指揮官として転属された。時代遅れの頑固者の戦士にとっては、本土での任務のほうがよかったかもしれない。一九六九年には、ヴェトナムでの米軍の戦いは縮小の一途をたどっていたからである。

第11章　最後のひとり

ヴェトナム戦争以前の数十年、ヘリコプターが活躍したマレー、仏領インドシナ、アルジェリアの戦争では、土壇場での撤退にヘリコプターが使われるのはまれだった。そこでは、増援部隊や弾薬を戦場に運び、傷病者を後送するのが、ヘリコプターの役目だった。ヴェトナムでは、ヘリコプターは脱出のための乗り物という新しい役目を担うことになる。もっとも有名なのは、最後の日々にアメリカ人と一部の南ヴェトナム人たちの撤退に使われたことだろう。たしかにその一九七五年の光景はよく知られているが、じつはヴェトナムではもっと早くから、そういった活動が行なわれていた。*この流れを定めたひとつの出来事は、一九六五年六月に起きている。迫り来るヴェトコン部隊を前に、ナムドン県の県都でダナンの北西にあたるケチェ周辺の住民すべてを避難させるのに、ヘリコプターが使われたのだ。二六〇〇人と、飼い犬、米袋、梱包したタバコの葉などの所持品が、ヘリコプターに

＊戦時の避難に最初に航空機が使われたのは、普仏戦争中にパリが包囲されたときだった。一八七〇年と七一年に、裕福な市民が気球で市内から脱出した。郵便物もいっしょに運ばれた。およそ一〇〇人がパリから逃れたとされている。

積み込まれた。

ちょうどこの時期、非武装地帯の向こう、北ヴェトナムの奥深く、ホーチミン・ルートの北の端で、ヘリコプター救難の新たな市場が生まれていた。米空軍と米海軍が北爆を開始しており、墜落した航空機搭乗員たちを救出する必要があったのだ。

怒りに燃える敵の領域で墜落した米軍機の乗員には、死か、あるいは長期にわたる捕虜収容所での苛酷《かこく》な生活が待っていた。彼らの頼みの綱は、米空軍の第三八航空宇宙救難飛行隊（ARRS）だった。この飛行隊の使用するシコルスキーHH‐3救難ヘリコプターは、その巨体ゆえに、陽気な緑の巨人《ジョリー・グリーン・ジャイアント》という愛称で呼ばれていた。ジョリーグリーンは、対地制圧用火器を搭載している型もあるが、機銃掃射に適しているプロペラ機のダグラスA‐1スカイホーク攻撃機の支援を受ける場合も多かった。

ジョリーグリーンのパイロットで、もっとも誉れ高い叙勲を受けているのは、一九六六年一〇月五日の任務に出撃したリランド・ケネディ大尉だった。このときの働きにより、軍人が受ける叙勲の第二位である空軍十字章を授与されている。この日、マクダネルF‐4Cファントム戦闘爆撃機（コールサイン〝テンペスト3〟）が、帰投する電子戦機を護衛して、ハノイの西を飛行していたところへ、一機のMiGが赤外線追尾方式のミサイル一基を後方から発射した。ミサイルが排気口《テイルパイプ》に突っ込んでエンジンを破壊したが、機体は爆発しなかった。

「それがまた、最悪の地域の上空だった」そのときの後席員だったエド・ガーランド少尉はいう。

「北西にレッドとブラックと呼んでいた川二本がある。レッドの北にいた場合には、〝救出は行なわれない――危険すぎる〟というのが隊規だった」救難がすこしでも楽なように、機を騙し騙し南へと飛ぶうちに、ようやくレッド川が見えたので、パイロットと後席員は射出した。ガーランド少尉は、ヘリコプターに運ばれて、ハノイの七〇キロメートル南の山の斜面に着地した。ファントムの基地からは五〇〇キロメートル離れている。拳銃と短距離用無線機を持っていて、足首から出血し、背中を痛めていた。ジェット機が一機、低空飛行で通過し、付近の地上を機銃掃射した。そのリパブリックF-105サンダーチーフ戦闘爆撃機のパイロット＊は、たまたまファントムの曳《ひ》いている煙の尾を見つけて、パラシュートが降りてゆくのを見届け、救難を呼んだ。それがタイのウドン空軍基地に伝えられた。

ガーランドは、パラシュートで降下中に、その山の頂にレーダー施設があるのを見ていた。ラオス国境付近の前方輸送基地からジョリーグリーン二機が出動したころ、サンダーチーフの機銃掃射にもひるまずに、レーダー施設の兵士が斜面を下って迫ってくるのを、ガーランドは物音で知った。ガーランドは四時間も地上に釘付けになっていたが、敵はなぜか捕らえにこなかった（のちにガーランドは理由を知る。罠のオトリに使われていたのだ。北ヴェトナム軍は、かならずやってくるはずのヘリコプターを迎え撃つ重機関銃を設置していた）。ガーランドは、山の反対側におりていたパイロットのビル・アンドルーズから、最後の無線連絡を受ける。胸を負傷していたアンドルーズは、意識を失いかけているので、救難を呼ぶのに無線機が悪用されないよう、銃で撃って壊すと伝えた。（註1）

ケネディ大尉のヘリコプター（ジョリーグリーン2）は、前方輸送基地（註2）を出発した時点では、〝ハイ・バード〟、つまり上空掩護の役割のみを果たす予定だった。一番機のオリヴァー・オマラ大尉とその乗員のジョリーグリーン1が、〝ロー・バード〟として、救出を行なう。

ガーランドは、二機が到着したときの模様を語っている。「ロー・バードが、小銃や機関銃など、

＊F-105のパイロットは名乗らなかったので、ガーランドは名前を知らない。

あらゆる火器で攻撃しながら、降下してきた」斜面のガーランドに向けて救出座席をおろす三度めの試みの際に、敵の銃撃が懸吊《けんちょう》装置を破壊し、胴体にも命中し、エンジン一基が損壊した。深手《ふかで》を受けたオマラ機は去った。

ケネディがロー・バードを担当したのは、まだ救難任務では新米だったからだった。ウドン基地では八度めの出撃だが、救難を行なうのは、それが最初だった。今回の不利な状況は、一九六五年九月におなじ第三八航空宇宙救難飛行隊のヘリコプター、コールサイン〝ダッチー41〟が行なったものと似通っている。ダッチー41は、四方の断崖が垂直に近い深い谷でホバリングしているところを、上から重機関銃による攻撃を受けて墜落した。乗員五名はすべて北ヴェトナム軍の捕虜になった。

ケネディのジョリーグリーン2にとってさらに厄介なことに、熾烈な機銃掃射を行なって敵を抑えていたスカイレイダー四機の弾薬がとぼしくなってきた。ジョリーグリーン2にとって有利な点は、たったひとつ――濃い霧が流れてきたことだった。高所からの重火器の射撃に対して、霧を遮蔽物に使いながら、ケネディは最初の航過を敢行した。

擲弾《てきだん》かミサイルが機内で爆発し、救難落下傘降下員《パラレスキュー》のエド・ウィリアムソン最先任上級曹長は肝をつぶした。無事だが、目にはいった煤《すす》をどうにかしてほしいと、ウィリアムソンが叫んだ。ケネディは上昇して、ウィリアムソンが目が見えるようになるのを待った。弾薬が尽きたが、敵を脅すために低空航過をつづける、とスカイレイダーが無線で連絡してきた。

ケネディは、二度めの航過に移った。地上の敵軍の連続射撃によって、機体にまた穴があき、ウィリアムソンが膝を撃たれた。ケネディはふたたび離脱して、乗員から決を取った。ジョリーグリーン1と2で、合わせて五度挑戦している。もう一度死神を騙してみるか？　乗員たちはイエスと決議した。六回めの航過のとき、ケネディはジャングル・ペネトレイター（訳注　樹冠を突き破る仕組みの座席付き救出装置）をあらかじめ地表におろし、ケーブルをのばしたまま、底引き網を曳《ひ》くように、ガーランドに向けてひきずっていった。

「ヘリが目にはいった」ガーランドは、そのときのことを回送する。「ケーブルはそんなに出していない、一五メートルくらいだったろう。あらゆる火器が、ヘリめがけて撃っていた。私は十数メートル走って、座席をひきおろした」

すばやくガーランドを吊り上げたケネディは、身を隠してくれる霧に向けて上昇した。最後にひとつだけはらはらする出来事があった。ジョリーグリーンのウィリアムソンが下を見ると、ガーランドのパラシュートがいっしょに上昇してくるのが見えたのでぞっとした。吊索《ちょうさく》か縛帯《ばくたい》が、ペネトレイターの座席にひっかかったのだろう。ヘリコプターが加速したら、パラシュートの傘体《さんたい》がうしろに流れて、尾部ローターにひっかかってしまう。そうなったら、ジョリーグリーンは制御を失ってきりもみに陥る。助けたものと助けられたものだけに特有のテレパシーが、ウィリアムソンとガーランドのあいだに働いたのかもしれないし、もしかすると、そうではなかったのかもしれない。とにかく、ガーランドは即座にそれに気づき、パラシュートをひっぱってはずした。

燃料がとぼしくなったので、ケネディはLサイト《リマ》（訳注　ラオスの代替施設）に向かった。二週間後にも、べつの北ヴェトナムでの救出任務によって、空軍十字章を授与された。ケネディは、空軍十字章を二度受けた最初の士官になった。

銃火のもとでの勇猛な働きもむなしく、アメリカは一九六九年四月には出口戦略へとじりじり進んでいた。一九七三年の完全撤兵まで、月を追ってヴェトナム駐留米軍《MACV》は兵力削減の長い道のりを歩みはじめる。

一九六九年、就任したばかりのリチャード・M・ニクソン大統領は、南ヴェトナム政府が平和条約を調印するまで戦争をつづけることにアメリカ国民の理解を得ようとして、新政策を打ち出す。国民を納得させるためには死傷率を低減しなければならないので、現地の部隊司令官は、任務を南ヴェトナム軍に肩代わりさせるよう命じられた。ヴェトナムでの戦争はヴェトナム人がやる――いわゆる〝ヴェトナム化〟政策である。米軍部隊を徐々に戦闘地域から拡散させても、ヴェトナムの恒久的な分割を受け入れるよう北ヴェトナムに強い圧力をかけつづけることはできる、という観測がなされていた。

一九七〇年四月には、ヴェトナム化がかなり進んでいた。MACVがかつては攻勢をかけていたのに、こうして守勢にまわったために、その方針変更の板ばさみになった地域があった。高地のリップコード火力支援基地（FSB）は、南ヴェトナム北西部の急峻《きゅうしゅん》な山地の頂上にある重要な砲兵陣地だった。道路のない孤絶した地域で、ラオスまで二〇キロメートル弱、土地が狭いので固定翼機用の滑走路は建設できない。往復の手段はヘリコプターしかなかった。リップコードでの戦いは、ヴェトナムで米軍歩兵部隊が参加した最後の大規模戦闘になった。

だが、それはこの年の七月のことで、六月にはまだ重要拠点として、北ヴェトナム軍がアシャウ谷の秘密倉庫から補給物資を輸送するのを阻止するために、パトロールを行ない、前方射撃基地を設置する、テキサス・スター作戦を実行していた。アシャウには鉄道の終点にある巨大な倉庫に似たものがあって、ホーチミン・ルートの主要路を通って運ばれる補給物資を受領して保管していた。米軍部隊は、アシャウそのものを占領確保することはあきらめていた。* だが、アシャウから東の沿岸部の敵軍への補給の流れは、正面攻撃を行なわずに圧迫することができる。とにかく、それが作戦の目的だった。テキサス・スター作戦が軌道に乗れば、ヴェトナム化の方針に則って、第一〇一空挺師団は戦闘を南ヴェトナム軍に任せることになっていた。

そううまくはいかなかった。一九七〇年七月一日の時点で、リップコードFSBの兵力は一個大隊、約二〇〇人だったが、北ヴェトナム軍九個大隊が、米軍パトロールの維持している周辺の野営地も含めて掃滅せよとの命令を実行に移しはじめた。迫撃砲の激しい砲撃によって防御態勢を弱めておいて、夜間に破壊工作兵で攻撃するというのが、北ヴェトナムの計画だった。さらに、付近の山を掘って対空火器陣地を築き、支援のヘリコプターを撃ち落とす。そのあたりの斜面は急なので、米空軍がB-52を使って攻撃部隊を除去するという手は使えない。そして最後に山頂の火力支援基地を撃破する。そうすれば、アシャウ谷を起点とする補給線に対する脅威は取り除かれ、ひいてはアメリカのヴェトナム撤退が早まるかもしれない。一九五四年にディエンビエンフーで仏軍を降伏させた作戦よりは規模が小さいが、ほとんどおなじ手順だった。** それに、リップコードFSBは、ディエンビエンフーよりもさらに孤立していた。

北ヴェトナム軍は、切り立った斜面を掘って丸太で強化した掩蔽壕《えんぺいごう》を築いた。深いトンネルで無数の掩蔽壕を結び、兵士が身をさらけ出さずに最適の射撃位置につけるようにしていた。それでも、掩

＊デラウェア作戦と呼ばれる一九六八年四月のアシャウ攻撃は、一日にヘリコプター一〇機が撃墜され、二三機が損壊するという結果に終わった。

＊＊ディエンビエンフーは、ハノイの二八〇キロメートル西の無名の村で、ラオス国境に近い。一九五三年、フランスは落下傘部隊を派遣してそこを拠点にしようとした。ヴォー・グエン・ザップ将軍は、その基地を叩き潰せば、敵の意志をくじくことになると見抜いた。ザップのヴェトミン軍は、兵力不足の仏軍部隊をいっそう拡散させるための牽制攻撃を各地で行ない、ディエンビエンフーへの補給線を遮断して、モンスーンによって仏軍の航空支援が不可能になるのを待った。そして一九五四年三月、大攻勢をかけ、塹壕やトンネルを掘って防御に穴をあけると、最後には人海攻撃を敢行して、仏軍を投降させた。

蔽壕や細い塹壕をロケット弾やミニガン（六連装回転式機銃）で狙い撃てる攻撃ヘリコプターに対しては脆弱《ぜいじゃく》だったが、対空火器をたくみに配置してあったし、雲が低く垂れ込めていることが多いので、その脅威はかなり可能性が低かった。

戦闘が開始されたのは、七月一日だった。リップコードFSBの米軍部隊は、二週間持ちこたえたが、しだいに疲弊していった。七月一八日、とんでもない災禍《さいか》によって転機が訪れた。弾薬集積所上空をホバリングしていたCH－47チヌーク輸送ヘリコプターを、谷の向かいの北ヴェトナム軍が、機関銃で撃墜したのだ。チヌークは、吊り下ろしていた弾薬の真上に墜落して、火災を起こし、集積所の弾薬がすべて誘爆して、雷鳴のような音とともに炸裂した。燃料と空気がまじって、すさまじい火の玉がひろがり、煙が立ち昇った。この大混乱は八時間つづいた。米軍部隊は、表からは北ヴェトナム軍の銃火を浴び、内側からは火災に攻め立てられた。自分たちのクラスター爆弾、焼夷弾、擲弾、砲弾、催涙ガスによって苦しめられた。この事故によって、一〇五ミリ榴弾砲一個砲兵中隊が壊滅した。

七月二二日に指示が下った。師団司令部は、ヘリコプター数十機で兵員と装備を運び出し、基地を引き払うことを決定した。近くのキャンプ・イーグルで第一〇一空挺師団師団長代行をつとめていたシドニー・ベリー少将は、その朝、夫人宛に書いた手紙で、不安を表わしている。「その山は一二・七ミリ対空機関銃だらけだ。きのうもヘリコプターが二機撃墜された」

北ヴェトナム軍の銃手をおびえさせるために、リップコードFSB周辺を夜間砲撃したあと、CH－47チヌーク一四機が夜明け前に飛び立ち、破壊されなかった榴弾砲の砲身、レーダー、ブルドーザー二台など、軍事的に価値のあるものを、すべて運びはじめた。兵員の撤退は午前八時三〇分に開始された。米軍部隊がすべてが引き揚げることに北ヴェトナムが気づくと、迫撃砲の攻撃が激しくなった。攻撃部隊に、撤退が完了する前に基地を蹂躙《じゅうりん》せよとの命令が下ったためだ。

近くの滝を目印に、指定された接近経路を飛行してきたヒューイ・ヘリコプター部隊が、着陸した。炸裂する迫撃砲弾のあいまで、兵士たちが乗るあいだ、気を揉みながらじっと待った。山頂からの射撃があまりにも激しいので、兵士たちは安全な掩蔽壕や塹壕を出てヒューイに乗り込むのをためらった。だが、そのうちに、事態は好転しないと、肚《はら》をくくった。兵士たちが乗ったとたんに、ヘリコプターは反転し、急降下した。撤退は正午過ぎに終わった。ヘリコプター部隊の損耗は大きかったが、死傷者は驚くほどすくなかった。*


リップコードFSBが壊滅したあとも、一九七五年四月の米大使館撤収に至るまで、米軍のヴェトナム駐留は五年つづいた。その間、ヘリコプターはヴェトナム各地でさまざまな仕事をこなし、飛行隊単位で南ヴェトナム空軍へと移管された。

ヴェトナムで米軍パイロットが活躍した最後の大きな戦いは、一九七二年三月の北ヴェトナム軍の大攻勢にまつわるものだった。このとき、北ヴェトナム正規軍は、ソ連製戦車に鹵獲《ろかく》した米軍戦車も混じえた長大な縦隊で南ヴェトナムに押し寄せた。この復活祭攻勢の一つの目的は、サイゴンの南一〇〇キロメートルに配置された南ヴェトナム軍第五師団の殲滅《せんめつ》だった。戦車部隊はカンボジアから侵入し、アンロクという町を包囲した。数週間たっても救援部隊は包囲を突破できなかった。精鋭部隊ですら、一五キロメートル手前で足踏みしていた。

＊第一五八航空大隊のゴーストライダー中隊が、ヒューイ二〇機で作戦に参加、一一機が大破もしくは損壊した。

ちょうどそのころ、ワシントン州フォート・ルイスで、新兵器である戦車殺しのTOWミサイル*と照準システムの試験が行なわれていた。ただ、近々実戦に使用するという計画はなかった。TOWを搭載する予定のAH－56Aはまだ完成していなかったので、メーカーのヒューズ航空機が所有する旧式のヒューイBに搭載されていた。だが、復活祭攻勢で味方の形勢はかんばしくなかったし、米陸軍は、南に侵攻したソ連製戦車に対する実効性を試す格好の機会だと即座に判断した。だが、開発チームは、実弾射撃試験をまだ行なっていなかった。陸軍は、全パッケージ――民間用ヘリコプター、民間人技術者、民間の機器――をヴェトナムに送って、一週間で実戦に使えるようにしろと命じた。四月二六日には、TOWは戦場に出された。五月二日、コントゥム付近で敵戦車一台を一発で仕留めたのが初の手柄で、おなじ日の午前中に、さらに三台を破壊した。空中発射のTOWミサイルは、ひと月のあいだに敵戦車を二四台破壊した。ヘリコプターから発射される最初の精密誘導ミサイルではなく、フランスのAS－11がそれまでに使用されていたが、それよりもはるかに威力があった。

一九七三年三月のパリ決議調印も、米軍のヘリコプターは二年にわたり活躍した。エンドスウィープ作戦では、米海軍のシースタリオン・ヘリコプターが、一〇カ月前に当の米海軍が敷設したばかりの機雷を北ヴェトナムのハイフォン港から除去する掃海作業を行なった。

米兵の乗ったヘリコプターは、この年もヴェトナムの田園地帯を飛行していたが、武装はしていなかった。米兵の遺体を捜して本土に送り返す作業の一環だった。一九七三年一二月に、新たな事態に対応できていなかったヴェトコンが、そうした捜索ヘリコプター一機を撃ち落とした。

撤退する米軍は精いっぱい善意を示し、パリで和平条約が調印されたにもかかわらず、北ヴェトナムはことあるごとにヴェトナム全土を支配しようとした。だが、挑発すると米軍がふたたび派兵する怖れがあるので、北ヴェトナム軍は一九七一年から七二年にかけての大きな痛手から回復して、戦闘能力が戻るまで、大規模な南進は控えていた。

一九七五年一月、北ヴェトナム軍はいよいよ南ヴェトナムに向けて最後の急襲を開始する。まず、カンボジアとの国境に近い北部のフオクロン省で攻撃が開始された。抵抗が予想よりも軽微だったため、二カ月後には北ヴェトナム軍は、中部の戦略的に重要な都市バンメトゥトに迫っていた。

北ヴェトナム軍三個師団がバンメトゥトになだれ込むと、グエン・ヴァンチュー大統領は、軍司令官たちに中央高地を放棄するよう命じた。東の海に向から七号公路Bは、難民で身動きがとれないほどになった。ほとんどが武器を捨てた南ヴェトナム軍兵士数千人も、おなじ方角へ逃げようとした。国中が混乱に呑み込まれようとしていたので、家族のめんどうを見るべきだと考えたからだ。フエが陥落し、ダナンや、沿岸の各航空基地も陥落した。北ヴェトナム軍三個師団にニャチャンの航空基地を奪われることが確実になると、南ヴェトナム軍第三空挺旅団の将校たちは、空港に向かい、指揮ヘリコプターに乗って、さっさと逃げた。** 結末は見えていた。三月末には、数十万人のヴェトナム人が出国するか、飛行機や船で出国する準備をしていた。

一九七五年四月、サイゴンが陥落し、ヘリコプターを脱出の手段に使う動きが、歴史的ピークを迎えた。積載能力の五倍の人間が乗るヘリコプター八〇機以上が、米軍駐留の最後の二〇時間、思いもよらなかったほど重要な役割を演じた。駐ヴェトナム米大使グレアム・マーチンが、民間人を撤退さ

＊ＴＯＷは発射筒発射・光学追尾・有線誘導 対戦車ミサイルの略。
＊＊南ヴェトナム軍上層部が逃亡の手段にヘリコプターを使うのを批判したくなるところだが、現在ではそれが通常の手順になっている。一九五七年から、米空軍はベル47Ｊヘリコプター二機をアイゼンハワー大統領と家族の専用とした。核攻撃を受けた場合、迅速に避難できるようにするのが、主な目的だった。

せるようにという度重なる助言に耳を貸さなかったのが原因だった。アメリカの決意が揺らいでいると見られればパニックを誘発するという理由で、マーチン大使は、CIAが緊急ヘリパッドを建設して屋上に燃料を備蓄する計画を実施することまで阻止していた。

なんらかの理由で北ヴェトナム軍がサイゴンの手前で進軍をやめ、サイゴンを〝非武装都市〟にしてくれることを、マーチン大使はぎりぎりの瞬間まで期待していた。電撃作戦の勢いで南シナ海沿岸を南下してきた北ヴェトナム軍は、一号公路をサイゴンに向けて迅《はや》く突き進んでいたが、南ヴェトナム軍が隊伍を整えてそれを阻止するとでも思ったのだろうか。いっぽう、南ヴェトナムのグエン・ヴァンチュー大統領も、アメリカがB－52を出動させ、進軍している北ヴェトナム軍を空爆するのではないかと予想していた。しかしながら、サイゴンの忠誠な南ヴェトナム人は護られるだろうというマーチンの願いは、赤誠《せきせい》のつもりが愚昧《ぐまい》であったと判明する。四月二〇日、南ヴェトナム軍の最後の砦ともいうべきスアンロクが陥落した。

ジェラルド・フォード大統領は報道陣に、ヴェトナム戦争の終焉を告げる。B－52爆撃機によって北ヴェトナム軍の進軍を遅らせたところで、大差はなかった。南ヴェトナム軍は崩壊していたし、北ヴェトナム軍兵士数千人がすでにサイゴン周辺に拠点を築き、何カ月も前から郊外に浸透していた。さらに、アメリカ側の当初の脱出計画に必要な交通路も遮断されていた。タンソンニュット航空基地にある黄色いビル、駐在武官事務所に忠誠なヴェトナム人数千人が集合し、できるだけ大きな輸送機で脱出する、というのが本来の計画だった。タンソンニュットは、四月二八日に北ヴェトナム軍のロケット砲兵攻撃に遭い、南ヴェトナム軍のパイロットが敵に寝返っていた。

四月二九日の朝、フォード大統領は、マーチンの優柔不断が引き起こした困難に決着をつけた。アメリカおよびヨーロッパの民間人および海兵隊警備部隊数百人と、出国承認リストに載っている南ヴェトナム人七〇〇〇人に、即時撤退を命じた。これらの人々は、サイゴンから空路で四〇分の海上の米海軍空母へ、ヘリコプターで輸送されることになった。

フリークェント・ウィンド作戦が現在進行中というメッセージは、じっさいには電話で伝えられ、アメリカン・ラジオ・サービス（ARS）が〈ホワイト・クリスマス〉を流したことが暗号の役割を果たしていた。午後には街中が狂乱状態に陥っていた。ジグムント・フロイトがかつていったような、攻撃にさらされている街に特有の〝巨大で不合理な恐怖〟がひろまっていた。

UPI通信のカメラマン、ヒューバート・ヴァン・エスは、アメリカのヴェトナムにおける最後の日々を象徴する写真を撮影している。ビルの屋上のサイコロ形の小さな建物の梯子を昇ろうと、ひとびとが群がっている。そこには軍ではなく民間機の記号を帯びたヒューイがとまっている。ほとんどの新聞が（のちのミュージカル『ミス・サイゴン』でも）、そこをサイゴンの米大使館だと誤解している。

じつはこの写真のビルは、ザーロン通りのピットマン・アパートメントで、サイコロ形の建物は、エレベーターの機械室である。ここはCIAや国際開発庁の雇い人が多く住んでいるアパートメントだった。そこから撤退しようとしているのは、ほとんどが南ヴェトナム政府の役人で、CIA支局長トーマス・ポルガーの連絡を受けて集まってきた。ヘリコプターは、CIAが隠れ蓑に使っていたエア・アメリカの所有機だった。エア・アメリカのヘリコプター合計二八機が、サイゴン周辺のさまざまな臨時ヘリパッドから、避難民を輸送していた。ヒューイは狭い降着地点にも降りられるので、公式にこの任務に割りふられた大型ヘリコプターとはべつに、特定の任務をこなしていた。主力は空軍のヘリコプター一〇機、海兵隊のヘリコプター二個飛行隊だった。

その晩、撤退の中心はエア・アメリカのヘリパッドやタンソンニュットから、米大使館へと舞台を

ボーイング - バートルCH - 46シーナイト

移していた。米大使館は、CIA従業員がすでに退去を終えたピットマン・アパートメントとは、八〇〇メートルほど離れている。米海兵隊と米空軍のパイロットが操縦する最後のヘリコプター便は、米大使館を出発して、第七艦隊の艦艇へ直行した。大きな木が一本切り倒され、大型のシースタリオン・ヘリコプターが、仮設ヘリパッドに指定された塀に囲まれた敷地内の駐車場へ向かった。それよりも小さなシーナイトは、屋根のヘリパッドに降りた。前大使エルズワース・バンカーにちなんで、職員たちはそこをバンカーズ・ヒルと呼んでいた（訳注 米独立戦争の激戦地になぞらえたのであろう）。ヴェトナム人の親が、子供たちを塀のなかにおろしていた。

なにしろたいへんな混乱だったので、リストに名前があろうとなかろうと、暴徒の前に出られれば、だれでもヘリコプターに乗り込めそうだった。身許を確認しているひまはない。北ヴェトナム軍の伍長をグアムに運ぶことになるかもしれないと、警備の兵士たちは冗談をいっていた。午前五時前、ワシントンから命令が届いた。今後は、アメリカ人以外を乗せてはならない。

グレアム・マーチンは、午前五時三〇分まで大使館に残っていた。ヴェトナム人をあと数百人、なんとか避難させられないかと腐心していたのである。フォード大統領の直接命令を受けてあきらめ、たたんだアメリカ国旗を後生大事に持って、出発した。どういうわけか、アメリカ人の最後のひとりが去るということが、表で待っているヴェトナム人のあいだに知られていたらしい。群衆が大挙して塀に押し寄せたので、海兵隊の警備兵は大使館内に撤退し、一階ずつ明け渡しながら、敷地内の最後のヘリパッド――屋上にあがった。それから二時間以上にわたり、最後のヘリコプターは果たして迎えにくるのだろうかと気を揉みながら、鋼鉄のドアを手榴弾、催涙ガス、ライフルの威嚇射撃で防御した。午前八時、サイゴン発の最終ヘリコプターになるシーナイトが到着した。乗り込んだ一一人の海兵隊員は、ヘリコプターがまた来るのを待っているヴェトナム人数百人を見おろした。ヘリコプターはそれきり来なかった。ワシントンDCでは、大統領報道官が、最終ヘリコプターは離陸したと発表した。三時間後、北ヴェトナム軍の戦車が、米大使館のゲートを打ち破った。

海上の第七艦隊の艦艇一五隻でも、いささか異様な光景がくりひろげられていた。米大使館からのヘリコプターの流れに、南ヴェトナム軍のパイロットがそれぞれの意思で飛ばしていた三〇機以上が加わろうとしていた。そのうち七機が、揚陸指揮艦〈ブルーリッジ〉に集まってきた。一機がべつの一機の上に降りて、あやうく海に落ちそうになる。飛行甲板の混雑ははなはだしく、降りられなかったパイロットが着水して助けを求めるという一幕もあった。着艦したヘリコプターから全員が降りると、つぎのヘリコプターに場所を空けるために、乗組員が押して海に落とすということもなされた。

ガスタービン・エンジンを誇るヘリコプターが、錆びて修理もできない自転車か手押し車みたいに南シナ海に落とされるという光景は、この戦争の結末がいかにだらしないものであったかを如実に示している。アメリカがヴェトナムに持ち込んだヘリコプターのうち、五〇〇〇機近くが事故や敵の砲火で墜落した。米軍、南ヴェトナム空軍、民間人合わせてのべ四万人が、ヘリコプターを飛ばした。

そして、パイロット二一九七名、乗員二七一八人が死亡した。しかし、こうした損耗や、本国でさかんに報道された事故にもかかわらず、ヘリコプターは酷使に耐えることを実証した。損耗率は、出撃二〇〇〇回当たり死亡のからむ墜落一度という割合である。

とにかく、ヘリコプター一万二〇〇〇機で戦争に勝つことはできなかった。「われわれはヴェトナムで戦争に負けたわけではない、という話をよく聞いたものだ」ヘンリー・エマソンは、当時をふりかえっていう。「われわれは数多くの戦いに負け、それが糊塗《こと》されたというのが真実だろう。ヴェトナム戦争が終わっても、われわれはそれを長いあいだ忘れることができなかった」

この戦禍から得た教訓のなかに、最初にゲリラ戦に導入されたときに考えられたヘリコプターの役割にまつわるものがある。ヘリコプターは、軍幹部の意識では、前面ではなく裏面に存在すべきではないだろうか。もっと具体的にいえば、軍幹部はまず、敵の領土、産業、文化、歴史、補給線などについて、手にはいる範囲で最善の情報をもとに、計画を立てるべきなのである。重要な地域をいかに奪取し、維持するかを考える。そういう全体像が明らかになってはじめて、他の資産とともにヘリコプターについて考えるべきだろう。ある種の戦闘では、ヘリコプターは慎重に最小限の役割のみを果たす（チェッカーボード作戦が好例）。べつの場合には（ジターバッグ作戦が好例）勝利に不可欠であるかもしれない。いずれにせよ、勝利は空ではなく地上でつかむものだ。

第12章　実社会に復帰する

ヴェトナムでは、撃墜されたり事故で失われたりしたヘリコプターよりも、戦後まで生き延びたヘリコプターのほうが多かった。以前米軍基地のあったカントーにもそういうヒューイが残っていて、ヘリコプターをほとんど使用しなかった勝利者のもとで、他の数百機とおなじように放置されていた。*戦争が終わった翌年、南ヴェトナム軍のパイロットだったホー・カンハイが、妻と四人の子供を乗せて、それを基地から盗んだ。タイに着陸したとき、そのヒューイはまだ米軍の標章を帯びたままだった。

その後数年、ヴェトナムは不必要なヘリコプターとスペアパーツを、世界の武器市場で売りさばいた。たいがいの場合、タイのような第三国を通じて売った。アメリカ政府とアメリカのヘリコプター産業は、それとは逆に、民間市場に軍の放出品のヘリコプターが氾濫するのを避けようとした。それでなくても、中古とはいえ新しい機体がいくらでもあった。一九七〇年から七五年にかけて、商用へ

*北ヴェトナム政府高官は、たまにソ連のパイロットが操縦するヘリコプターに乗ったが、北ヴェトナム軍のヘリコプターは、戦争中ほとんど目撃されていない。

リコプターの販売が三倍にのびたことから、その兆しがあったとわかる。ヴェトナム戦争中ほどにヘリコプターがありあまることは今後もないだろうが、確実にあらたな特定の市場にまでひろがっていた。ヴェトナム戦争直前には、商用ヘリコプターは四〇〇機に満たなかったのだから、たいへんな発展だった。

一九七六年六月、オイルショックから三年めで、原油価格が高騰した新時代にはいっていた時期、サウジアラビア王国にはふんだんに使える何十億ドルものオイルマネーがあった。その金は王家の金庫から世界中の商人へとどんどん流れていったが、商品がいっかな届かない。どういう方向からでもいいから、一四〇〇年の歴史がある古い港ジェッダを一瞥すればすぐにわかる。五〇万トンに及ぶ木箱や袋入りの商品が、二〇平方キロメートルにわたり山積みされ、一部は太陽や時おりの雨にさらされたままになっている。破れた袋から小麦粉が舗装面にこぼれ、雨で溶けて固まり、砂と混じっている。にわか作りの囲いのなかに、立っているのもやっとのやせ細った牛の群れがいる。土埃にまみれた新車が日向《ひなた》の駐車場にびっしりと並んでいる。車内はすさまじい高温にちがいない。「富と汚らしさという、めったにない組み合わせである」と、《ニューヨーク・タイムズ》のエドワード・R・F・シーアンは述べている。

沖の状況はさらにひどかった。一〇〇万トンの積荷を載せた二〇〇隻が投錨している。なかには桟橋に横付けする順番を何カ月も待っている船もいる。埠頭のクレーンを使って積荷をおろす作業員は、イエメン人やエジプト人だった。船主たちがこの港湾危機を我慢しているのは、陸揚げ作業の遅れに対してサウジアラビアが一日数千ドルの〝超過停泊〟違約金を払っているからだ。

この海の交通渋滞に巻き込まれた商品はじつに多種多様で、もっとも高価なものはレントゲン機器やロールスロイスだった。船艙《せんそう》の奥のセメント数十万袋は、陸揚げ作業でもっとも優先順位が低いと見なされていた。しかし、サウジアラビアのビル建設にセメントは不可欠だった。それなのに、セメントを積んだ船は、桟橋から二キロメートルも離れたところにいた。艀《はしけ》を使えば岸近くまで運ぶことはできるが、なにせ積荷をさばく流れが停滞しているので、作業員が艀から揚げることができない。ペンシルヴェニア州パーカシーのカーソン・ヘリコプターを経営するフランク・カーソンは、サウジアラビアに赴いて、解決策を提案した。ケーブルを使ってヘリコプターで重い積荷を吊り上げる作業が、カーソンの専門だった。パイロットたちは〝延縄《ロングライン》〟作業と呼んでいる。省庁まわりを数週間つづけた末に、カーソンは内務省を説得して、ヘリコプター数機とパイロット三〇人でセメントを運べると約束した。使われるヘリコプターは、シコルスキーS‐58Tツインパックだった。星型レシプロ・エンジンを使っていたチョクトーが、ガスタービン・エンジン二基に換装され、生まれ変わった型である。パイロットも整備員も、ラオス、カンボジア、ヴェトナムでCIAの作戦を支援していたエア・アメリカの出身者が多かった。

セメント輸送は、六月に開始された。ヘリコプターはどれも、電動フックを取り付けた長さ三〇メートルの鋼鉄ワイヤを装備していた。九〇秒間隔で、パイロットたちは往復した。セメントの艀の上に飛んでいって、貨物フックを作業員のところへおろす。作業員が、セメント袋二トンを載せた頑丈なネットにフックを固定する。パイロットはネットを吊り下げたまま海上を二キロメートル飛行し、倉庫の前の舗装面にセメントの土煙を捲き上げながら降下し、ネットが着地すると電動フックをひらいてはずす。そしてつぎの積荷を吊り上げに戻る。ヘリコプター四機が、こうして往復しつづけた。ちょっとしたミスがあると全員のペースが狂うので、四時間交替の飛行のあいだパイロットにミスや無駄な動きがないように、会社は厳しく注意した。パイロットたちは、休みなしで五六日飛行し、四週間の休暇をとった。エンジンは酷使され、セメントの粉をたえず吸い込み、高温になるので、整備員はひっきりなしに働いた。毎晩露がおりて、朝になるとヘリコプターの機体は灰色の石膏のような殻に覆われていたので、それを叩いて剝がさなければならなかった。

一度にネットで運べるセメントは二トン、艀と倉庫を毎日一〇〇〇往復して、カーソンのヘリコプターは一年に六六万トンのセメントを運んだ。飛行時間はのべ一万五〇〇〇時間、ヘリコプター三機が墜落したが、死者は出なかった。


一九七〇年代にヴェトナム帰還兵がやったべつの仕事に、イランのイスファハンでの新人パイロット教習があった。イラン国王レザー・パフラヴィー（パーレビ）が、オイルダラー数百万ドルをヘリコプターに注ぎ込んだため、ベル・ヘリコプター・インターナショナルとしては、パイロットを養成する必要があった。イランのヘリコプター部隊には、一九七五年から購入開始されたAH‐1Jシーコブラ二〇〇機があった。ベルの訓練プログラムは一九七九年のイスラム革命によって突然終わったが、そのときはもう、イランは高性能の攻撃ヘリと優秀なパイロットに加え、豊富な弾薬や爆装を手に入れていた。

イラクの指導者サダム・フセインは、イラン革命の混乱に目をつけて、一九八〇年、国境沿いの重要な地域を奪取すべく侵攻を開始した。イランは注意がおろそかになっていて、分裂し、反撃できないと踏んだのだ。九月二二日、イラク空軍がイラン空軍基地九カ所を空爆して、戦端がひらかれた。二週間とたたないうちに、イラク軍はフージスターンの一部とシャッタルアラブ川を占領した。いずれもイラクの侵攻の主要目標だった。九月末、軍事評論家たちは、TOW対戦車ミサイルを搭載しているものもあるシーコブラをなぜイランが出動させないのだろうと不思議がった。

それまでシーコブラが登場しなかったのは、固定翼機やヘリコプターのパイロット数百人が、一九八〇年七月のイラン軍パイロットによるクーデターのために投獄されていたからだ。イランの新政権は、西側の訓練を受けた飛行士たちは穢《けが》れていると見なしていた。だが、いまやイラク軍六個師団が、イランの重要地域を目指して進軍していた。そこには、テヘランへ送られる石油・天然ガスのパイプライン二本がある。一〇月四日、イラク軍機甲師団がデズフル航空基地に接近した日に、バニサドル大統領は、獄中のパイロットたちを釈放するよう命じた。シーコブラがさっそく戦闘に参加し、イラク軍はデズフル奪取に失敗した。

イラン－イラク戦争中、イラン軍は、イラク軍戦車に対してたびたびシーコブラを使用し、ときにはイラク軍ヘリコプターと空中戦を行なった。その代償は半数の損耗だった。あるときなどは、イラン軍のシーコブラ一機がイラク軍機甲旅団を押しとどめたことがあった。その後、イラク軍機甲部隊の戦車兵が一二・七ミリ機関銃の扱いに慣れると、シーコブラの損耗率は上昇した。アフガニスタンでも、このソ連製のDShK重機関銃は、ラバや馬の背に載せて運ばれて、ソ連軍の輸送ヘリコプターや攻撃ヘリコプターに対して威力を発揮した。*

イラン－イラク戦争が中盤に差しかかったころ、カラコルム山脈でまったくべつの形のヘリコプターを中心とする紛争が起ころうとしていた。一九八四年にはじまったこの戦いは、史上もっとも高い

＊一九八六年後半にCIAがムジャーヒディーン（イスラム聖戦士）に供給した、歩兵携行式のスティンガー地対空ミサイルについては、大いに喧伝《けんでん》されているが、ソ連空軍のヘリコプター損耗はスティンガーが導入される二年前から急増している。主として、一二・七ミリ重機関銃や一四・五ミリ高射機関銃を使う待ち伏せ攻撃によるものだった。

標高での戦争だった。
この争いは、一九四九年に端を発している。昔カシミール王国があった地域を通過するインドとパキスタンの国境について、両国が合意しなかったためである。爾来《じらい》、国境問題はずっと机上《きじょう》の問題にとどまっていたのだが、一九七七年、インドが領有を主張している高山の登山許可証を、パキスタンが各国の登山隊に発行していることに、あるインド陸軍将校が気がついた。シアチェン氷河と三つの峠の支配をめぐる競争がはじまった。(註1)
クラウド・メッセンジャー作戦と呼ばれる秘密任務で、インド陸軍はヘリコプターを使い、一九八四年四月、その高山地帯に先に到達した。氷河の西端を扼《やく》すサルトロ・カンリ山の標高六七〇〇メートルの尾根に、インド軍はグラスファイバーのイグルーを設営した。戦闘はほとんどが野砲と迫撃砲で行なわれ、天候がよく目標が見えるときにはいつも交戦した。インド軍のMi－8ヘリコプターが、標高五二〇〇メートルに野砲を運び、あとの装備は歩兵が苦労しながら一度に数メートルずつ運び上げた。標高の低いところに陣取っていたパキスタン軍は、トラックや荷駄に頼ることができたが、インド軍は補給線の最後の部分では、ヘリコプターのみに依存していた。高山で衰弱した兵士を後送するのにも、ヘリコプターを使った。アエロシパシアル・ラマと、それをインドがライセンス生産したチーターが、この戦場での主役だった。インドとパキスタンは、二〇年近くそこで睨み合いをつづけ、敵を砲撃でき、敵に砲撃されない陣地を求めて、たがいに相手の裏をかこうと交差躍進をくりひろげた。ひとつの解決策は、高高度ヘリコプター強襲だった。一九八九年四月、インド軍前哨に奇襲をかけるために、ラマ一機がパキスタン軍を一個分隊ずつ輸送し、標高六七五四メートルのチュミク山の鞍部《あんぶ》に降下させた。このシアチェン紛争は、停戦合意によって二〇〇三年に終了した。
アメリカに目を戻すと、山地に分け入るために、ヘリコプター数百機が動員されていた。ゴールドラッシュにも匹敵する、地を揺るがす好景気が原因だった。

最初の地響きは一九七四年に沸き起こった。ユタ州北西部での試掘により、ロッキー山脈の押しかぶせ断層（訳注　いわゆる逆断層のうち、断層面の傾きが水平に近いもの）帯に石油と天然ガスが埋蔵されていることが確認された。この断層帯は、カナダ南部からメキシコ北部に及んでいる。そこの埋蔵量は膨大で、開発すればアメリカの石油備蓄を五割増にできると地質学者は考えていたが、その後何年も、ロッキー山脈付近での掘削はほとんど行なわれなかった。従来の石油探鉱技術は、大がかりな音響機器を必要とする。それを運ぶトラックが、山脈の奥深くまではいり込むことができない。

試掘業者にとっては、それがジレンマになっていた。押しかぶせ断層は、古代の造山運動によって屈曲し、褶曲《しゅうきょく》しているので、地質学者は石油や天然ガスが溜まっている場所を正確に推測できない。したがって、掘削装置を山中に輸送する膨大な経費の支出に踏み切ることができるような裏づけが得られなかった。やがて、一九七九年のイラン革命で、原油価格が歴史的な高騰を示した。そのころにはコンピュータが進化し、石油探鉱機器も軽量化されて、地質学者が数千メートルの地中を覗き見ることができるようになっていた。それに、石油探しの連中を運ぶヘリコプターもふんだんにある。

ヘリコプターの活動の大部分は、大衆の目や耳の届かないところで行なわれていたが、一九八〇年にワイオミング州西部のスター・ヴァレーのような場所でのやかましい騒ぎは、当然ながら注目を集めた。アフトンの〈コーラル・モーテル〉に夜遅く着いた客は、丸太小屋の裏にヘリコプター六機が毎夜とまっているのに気づかなかったかもしれないが、朝になればいやおうなしに爆音を聞かされる。

「モーテルの主人が、そこに置いてほしいというんだ」ヘリコプター整備士のランドール・ソーワは、そのときのことを語った。「ヘリコプターは毎朝午前七時にいっせいにエンジンをかけて離陸するからね。宿泊客はみんな目を覚ます。おかげで清掃作業が早くはじめられるというわけだ」けたたましい爆音をたてるヘリコプターその他は、町の南の仮設ヘリパッド、ポーカー・フラット・メドウに集合する。パイロットは、探鉱作業員、装備、爆発物を載せて、毎日山とそこを往復する。日があるうちは、ひっきりなしに作業がつづけられる。大きな工具箱とスペアパーツを用意したタンクローリーのそばに整備工が立っている。コンチネンタル・ヘリコプターのパイロットだったケン・ジョンソンによれば、一度に二〇機か、多いときには三〇機が、「ポーカー国際空港を使っていた」という。一九八一年当時、ロッキー山脈押しかぶせ断層帯で働いていたヘリコプターには、卵形のキャノピイのヒューズ500、フランス製の力持ちラマ、ドイツ製のベルコウ、ツインエンジンのベル212、ベル・ロングレンジャー、州兵や警察が放出したヴェトナム時代の古びたヒューイなどがあった。

ヘリコプターが合法的に飛行できる天候や、ときにはそうでない天候のもとで、こうした〝地響き〟作業員たちは、アメリカ版の秘境シャングリラ山中へと飛び、長大な電子機器を敷設し、データ記録装置と接続する。そして、近くに仕掛けた少量の爆薬で、小さな地震のような衝撃波を発生させる。地中聴検器が、衝撃波の反射を捉える。コンピュータ処理の助けを借りて、ようやく地中深くの累層が判明する。ソナーによって潜水艦の所在が突き止められるように。

こうして文章で書くと、じっさいよりも簡単な作業のように思えてしまう。重いケーブルや一連の地中聴検器は、長さが一〇キロメートルにおよぶ。斜面や山頂に降りた作業員は、四〇キロの重さの巻いたケーブルを引いて、谷を渡り、崖を登り、服をずたずたに切り裂く茨《いばら》の藪にはいる。六〇度の傾斜の滑りやすい岩場を下る。町での生活も地味だ。テントやピックアップや古ぼけたモーテルに寝泊りする。アリゾナ州カサ・グランデのある熟練ヘリコプター乗員は、古いガソリンスタンドの裏でラマを修理した。ブルーカラーの仕事そのもののようだが、こうした作業を依頼する企業には莫大な額の請求書がまわってくる。ヘリコプター一機が稼動しているときの経費は、一時間一〇〇〇ドルないし三〇〇〇ドルだった。一定の長さのケーブルと地中聴検器を一式敷設すると、石油会社のコストは一〇〇万ドルに及ぶ。

とはいえ、山中に作業員（地中聴検器［ジオフォン］を敷設することから、ジャギーと呼ばれる）とかさばる装備を輸送して配置につけることができるのは、優秀なパイロットの操縦するヘリコプターしかなかった。ジャギーや測量士がキャビンに乗り、装備類やダイナマイトは、ほとんど鋼鉄の〝ロングライン〟に吊り下げて運んだ。人工地震を起こしているあいだにヘリコプターが墜落した事故はほとんど、このロングラインの扱いをパイロットが誤ったことが原因だった。夏の暑さ、標高の高さ、重い積載物、山の乱気流があいまって、パイロットが慣れるまでは、毎度のように命を落としかねないような飛行がつづくのがつねだった。

「最初の仕事のことは忘れられない」一九八〇年にコンチネンタル・ヘリコプターでベル・ジェットレンジャーを飛ばすようになったケン・ジョンソンはいう。「最初の二〇日間、人工地震の作業をつづけたあとは、気を静めるのに何日もかかった。それから、仕事に戻る三日四日前になると、また神経がぴりぴりしはじめる」

「軍のパイロットだった連中はたいがい、任務中の経験や山岳訓練はまったく役に立たないと気づくんだ。夜明けから日没まで単発ヘリコプターを飛ばし、力を貸してくれる乗員はいない。タンクローリーのそばに降りるときを除けば、二度とおなじ着陸地点には降りない」ピート・ギリーズはいう。ギリーズは、石油炭鉱ブームのころにウェスタン・ヘリコプターの管理職パイロットで、いまはカリフォルニア州リアルトでパイロット主任と上級の教官をつとめている。* 「すぐさま技倆が身についたものだ」

ケン・ジョンソンは、ヴェトナム戦争直後、訓練と陸軍パイロットとしての飛行時間一四〇〇時間で、この仕事をはじめた。ヘリコプター・パイロットとしてかなり経験が豊富だといえるし、ワシントン州での山岳救難もそこに含まれていたが、そんなものはウォームアップ程度にしか役立たないとわかった。「山岳飛行について陸軍が教えていることは、一般社会で必要なこととはまったくちがう。陸軍の場合は、いろいろな安全策が組み込まれている。最大積載量に達することはぜったいにない——ヘリコプターをほんとうにめいっぱい働かせてはいない。民間の仕事をするには、一から学ばないとだめだ。ボスも現場の人間も、パイロットよりずっとヘリコプターのことを知っているから」と、ジョンソンはいう。「だから要求も多い。こんなふうにずっとぎりぎりで生きつづけるような仕事は、自分に向いているだろうかと悩んだ」

ヘリコプターの残骸は山のように積みあがる。スター・ヴァレーでは、全盛期には平均して一週間に一機が墜落していた、と整備員のランドール・ソーワはいう。だが、リスクは大きいが余禄もあった。朝、仕事に出かけるときに、灼けるような陽光が霧を貫き、深い谷に差し込むのを眺めていると、気持ちが高揚した。樹木のない台地や砂漠の谷を抜けるとき、熟練パイロットは地面すれすれを時速一五〇キロメートル以上で飛ぶ。高度を得るために必要な時間と燃料を節約するためだった。

一九八四年になると、原油価格が下降し、人工地震探査もほぼ終了していた。押しかぶせ断層帯でのヘリ・ブームは去ったが、パイロットの仕事は、急激に成長していた他の分野——緊急医療輸送でもかなり拡大していた。一般市民の怪我《けが》人や病人をヘリコプターで運ぶことは、ヴェトナム戦争のはるか前から行なわれていた(註2)が、パイロットとヘリコプターが増加したことによって、使われる度合いが急に増えた。メリーランド州は、一九六九年に全州民をヘリコプターで輸送するための州の助成制度を開始し、州警察とメリーランド大学がベル・ジェットレンジャーを運用してそれを実施した。** 全州民が自動車登録の際に追加税を払ってコストを分担しているので、メリーランド州では医療費にヘリコプター輸送料金は加算されない。熟練パイロットが休職し、陸軍が余剰品のヘリコプターを州や地方自治体に、ときには一〇〇ドルという安値で放出していたので、こうした制度は急速にひろまった。

よくある自動車事故の負傷者を運ぶ仕事はいくらでもあったが、医療ヘリコプターがことに威力を発揮したのは、病院や道路から遠くはなれたところの重傷者を救うときだった。乗客二七八人が乗ったアムトラックの列車〈モントリオーラー〉が、一九八四年七月七日の早朝に脱線事故を起こした。現場はヴァーモント州バーリントンから一五キロメートルほど離れた低山地帯だった。暴風によって上流のビーヴァーのダムに溜まった水が鉄砲水と化し、それが流れ込んだ線路の路盤が水を大量に含んで軟弱になったことが原因だった。機関車二両と客車二両が時速九五キロメートルで通過した振動で路盤が液状化して崩れ、レールを支えるものがなくなった。寝台車一両が谷底に墜落し、その上に普通客車二両が落ちて激突した。その後何時間も、それらの残骸に降りてゆくには山道を下るしかなく、ブルドーザーが森を切り拓《ひら》いて道をこしらえるという救助作業が行なえなかった。そこで、ヘリコプター四機が乗客乗員のうちもっとも重傷者の五〇人を、近くの病院まで運んだ。

〈モントリオーラー〉の事故から四年たつと、全米で一五〇の救急ヘリコプター態勢が稼動していた。ほとんどが単発ヘリコプターとヴェトナム戦争時代のパイロットに頼っていた。コストは高く、カリフォルニアの場合、一回の出動が平均二〇〇〇ドルだったが、病院側は、高い入院率を維持する手段

＊ギリーズの特技のひとつは、きわめて困難な状況でも安全に着陸できるように、現実に即したエンジン停止緊急事態の対処を教えることである。

＊＊メリーランド州警察の空の救急車第一世代の一部は放出されて、その後、押しかぶせ断層帯に再登場した。

と考えていた。ヘリコプターには、病院の標章が記されていた。ある統計が、その利点を強調している。ヘリコプターによって運ばれた患者上位一〇〇〇人の死亡率が、半分に減ったのだ。

だが、統計はそれとはべつのことを示していた。五六件という事故急増により、国家運輸安全委員会（NTSB）が一九八八年に調査を開始した。航空救急パイロットは、過労状態のまま、困難な仕事に押しつぶされそうになっていた。無線周波数三つを送受信し、慣れていない地形を夜間飛行し、支援なしで着陸する。それに、自動車事故その他の緊急事態が起きるのは、悪天候の場合が多い。航空救難パイロットを教育し、任務を行なう前に、警察か消防が着陸地点を確保するという対策が講じられた。視程が悪いときには、パイロットは飛行を拒否するようになった。白馬の騎士症候群を避けるために、通信指令員は患者についての情報をパイロットにあまり詳しく伝えないようにした。ことに子供が怪我をしているようなとき、パイロットは理性を失って危険を冒す傾向があるからだ。一九八五年からミネアポリスで医療ヘリコプターのパイロットをつとめているロバート・スタインブランによれば、そういうパイロットは「自分たちが戦場にいるわけではなく、陸路で救急車を派遣できることを失念しがちだ」という。

その手の危険なふるまいには、必要な航行機器がないのに荒天をついて飛行するとか、木立や電線のあるところに夜間着陸するといったことがある。スタインブランは、警察か消防が安全を確保して、着陸する場所に目印を設置しないかぎり、自動車事故の現場への夜間着陸はやらない。医療ヘリコプターの仕事は、患者の救出ではなく病院への搬送だと考えているからだ。「ヘリコプターはチェーンソーとおなじだ——正しい使いかたをすれば役に立つが、そうでなかったら非常に危険だ」

このころになると、ニューヨークの消防も、高層ビル火災の際にヘリコプターを屋上に着陸させることについて、似たような疑問を抱くようになっていた。ニューヨーク消防局長ジョン・T・オヘイガンは、一九九七年の著書『高層建築――その火炎と人命救助』で、高層ビル火災の際にヘリコプターで屋上から避難者を救出することに反対している。九九パーセントまで、ビル内の人間はその場にとどまるか、あるいは（指示があった場合には）階段で道路に出るほうが賢明だ、とオヘイガンは述べている。南米でその種の緊急事態が三度起きているが、それに関するオヘイガンの解釈によってたくみに作られた意見といえよう。翌年のニューヨーク消防局の方針に、オヘイガンの著作は大きな影響をあたえた。(註3) だが、警察のほうは、ヘリコプターが役に立つという確信を持ちつづけた。一九九三年、テロ攻撃を受けた世界貿易センタービルの屋上からニューヨーク市警のヘリコプターが数十人の市民を救出した際に、警察と消防の意見の差異が公《おおやけ》になった。このヘリコプター使用を、消防は不必要だし危険だと批判した。この対立が生じたのは、ニューヨークでは警察がヘリコプターを運用し、消防局が運用していないからでもあった。それに、警察は救難活動で異例の幅広い役割を果たしており、それが消防士たちの神経を逆なでしていた。* 高層ビルの緊急事態にヘリコプターが果たす役割についてのこの論争は、二〇〇一年の9・11同時多発テロ後にも再燃する。

一九六三年以降、救難ヘリコプターは二十数件の高層ビル救助活動に従事している。どの救出も類を見ないもので、困難な状況のもとで行なわれている。狙いどおりに成功したものばかりではないが、

*他の大都市では、消防局がヘリコプターを運用して、警察と資源を共有し、さしたる敵意は見られない。ニューヨーク独特のこの状況は、曲乗り飛行の事故急増を受けてニューヨーク市警が航空部隊を編成し、無謀なパイロットを取り締まった一九二〇年代に遡る。航空局も酒密売業者の追跡と海上救難を行なっていた。この活動が、火災以外の高層ビル緊急事態での困難な救出作業に取り組んでいたニューヨーク市警の政策とうまく溶け込んだ。その結果、ニューヨークでは警察が緊急ヘリコプターの活動を独占するようになった。

ビルの高みからヘリコプターが救出したひとびとの数は一二〇〇人にのぼる。

最初のころの高層ビル大火災で名高いのは、一九七二年と一九七四年にブラジルのサンパウロで起きたものだろう。一九七二年の現場は、オフィスや百貨店のはいっている高さ一〇〇メートルのコンクリート建築、アンドラウス・ビルだった。四階に貯蔵されていた可燃物から出火し、外壁を伝い上る炎が窓ごしに送り込む熱気で、内装が燃えあがった。通りが野次馬で埋まって、消防車の到着を妨げた。火災がもっとも激しくなったときには、炎は一一〇メートル上に達し、油田火災のような勢いで燃えた。ビル内にいた人間のうち三〇〇人が、階段で屋上のヘリポートに逃れた（サンパウロ初のヘリポートだった）。そのあとで、鋼鉄の防火扉が閉ざされた。*だが、階段にはまだ二〇〇人がいて、動きがとれなくなった。下にいるものは、登ろうとして、必死になって押した。

消防士の乗るヘリコプターが接近したが、屋上の群衆が突進してきたので、機体を傾けて遠ざかった。だが、ふたたび接近し、群衆の手が届かない高さでホバリングして、消防士をおろした。消防士が、すばやく群衆を落ち着かせた。それでヘリコプターは無事に降りられるようになった。この日、ヘリコプターが果たした最大の貢献は、ひとびとを運んで避難させたことではなく、消防士を降ろし、防火扉を開放したことだった。それによって、階段に残っていたひとびとが圧死したり窒息死したりするのを防ぐことができた。それでも、救助されたときには、階段にいた数人が骨折し、あるいは煙を吸って意識を失っていた。死者は結局一六人だったが、防火扉が閉まったままだったら、さらにおおぜいが死んでいたはずだ。

二年後の一九七四年、サンパウロはふたたび高層ビル火災に見舞われる。今度の現場はジェラルマ・ビルで、やはりヘリコプターが急行した。だが、屋上が狭くてヘリコプターが降りられず、煙が激しかったために、救助が行なわれる前に九〇人が死亡した。後日、何人かの生存者は、二年前のアンドラウス・ビルでは屋上でヘリコプターが救出を行なったので、それが頭に残っていて、下に降りないで屋上に出た、と調査官に語った。屋上から助け出されるものと思ったからだ、と。オヘイガンの懸念は、ここに端を発している。ヘリコプターで救出されるという考えは、被災者を助けるどころか、あやまった方向へ向かわせてしまうというのだ。

オヘイガンの著作が世に出たあとも、高層ビル緊急事態はくりかえされ、そのたびに救助に関するあらたな教訓が生まれた。一九八〇年に起きたラスヴェガスの二六階建てMGMグランドホテルでの火災は、史上最大数のヘリコプターが集合した緊急事態である。警察のヘリが最初に煙を発見し、無線で警報を発した。公的機関と民間のヘリコプター三〇機が動員され、屋上から三〇〇人を救出した。たまたま空軍の救難ヘリコプターと乗員たちが、近くのネリス空軍基地で演習のために待機していた。いまにも屋上に火がまわりそうなのを見てとったパイロットたちは、楕円周回軌道を設定し、東から接近し、ホテルの客を屋上で拾うと西に飛んで、駐車場に降ろす、という手順を決めた。ずっと下の階のバルコニーで助けを求めている客もいて、ヘリコプターでの救出は無理かと思われたが、〝ジャングル・ペネトレイター〟に乗った航空機関士がバルコニーの客にロープを投げ渡して、救出しづらい場所での作業がつづけられた。客がロープをたぐって、バルコニーにペネトレイターを引き寄せ、ひとりずつ航空機関士の横に乗った。救出活動に志願したパイロットのなかには、当時、〈サーカス・サーカス・カジノ〉の副社長で、ヘリコプター・チャーター会社の経営者だったメル・ラーソンがいた。

＊ひとが増えて狭い屋上がいっぱいになり、ヘリコプターで助け出してもらえなくなるのを怖れて、だれかが閉めたものと思われる。

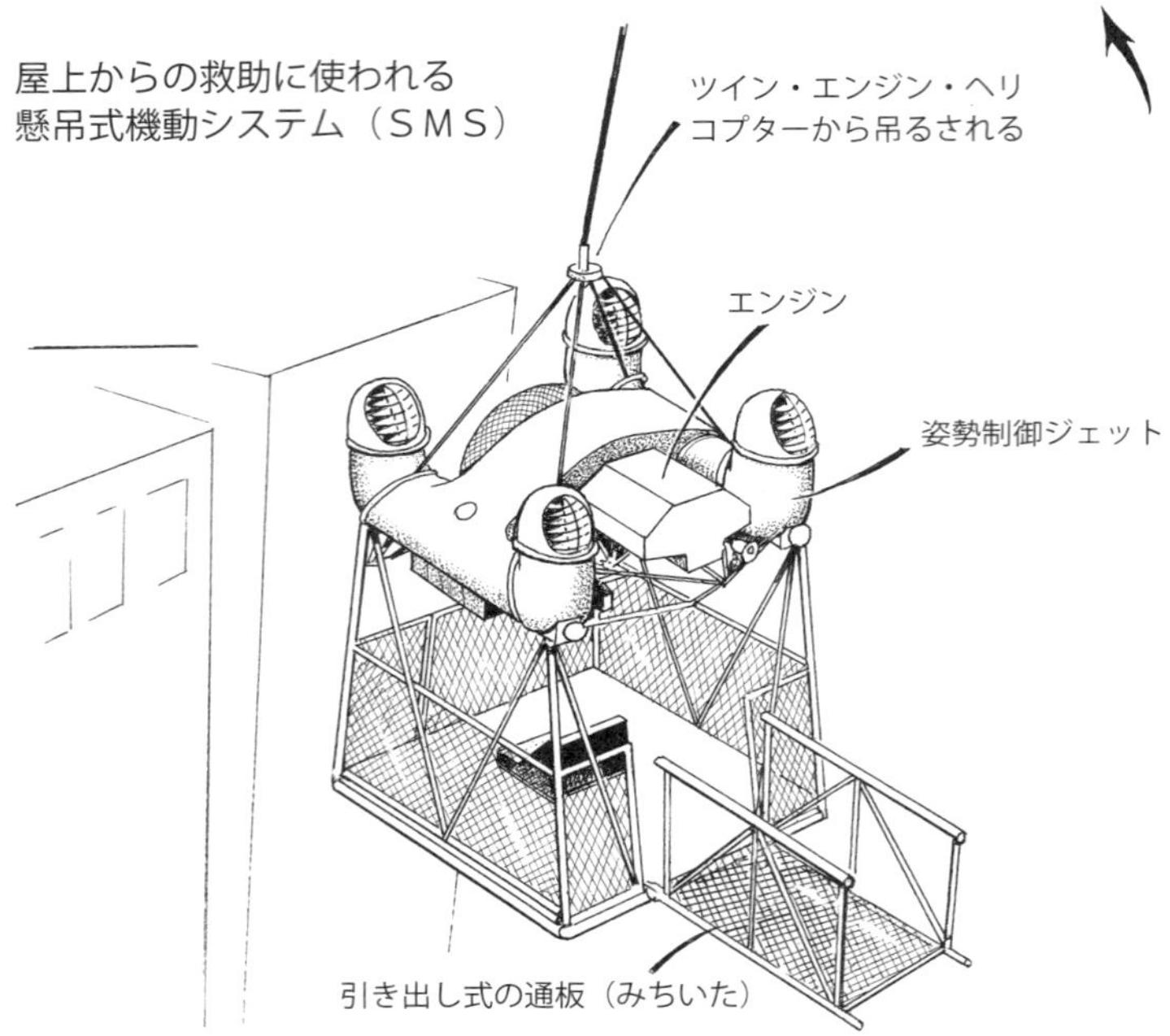

「無秩序状態だった」屋上を最初に見たときのことを、ラーソンはそう説明する。離陸するヘリコプターの着陸用橇《ランディング・スキッド》を、みんながつかもうとしていた。「パニックを起こしていた。警察に規制してもらわなければならなかった」警官が銃を抜いて、本気であるのを示さなければならない場面もあった。ＭＧＭグランドホテルでは八四人が死んだが、屋上では死者は出なかった。*

　混乱した被災者や屋上の視界を妨げる煙への対策として、当時の消防関係者は、救難ヘリコプターをあまり近づかせずに上空にとどめるという手段をとった。火災に近づくと、方向感覚が狂い、熱による損壊(註4)やエンジン停止(註5)の危険性がある。一九七六年、二十数カ所の消防機関の長《ちょう》が、マクダネル・ダグラス社に書簡を出して、この問題を詳しく説明している。それに対して、マクダネル・ダグラス社は、ヘリコプターに設置する懸吊《けんちょう》式機動システム（SMS）という案を出した。SMSはいってみれば強化した一六人乗りのバスケットで、長さ一五〇メートルのケーブルを使い、大型ヘリコプターから吊り下げる。エンジン一基を搭載し、バスケットを移動させるためのスラスター（姿勢制御ジェット）を備えているので、高い建物や洪水の上で自由に動ける。

SMSは一九七八年には実用化されたが、当初の熱意とは裏腹に、消防関係者はこの案を捨てた。配備したのはロサンジェルス消防局だけで、それも運用はたった一年で終わった。もっとも大きな障害は、装置そのものとは関係なかった。SMSは実験でもきちんと機能した。ただ、めったに使わない装置のために、大がかりな後方支援が要求されることが難点だった。SMSを使うには、消防署はシコルスキーH-60ブラックホーク級の大型ツイン・エンジン・ヘリコプターを待機させておかなければならない。一六人を載せたSMSを吊り下げて飛ぶには、それだけの積載量と高度の信頼性が必要とされる。「みんなは、こういうものがあればよいと思うはずだ」ニューヨーク消防局の広報担当は、一九七九年に《ポピュラー・メカニックス》誌に語っている。「しかし、いまのところ予算がない」また、高層ビル火災がめったにないことも、SMS配備には不利に働いた。一九七〇年代の大火災の被害が大きかったことによって、大都市の新築高層建築にはスプリンクラーを設置することが義務づけられ、ビル火災は急減した。スプリンクラーその他の火災対策がじゅうぶんに機能して、早期の火災の発見や鎮火に役立ったので、一九八〇年にSMSを導入した消防機関の責任者がいたとして

＊ラーソンの勧めで、〈サーカス・サーカス〉はその後、高層ビル火災で救助が必要になった場合に備え、屋上に避難用器具を保管するようになった。

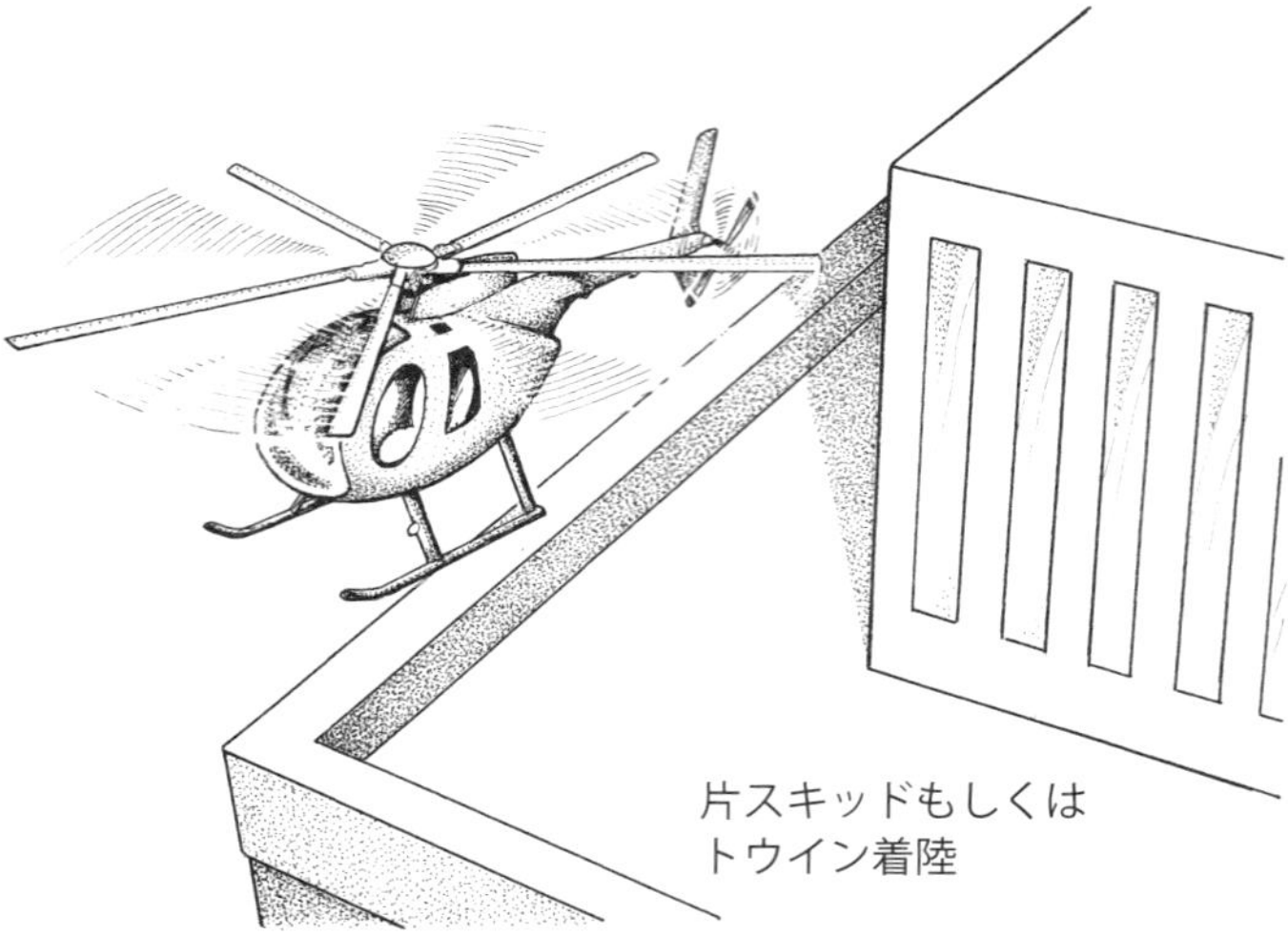

も、高層ビル火災でＳＭＳ班が出動するのを一度も見ないうちに引退していたかもしれない。*

しかし、ほとんどの高層ビルの屋上はヘリコプターの緊急着陸には適していない。ＳＭＳを迅速に使用できないとなると、消防機関はその対策に頭を悩ますことになる。屋上には、冷暖房の室外機、あらゆる種類のアンテナ、水槽、エレベーターの機械室がある。そういったものすべてが、着陸するヘリコプターに危険をもたらす。一九八七年、プエルトリコのサンファンにある二二階建てのデュポン・ホテルで起きた火災のとき、志願して救出にあたったパイロットのパット・ウォルターは、屋上で動きのとれなくなったひとびとに近づくのに、片方の着陸用橇《ランディング・スキッド》だけを欄干《らんかん》に載せるという技を使わなければならなかった（パイロットたちは、これをトウイン、もしくは片スキッド着陸と呼んでいる。ヘリコプターの重量の半分をそこが支え、あとはブレードが支える）。サンディエゴとロサンジェルスの二都市は、はしご車が届かない高さの新築ビルすべてに屋上に緊急用ヘリパッドを設置することを義務づけた。この緊急用ヘリパット設置によって、ヘリコプトリアンは、屋根がヘリコプター交通に使われる日も近いと思うかもしれないが、緊急用ヘリパッドがあったからといって、アメリカの国中でヘリコプターが通勤に使われるようになるわけではない。ニューヨークのパンナム・ビルのてっぺんで起きた一連の出来事が、そういう流れを衰退させてしまったからだ。

一九二六年、トーマス・エジソンは、航空問題についてのあるインタビューで、ヘリコプターと都市という問題について、いささか楽観的な意見を述べている。「べつだん想像力が豊かでなくても、ヘリコプターが実用化されれば、アメリカの都会にある大きなビルの屋上は、そういう情勢にとってきわめて重要な部分になるだろう」と、エジソンは告げた。「そうなると、まったく新しい惨事も増える。それをいま予言するのは無意味だろうが、そのときになればはっきりとわかる。だからといって、この空の交通機械をわれわれが捨てるということはありえない」

三〇年後、ホレース・ブロックという企業家が、高層ビルの屋上を使うという案に疑問を呈した。一九五三年七月、一九五〇年にヨーロッパで開始されたヘリコプター短距離便の営業に負けまいと、**小規模な短距離路線航空会社ニューヨーク・エアウェイズが、マンハッタンの港湾地帯にあるヘリポートを発着するヘリコプター定期便を開業した。ブロックは同社の経営幹部だった。一九五五年、ブ

＊ＳＭＳを装備したツイン・エンジン・ヘリコプターを迅速に運用できたら、9・11同時多発テロの際に、世界貿易センタービルの高い階のオフィスに閉じ込められた社員を救うことができたかもしれない。ＳＭＳはそういう状況で使われるように設計されている。ビルのなかにいる人間は風上側のガラスの割れた窓に近づいて、短い通板を渡り、バスケットに乗る。

＊＊ヨーロッパ・エアウェイズが、世界初のヘリコプター航空路線を設置した。イギリス国内での営業だった。

ロックは航空宇宙業界に対して、ビルの屋上に通勤用ヘリポートを設けるという発想は魅力的だが、成功の見込みはないと述べた。ヘリポートは高ければ高いほど、雲の層に向かって突き出すことになり、視程が悪化して、運用は制限される。エレベーターを使わないといけないので、人間も荷物も移動に時間がかかり、燃料をビル内に備蓄すれば火災の懸念が高まる。とはいえ、ニューヨークには屋上ヘリポートが存在していたし、*ブロックが警告した直後に、摩天楼をヘリコプターが飛びまわる雄大な構想が実現しはじめた。

のちのパンナム・ビルの敷地は、当初、グランド・セントラル駅の建て替え部分まで含めて、八〇階建ての高層ビルを建てる計画だった。一九五八年に計画が縮小され、駅はそのまま残し、その裏手を敷地にすることになった。一九六三年に五八階建てで完成すると、パーク街からの眺めが悪くなったし、細長い箱の隅を斜めに削ったようなデザインを建築評論家は酷評した。しかし、床面積二二万三〇〇〇平米のパンナム・ビルは、当時は世界最大のオフィス・ビルだった。

このビルには、ほかにもきわだった特徴があった。一九六〇年九月、ニューヨーク・エアウェイズの社長が、パンナム・ビル建設計画の通知を見て、パンアメリカン・ワールド航空のファン・T・トリップ会長に手紙を書き、ヘリポートを設置してもらって賃借契約を結びたいと申し出て、ヘリポートは「近隣にとって計り知れない価値を持つ可能性がある」と力説した。そのビジネスチャンスは見過ごすべきではないと、パンナムも同意し、認可を得る動きを開始した。四年後に計画がほぼ整ったころに、ニューヨーク市警航空隊のウィリアム・マッカーシー司令が、マル秘扱いの内部報告書で、都市計画法変更を市は見送るべきであると進言した。退官直前だったマッカーシーは、東と西の一・五キロ程度のところにヘリポートがあるのだから、パンナム・ビルのヘリポートをニューヨーク市はさほど必要としていないと述べた。ヘリポート反対派はこの報告書を発見して公表したが、都市計画法変更は実施された。一九六四年に試験飛行が開始され、つづいてニューヨーク万博へＶＩＰを運ぶ宣伝のための飛行が行なわれた。ヘリポートは一九六五年一二月二一日に開業した。

歴史的な一日は、〈ウォルドーフ・アストリア・スターライト・ルーフ〉でのランチと、ファン・トリップ会長の演説からはじまった。ニューヨーク・エアウェイズ社長でヘリコプター・パイロットのカーディナル・スペルマン、市議会の次期議長、ＵＳスチール会長も出席した。「都市ヘリコプターの旅の時代が来た」とトリップが告げた。使用されたヘリコプターは、軍用ガスタービン・エンジン・ヘリコプターを民間用に改造した二四人乗りの大型輸送ヘリコプターだった。ニューヨーク・エアウェイズは、一週間の客を四〇〇〇人と見込んでいた。来賓はリムジンでパンナム・ビルに移動し、ヘリコプター・ホステスふたりが捧げ持つ赤いテープをカットした。ヒューバート・ハンフリー副社長が電話して、〝リモコン〟でヘリコプターの灯火をつけさせ、メッセージを読み上げる。「市中心部と周辺部の空港とのヘリコプター輸送サービスを確立することで、都市部の交通渋滞をかなり緩和できます。他の大都市もニューヨークを模範にしてもらいたいと願っております」その晩から定期運航が開始された。

　交通好きの未来学者たちにとって、ビルの屋上を使う旅の実現は遅すぎるほどだったし、そういうビジネスチャンスをさかんに取りあげていた日曜版の特集記事や雑誌の表紙は、ようやく面目をほどこすことができた。なにしろ、百貨店の依頼でヘリコプターがマンハッタンに足を踏み入れてから、

＊八番街の港湾管理委員会《ポート・オーソリティ》のバス・ターミナルは、一九五〇年にヘリコプターの発着を視野に入れて設計されたが、一般客の通勤用には使われなかった。八番街一一一の委員会ビルの屋上のヘリポートは、職員の出張用だった。

貨物・乗客用ポッドをはめこむシコルスキーS‐64

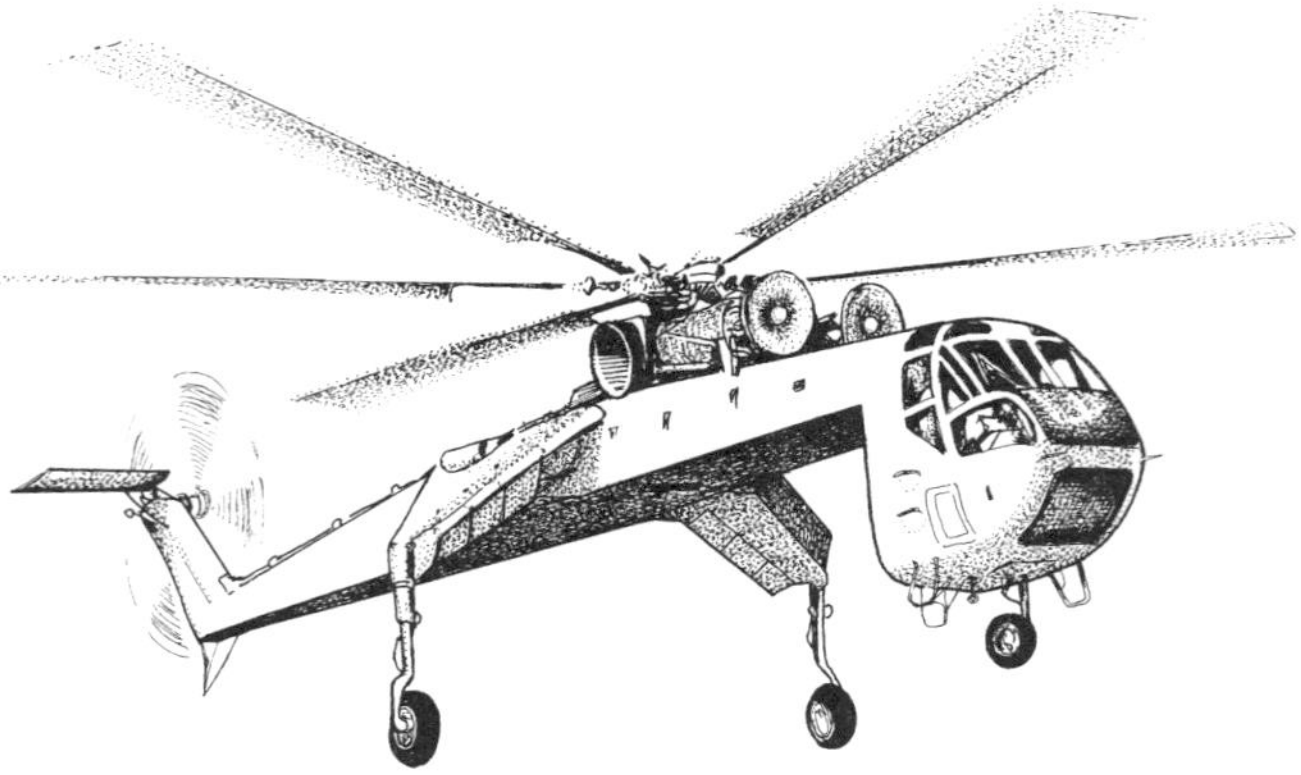

一八年もの歳月が流れていたのである。その時期には他のいくつかの都市の中心部にもヘリポートがあったが、長らくくすぶっていた未来像を実現したのは、パンナムの屋上のヘリポートだけだった。

その後三年ほどにわたり、ニューヨーク・エアウェイズは、ツイン・ローターのCH‐46シーナイトの民間型ボーイング・バートル107を使って、五八階建てのパンナム・ビルからのべ三五万人を運んだ。ニューヨーク近辺の空港かウォール街のヘリポートまでの短い飛行だった。

このパンナム・メトロポートは、遥かな遠い話のように思えるから、具体的な詳しい事実を説明したほうがいいだろう。つぎのような手順で、このヘリコプター便は運航されていた。旅客は、パンナムの通りの切符売り場に近いパーク街の北行き上り坂で車をおりる。ヘリコプター搭乗券は片道七ドルである。カウンターで荷物を預け、エレベーターに乗って五七階へ行く。そこの〈コプター・クラブ〉では、ローストビーフ、サラダ、コーヒー、デザートの軽食が、三ドル五〇セントで食べられる。ロック・ミ

シコルスキーS-61L

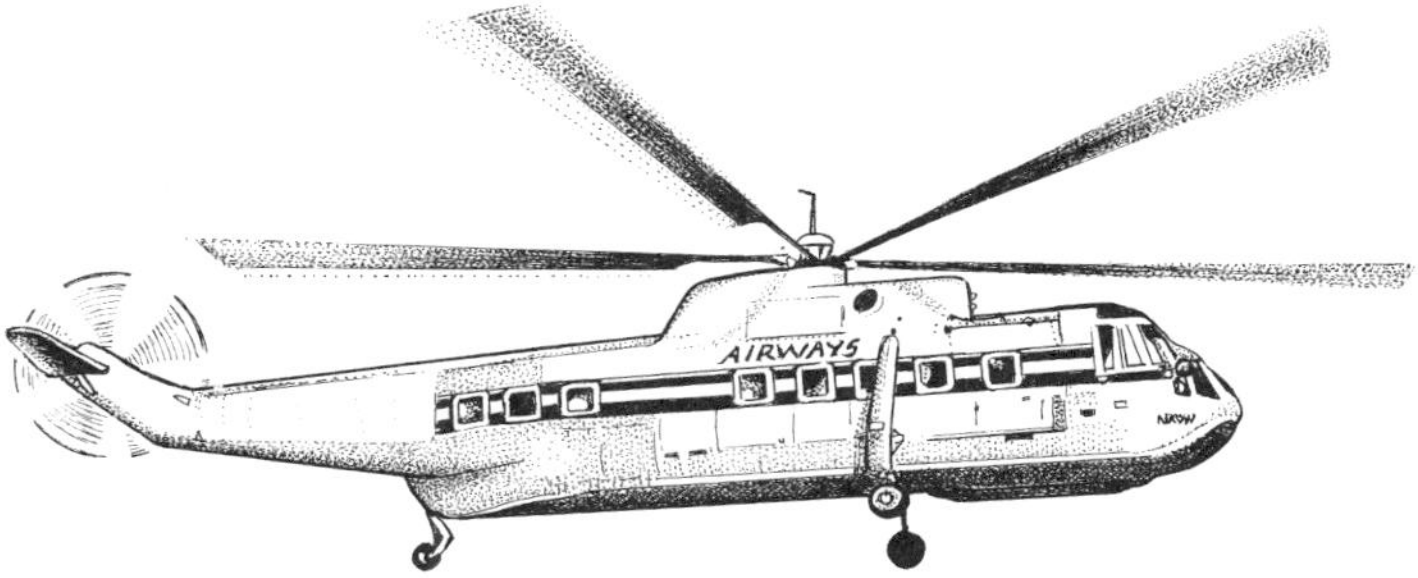

ュージシャンのジミ・ヘンドリックスは、ここで記者会見をひらいたことがあった。

エスカレーターに乗ると、ガラス張りの待合室に出る。乗客と建物をローターの風から護るために、屋上に半分埋め込まれた低い造りになっている。ブルーと白に塗られたヘリコプターが到着し、登場準備が整うと、乗客は待合室を出て、短い階段をのぼり、広さ半エーカーのコンクリートのヘリパッドに出る。ヘリコプターは、乗客をケネディ空港のパンナム・ターミナルまでじかに運ぶ。飛行時間は一〇分足らずで、パーク街でタクシーを降りてから合計四五分で、ヨーロッパ行きの便に乗ることができる。

霧や雲がひどい日はべつとして、たいへん便利ではあった。しかしながら、大型のガスタービン・ヘリコプターの運用コストは膨大で、毎年、運賃収入を上回った。一九六五年のヒューバート・ハンフリー副社長の予想とは裏腹に、メトロポートはアメリカ国内で営業している唯一の屋上ヘリポートだった(他の都市では地上のヘリポートが利用されていた)。一九六七年、都市中心部と空港を結ぶ短距離ヘリコプター便は、全国的にどこもおなじ問題を抱えていた。連邦政府の助成金か、旅客がほしい航空会社からの援助がないかぎり、営業が成り立たなかったのだ。(註6) 大型のモジュール式ヘリコプターによって、〝乗客ポッド〟と貨物コンテナをとっかえひっかえ使い、経済的に運用するという予想は、まったく実現しなかった。*

そこで、ニューヨーク・エアウェイズは、一九六八年二月にパンナム・ビル屋上からの発着便を廃止した。まるで地下壕みたいに屋上に埋め込まれたガラス張りの乗客待合室は、がら空きのままその後九年間放置されていた。一九七四年、めずらしく予定外の着陸があった。デイヴィッド・カマイコという人物がヘリコプターをハイジャックし、身代金受け取りのために、パイロットにパンナムのヘリパッドに着陸するよう命じたのである。** メトロポート建設に当初から反対していた連中は、この事件を意地悪なユーモアで眺めていたが、パンナム・ビルの屋上を訪れた最後の客は、カマイコではなかった。

新規にビジネスプランを組んだニューヨーク・エアウェイズは、一九七七年二月、パンナム・ビルでの運航を開始した。ヘリコプターも新型に変わっていた。ガスタービン・エンジン一基を搭載するCH-3シーキングの民間型、シコルスキーS-61Lである。このヘリコプターは、さまざまな国の軍隊に採用され、大統領専用機としても使われたことがある。

一九七七年五月一六日、このS-61のうちの一機が、パンナム・メトロポートに着陸した。ようやくビジネスが上向いたようだった。搭乗券の販売は毎月三〇パーセント増で、その月に初めて利益が出ると予想されていた。一二時間営業で一時間に四回発着していた。九七二便は、ケネディ空港から到着したところで、まもなく乗客二一人を乗せてひきかえすことになっていた。通常の手順に従い、機長はツイン・エンジンを低パワーで運転し、ローターが回転していた。乗客と荷物の積み下ろしには数分しかかからないからだ。じきに離陸の予定だった。

着陸から二分後、右側降着用橇《ランディング・スキッド》の金属疲労部分にひびが生じた。降着用橇《ランディング・スキッド》が折れ、ヘリコプターの機体が右にゆっくりと傾いて、ローター・ブレードにひっかけられた数人がたちどころに死亡した。コンクリートの面にぶつかったブレードが折れて、待合室からヘリコプターに向けて歩いていた乗客に破片が当たった。遠くの乗客は、物陰に隠れたり、階段を降りたりして、難を逃れた。待合室のガラスも割れた。破片は放射状に飛び散ったため、機内の乗客に怪我はなかった。

四五丁目のエール・クラブ図書館にいたウェンディ・グッドマンは、雹《ひょう》のようなパラパラという物音を聞き、表を見ると、ガラスの破片が降っていた。パンナム・ビルの待合室から落下した破片は、三分のあいだ降り注いでいた。ブレードの破片は、四ブロック先まで飛んだ。屋根から飛び出したあと、ブーメランみたいに回転して戻り、パンナム・ビルの三六階のオフィスに突っ込んだ破片もあった。マディソン街と四三丁目の角にいた歩行者のアン・バーネコットは、長さ一八〇センチの破片が当たって死亡した。

*シコルスキーのスカイクレーンと呼ばれる大型ヘリコプターの構想は、朝にはスカイラウンジというバスのような車両を運び、日中は貨物を運んで、夕方にまた帰宅する乗客をスカイラウンジで運ぶというものだった。プレハブ住宅の一部も、貨物として考えられていた。シコルスキーは、スカイクレーン二機種と、軍や病院の装備を積む取り外し式容器十数種類を開発したが、兵員輸送や通勤のためのスカイクレーン用装備は実現しなかった。この構想は一九六〇年代まで生き延びた。

**カマイコの要求は、現金二〇〇万ドルを持ったビキニ姿の女性を屋上に来させるようにというものだったが、警官にあえなく逮捕された。

「住宅地と商業地が世界一密集した地域で、ヘリコプターの定期飛行を正当化するような理由があろうとは思えない」民主党市会議員のカーター・バーデンは、《ニューヨーク・タイムズ》に語っている。エイブラハム・ビーム市長は、メトロポートをただちに閉鎖した。「空港で事故が起きたときには、機体の破片を集めて調査を開始し、空港業務を再開します」と、ニューヨーク・エアウェイズの広報担当ベン・コシヴァーは述べた。「メトロポートの場合もおなじやりかたをしてよいのではありませんか?」一理あったが、《ネイション》誌はこの問題は決着がついたという論調で、その月の編集後記に「ヘリコプターは危険きわまりない乗り物だ」と記している。「利用するのは一部の富裕層だけであり、その〝特典〟とやらを満喫することのないニューヨーク市周辺の数十万人の市民の生命と健康を脅かしている」

ニューヨーク・エアウェイズは、パンナムでの事故のあとも、他のヘリポートで営業をつづけたが、一九七九年に二度めの事故で三人が死亡したあと、破産を申告した。一九七七年五月以降、パンナム・メトロポートは二度と短距離便には使われていない。いまでは屋上には跡形も残っていない。* ニューヨーク・エアウェイズが使っていたヘリコプターの一部は、いまも飛んでいる。一機は機体記号N6675Dのシーナイトである。その後、コロンビア・ヘリコプターに移り、貨物を輸送している。一九六二年の製造以来、飛行時間は五万時間を超えている――これは世界最長記録である。働くヘリコプターの大長老といえよう。

＊パンナム・メトロポートが使われている模様は、映画『マンハッタン無宿』で見ることができる。

第13章　神々の戦車

一九八五年、自己啓発の達人であるプレム・ラワット氏、通称マハラジは、自分の住むマリブーの屋敷でのヘリコプター着陸の回数を年三六回に増やしてもらうために、許可証の変更を願い出た。ロサンジェルス郡の会議で、地域計画担当者が質問した。「どうしてほかの連中みたいに車を運転しないんですか?」マハラジの広報担当兼弁護士は、マハラジが一般市民とはちがうということを、丁重に説明した。二七歳のマハラジは、疲労がはなはだしい海外出張が多い。空港に到着したら、できるだけ早く睡眠をとりたい。また、生命を狙われているので、ヘリコプターを使えば殺し屋の裏をかくことができる。それに、パシフィック・コースト・ハイウェイを走るドライバーも、マハラジのような自家用ヘリコプターが増えれば、それだけ道路が空くから、感謝こそするが恨みに思うはずがない。それでも郡は申請を却下し、ヘリコプターの離着陸を年一二回に限定したままにした。

リゾート地や都会近辺のヘリコプトリアンも、ヘリコプターの着陸権について、近隣の住民と揉めることが多い。二〇〇一年、イギリスの自治都市政府は、ハロッズ百貨店を所有するモハメド・ファイードの、仕事場の屋上のヘリパッド使用許可を却下し、従業員が心臓発作を起こしたときにヘリポートは役に立つという主張にも頑として譲らなかった。都市部や郊外での着陸権が得られないため、ビジネス用ヘリコプターは日常の足としてはほとんど利用価値がない。

どうしてそうなったのだろうか？　ヘリコプター・パイロットは、何年ものあいだ善行を積んできたし、ヘリコプターに乗る予定がないひとびとも、キャンプ中に心臓発作を起こしたり、自動車事故で怪我《けが》をしたときには、おおいに感謝することだろう。民間のヘリコプター所有者は、燃料費も請求せずに、捜索や救難を手伝うことも多い。*

たぶん、イメージと関係があるのだろう。エーリッヒ・フォン・デニケンは、一九七〇年代にベストセラーになった自著『未来の記憶（原題の直訳は「神々の戦車」）』で、太古に異星人が地球を訪れ、人類に科学技術を伝え、その寛大な行為の証拠がいたるところにあると論じた。また、「神々の戦車」という題名は、ヘリコプターと富と権力と名声が、昔から強く結びついていたことを示すものである。この一五年のあいだに、自分の所有するヘリコプターを自分で操縦した著名人には、ロサンジェルスのカトリック大司教ロジャー・マーニー、ニューヨーク市長マイケル・ブルームバーグ、レーシング・カーのドライバーたち、スポーツ・チームの後ろ盾の有力者たち、ロサンジェルスの土地開発業者マイケル・ハラー、ゴールドマン・サックスの経営幹部クリスチャン・シヴァ－ジョシー、資源メジャーのデビアスの代表取締役会長ニッキー・オッペンハイマー、GMの副会長ボブ・ラッツ、ビール王オーガスト・ブッシュ三世などがいる。ブロックバスター・ビデオ・チェーンを経営するウェイン・ハイゼンガのように、自家用ヘリコプターにパイロットを雇う人間もいる。《ロンドン・サンデー・タイムズ》によれば、一九九〇年から二〇〇五年までのあいだに、ハイウェイの渋滞と富裕化のために、自家用や社用のヘリコプターは一〇倍に増えたという。

だが、そのイギリスのヘリコプターの隆盛も、ブラジルのサンパウロで起きていることの前には、影が薄くなる。人口一〇〇〇万人のこの広大な大都市では、ヘリコプター四〇〇機が日常的に運用されている。ニューヨークよりも多数の摩天楼があり、高所のヘリポート三〇〇ヵ所の大多数が、そうした高層建築の屋上にある。ヘリコプターの人口にかけては、サンパウロは世界三大都市に数えられ、屋上ヘリパッドの数では世界一である。主要道路を目印とする回廊を飛び、旅客機の飛行経路を避けていれば、ほとんど監督機関の制約を受けずにヘリコプターを運航できる。

サンパウロにはじめてヘリコプターが来たのは一九四八年だが、現在では、企業の屋上に乗りつけるのは、富裕層にとっては日常茶飯事になっている。自家用ヘリコプターを買えない通勤客は、一ヵ月に特定の数だけ乗る〝分割〟パッケージで座席を借りることができる。パイロットはたいがい、客を街の中心部でおろして、自分の目的の場所へ行く。そうすれば、そのヘリパッドはべつのヘリコプターが使える。西と南西の郊外の高級住宅地の住民が、もっとも多くヘリコプターを利用している。(註1)

アメリカ各地とはちがって、サンパウロでは反ヘリコプター運動は根付いていない。ニューヨークでは、一九六三年にパンナムのヘリポートに関して都市計画法変更の審議が行なわれた際に、反対が沸き起こった。ミッドタウンの住民やビル所有者たちが、手紙を書き、審議を傍聴した。〈パンナムのヘリポートに反対する緊急協議会（ECOPAH）〉という団体が発足した。会員のひとりに、四九丁目東に住む、女優のキャサリン・ヘップバーンがいた。「ニューヨークはただでさえうるさくて危険なのに、多くの住民に迷惑をおよぼし、少数の人間の利益にしかならないような、神経をいらだたせるうえにほとんど不必要で贅沢な商行為を、中心部でこのうえ行なわせることはありません」と、

＊二〇〇六年一二月、パイロットのジョン・レイコーは（行方不明のジェイムズ・キムとその家族を探す公式の捜査には加わっていなかったにもかかわらず）自主的に自家用ヘリコプターを飛ばして、オレゴン州南部の山を捜索し、生存していたキムとその妻子を発見した。

ヘップバーンは審議で発言した。公共事業の土木建設業者として名高いロバート・モーゼスが、一九六七年にこの争いに加わり、《ニューヨーク・タイムズ》の署名入り記事で、パンナムのヘリコプター路線はロングアイランド高速道路を車で走るよりもましだと思わせるような新聞広告を組んだブラニフ航空を非難した。ECOPAHは、ヘリコプターがグランド・セントラル駅に落下する危険性もあると警告したが、ゆくりなくものちの事故をいい当てている。

一九七七年のパンナム・メトロポート完全閉鎖は、ヘリコプター騒動の長年の争点にただひとつの決着をつけたといえよう。もっとも大きな争点は騒音である。ハリケーン・カトリーナのような極度の緊急事態への対応を除けば、騒音問題はあらゆるヘリコプター活動の足を引っ張ってきた。公共サービス専用のヘリポートとて例外ではない。

ユーロコプターは、コンピュータ制御の電子モニターによって、ブレードのピッチを毎秒二〇回変え、主ローターの騒音を六デシベル減少させる大型ヘリコプターを開発すると発表した。メリーランド大学の回転翼機開発プログラムでは、ローターブレードの先端に小さなチューブを取り付ける実験を行なっている。商用ヘリの騒音を、連邦政府の規制よりも七デシベル以上静かにするというのが、現在のヘリコプター業界の目標になっている。(註2)

騒音は、一九四七年このかた、アメリカ各地の地元のヘリコプター反対を推し進める主な原因になっている。この年、スカイウェイ社がシコルスキーS-51を使い、ボストンで世界初の屋上近距離ヘリ便の運航をはじめた。スカイウェイのヘリコプターは、乗客三人を乗せてローガン空港とのあいだを往復していた。その騒音に住民と各ホテルの支配人が、政治家に手紙を書いた。* アメリカ国内には、ハワイ、ニューヨーク、ワシントン、コロラド、アラスカ、フロリダ、ニュージャージイ、カリフォルニア、アリゾナの各州のものも含めて、三〇以上の騒音反対運動組織がある。その代表格はニューヨーク市ヘリコプター騒音同盟で、市当局へのロビー活動により、これまで二カ所のヘリポートを閉鎖させ、残ったヘリポートの商業飛行を削減するよう要求している。

廃止されたヘリポートのひとつは、イースト川沿いの六〇丁目東と六一丁目東のあいだで営業していた。もとは艀《はしけ》用の埠頭だったが、一九六八年一一月にニューヨーク市がヘリポートに改造した。** 当時、パンアメリカン・ワールド航空は、そこからヘリコプター定期便を運航し、客が電話をかけてから三〇分以内にヘリコプターを用意する〝タクシー並み〟のサービスも行なうと約束していた。ニューヨークの住民が、ニュージャージイ州のテターボロにある地方空港を含めて、大小さまざまの空港へじかに行けるようにするのが、ヘリコプター・シャトル便の主な役目だった。そうすれば、ラガーディア空港の混雑が緩和される。ごく少数の富裕な住民は、車の車庫を借りるように、金を払って自家用ヘリコプターをそこに置いていた。当時でも現在でも、大都市でそういうサービスを受けられる場所はめったにない。警察と医療関係のパイロットにとってもありがたい施設だった。ヘリコプターがさかんに利用された一九八〇年代初頭、マンハッタンには運営されているヘリポートが四カ所あった。一九八一年の六〇丁目のヘリポートは、発着が年二万回に達していた。

六〇丁目のヘリポートは、クイーンズボロ橋のたもとにある、舗装された一〇〇メートルほどの細長い場所だった。幅は約三〇メートルしかない。フランクリン・ルーズヴェルト・ドライヴを走る車が、一〇メートルほどのところを通過していた。イースト川以外の方向はすべて高いビルに囲まれ、

＊ヘリコプターはモーター・マート駐車場ビルの屋上にあった。四カ月後にスカイウェイが営業停止するまで、女優のルシール・ボールもよく利用していた。

＊＊ニューヨーク清掃局が、イースト川に雪を捨て、艀にゴミを積み込むのに使っていた。

ヘリポートだけが低くて狭かった。高層ビルのうちのひとつは、動物病院だった。

「ヘリポートを出ると、未知の風にぶつかる」一九九八年から九九年にかけてそこでたびたび教習を受けた俳優のハリソン・フォードはいう。「風はたいがい、イースト川沿いに南から北へ吹いていた。いつも、上昇するとすぐにペダルを踏んで、旋回しなければならなかった。ヘリポートにはすこぶるぐあいの悪い場所だった」いっぽうだけがあいている靴箱から離陸するようなものだと、パイロットはいっていた。

一九六八年にこの橋の陰のヘリポートが開港したとき、ニューヨーク市長ジョン・リンゼーは、ロックフェラー大学とニューヨーク病院と近隣住民に、〝容易に感知できるような騒音の増大〟に見舞われることはないと約束した。だが、住民たちは騒音に悩まされたと、ヘリコプター騒音同盟のジョイ・ヘルドはいう。

「私たちはずっと航空産業の人質になっていて、平和に暮らしたり仕事をしたりすることができません」ヘルドはいう。「ヘリコプターが飛ぶときには、かならずコミュニティに抗議する集団が現われます。なぜでしょうか？　ヘリコプターの爆音は地上ではひじょうにやかましいのに、地元の法執行機関には取り締まる権限がないからです。重要なのは騒音だけではありませんよ。未来がかかっています。健康へのリスク、国家安全保障へのリスクがあります」

私はアッパー・イーストサイドのアパートメントで、ヘルドに会った。磨き込まれた木の床のある頑丈な煉瓦の建物で、建てられてから一〇〇年以上たっている。(註3)建物の中央に空間があって、明かりがとれるようになっているが、ヘリコプターの爆音もそこからはいり込む。窓は二重になっているが、ヘリコプターが飛ぶ音が聞こえた。一九九六年一〇月、ヘルドは屋上に椅子を出して座り、三日間、ヘリコプターの飛ぶ回数を数えた。ほとんどの日が、一時間に三〇回だった。

ヘリコプター騒音同盟のNOMBY（うちの裏庭の上を飛ぶな《ノット・オーヴァー・マイ・バック・ヤード》）という意見は、現代のよくある不満のひとつに思えるかもしれないが、騒音反対運動の母は昔からいた。マンハッタンの八九丁目とリヴァーサイド・ドライヴの角に住むジュリア・バーネット・ライスである。ライスは、発明家アイザック・ライスの妻で、一九〇六年に〈不必要な騒音軽減協会〉を設立した。[註4] 彼女の家はスイスの山荘風でヴィラ・ジュリアと名付けられていたが、ジョイ・ヘルドのアパートメントとハドソン川を隔てた向かいの島にある。最初の有名な抗議は、夜遅くまでニューヨークとニュージャージイの港湾で働いているタグボートの高級船員たちに向けたものだった。酒場や食堂にいる乗組員を呼ぶのに、彼らは汽笛を鳴らすのがつねだった。紛争が頂点に達したときには、夜な夜なタグボートがヴィラ・ジュリアに音が届くハドソン川の水上に集まって、汽笛を鳴らしたり、探照灯で窓を照らしたりした。ライスは、蒸気船の監督機関が汽笛禁止を実行することができる連邦法が成立する道すじをつけて、勝利を収めた。ライスが生きていたら、〝そういう行動がなかったら、二〇世紀は騒音の時代になっていた〟というにちがいない。

　もう二一世紀だが、ジョイ・ヘルドにしてみれば、騒音発生者の時代は終わっていない。「東部地域ヘリコプター協議会は、隣人にふさわしい飛行プログラムを促進していますが、ヘリコプターの音が聞こえるかぎり、いい隣人とはいえないわ」と、ヘルドはいう。公共安全の任務に関係のないヘリポートをすべて禁止することが、ヘリコプター騒音同盟の目標である。自家用ヘリコプターが現在の高度でニューヨーク市を通過する場合には、八キロメートルの海上に出て迂回しなければならない、というのである。この悶着の原因である乗り物に乗ったことはありますか？　と私はたずねた。ええ、とヘルドは答えた。サンフランシスコとオークランドのベイエリアで運航しているヘリコプターだったという。*

ヘリコプターの騒音や、商用・自家用ヘリコプターの危険を毛嫌いしてはいても、ジョイ・ヘルドは六〇丁目のヘリポートをかつて運営していた女性とは喧嘩をしていない。パトリシア・ワグナーというその女性は、いまはもっと南の河岸にあるヘリポートを運営している。雨と風が吹き荒れる金曜日の晩に、私はそこで会うことができた。ヘリポートは三四丁目東にあって、高架道路とイースト川に挟まれている。海に突き出した桟橋のような敷地に、ヘリコプター五機がならぶ駐機場と、トタン板張りのオフィス兼待合室がある。マンハッタン島で運航されている公営ヘリポート三カ所のうちの一カ所である。

世界の指導者や、ビジネス界の大立者《おおだてもの》、とてつもない名士などがそこにやってくるのだが、三四丁目東のヘリポートの家具調度は豪奢とはほど遠く、豪華にしようとする傾向もまったく見られない。運航部カウンターの前には、住宅の庭によくあるような鋳鉄のスツールがならんでいる。ワグナーはカーテンを閉めて、ヘリポートにのしかかるようにそびえているルーズヴェルト・ドライヴの錆びた鉄柱が見えないようにしていた。運航部兼待合室の建物は、きちんと整頓されてはいるが、仮設事務所や教室に使われるようなトタン板のプレハブで、若手重役の部下が夢見るような場所ではなかった。大型トラックが通るたびに、床がびりびりふるえた。だが、一九七〇年代のウォール街ヘリポート（ダウンタウン・ヘリポート）と比べれば、ずっとましだった。なにしろ穴だらけで、腐った部分が水中に落ちてなくなっているところもあった。

一九七七年にパンナム・ヘリポートが閉鎖されたあと、ニューヨークのヘリポートは、すべて河岸に設置されるようになった。到着便も出発便もアパートメントや病院の上を通らず、水上を通るので、騒音への苦情は減った。こうしてイースト川沿いにヘリポートがあることは、ニューヨーク市の依頼による第二次世界大戦直後の未来予測のうちのひとつを彷彿させる。その華麗でなおかつ大胆な説を唱えた都市計画立案者は、毎朝、何十万機もの自家用ヘリコプターが、橋を渡ったりトンネルをくぐったりしてやってくる通勤の自家用車とおなじように、ニューヨークにやってきて、昼間のあいだずっと市内にとどまるだろうと予言した。マンハッタンの全長五〇キロメートルの河岸は、それを迎え入れるヘリポートで埋め尽くされるだろう、と。

三四丁目東のヘリポートにはいるには、ブザーが鳴るドアを通るが、二〇〇五年に私が訪れたときには、手荷物を調べるX線装置も金属探知機もなかった。ヘリポートはニューヨーク市が所有し、運航を行なう管理会社に貸している。最初にヘリコプターを迎え入れるようになったのは、一九七二年だった。

ピンクのシャツにジーンズという服装のワグナーは、ブラニフ、TWA、パンナムにいて培《つちか》った歓迎のやりかたを身につけている。六〇丁目のヘリポートが閉鎖されたのは、反ヘリコプター政治運動のためではなかった、とワグナーは話してくれた。イースト川のルーズヴェルト島に高層住宅が建設され、安全に問題が生じたからだという。クイーンズボロ橋近くに高層住宅の壁がそびえているため、運航に支障があったのだ。

ワグナーは、東部地域ヘリコプター協議会の近隣住民や行政区の会合に、頻繁に出席している。ワグナーによれば、ニューヨーク市の政治家にとって、「ヘリポートは政治的には首を絞める縄です。だれも私たちを声援してくれません。なにを得るにせよ、闘わないといけない」のだという。ワグナ

＊サンフランシスコ&オークランド・ヘリコプター航空は、一九六一年から一九八五年まで短距離便を運航していた。三カ所の空港に加え、バークレーとオークランドの中心部へも飛んでいた。連邦の郵便飛行助成金を受けずに生き延びたことは注目に値する。

ーは、この地盤から撤退するつもりはない。たとえ公共安全の目的で飛んでいるのでなくても、ヘリコプターには大都市周辺で運航する権利がある。きちんと管理すれば、ヘリコプターはかなり安全だ、とワグナーは主張する。「年間の運航回数と比較すれば、船や飛行機も含めた他の乗り物よりもずっと安全な記録が残されています」

ヘリコプター運航者が、長年にわたって住民の言い分にかなり妥協してきたことを、ワグナーは指摘する。夜間飛行や週末の運航を削減し、セントラル・パークを通ってマンハッタン島を横断する近道をとりやめ、巡航高度を引きあげた。「いまでは、マンハッタン上空を飛ぶヘリコプターの高度は、一五〇〇フィート（約四六〇メートル）以上ですし、たいがいの場合、迂回します。それが〝隣人にふさわしい飛行〟プログラムです。私は業界の組織にはこういいます――もっと接近したいと要求してほしいというのであれば、あなたがたとはお話をしません。でも、改善に興味があって、それをきちんと実行するつもりがあるのでしたら、お話を聞きましょう」

二五年前、ニューヨーク・ヘリコプター社が、このヘリポートで近距離便を運航していた。「いまは近距離定期便はありません」ワグナーは説明する。「でも、営業することは可能です。大損をする覚悟ならできますよ。私はヘリコプターのガソリンスタンドをやっているだけです」ワグナーの会社は、着陸料と燃料の販売で成り立っている。大型ヘリコプターのローターの風で損傷するおそれのある軽ヘリコプター以外は、一時間単位の料金を払って駐機することができる。

三四丁目東でヘリコプターを見物するのに最適の時間は、夏の木曜日の夕方だ。マンハッタンの企業幹部がおおぜい、長い週末に向けてつぎつぎと出発する。ニュージャージイ州モーリスタウン、ニューヨーク州ホワイトプレーンズ、ハンプトンと総称されているロングアイランドの高級住宅地が、主な目的地だ。

だが、いまは一〇月の金曜日の夜で、風が冷たい雨を吹き付けている。シコルスキーS‐76が一機、川向こうから現われて、きびきびと着陸し、駐機場へ地上走行していった。どうやらGEの重役を迎えにきたようだ。リムジンでやってきたふたりが、運航部に駆け込んできた。ひとりはCEOタイプだった。もうひとりは、ヘリコプターだと車で行くよりも二時間節約できるとつぶやき、ふたりして ヘリパッド側のべつのドアから出ていった。ヘリコプターの折りたたみ式のタラップをふたりが昇る。企業幹部の交通手段としてヘリコプターは当世の流行なので、機体には会社のロゴが格好よく描かれている。*

航空交通管制の承認を得るのに手間どった末に、ヘリコプターは地上走行で向きを変え、川に機首を向けて、衝突防止灯をひらめかせながら離昇した。地面を離れるまぎわはローターの音がやかましかったが、水上に出るとすぐに音は小さくなった。ほどなく大都市の道路から夜のセレナーデが聞こえてきた。

待合室を出るまぎわに、額縁に入れて壁にかけてあるヘリコプター・チャーター・サービスの宣伝ポスターが目に留まった。そのポスターを見ると、黒ジャケット、赤ネクタイ、白のワイシャツという、できるビジネスパーソンの制服ともいうべきパワー・スーツ姿の男女が重役用ヘリコプターに乗り込むのは、すばらしい夏の夕暮れ時と決まっているのかと思ってしまう。こんなふうに、ヘリコプターの旅と裕福で有名で力のあるひとびととのふしだらな結びつきは、絶滅に瀕している大都市のヘリポートを救おうとするヘリコプトリアンたちの大義を損ねている。そういった面では、ハンティン

＊自分の名前を麗々しく記しているヘリコプトリアンに、ドナルド・トランプがいる。トランプと描いた黒いヘリコプターに乗って、さまざまな行事に現われる。

グや釣りを楽しむひとびとや社交界の名士がオートジャイロに惚れ込んだ時代と、すこしも変わっていない。トム・クルーズがアクション映画『M：I：Ⅲ（ミッション・インポッシブルⅢ）』のプロモーションを行なうにあたって、マンハッタンで〝M：I：NYC〟と称する一日がかりの派手なショーを展開した。チャーターしたヘリコプターの発進地点に三四丁目のヘリポートを使い、べつのヘリポートに着陸して、そこで大型バイクにトム・クルーズが飛び乗る、という筋書きだった。

　セレブの生活様式を追うものは、最新鋭の超大型《メガ》ヨットをチャーターすることを考えるだろうが、もっとも高級なヨットはヘリコプターを載せていて、格納庫とヘリパッドがある。マイクロソフトの共同創業者ポール・アレンの〝ギガ・ヨット〟には、二機用のヘリパッドがある。そういった面からすれば、日曜版の新聞の付録や通俗雑誌に載っていた、自家用ヘリパッドが実現するという昔の楽天的な意見は、当たったといえなくもない。こうした消費者を贅沢品市場では〝因習にとらわれない富裕層〟と呼ぶ。しかし、大多数のひとびとにとって、ヘリコプターは手の届かない品物だ。自家用ヘリコプターのライセンスを取得するには、教習費用として一万五〇〇〇ドルがかかり、軽ヘリコプターを個人用として借りるには一時間三〇〇ドル払う覚悟をしなければならない。

「ヘリコプターはどうして飛ぶのか？　とききたいね。揚力を発生するからでもなければ、炭化水素を燃焼させるからでもない」医療ヘリコプターのパイロット、ロバート・スタインブランはいう。「ヘリコプターは金の力で飛ぶんだ」

　ヘリコプターのショールームは、自動車ディーラーとはちがって、職業別電話帳には載っていないから、買いたい人間は国際ヘリコプター協会（HAI）の主催する年次のヘリエキスポ貿易ショーに行くことが多い。世界のヘリコプター・メーカーが、最高級の企業幹部用モデルを展示している。木曜日の夕方に街を離れる乗り物にふさわしく、内装にはチーク材と革をふんだんに使っている。

こうした最高級モデルは、自動車のように組み立てラインから出てくるわけではない。アグスタ、ベル、シコルスキーのようなメーカーは、ライムグリーンの塗装のキャビン内部が見えたままの状態で、空輪飛行を行なうパイロットに必要な最小限の計器を取り付けて渡す。これは〝グリーン・シップ〟と呼ばれるもので、〝仕上げ会社〟での作業を経なければならない。ペンシルヴェニア州ウェストチェスターのキーストン・ヘリコプターズ社も、そういった会社である。顧客の求めに応じて、特別製の調度や内装、テレビやオーディオ装置、透明なものやスモークを張ったものなどさまざまな窓、遠隔会議用の機器、衛星通信機器、外部カメラなどが取り付けられる。

「価格三五〇〇万ドルのビジネス・ジェット機を降りてきた人物は、ヘリコプターにも、おなじような品質や、さまざまな細工や装備を要求します」と、キーストンのプログラム開発担当副社長リック・ヒンクルはいう。アグスタ－ベル139の場合、一五人乗りの重役用ヘリコプターに仕上げると、引き渡し価格は八〇〇〇万ドル以上になる。引き渡しまでの最終工程は二週間で、最後には派手な納品式が行なわれる。

キーストンのヘリコプター・サービス部長ジム・ディマーは、価格の面でも整備費用の面でも、金に関して気弱な人間には向かない商品だと忠告する。シコルスキーの最新鋭大型ヘリコプターS－92のローターブレードは、誤って損壊した場合、修理に一枚二五万ドルもかかる。しかも、ブレードは四枚ある。「でも、これはコストを気にするようなビジネスではありません」ディマーはいう。「コストを気にするのであれば、乗らないほうがいいでしょう」ディマーは、自分のヘリコプターを隅々まで知り尽くしている。ヴェトナムでは、チヌークの整備員として戦場へ行き、損壊したヘリコプターが帰投できるように修理するのも任務のひとつだった。チヌークを輸送できるような大型ヘリコプターはないので、現場で修理しなければならなかった。*

いくぶん小型のシコルスキーS‐76でも、ブレードをすべて交換すると、二五万ドルかかる。あまりにも高価なので、限度内のひびが外板に生じていたのを見つけても、キーストンではそのブレードを使いつづけるようにする。ブレードの前縁のひびを、ディマーは私に見せてくれた。直線の短いひびで、肉眼ではほとんどわからない。デマーが硬貨でブレードを叩くと、そのヘアライン・クラックの近くでは鈍い音がした。「ひびの末端に剝離がなければかまわないと、仕様書には書いてあります。湿気がはいらないように、透明なテープを上から貼ります。ブレードがあまりにも高価なので、これは許容範囲になります」

ヘリコプトリアンは、そんなふうにコストを抑えるために必死で努力する。だれもが億万長者とはかぎらない。ヘリコプター航空ショーで私が出会ったキース・グラントは、修繕されたヴェトナム時代のタービン・ヘリコプターを、新しいヘリコプターよりもだいぶ安く購入した。(註5)航空エンジニアのフランク・ロビンソンは、小さな自家用ヘリコプターのコストを切り詰める精いっぱいの努力をしている。毎年の生産機数が尺度であれば、二〇〇五年に一〇〇〇機弱を製造したロビンソン・ヘリコプターは、世界最大のメーカーということになる。一九三〇年生まれのロビンソンは、大学で機械工学を学び、月謝を払うために遠洋貨物船に乗り組んだ。卒業すると、ほとんどのヘリコプター・メーカーで働いて、尾部ローターの専門技術を身につけた。どこの仕事場でも、ロビンソンは雇い主に、パイロットと乗客がひとりずつ乗れる信頼できる単純な機構のヘリコプターを製造してはどうかと提案した。既存のメーカーはどこも提案を取り上げてくれなかったので、ロビンソンは一九七三年に故郷のカリフォルニア州で起業した。顧客はロビンソンのヘリコプターを、新人パイロットの教習、商用の交通手段、牛の群れの駆り集め、漁船のための魚群探査などに使用するために買った。最近では、警察や報道機関も購入している。タービン・エンジンのヘリコプターに比べると、ロビンソンのレシプロ・エンジンのヘリコプターはかなり手ごろな値段だからだ。

とはいえ、余分な装備がまったくない四人乗りのロビンソンR44ヘリコプターでも、三六万四〇〇〇ドルという値段である。新人パイロットには操縦が難しいし、**一九五〇年以前にチャールズ・カマンなどのヘリコプトリアンが約束したような〝主婦のヘリコプター〟とはほど遠い。

このアメリカン・ドリームがしぼんだのは、聴聞会で騒音問題についての苦情が述べられたせいかもしれない。だが、富の格差、いらだたしい騒音、起こりうる危険といった問題への憤《いきどお》りは、主張力のある少数のひとびと（下院議員ひとりがのちに参加）が取りあげたヘリコプター問題の荒々しさとは比較にならない。***その問題には、夜間に飛行するどす黒いスパイ機が関係していた。

＊逆に、チヌークは損壊したヒューイを輸送することができた。ローターをはずし、ローター・ハブのてっぺんの環《わ》にケーブルを通すという方法が用いられた。

＊＊ヘリコプター購入者が、メーカーの推奨する低価格の保険契約を結ぶには、工場でかなり厳しい四日間の訓練を受けなければならない。

＊＊＊故ヘレン・チェノウェス下院議員。

第14章　私を見張るもの

（訳注　ジャズのスタンダードSomeone to Watch Over Meのもじり）

誤解のないようにいっておこう。みんなが噂するあの〝黒い〟ヘリコプターというのは実在する。連邦政府が運用していて、乗員はほんとうに、好んで夜間訓練を行なうのだ。ケンタッキー州フォート・キャンベルの第一六〇特殊作戦航空連隊本部を訪れたとき、ずらりとならんだブラックホークとリトルバードを私は目にした。制式記号はそれぞれ、MH‐60とAH‐6もしくはMH‐6である。艶《つや》消《け》しの黒に塗装され、機体側面の番号や文字は、ほとんど読み取れないようなダークグレーで記されている。二〇〇六年一月の夜、私もこの闇の軍勢に何時間か加わった。ヘルメットと暗視ゴーグルをつけて、オハイオ川に沿い静かに機体を傾けて飛ぶ真っ黒なブラックホークに乗った。ブライアン・リンチ機長が、インディアナ州テルシティの小さな飛行場の上空で恐るべき〝戦術侵入〟停止をやってのけたときには、すっかり感心した。*

だが、そのぞっとするような側面は、どうなのか？　黒いヘリコプターが、アイダホからアリゾナにかけての農民や酪農家を夜な夜な抑圧していると、一部の国民はかたくなに信じている。また、損得という角度から見て、ヘリコプターは、それにめったに乗らない一般市民の役に立っているのだろうか？　現代のヘリコプターは、民主主義にとって恩恵なのだろうか？　それとも害悪なのだろうか？

か？

一九六五年には、テレビのニュースを見たり、新聞記事を読んだりすれば、ヴェトナムのゲリラ勢力を制圧する羽の生えた復讐の女神として、ヘリコプターが繁栄していることをだれでも知っていた。しかし、ヘリコプターが自分たちに対しても使われるかもしれないということは、アメリカ国民の共通意見ではなかった。この懸念がしだいに固まったのは、一九六五年八月のロサンジェルス南部ワッツ地区での暴動がきっかけだった。暴動の最中、ロサンジェルス市警とKTLA-TVが、暴力と略奪がくりひろげられている上を飛びまわっていた。その後、暴動一周年のデモの際にも、ロサンジェルス市警はヘリコプターを飛ばして警戒した。さらに、デモ参加者を撮影したのではないかと、近隣の住民は疑っている。

ワッツ暴動から一年とたたないうちに、各都市はヘリコプターを使って都市部の暴力犯罪を抑制することに興味を示すようになる。カリフォルニア州レイクウッドが、まずロサンジェルス郡保安官事務所と連携するプロジェクト・スカイナイトを発足させた。ロサンジェルスの他の地区では犯罪率が上昇しているが、スカイナイトによって市街地の犯罪は九パーセント減少したと、当局は発表している。やがて、四〇〇市がそれをまねるようになった。

池の水面をさざなみがひろがるように、国内でのヘリコプター使用に対する懸念が、アフリカ系アメリカ人のコミュニティから、幅広い層へとひろがっていった。きっかけは、一九六九年五月にカリフォルニア大学バークレー校で起きた危機が拡大したことによる。キャンパスから二ブロック離れた

＊騒音よけのヘッドホンもつけていた。音の面からいえば、ブラックホークはけっしてステルス性の高いヘリコプターではない。

三エーカーの雑草の茂る空き地が、そもそもの発端だった。

二年前、この界隈《かいわい》は、学生やヒッピーが居住する茶色いこけら板造りのおんぼろアパートメントが建ち並んでいた。そこは若者たちを奇妙な魅力で惹きつけていたのだが、ドン・マルフォード州議会議員は〝人間の汚物溜〟と呼んで、大学に圧力をかけ、買い取って更地《さらち》にするよう迫った。大学はまもなくその地区の建物を買い取り、店子《たなこ》を追い出し、古いアパートメントを取り壊した。一九六九年にはもうほとんど建物はなく、藪の生い茂るぬかるんだ駐車場と化していた。新たな施設を建設するという大学の約束が、そこにいてほしくない住民を追い出すための策略だと悟った活動家たちは、それを自分たちの政治の看板に掲げた。〝大学はずっと嘘をついていた。この土地は人民公園として有効利用すべきである。体制側の干渉を受けずに、植物を植え、整備する。いずれ、ヒッピーがパーティやコンサートに使うのもいいだろう〟などと主張して、過激派はこの問題を組織強化の道具に利用した。

アンダーグラウンド新聞《バークレー・バーブ》が、公園計画を主張するスチュワート・アルバートの意見を載せている。四月二〇日日曜日に、志願者はシャベルを持ってやってくるように、と記事には書かれている。監督機関も設計図もなしで、プロレタリアートの作業になるとされていた。大学側はこれに対抗するためにサッカー場建設計画を打ち出し、この運動を未然に食い止めようとしたが、無視された。予定の日に何百人もがやってきて、ほとんどがじっさいに参加した。近隣住民が騒音と人手に苦情をいったが、作業はつづけられた。参加者たちは、警察の手出しを防ぐために、夜は現場で眠った。対立が三週間つづき、五月一五日の早朝に、大学側と官憲が踏み込んだ。これで問題は解決し、近づいている大学の理事会前に柵を建てられるはずだった。

警官と州兵が、野宿していたヒッピーと過激派学生数十人を排除し、ヘリコプター一機がそれを上空から監視していた。ロナルド・レーガン知事が学生集会を禁止したにもかかわらず、対立はひろがるいっぽうだった。大学のスプラウル・ホールでその日の正午にデモをやろうと呼びかけるビラが通りで配られ、二〇〇〇人が参加した。動乱の時代で、バークレーで大人数を集めるのは容易だった。若い男性と出会う方法として暴動に参加した女子学生もいた。

ひとりずつ演説するなかで、ダン・シーゲルという学生が、公園を取り戻そうと元住民に呼びかけた。シーゲルはわかりやすい比喩としてそういったのかもしれないが、「公園を乗っ取れ！」という反抗の言葉が、群衆のあいだに衝撃波のように伝わった。大会は怒号とともに解散になり、数千人がテレグラフ通りを人民公園へ向かった。そこでアラミーダ郡保安官事務所の保安官助手、大学警備課、州兵の兵士と衝突した。乱闘が低強度の市街戦に発展した。デモ隊は一般市民の車やパトカーを焼いた。屋根からコンクリートブロックや煉瓦が崩れ落ちた。保安官助手たちは銃と催涙ガスを使った。州兵はデモ隊を追って、べつの〝人民公園分園〟へ行き、命令に従って、植えられたばかりの花をひっこぬいた。

五月二〇日、教職員と学生は、最初の暴動の際に学生ひとりが撃たれて死んだことに注意を集めるために、〝葬送行進〟を実行するという扇動的な案を考え付いた。大学総長の自宅前に集まり、轟々と非難した。ガスマスクをつけた警備員がキャンパスのゲートを封鎖し、チョクトー・ヘリコプター一機が低く飛んで、CSと呼ばれる白い細かい薬品を散布した。八〇〇メートル離れたカウエル病院の患者も、鼻や喉や目に異常を訴えるほどの影響があった。午後二時で、小学生の下校時間とも重なっていた。

「タイミングが最悪だったことに疑問の余地はない」ライス・トーマスは、当時をふりかえっていう。「デモにまったく関係がないおおぜいのひとびとまで被害を受けた」いまはロサンジェルスのテレビ局のプロデューサーをしているトーマスは、当時はバークレーに住む一二歳の少年だった。ＣＳエージェント＊――メコン・デルタでヴェトコンを掩蔽壕《えんぺいごう》からいぶし出すのに使われたものとおなじ――は、「ものすごくひどい作用を引き起こす。目が焼けるように痛み、それから喉と鼻が痛む。失禁することもある。ほんとうにひどい目に遭うんだ」と、トーマスはいう。

大学教職員組合は、翌日、ボイコットを呼びかけて、何百もの講義を休講にした。大学の公式な新聞は、「人間にとって安全ではない」という理由で、敷地を立ち入り禁止にした。ヘリコプターからのＣＳ散布について質問されたカリフォルニア州兵司令官は、どこまでも当然の方法だったと述べた。

地元の怒りは、時間とともにおさまったが、バークレー警察がヘリコプター二機の購入を提案したときに、ふたたび噴きあがった。市議会の説明会は紛糾《ふんきゅう》し、汚物爆弾やシュプレヒコールを叫ぶデモに妨害され、デモ参加者の身元を私服警官が記録しているという非難がなされた。アメリカ自由人権協会（ＡＣＬＵ）は、ヘリコプターによる監視は憲法で護られているプライバシーの侵害だと主張した。活動家はヘリコプターのことを、〝バタバタ音をたてるオマワリ〟が〝肉切りヘリ〟で住民を撃ったりＣＳを撒《ま》いたりすると非難した。一九七〇年代は、ウォーターゲート事件によって政府の違法行為に国民が不安をつのらせていた時代だった。政府が昔もいまも国民に知らせていないような手段を使っているにちがいないという疑惑が、そういった事件によりいっそう強まったのである。

特定の現象を引き起こす社会の潮流すべてを解明するのは無理だろうが、奇妙な能力をそなえ、灯火を消して夜間飛行するヘリコプターのことが、はじめて活字になってひろまったのは、一九七三年だった。

現代の民話や陰謀論の権威であるペンシルヴェニア州立大学のビル・エリス教授は、そう説明している。エリス教授によれば、黒いヘリコプターというカルトの基盤は、一九六五年にできあがった。一八九七年の新聞に載ったカンザスの牧場主の話が、このころＵＦＯ実在説を唱えるさまざまな書物に引用されている。謎の乗り物が仔牛を一頭、投げ縄で捕らえて空にひっぱりあげ、四肢を切断した死骸を草原に残していったと、牧場主は主張している。** インターネット以前の時代、こういった書物の主張は一九七三年まではしばらくすたれていたが、この年、牛の不足のために牛肉が高騰した。すると、中西部で牛が盗まれるという話が、新聞で報じられるようになった。小悪党がヘリコプターを使って盗んだというのが真相だろう。しかし、光を発し、梯子《はしご》をおろしておりてきた一八九七年の謎の宇宙船と、安易に結びつける向きもあった。そういう見かたが根付き、空から現われる牛泥棒は、特別な能力を持っていると解釈されるようになる。ケーブルで引きあげたりせず、テレポートの能力で牛を機内に収めてしまうというのである。また、催眠効果のある光線も発する。草を枯らす。車のエンジンをとめてしまう。コロラド州東部では、ティーンエイジャーの少女が追いかけられた。

それとはべつに、ほんものの夜間飛行ヘリコプター——とりわけ非公開の対テロ訓練を行なっていたヘリコプター——による事件も起きて、騒ぎを引き起こしている。たとえば、一九九九年二月八日、テキサス州キングズヴィルで、〈カサ・リカルド〉という老人ホームの住民が、通りの向かいのエクソンのオフィス・ビルの屋上にヘリコプター四機が接地するのを見て、度肝を抜かれた。キングズヴィルの住民は、訓練のことを聞かされていなかったので、(註1) 擲弾《てきだん》の爆発や自動火器の連射の音を聞いて、びっくり仰天した。遠くでは廃屋《はいおく》になった警察署上空で、灯火を消したヘリコプターがホバリングし

＊しばしば催涙ガスと呼ばれるが、吸着しやすい細かい粉末である。
＊＊牧場主はその後、嘘だったとして撤回しているが、一部のＵＦＯ関連の書物はいまだにその話を載せている。

ていた。リバタリアン党はただちに、小さな町を陸軍が〝侵略する〟のをやめるようにと要求した。陰謀論者たちは、キングズヴィルでの訓練は、一九九九年一二月三一日のY2Kゼロアワーに予定されている侵攻の予行演習だったのだと説明した。

隠密《おんみつ》裏に夜間飛行するヘリコプターがいたという目撃証言は、いまでもたびたびあって、ウェブサイトからウェブサイトへとひろがり、公聴会で浮上することもある。救急パイロットのロバート・スタインブランは、ミネアポリスのノース・メモリアル医療センターで自分が使っているヘリポートの騒音軽減手段について話しあう近隣の会合に出席したときのことを憶えている。「ひとりが、〝ささやきモードにはできないのか？〟といったので、〝それはハリウッドでしか使えない〟と答えた。するとその男は、〝どこで手に入れられるのか知ったことじゃないが、とにかく手に入れろ〟といった」

『エイリアン・インベージョン』や『ブルーサンダー』の特殊効果がいくらほんものらしく思えても、裏庭でホバリングする実物のヘリコプターの爆音を消せるような〝ささやきモード〟など存在しない。ブレードのうずの干渉という、燃料を消費するやかましい現象が、原因の一部になっている。それはつぎのように起きる。ローターが回転すると、ブレードの先端からうずと呼ばれる小さな竜巻が離れる。つぎのブレードが、その渦巻きを切り裂く。それによって、低い周波数でばたばた振動する風が起き、大型ヘリコプターはかなり遠くから爆音が聞こえることになる。*ブレードのうずの騒音は、着陸態勢にはいったときがもっとも大きくなる。**

ブレードのうずの干渉があるので、通常のヘリコプターでは無音は望めないが、一般にはあまり知られていない静かな型もある。実用化されたなかでもっとも静かなタービン・エンジン・ヘリコプターは、〝静かなる男《クワイエット・ワン》〟という愛称を持つヒューズ500Pの特殊型だろう。一九七二年に、北ヴェトナムの電話線に盗聴装置を仕掛けるのに、CIAが使用した。主ローターを追加し（したがって、ローターの回転速度を落とせる）、ブレードの先端もうずの干渉を起こしにくいように設計され、尾部ローターも作りかえられた。エンジンには消音器をつけ、エンジンそのものも覆って音を消した。このヒューズ500Pは、どれほど静かだったのだろうか？　一般のヒューズ500は、一・五キロメートルの距離から音で探知できるが。〝クワイエット・ワン〟は、付近の五〇〇フィート上空を飛んでいても、ふつうの人間には聞こえない。(註2)

しかし、これまで述べてきたようなことから、見通しは暗い。音もなく、黒く、恐ろしいヘリコプターだと、脅威と感じるひとびとがいるいっぽうで、見えていてやかましいヘリコプターをたいへんな迷惑だと思うひとびとがいる。

だが、ヘリコプターは長年のあいだ、航空機では考えられないような特殊分野でがんばってきた。ヘリコプター全盛期ですら、そういった分野のみで活躍していた。宙に浮かぶ全知の目という予想外の役割もある――それも、神々のためではなく、大衆のためだ。「ヘリコプターから見れば秘密はどこにもなくなる」一九五八年にKTLAテレビのために報道用ヘリコプターを製作したナショナル・ヘリコプター社のディック・ハートはいう。

ヘリコプターにとって、大衆の目の役割の大半は、テレビの画像送信が占めているが、カリフォルニア州コーラリトスのケンとゲイブリエル・エイデルマンのように、ふつうの静止画像の公表という

＊ヴェトコンは、山の斜面に鉢形の穴を掘ることで、ヒューイの爆音を八キロメートル以上遠くから探知できた。穴がパラボラ・アンテナのように集音の役割を果たすからだ。ここの要員は、降着地点監視員と呼ばれていた。

＊＊飛行中のヘリコプターが発生するブレードのうずの干渉による騒音は、ほとんどが拡声器の音声みたいに前方に放たれる。前に向かってまわるブレードが、前方右寄りにエネルギーを投じるからである。

方法もある。エイデルマン夫妻は、自主的に四座のロビンソン・ヘリコプターを飛ばして、カリフォルニアの海岸線をくまなく何度もくりかえし撮影している。カリフォルニア州の法律では、ビーチの大部分は公共の所有で、防波堤などの変更は、土地所有者がひそかに行なってはならず、事前の吟味が必要とされる。何カ月もの作業によって撮影されたエイデルマンの写真数千枚は、カリフォルニア沿岸ウェブサイトにアップされ、だれでも見ることができる。* こうして蓄積された情報や新しい情報によって、沿岸委員会や環境保護主義者たちは、海岸の状態をそこねるような違法行為を察知できる。偉大なエンタテイナーのバーブラ・ストライザンドは、ウェブサイトから自分のマリブーの屋敷の写真を削除させようとして、エイデルマン夫妻を訴えたが、敗訴した。

政府以外の機関が、こうした公益のための監視活動を展開するようになり、ヘリコプターならではのまったく新しい取材方法が生まれた。(註3) 一九九六年四月に南カリフォルニアの住民が目にしたのは、まさにその好例だった。一〇〇キロメートル以上に及んだ高速カーチェイスの衝撃的な結末を、上空を飛行していたヘリコプターがテレビを通じて報じたのだ。リヴァーサイド郡保安官事務所の保安官助手が、ピックアップに乗っていた不法移民ふたりを捕らえた際に、まったく抵抗しなかったにもかかわらず、棍棒で殴るのを、ヘリコプターのカメラが捉えていた。** 夜であろうと昼間であろうと、こういう鮮明な映像は、陪審に対する説得力を持つ。ジャイロで安定させた望遠レンズ付きのカメラによって、報道ヘリコプターは、三メートルの距離から車のナンバーをはっきりと読み取れる。

ヘリコプターのカメラは、警察以外の非道な行為も捉え、市民意識をかなり向上させている。一九九二年四月二六日、ロサンジェルスの住人ボビー・グリーンは、自分の家からさほど遠くない交差点で、五人の若者が運転手をトラックから引きずり出す光景をテレビで見た。その放送まで、ロサンジェルス中南部は、ロドニー・キングを暴行した容疑者の警官が無罪放免になったというニュースでもちきりだった。それがあちこちで暴力沙汰を引き起こしていた。グリーンは、ロドニー・キングとおなじアフリカ系アメリカ人だったし、キングを暴行したとされていた白人警官四人を無罪にした陪審に激しい憤《いきどお》りを感じていた。そういった義憤にもかかわらず、白人トラック運転手レジナルド・デニーが暴行を受けているのを見過ごすことができなかった。カメラは、舗装道路に横たわるデニーを映していた。ひとりの男が、大きなコンクリート片でデニーの頭を殴っていた。

「やりすぎだ」グリーンは家族にいうと、家を出て車に乗り、その交差点に行った。ひとりの女性が、デニーをトラックの運転台に乗せようとしていた。グリーンは手伝ってデニーを乗せると、トレイラー・トラックを運転して、病院へ向かった。フロントウィンドウが割れて不透明になり、前が見えなかったので、ホンダに乗っていたふたりの男に横から方向を指示してもらった。病院に着いたときには、デニーは痙攣を起こしていた。あと数分遅かったら死んでいたはずだと、病院の医師がグリーンにいった。

グリーンがデニーを助けにいくことができたのは、報道機関のヘリコプターが何機か、交差点近くで生中継していたからだ。一機を操縦していたのは、ボブ・ターだった。KCOPの視聴者のためにターが実況放送をして、妻のマリカが、あけた昇降口からビデオで撮影していた。デニーを暴行した四人の公判でターが証言したあと、検察側は記念品としてコンクリート片をターにあたえた。

ターが物事に積極的に関与することを知っている知人たちは、ターが公判で証言したのは当然の成

＊http:/www.californiacoastline.org.

＊＊報道ヘリコプターが捉えたこうした事件には、二〇〇〇年のフィラデルフィア市警の警官によるカーチェイス後の容疑者への暴行、二〇〇五年のロサンジェルス市警の警官による同様の暴行がある。

り行きだと思っていた。最初は救急車の運転手だったターは、その後、テレビの取材班に混じって、いわば浪人の立場で、妻のマリカ・ジェラードとともに働いていた。ふたりでロサンジェルス・ニュース・サービスと称していた。警察や消防監視員の連絡を受けると、ふたりはイケガミ製のカメラを持って、毎晩、柄《がら》の悪い地区を歩きまわって、犯罪や火災の現場の映像をフリーランスの立場で撮影した。働くのは、地元や全国ネットの局のカメラマンが、ベッドでゆっくり眠っている時間帯に限られていた。そして、朝になるとその映像を報道機関に売った。

「痩せっぽちの白人がふたりで、重い装備を抱えて歩いたものさ」夜の街を取材していたころのことを、ターはそう語る。「ストリートギャングの連中が寄ってきて、コニー・チャンやドン・ラザーみたいなテレビのニュースキャスターかときくんだ。ずっと救急車の仕事をしていたら、危ない地域で動きまわるやりかたをこころえていた」

二一歳のとき、ターはそういった映像で五万ドル稼いでいたが、まだヘリコプター操縦ライセンスを取得していなかった一九八〇年、最初の報道ヘリコプター――ベル・ジェットレンジャーを買った。消防署のもっとも厳しい教官を雇って、報道パイロットとしての訓練をほどこしてもらい、その後は空から取材した。得意なのは警察の高速カーチェイスで、最初はビデオテープで伝えていたが、そのうちにマイクロ波を使う生中継ができるようになった。

一九九二年一月三日、ダレン・ストローがドライバーを殺して奪ったニッサンで、カリフォルニア・ハイウェイ・パトロールの追撃をかわしつづけていたとき、ターの愛機は、現場を撮影した最初のヘリコプターになった。このカーチェイスは四時間以上もつづいた。ストローは、事故を何度も引き起こし、べつの車を奪った。こんどは赤のカブリオレだった。ストローが、銃身を短く切ったショットガンをリアウィンドウから発射して、ハイウェイ・パトロールを撃退しようとした一幕があった。

ターのカメラは、この銃撃もふくめて、時速一六〇キロメートルでインターステートの全車線を走りまくるカーチェイスをとらえつづけた。それをロサンジェルスの一三チャンネル、KCOPテレビに転送した。KCOPは弁護士物のドラマ《マトロック》の再放送に替えてそれを流した。《マトロック》に戻したとたんに、二〇〇人の視聴者が電話をかけてきて、カーチェイスを引きつづき流すよう訴えた。ロサンジェルスの南でストローの車がガス欠になり、惰性で走ってやがて停止すると、カーチェイスは終わった。ショットガンをなかなか捨てようとしないストローを、ハイウェイ・パトロールの警官が射殺した。KCOPのその日の視聴率は急上昇したので、他の局もつぎのカーチェイスは逃さず報道しようと態勢を整えた。

そんなわけで、一九九四年六月一七日には、ロサンジェルスの全テレビ局が、カメラと飛行しながら生中継できる通信機器をそなえたヘリコプターを保有していた。O・J・シンプソンの友人から電話があり、この元フットボールの花形選手が自殺するといっていると知らせてきたので、警察とロサンジェルスのニュース局は、シンプソンの乗った白のブロンコを捜索した。

ボブ・ターは、シンプソンが死んだ妻ニコルのことを考えているにちがいないと推理し、ニコルの墓がある墓地に向かっていると判断した。インターステート5をゆっくりと走っていたブロンコを、サンディエゴ・フリーウェイと合流する手前で発見したのは、ターのヘリコプターが最初だった。すぐに一三機ものヘリコプターがそこに加わった。*

アメリカ国民約九五〇〇万人が見た生中継に誘われて、カリフォルニア州民数千人がハイウェイの陸橋に群がり、一〇〇キロメートル近い距離に及ぶ緊迫した見世物に参加しようとした。どんなニュースよりもおおぜいが参加する行事になり、最高の視聴率を稼いだ番組並みの大騒ぎになった。「取材競争に勝つだけではだめだ」ターは、後日、《ピープル・ウィークリー》に語っている。「事件をお涙ちょうだいにしないと」

「警察並みの追跡ができることを、私は実証した」とターはいう。「人が撃たれるのを四度報じた。カーチェイスは二一一回報じた。飛行機の墜落も何度か生中継した」

O・J・シンプソンの事件以降、テレビカメラによる追跡は小さな産業並みに発展した。完全に制度化してしまい、ロサンジェルス盆地でヘリコプターによるカーチェイスが行なわれているときには、〈追跡ウォッチ〉という名の会社が電子的な手段で視聴者に知らせるほどになった。ヘリコプターによる追跡は日常茶飯事《さはんじ》なので、ロサンジェルスの警官たちはつねに「ビデオで撮影されていることを忘れるな」と注意されていた。

《ロサンゼルス》誌の編集長、メアリ・メルトンはこう書いている。「ふだんは神だけが知っていた高みから、私たちはいま車を見下ろしている。居間にいようが、サーキット・シティの薄型テレビの前にいようが、容疑者の裁きの場に立ち会うことができる……神のように全体像をつかんでいて、ドライバーよりも早く、前方に待ち受けているものを見る——おっとそっちは行き止まりだ！」

時間帯にもよるが、揉め事の現場上空には、数分にして報道ヘリコプターの群れがハゲタカのごとく群がる。都市部の新聞の社会欄には取りあげられないような一瞬の些細《ささい》な事件でも、ロサンジェルス盆地では通常の番組を変更して放送される。たとえば、一九九七年のある日には、哺乳動物医療センターにトラックで搬送されるイルカを、ヘリコプター四機が追った。なんとか緊急事態を装おうとして、ひとりのパイロットは視聴者に、「救出作戦は続行中です。私たちはこれからも現場にとどまります」と告げた。

以前であれば、事が起こったとき、報道機関は法執行機関や消防機関と協働したものだった。一九六三年八月のフィラデルフィア暴動では、アトランティック精油所が運営する〈ゴー・パトロール〉

救難輸送ヘリコプター数機が、暴動地域の屋根すれすれを飛行して、投石用の石や火炎瓶の隠し場所を警察に教えた。一九六八年には、おなじ〈ゴー・パトロール〉のジョン・カールトンが、ホテルの火災を発見して、屋上に着陸し、最上階の客室をまわって、宿泊客に避難を呼びかけた。

ボブ・ターは、救難の記録をつけている。六七人を危険な場所から救い出し、墜落した飛行機を九機発見している。モハーヴェ砂漠へ飛び、肝臓移植を予定されていた人間を探し当てたこともあった。その人物はキャンプをしていて連絡が取れず、ラウドスピーカーを装備したヘリコプターで迎えに行くしかなかった。一九八八年の暴風雨のときには、カリフォルニアのレドンド・ビーチで、ターとしては最大の人数を救出した。五四人以上が、住宅の屋根で動きが取れなくなっていると聞いたターは、アスター・ヘリコプターで現地へ飛び、高さ七メートルの波が、レストランのある桟橋を破壊するおそれがあることを見てとった。六〇ノットの強風に揺さぶられながら、ターは消防士の一団を降下させ、一二往復して客たちを安全な場所へ運んだ。「救出はいつでもやるようにしている。路上で心肺蘇生法（CPR）をやったこともある」とターはいう。「そういうときは、事故現場にとどまって、パラメディックの到着を待つ」

「ヘリコプターがあればどんなことでもできる、というのがボブの考えかただ」かつてターといっしょにカメラマンとして飛行し、自分も報道パイロットになったローレンス・ウェルク三世ことラリー

＊こういうふうにヘリコプターが集まってきたときのルールがある。ひとつは、最初に追跡現場に到着したヘリコプターに、理想的な位置をあたえるというものだ。あとで到着したヘリコプターは、後方もしくは左右に離れていなければならない。それには、先頭のヘリコプターは、後続のヘリコプターの邪魔にならないように、低く飛ぶ必要がある。スタジアムの席の配列を思い浮かべるとよくわかるはずだ。

・ウェルクはいう。「ヘリコプターの操縦にかけては、ボブは名人だ」ウェルクもやはり現場での経験を積んでいる。空輸飛行中に墜落したヘリコプターから生存者を救い出せるように着陸したこともあるし、ターのヘリコプターのカメラマンをつとめたこともある。

ヘリコプターの使用に関して、ターはしばしば反骨精神を発揮している。緊急事態の現場でヘリコプターが飛べる場所について、ロサンジェルス市と何度か揉めたことがある。ターはもう報道パイロットをやめているが、ウェルクはエンジェル・シティ・エアという自分の会社を経営していて、二〇〇五年二月に、私を見学させてくれた。ホワイトマン空港北側の格納庫にあるエンジェル・シティ・エアのオフィスにはいると、昨夜のニュースのビデオ映像が流れていた。映っていたのは、ハンティントン・ビーチで盗まれた白い救急車で、夜間、山地の道路の混雑した車のあいだを縫って走り、パトカーがそれを追跡していた。時速一三〇キロメートルという速さでのカーチェイスだったが、救急車が制御を失って事故を起こしたところで終わった。エンジェル・シティ社員の不真面目な批評によれば、できのいい追跡中継だったという。長くつづいたし、夜のニュースで取りあげられた。それに、なんといってもエンジェル・シティの雇っている報道パイロットのデレク・ベルが捉えたことがありがたい。エンジェル・シティは、CBSのロサンジェルスの系列局2チャンネルおよび9チャンネルと契約している。

ホワイトマンは、ロサンジェルス盆地の北のはずれ、サンフランシスコ谷にある小さな飛行場である。この救急車追跡にエンジェル・シティの面々が大喜びしたのも無理はない。折りも折り、二月恒例の視聴率調査会社による番組ランキングがはじまっていた。とはいえ、ニュース番組のディレクターは、この期間はことに物忘れが激しくなる。エンジェル・シティは、きょうなにを持ってきてくれたんだっけ？

カーチェイス報道にはエミー賞もないし、たいがいは小さな事件なので、新聞の第一面には載らないが、このビジネスには、大追跡の志願者がひきもきらないという利点がある。こんどはセブンアップのトラックが盗まれ、二リットル壜数百本が通りに散乱する。おつぎはグレイハウンドのバスが盗まれ、金網の柵を突き破る。さらには陸軍の戦車が盗まれる。二〇〇一年一一月の〝燃える材木トラック〟事件では、大型トレイラーを奪った男が、テキサス州ダラスを二時間にわたって走りまわり、報道ヘリコプターや歩行者に向かって、腕をふりまわし、クラクションを鳴らした。そのうちに、トレイラーの後部から煙や火花が散りはじめた。はじめのうちは、本来の運転手が運転台にしがみついていたので、見るものにはよけいにスリルがあった。それが全国放送でたっぷり四〇分間流された。

衝撃的な結末を迎えるカーチェイスもあったが、瞬間視聴率とティーヴォ（訳注　テレビ番組自動録画サービスのこと）の報告からして、生放送のできのいい追跡中継は、翌日の新聞でどう報じられようが、やりがいがあるということを、視聴者の反応がはっきりと示している。報道ヘリコプターが、他のヘリコプターを撮影して、それがニュースになることもある。(註4) 追跡中継が価値を持つには、視聴者がテレビをつけるまでのあいだ、二〇分以上はつづかないといけない。

視聴率調査会社による恒例の番組ランキングが行なわれているあいだ、エンジェル・シティ・エアのヘリコプターは、週五日ずっと一日八時間飛んで、CBS系列の二局に映像を送る。ロサンジェルスの交通渋滞はまちがいなく撮影し、ニュースの最初と最後に流れる〝美しい映像〟も撮るようにする。だが、それ以外の時間は、劇的な出来事を見つけて、競合するヘリコプターよりも先に電波に載せようと、鵜《う》の目鷹《たか》の目で飛んでいる。地方ニュースの直前に理想的な危機が持ちあがって、視聴者が友人に電話し、「すぐにテレビをつけろ！」という殺し文句を確実にいってくれることが望ましい。全国ニュースになるような事件をものにするには、根気とかなりの運を必要とするし、度胸も要《い》る。

一九八六年七月の暑い夕方、ミネソタのパイロット、マックス・メスマーは、藤田スケールF2級の竜巻が発生しつつあるのを見て、三〇分以上追跡した。四〇〇メートルにまで接近し（機体に軽微な損害が生じた）、ハチドリみたいにホバリングしてカメラマンが撮影し、郊外の町五カ所と自然保護地区を暴れまわる竜巻のありさまを報道した。五時の地方ニュース枠を、竜巻の映像は完全に占領して、全国ネットでも放送された。KAREテレビ（前回、ミネアポリスのランキングではやっと三位につけていた）は全国的に有名になり、ヘリコプターのおかげで、地方テレビ市場の一大勢力になることができた。

一九九七年、エンジェル・シティのヘリコプターは、KCALのために北ハリウッドの発砲事件を取材したあと、小さな勲章――尾部ブームの弾痕ひとつ――を得て帰投した。武装して抗弾ベストを身につけた強盗ふたりが、銀行を襲ったあと、警察の非常線を突破しようとして失敗した。強盗のうちのひとり、ラリー・フィリップスがカメラに銃口を向けて発砲する場面まで放送された。

ニュース番組に〝金になるショット〟を送れる確率はきわめて低いが、契約しているテレビ局の受ける恩恵は大きいので、ウェルクはかなりの費用をかけて、自分とカメラマンが飛ぶ準備をしている。KCALテレビのニュースの一時間前の午後五時、エンジェル・シティは仕事を開始する。ウェルクは、スカイ9ヘリコプターの機外点検をすばやく行なって、乗り込み、スイッチ類をオンにする。スカイ9と名付けられたユーロコプターAS350B2アスターは、装備込みで一〇〇万ドル以上という価格で、一時間に三八ガロン（一四四リットル）のジェット燃料を消費する。ユーロコプターのアメリカ国内でのタービン・ヘリコプター販売数は、いまやシコルスキーやベルを上回っている。スカイ9は三人乗りで、カメラとマイクロ波通信オペレーターのギル・レイヴァスが使う小さな制御《コントロール・》盤《パネル》をそなえている。私は左の座席からの眺めを楽しんだ。魔法の絨毯の縁に乗っかっている気分だが、虫が目に飛び込むようなことはない。このB2アスターは、飛行時間七〇〇〇時間を記録している。自動車の走行距離計でいえば、四〇万キロメートルというところだろう。

ウェルクがエンジンの回転をあげ、航空交通管制との交信の合間に、私に手順を説明する。ローターが空気をがっちりとつかむと、息を呑むような勢いで加速し、エスカレーターさながらにホワイトマン空港から離昇しはじめる。この一気に飛びあがるような作用を、前進揚力効果という。前進揚力効果は、ヘリコプターの前進運動を助長する。ヘリコプターに関する史書に載っている異様な出来事の多くも、これで説明がつく。*

一九七五年、エア・アメリカのパイロット、トニー・コールソンは、サイゴン陥落直前のせっぱつまった瞬間に、アメリカ国際開発庁ビルの屋上から仲間のパイロット九人を脱出させるのに、前進揚《よう》力《りょく》効果をありったけ利用しなければならなかった。積荷が重すぎてヘリパッドからびくとも動かないのに、だれも離陸を楽にするために降りようとはしない。コールソンは、コレクティブ・レバーをちょっぴりあげた。ヘリコプターがしぶしぶ浮かびそうになる。ローターの速度が落ちてまずいことになる前に、コールソンはサイクリック・スティックをちょっと押し、尾部ブームが建物にぶつからないように気を配りながら、屋上から飛び降りた。落下中にヘリコプターが前進揚力効果を得て、地面に激突する前に飛ぶことができるようになった。

ウェルクが、ロサンジェルス中南部に向けてゆっくりとパトロールをはじめた。一般の労働者には

＊舗装面をスキッドで弾《はず》みながら、激しい跳躍の勢いを増してゆくと、通常の離陸が不可能でも、この前進揚力効果によって、飛行に移れることがある。これを〝ランニング離陸〟と呼ぶ。ヴェトナムでは、積荷が重すぎる攻撃ヘリコプターが、毎日のはじめによくこの方法を使った。

うらやましい生活スタイルかもしれない。テレビのニュース番組との契約は、数百万ドルという額である。仕事着は好きなものが着られる。きょうはチノパンにグリーンの半袖シャツ、ハイキング・シューズといういでたちだ。ヘリコプターも身につけるものの一種だ、とウェルクはいう。「バックパックみたいなものだ。陸軍兵士が背嚢を背負うみたいに、フライトごとに身につける」このバックパックさえあれば、最悪の渋滞の上を飛びこせる。といっても、それは仕事中だけだ（仕事場には車で通勤している）。

かつてのウェルクは、サンディエゴ国際大学の大教室でおおいなる不満を抱えていた学生だった。だが、飛ぶことによろこびを見出した。秘密で操縦訓練を受けて、大金を使ったので、父親のローレンス・ウェルク・ジュニアは、息子が麻薬にでも手を出しているのかと思った。ウェルクは大学を中退し、サンタモニカ空港で航空機に給油する仕事を見つけ、そこでボブ・ターと妻のマリカに出会った。ウェルクはいう。「ふたりのヘリコプターに給油していたころには、事件だというのがすぐにわかった――なにしろふたりの車がタイヤを鳴らして急停止し、ドアを乱暴にあけて飛び出してくると、ヘリコプターに向けて駆け出したからね」ある日、翌日にカメラマンを使いたいのだが、だれか知らないかと、ターがウェルクにたずねた。ウェルクは、びっくりするでしょうが、ぼくがそのカメラマンですと答えた。

一九〇七年に自作のマシーンで「ふわりと浮かび上がった」と主張したポール・コルニュとおなじで、ウェルクはちょっとばかり事実を潤色していた。「それで、その晩、カメラマンの友だちのところへ行って、きみのやっている仕事が簡単だなんて思ってはいないけど、あしたカメラを使うのに最低限のことを教えてくれないか、と頼んだ」と、ウェルクは告白した。「ボブも、ぼくがほんとうのカメラマンではないとわかっていたんだと思う。でも、熱意を買ってくれたんだ」

その後、ウェルクはヘリコプター操縦ライセンスを取得し、ヘリコプター・チャーター会社を設立した。〝シャンパン・ミュージック〟とみずから名付けた音楽で財をなした、アコーディオン奏者でバンドリーダーだった祖父ローレンス・ウェルクの財産をあてにすることなく、自力で生計を立てていた。ヘリコプター・パイロット、航空交通管制官、警察パイロット、消防パイロット、カメラマン、給油係、ニュース番組のディレクターの出席する親善パーティを、ウェルクは毎年主催している。二〇〇四年一二月にウェルクの自宅でパーティがひらかれたときには、招待客にはすぐにそこが会場だとわかった。ヘリコプターに乗ったサンタクロースが庭に墜落して、プレゼントが雪のなかに散乱している光景を、映画界の友人がこしらえていたからだ（パーティに金を出し惜しみしないウェルクは、その展示のためにジェットレンジャー一機を分解させた）。パーティの余興として、警察のヘリコプターが一機しばらく頭上でホバリングし、敬意を表した。

渋滞しているフリーウェイの上空を飛んでいると、レイヴァスがインターコムでウェルクに、前方カメラのカバーに虫がぶつかったと告げた。拭き取るために降りる必要がある。簡単な話のように思えるだろう――ヘリコプターに乗っているのだから、どこででも降りられるはずだ――だが、それはただの理屈でしかない。政治的現実はまたべつの話だ。

ロサンジェルスでは、週日はヘリコプターが数十機活動しているにもかかわらず、反ヘリコプターの機運が強く、通常の航空機に行なうような整備や駐機を引き受けるヘリコプター専用給油所がない。ロサンジェルスはヘリコプターが機動力を発揮した最初の牙城であったのに、現在はなんとニューヨークのほうがヘリコプターにはやさしい。かつてロサンジェルスには、ミレニアム・ビルトモア・ホテル（一九六四年にビートルズが泊まった）やビヴァリー・ヒルトン（一九六三年に公民権運動のピケをやり過ごすためにJ・F・ケネディが着陸した）に、有名人が群衆の上を飛び越えて降りられるような屋上ヘリパッドがあった。大衆向けには、パシフィック・エレクトリック・ビルやアンバサダー・ホテルがあった。地上にも数十カ所のヘリポートがあった。* 一九六一年には、ヘリキャブという会社がホテルのヘリポートを使い、国際空港へ乗客を運びはじめた。一九六二年には、民間ヘリコプター所有者の五人に一人がカリフォルニア州を本拠にしていた。

この歓迎の絨毯は、いつかしまいこまれてしまった、とウェルクはいう。「いまのロサンジェルスはあまりにもヘリコプターにとって厳しい。中心部に定期的に使われている公共のヘリポートがないというのは、信じられない」一般のヘリコプターが駐機、給油できる場所がどこにもないという。ロサンジェルス市は、映画『ブルーサンダー』にも登場した世界最大の屋上ヘリポートを運営しているが、公共安全のためのヘリコプターしか使えない。固定翼機専用の小さな空港も姿を消している。キャピタルゲインを得るために、不動産開発業者に売られてしまったからだ。しばし考えた末に、ウェルクはインターコムのボタンを押してつづけた。「狭い地域に大金持ちがいっぱいいるからね——その連中がみんなヘリコプターで行き来をはじめたら。『地獄の黙示録』よりもすさまじいことになってしまう」

ウェルクは、ロサンジェルス国際空港への着陸許可を無線で申請し、駐車場の屋上に描かれた大きなHを目指した。ほかにとまっているヘリコプターはなかった。手前ではなく奥に着陸する理由を、ウェルクは降下しながら説明した。進入中にエンジンがとまった場合、そのほうが安全だからだという。

「このヘリコプターのせいでどういうふうに死ぬかをすべて考えていたら、操縦なんかできやしない」アスターが着陸用橇《ランディング・スキッド》の上に落ち着くと、ウェルクはいった。「でも、このマシーンほど手入れが行き届いているやつはないから、その点は安心できる」建物の屋根の縁に立つのは怖いが、ヘリコプターから下を見ても怖くないという。

ふたたびヘリコプターが離陸し、盗難重機についての警察の報告を見るようにという連絡がはいった。容疑者はフロントエンドローダーを運転し、インターステート10に近いエルモンテの往来の多い通りを走っている。保安官助手たちがあとを追い、時速三〇キロメートルほどに達しているという。CNNで報じられることはまずないだろうが、ウェルクは従順にサイクリック・スティックを動かして、機首をめぐらした。タービン・エンジンがパワーをあげ、最高巡航速度の一三三ノットに達する。重機に追いつくと速度を落とし、パトカーに囲まれている重機の真上を旋回して局にすばやく映像を送ってから、また空のパトロールを再開する。無線やインターコムを使って、ウェルクはそれから三〇分のあいだ、航空交通管制官、レイヴァス、私、他の報道パイロット、会社、KCALのふたりか三人と、なんの苦もなくやりとりをつづけた。

「女房がいうことは右の耳から左の耳に抜けてしまうが」ウェルクはいう。「ヘリコプターに乗っているときには、六つのことを同時に意識できるよ」

二週間前にエンジェル・シティが撮影した列車事故現場の話をしてくれた。「われわれが局の目になる。撮影に九〇〇ドルかかるかもしれないが、それによって局は視聴者二〇〇万人を得る」帰り道でトパンガ・キャニオンを通りながら、電柱や鉄塔を見て高圧線の破損箇所を見つける手順を教えてくれた。送電線そのものを見るよりも、上から見たほうがよくわかるのだという。

おなじ日の午後一〇時前に、スカイ9はふたたび飛び立つ。取材に値する事件が夜のニュースの時

＊一九六二年の調査によれば、ロサンジェルス近辺のヘリポートは五二カ所で、ヘリコプターを受け入れる通常の空港も一六カ所あった。ロサンジェルス・エアウェイズだけでも、一三カ所を運営していた。

オートローテーション中の空気の流れ

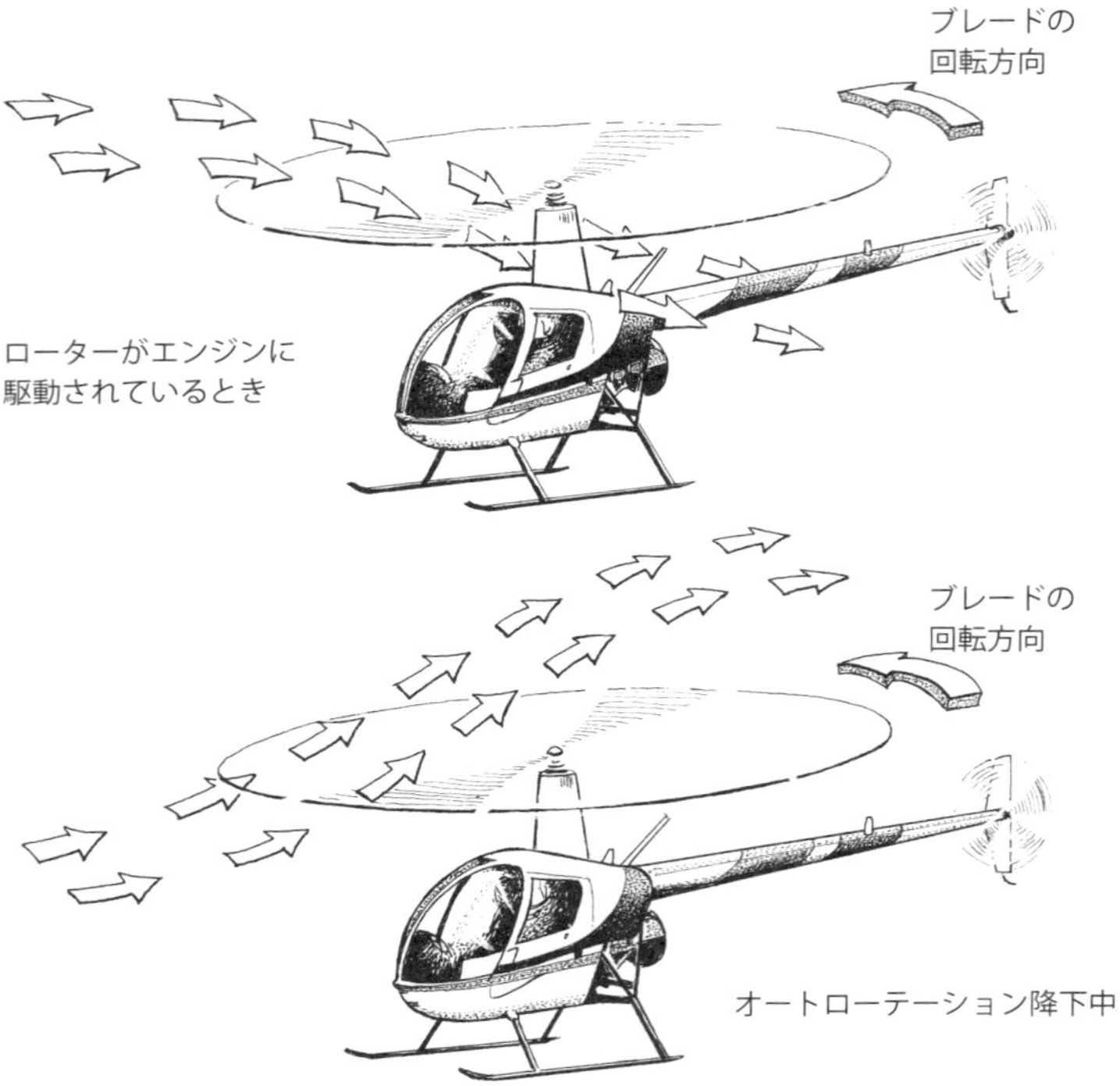

間帯に発生したとき、現場近くにいられるようにするためだ。空の往来は減っていない。無線の混みぐあいからして、ヘリコプターが一五機は飛んでいるようだと、ウェルクは判断した。インターステート405の大渋滞の画像――谷間を白熱した溶岩が流れているみたいだった――をひとしきり送ったあとで、ウェルクはローターを空転させて、オートローテーションの動きときりもみの最初の段階を実演しながら、並木道のある郊外へとたくみに機をあやつった。* 「じっさいには、たちまち六五ノットで滑空することになる」ローターにパワーをふたたび伝達しながら、ウェルクは説明した。

昼間のロサンジェルス盆地は、自動車にも駐車場にもビルの屋根にも息苦しい茶色のスモッグがかかっているが、夜景はじつにすばらしい。空気も澄んでいる。色とりどりの光が景色に満ちあふれ、点々とあるプールはアクアマリンのように輝いている。ある中南米のパイロットは、ブラジルの大都市で夜間に飛ぶのを、クリスマスツリーのなかを飛ぶようだと描写していたが、それがいまわかった。位置標識の灯火に囲まれたフーパー・ヘリポートに敬意を表し、エイオン・センターを通過する。かつてそこはファースト・インターステート・バンク・ビルと呼ばれていて、一九八八年五月に大火事を起こし、屋上からの避難や、消防士の輸送や、ビル内に閉じ込められた作業員の所在を突き止める際に、ロサンジェルス市のヘリコプターの群れがおおいに活躍した。(註5)

ウェルクの話では、警察の追跡をふり切ったり、たくみに隠れたりした容疑者を見つけて、無線で

＊オートローテーションでは、主ローターは下からの空気の流れにより、パワーが伝わっているときとおなじ方向に回転をつづける。これによって揚力が生じ、ヘリコプターの降下にブレーキがかかる。接地直前にタイミングよくコレクティブ・レバーを引けば、いっそうブレーキがかかって、無事に着陸できる。それ以外にも、空転しているヘリコプターのローターは、おなじ直径のパラシュートよりもずっと降下を減速させる効果がある。

通報することも、たまにあるという。ひとりの容疑者は、非常線をすり抜けて市営バスを盗んだ。

「警察の仕事をしているつもりはない。だれでもやるようなことをやっているだけだ」ウェルクはいう。「近所の家の納屋にだれかが押し入っているのを見たら、警察に電話するだろう。私たちには最新の観察プラットホームと高性能カメラがあるわけだからね。一五〇メートルの距離から車のナンバーが読み取れるんだ」脇道の車を一台映してみてほしいとレイヴァスに頼むと、すぐに目の前のモニターにカリフォルニアのナンバープレートが映し出された。

格納庫の戸締りをしているウェルクと別れたのは午前零時だった。長い一日だったが、帰宅する前に、ウェルクは大量の書類仕事を片付けなければならない。とはいえ、南カリフォルニアのヘリコプター起業家という空の暮らしを、ウェルクは称えてやまない。

「鮫に噛まれたサーファーがいると思えば、こんどは木にぶつかったスノーボーダーだ。つぎは砂漠で鉄砲水。それがみんな一度のフライトのあいだに起きる。レオナルド・ディカプリオの車を鍵で傷つけたやつがいたら、こんどはそっちへ行く」ウェルクとレイヴァスは、アスターの後部に〝お出かけバッグ〟を載せている。サンアンドレアス山荘で巨大地震が起きた場合に備え、サバイバル用の食糧や着替えを入れてある。大地震がいずれ来る。後世の語り草になるはずのその日、ヘリコプターを持っているパイロットはすべてそこに吸い寄せられるはずだ。

第15章　グレイト・スティック（操縦の達人）

ヘリコプター・パイロットが集まって話をするとき、尊敬すべきパイロットのことをしばしばグッド・スティックと表現する。操縦系統やシステムをただきちんと使いこなせるだけではなく、それ以上のことができて、判断力がたしかで、サイクリック・スティックやコレクティブ・レバーをうまくあやつれるパイロットのことをいう。そのグッド・スティックのなかでも最高のものは、グレイト・スティックと呼ばれている。ヘリコプター・パイロットや所有者のコミュニティに、ヘリコプターの新しい使いかたを示したひとびとである。グレイト・スティックたちは、それまでは不可能だったことをやってのけただけではなく、生きて地上に戻ってきた。グレイト・スティックたちは、想像を絶する能力を身につけている。繊細な操縦能力、エンジンとシステムについての隙ひとつない完璧な知識、状況を読み、リスクと利点を秤《はかり》にかける明晰な頭脳が、かならず必要だという。

繊細な操縦能力は、そなわっている場合には気づきにくいが、それがないとすぐにわかる。毎年一〇月、ペンシルヴェニア州ウェストチェスターのアメリカ・ヘリコプター博物館は、週末に航空ショーを開催する。このローターフェスティヴァルでは、客がジェットレンジャーや軍の輸送ヘリコプターに乗ったり、戦争の記念品の展示を見たり、博物館の常設展示を見ることができる。私が行ったとき、軍の放出したシュワイザー二座ヘリコプターの尾を切り詰めた参加型の展示があった。主ローターと尾部ローターを小さくして、小さな台座に載せてあった。ローターは、電気モーターによって、回転木馬ぐらいの速度でゆっくりとまわる。コレクティブ・レバー、サイクリック・スティック、ペダルは、すべてローターを動かす仕組みになっていて。左ペダルを踏めば尾部ローターのピッチが大きくなり、空気をしっかりとつかむのが見てとれる。だが、この展示品を動かす子供たちは、そんな細かいことはぜんぜん気にしていない。レバーをぐいぐい引き、ペダルを思い切り踏んでいる。

だが、じっさいにヘリコプターを飛ばすパイロットは、ほんとうに微妙な動かしかたをする。瞬時に動かすが、かすかに動かすだけなので、うしろに乗っていても、パイロットの動作はほとんどわからない。私は五年前にペンシルヴェニアで、電気が流れている送電線を整備する電気技師が乗る小型ヘリコプターに同乗したことがあった。地上から二五メートルの高さで、パイロットのマーク・キャンポロングは、二三万ボルトの電流が流れている親指ほどの太さのアルミと鋼鉄の高圧線のすぐそばでホバリングしなければならない。電気技師のジェフ・ピゴットが作業できるように、高圧線に近づいたままの状態を保つのが、キャンポロングの仕事だった。ヘリコプターの動きを学ぶ新人パイロットは、フットボール場よりも広い空間を必要とする。キャンプロングには、四〇センチの誤差しか許されない。* 手袋をはめた手でキャンプロングが光や変わりやすい風に対処しているのを、私は見守った。サイクリック・スティックにかけた手は、通りを流しているサイクリストとおなじように、無駄な動きがない。** 機体を傾けて給油車を目指すとき、義母にどうしてそんな退屈な仕事をしているのかときかれたことがあると、キャンプロングは打ち明けた。一日中じっと座っているだけだというのが、その女性の見かただった。

たしかにパイロットという仕事は、一日中座っているが、アメリカ空軍のハリー・ダン少佐のよう

ヒラー12E

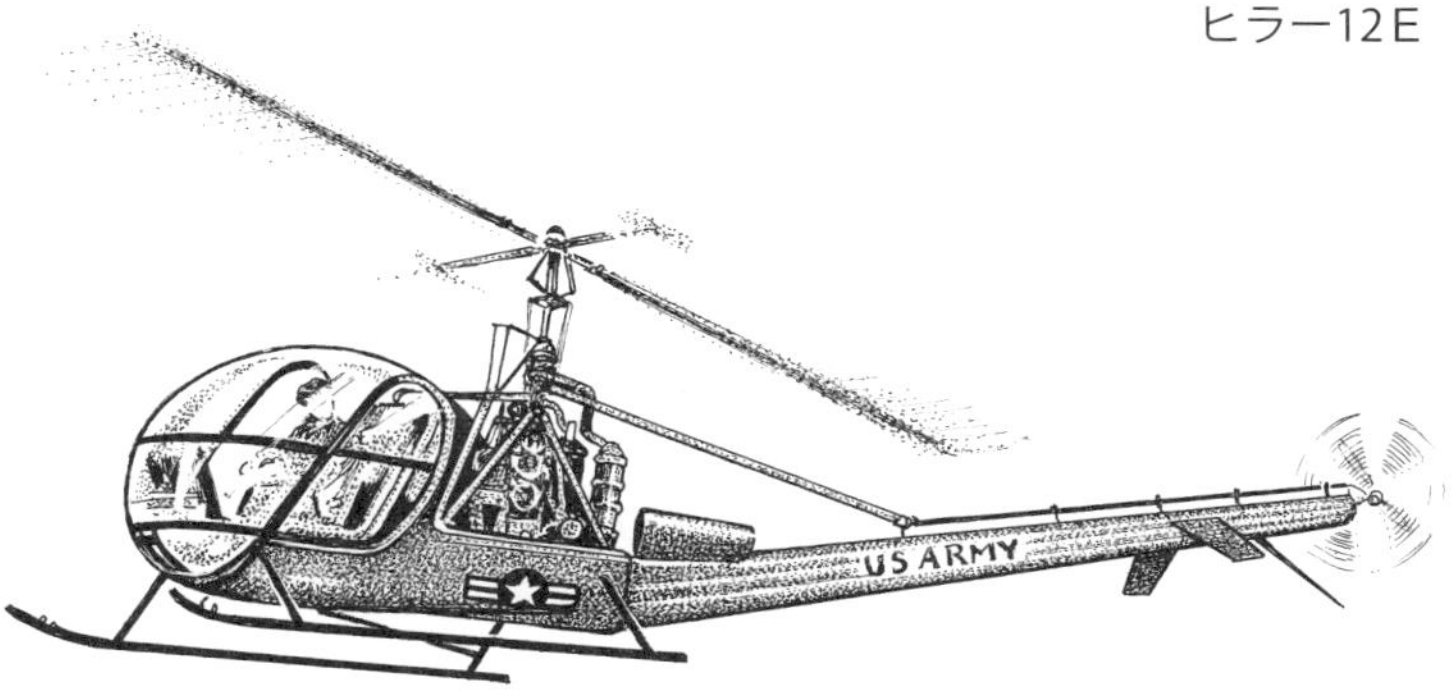

に、座ったままで仕事をすっかりやってのけた人間もいる。ダン少佐は、一九六五年に、ノースキャロライナ州チェリーポイントを飛び立ったC－130輸送機の流すドローグ（訳注　じょうご型の給油口）に、H－3ヘリコプターの模擬プローブ（訳注　太い針のような受油口）を差し込み、ヘリコプターの空中給油が可能であることを実証した。記念碑的なパイロットの離れ業《わざ》としてもうひとつ挙げられるのは、映画『ターミネーター2』の一場面である。夜間追跡の場面で、ベル・ジェットレンジャーが、降下し――ランディング・スキッドを道路ぎりぎりまで下げて――立体交差の下をくぐる。ジェイムズ・キャメロン監督の発案だったという。熟練パイロットのチャック・タンバーロが、ヘリコプターを台車に載せて、立体交差の下をじっさいに通し、どれだけ余裕があるかを計った（上は一五〇センチ、左右は一二〇センチずつだった）。六〇ノットで、タンバーロは二度のスタント飛行を行なった。特殊効果はいっさい使われていない。***

　グレイト・スティックのみにふさわしい、もうひとつの気が遠くなるような作業は、上昇限度に近い標高の高い斜面や高峰のてっぺんにヘリコプターを着陸させるというものだ。一九六〇年五月、アラスカ州アンカレッジのリンク・ラケットが、この作業をみごとにやってのけた。それからしばらくのあいだ、ラケットの小さな赤いヒラー12Eレイヴンは、世界一有名なヘリコプターになった。名声はすぐに消えてしまうものだが、それから数十年たっても、このアラスカの標高五二四三メートルでの出来事は、パイロットの技倆を物語る逸話となり、死の瀬戸際から引き戻してもらう手段として、世界中の登山者がヘリコプターに期待するようになった。

話は一九六〇年五月一七日、アラスカのマッキンリー山ではじまる。登山者四人が関わっていた。そのうちのひとりは、登山の熟練者とはいえないオレゴンの牧場主ジョン・デイだった。デイは、だれよりも速く登山する記録を樹立しようと企てた。マッキンリー登山に同行したあとの三人――ピート・シェーニングおよびルーとジム・ウィテカー兄弟は、経験豊富な登山者だった。飛行機で高度三〇〇〇メートルまで到達すると、四人はかなりの速足で、六一九三メートルの頂上に三日で登った。

西側斜面を下る途中で、問題が起きた。頂上から六〇〇メートルおりたところで、ひとりが氷で足を滑らし、それに対するあとの三人の反応が遅れた。登山では下りでこういうふうに事故が起きることが多い。酸素不足と疲労と寒さのために、登山者の反応が鈍くなっているし、下るときには勢いがつくため足を踏んばりにくい。四人はロープで体をつないでいたので、ひとりが滑落すると、あとの三人も、ロープとパックと短剣のように鋭利なピッケルもろとも、急な斜面をずるずると落ちていった。一二〇〇メートル下で斜面がゆるくなっていて、そこで滑落はとまった。その崖の縁を越えたら、さらに六〇〇メートル以上、急斜面を滑り落ちていたところだった。ジョン・デイは、脚を骨折し、靭帯《じんたい》を切っていた。シェーニングは脳震盪を起こし、それから数日、意識がはっきりしない状態がつづいて、凍傷が悪化していった。ウィテカー兄弟も怪我をしていたが、動ける状態だった。アンカレッジを出発したべつの登山隊が、滑落した四人を見つけて助けようとしたが、下山させることはできなかった。デイは動けなかったので、その場で寝袋に入れ、テントで覆った。助けに来たアンカレッジの登山隊でも、ひとりが危険な状態に陥っていた。ヘルガ・バディングが、標高五〇〇〇メートルでひどい高山病にかかって、動けなくなっていた。

デイがとどまっている高度五二四〇メートル付近の斜面は急で、飛行機は着陸できない。陸軍のH－21フライング・バナナ・ヘリコプターがその高度を目指したが、巡航速度でもそこまで上昇できなかった。アラスカにあるどのヘリコプターも、メーカーの仕様によれば、そこまで上昇できる性能がそなわっていなかった。フランス製のアルーエットIIはタービン・エンジンで、一九五七年に高度一万三〇〇〇フィート（三九六二メートル）に到達している。救出をこころみるにはうってつけだったが、アルーエットを早急に手配できる見込みはなかった。航空機では、補給品を投下するのが精いっぱいと思われた。そこに近づくだけでも危険きわまりない。五月二〇日、アンカレッジの建築業者の軽飛行機が、デイの近くに無線機用の電池の予備を投下しようとしたが、旋回中に失速した。すさまじい墜落によってパイロットと乗っていたもうひとりが即死した。

アンカレッジでは、まだ三二歳なのにつるつるに禿げあがったリンク・ラケットというヘリコプター・パイロットが、無線機で事件の経過を追っていた。ラケットの一族は、アーカンソー州スプリン

＊こうした状況で、パイロットはおもにふたつのリスクを意識する。エンジン故障もしくは尾部ローターをうっかりして送電線にぶつけることである。どちらも墜落を引き起こす。

＊＊能力と直感をとことん進歩させれば、特定のヘリコプターを操縦する技術は自転車に乗るのとおなじように一生忘れない、と経験豊富なパイロットたちはいう。

＊＊＊タンバーロは警察パイロットとして顔見せもしている。その前の場面で、悪党どもに、ホバリングしているヘリコプターから飛び降りろといわれる役だった。

グデイルで土建業をやっていて、それを手伝うために、ラケットは一九四六年から軽飛行機を操縦していた。その後、陸軍に入営して、パイロット訓練を受け、つづいて、ヘリコプター・パイロットの訓練がはじまったばかりのフォート・ラッカーで教官をつとめた。退役したあとは、グアテマラやメキシコ湾岸の路線パイロットとして働いた。アラスカに移住したのは一九五八年だった。

「リンクには超自然的な力がそなわっていた」パイロットのケン・ムーンはいう。ムーンは、一九六〇年からラケットといっしょに働いている。「あの齢《とし》でつるっ禿げというのはめずらしい。当時、そういう頭だったのは、ユル・ブリナーぐらいのものだ。美男子で、女性にもてたよ。リンクは、なんといっても冒険野郎だったね」

ラケットのふだんの仕事は、ヒラー12Eレイヴン・ヘリコプターで、孤絶した場所に人間や補給物資を運ぶことだった。そういった場所の土建作業で、資材を所定の場所におろす空飛ぶクレーンの役目を果たすことも多かった。ヒルIコプター社は、野外サーカスで空中ブランコやアクロバットの演技を引き受けたこともある。

最初にニュースが届いたとき、ラケットのレイヴンは飛行できない状態だったが、五月二〇日の朝、必要なパーツがアンカレッジ空港に届いた。その朝、ラケットは電話を二本受けた。一本はバディングの夫から、もう一本は陸軍のヘリコプター・パイロットからで、短ローター・ヘリコプターのレイヴンでヘルガ・バディングを救出できないかと頼まれた。やってみてもいいが、その前にアンカレッジの登山隊にヘルガをせめて標高一万四五〇〇フィート（四四二〇メートル）まで運びおろしてもらいたい、とラケットは答えた。

初期のレシプロ・エンジン型のレイヴンは、ふつう高度五〇〇〇フィート（一五二四メートル）が上昇限度とされていた。その三倍の高度を目指そうとするのは、命を粗末にする無鉄砲なパイロットのやることだと思われていた。しかし、ラケットは山岳での作業が専門だし、空気力学と低温の気候がプラスに働くと考えていた。それに、メーカーの試験で、高性能のE型レイヴンを高度一万五〇〇〇フィート（四五七二メートル）でホバリングさせたことがある。強風と冷気が、その性能を向上させてくれるから、標高一万四五〇〇フィートに着陸することも可能だと、ラケットは判断していた。＊

修理が終わると、ラケットは借りた防寒用のブーツと衣服を身につけて、タルキートナに向けて北上し、マッキンリー山を目指した。標高一万四五〇〇フィート（四四二〇メートル）に飛行機が何機か着陸して、バディングの救出に取りかかっているのが見えた。もっと上で動けなくなっている登山者たちを助けるために、数十人の登山者が集まっていた。ラケットはそこに着陸して事情を聞いた。氷河専門のパイロットのドン・シェルドンがやってきて、約八〇〇メートル上で雪がすこし上に反っているオーバーハングを指差した。「連中はあそこだ」ディの登山隊の負傷者のことだ。「ここまでおろしてくれれば、アンカレッジに運ぶ」ラケットは、状況を偵察すると答えて、空軍が貸してくれた酸素ボンベから酸素を吸いながら、円を描いて上昇した。レイヴンの飛びっぷりに、ラケットは満足していた。マッキンリー山の双子の峰のあいだを抜けたということは、高度一万九五〇〇フィート（五九四四メートル）に到達している。

脚を怪我《けが》しているジョン・デイが、最初に爆音を聞いた。ローターが風を切り裂く遠い音が、岩の表面に反響した。蛍光色の赤に塗られたちっちゃなヘリコプターが接近してくる。墜落した軽飛行機の残骸のそばを飛び、滑走着陸をこころみるために谷側に機首を向けている。機首を起こすと、尾部ブーム下側の針のような突起が、雪に溝を掘った。向きを変え、絶壁の手前で横滑りしながら停止し

＊冷たい空気は、暖かい空気よりも密度が高いので、ローターは寒い日のほうが空気をしっかりと捉える。

た。レイヴンのエンジンはかけたままで、空軍の爆撃手の飛行服と搭乗員ブーツを身につけた男がおりてきて、まだ煙をあげている軽飛行機の残骸にむけてのろのろと進んでいった。そこでばったりと前のめりに倒れた。

海抜の低いアンカレッジに住んでいるラケットは、高山に順応していないため、うまく行動できなかった。しかし、雪の冷たさで意識を回復し、ヘリコプターに戻って酸素をすこし吸った。意識がはっきりするころには、ディを迎えにきたのだと考えたウィテカー兄弟が、作業を楽にするつもりで、ヘリコプターのほうへディを運んでいった。ふたりは山側のローターのすぐそばを歩いていた。恐ろしい速度でローターはまわっていて、よく見えなかった。

ウィテカー兄弟が危ないと見て、ラケットは飛び降りた。叫び、爆音に負けない大声で叫んで、これはあとで救出が可能かどうかを知るための着陸にすぎないことを、ラケットは説明した。ヘリコプターは雪から飛び立つ揚力が得られず、ただずるずると前進するかもしれない。そうやって滑りはじめたら、安全に離昇する前に制御を失うおそれがある。安全カバーのない芝刈り機みたいに回転している尾部ローターについても注意をあたえた。ラケットが機首を谷側に向けるあいだ、機体が横滑りしないようにウィテカー兄弟が支えた。それによって、レイヴンは、斜面を下りながら前進揚力《ようりょく》効果の恩恵を受けることができた。

無事に離陸したラケットは、標高一万五〇〇〇フィート（三二〇〇メートル）の救出キャンプに着陸した。そこで無線連絡した。風力一五ノット以上になったらすぐに連絡するようにと、ウィテカー兄弟に指示した。人間ひとりを載せて雪上から離陸するには、それだけの向かい風が必要だったからだ。だが、待機には危険もともなう。夜になっても風が強くならなかったら、晴れた日に西側を上昇する暖まった空気を利用できない。それに、暗いと着陸に不可欠な遠近感が失われる。

五時間後、ちょうどいい按配の風が吹きはじめた。空軍整備兵とヒラーの技術者に手伝ってもらい、ラケットはレイヴンを徹底的に軽くした。タンクの燃料を抜き、三〇分飛べるだけの燃料しか残さなかった。レシプロ・エンジンを始動すると、重さ一五キロのバッテリーをはずし、計器用にはランタン用バッテリーを使った。バッテリーがなければ、スターターに用はないので、取りはずした。大型バッテリーがないと無線機は作動しないので、それも取りはずした。気温は零下三〇度近かったが、ドアもはずした。

深い雪のために、着陸を一度中断し、埋もれてしまうのを怖れてそのまま緊急離陸したあと、ラケットは周辺を飛んで、西壁と呼ばれる岩を目指した。その急斜面をブレーキ代わりに利用して、山を巻くようにウィテカーたちのいる場所を目指した。オーケー、と合図を送った。デイを載せてもだいじょうぶだ。

好運を祈るために、手袋をはめた指で十字をこしらえると、ラケットはコレクティブ・レバーをゆっくりとあげ、斜面を滑り降りていった。余分な重量をすべて取り払ったとはいえ、標高が高いので、ラケットのレイヴンは、固定翼機とは異なるヘリコプター独特の性能をほとんど失っていた。つまり、ホバリングできなかった。空気が薄いために、対気速度計の針が一五ノット以上を示していないと、宙に浮かんでいられなかった。（註1）計器によれば、その高度一万七二〇〇フィートで、レイヴンのライカミング・エンジンは、海抜ゼロでのアイドリングよりもほんのちょっぴり大きいだけのパワーしか出ていなかった。だから、操縦系統をきわめて繊細に操作しなければならない。* ラケットは、斜面から

＊パワー・マネジメントと呼ばれる。こうした状況では、コレクティブ・レバーの過度の使用（ブレードのピッチが大きくなって抗力が増える）は、ローターの速度を落として危険な状態をもたらしかねない。

無事に離陸し、デイを仮設滑走路まで運んだ。デイは、そこから飛行機でアンカレッジに運ばれた。翌朝は、シェーニングを迎えにいった。ウィテカー兄弟は、一万四五〇〇フィートの降着地点まで、徒歩で下ることができた。その数時間後に嵐が来襲し、飛行はまったく不可能になった。ラケットは、五月二〇日に墜落した飛行機から遺体を回収することを考えたが、保険代理店が、それをやる場合には保険料を加算すると通告した。そこで登山隊が遺体を回収した。レイヴンは高高度でも飛べるし、超低温の空気によって性能が向上するので、この救出任務は決死の行為ではなかったと、ラケットは主張した。だが、他の人間は、きわどかったと考えていた。ラケットはテレビのクイズ番組に出演し、英雄的行為にあたえられるカーネギー勲章を授与された。

「リンクは、一瞬だけど世界をモノにしたね」ケン・ムーンはいう。ムーンは当時、会社の二番手パイロットとして、アラスカに向かっていた。「パイロットがほしい会社は、みんなヒルＩコプターに頼みに来たよ」

どういった経験が積み重なれば、グレイト・スティックになれるのだろうか？　ラケットの世代には、熟練パイロットは、（現在のパイロットが危険すぎると考えているものも含めて）広範な教習や仕事で卓越することによって、名声を得ていた。この世代のもっとも偉大な履歴書は、つぎのようなものだ。フォート・ウォルターズかフォート・ラッカーで、世界一流の教官の指導を受ける。*数千回の実習を通じて、緊急時のオートローテーション着陸の技術を身につける。（註2）標高の高い場所で重い荷物を吊り上げる。山の斜面で〝トウイン〟着陸をする。山火事の煙のなかを飛び、数百リットルの水を正確に投下する。ケーブルで人間を吊るすために特殊な試験を受けて合格しなければならない。緊急事態に医療活動をし、それでいて安全でない状況では引き返す勇気を持つ。さらに、当然ながら、ヴェトナムでの長時間の戦闘飛行経験が必要とされる。フェアかどうかはべつとして、ラケットやチャック・タンバーロなど、一九五〇年前後もしくはそれ以前のパイロットにとっては、それが練度を計る黄金律だった。その後四〇年近く、それは変わらなかった。

第一六〇特殊作戦航空連隊の熟練パイロット、クリフトン・オブライエンを通じて、私はもうひとりのグレイト・スティックを探し当てた。この部隊では、ヴェトナム従軍経験のあるパイロットが、いまなおいい影響をあたえる存在として敬われている。オブライエンがためらわず口にしたのは、空中偵察パイロットのジャスティン・G・〝ガイ〟・バルーという名だった。

まず歴史的背景を説明しよう。ヴェトナムでは、歩兵部隊が敵兵と触接し、米軍の航空機や砲兵が最大限の火力を発揮できるように、その敵部隊を釘付けにするというのが、通常の作戦手順だった。かの有名な鬼将軍パットンの息子ジョージ・S・パットン三世が、大佐として第一一装甲騎兵連隊を率いていたが、その言葉を借りれば、「やつらを見つけて猛襲せよ」というわけだった。索敵の一手段として、空中偵察《エアロスカウト》と呼ばれる敏捷な軽ヘリコプター部隊があった。

パットン大佐（その後、少将に昇級）は、第一一装甲騎兵連隊攻撃偵察ヘリコプター中隊でもっと

＊一九五六年から一九七三年まで、テキサス州フォート・ウォルトンでは、准尉から将官に至るまで、のべ四万人のパイロットが訓練を受けた。ヴェトナム戦争最盛期のフォート・ウォルトンの教官は、ふたつに大別できる。東南アジアで戦闘飛行経験のある准尉か、軍の下請けで訓練を行なっていたサザン・エアウェイズで訓練を受け、同社に雇われていた民間人のどちらかだった。ヴェトナムで空中偵察パイロットをつとめたヒュー・ミルズは、少尉のときにサザン・エアウェイズの訓練を受けた。訓練はかなり厳しい集中的なもので、エンジン故障に備えてオートローテーションの実地訓練をたびたび行なった。それでも、パイロットによっては単独飛行のあいだにひまを見つけて、ポッサム・キングドム湖でヘリコプターによる鬼ごっこをしたり、恋人を人里離れた訓練地に連れていくといった、不正行為を働くものがいた。

も有能な空中偵察パトロールは、ガイ・バルーだと述べている。バルーは、だいたいにおいてヴェトナム中部の第三軍団作戦地域で偵察を行なっていた。バルーとその銃手兼航空偵察員の主な仕事は、敵軍の野営の形跡を探して——そのあとが危険なのだが——全面攻撃をかけるに値する規模の部隊がいるかどうかを突き止めることだった。この一九六八年から六九年にかけては、敵部隊の規模が三〇人程度であれば、攻撃に値した。空中偵察を行なうには、樹冠よりも低く飛び、偽装をほどこした敵の機関銃掩蔽壕《えんぺいごう》にかなり接近しなければならないので、すこぶる危険だった。

「直線に目を光らせるのが、ほんもののベースキャンプを見つけるコツだ」と、私が会ったときにバルーは教えてくれた。「自然界には、直線は存在しない」だが、野営地を見つけるだけでは、じゅうぶんではなかった。少人数の留守番がいるだけかもしれないし、それでは歩兵部隊やガンシップを呼んでもしかたがない。野営地が完全に放棄されている場合もある。見込みがありそうで、なおかつ留守のように見えたときには、バルーと航空偵察員は、その場所を記録し、ときどき見にいって、敵部隊がいるかどうかをたしかめる。そこが見張られていることを敵に気取《けど》られないために、接近する方位や時間帯を変えるよう気を配った。バルーと航空偵察員のロバート・ヘプラーが必要なことを見てとるには、低空をゆっくり飛ばなければならないが、撃ち落とされずにそれをやるのは至難の業《わざ》だった。

バルーが飛ばしていたのは、ヒューズOH‐6軽観測ヘリコプター（LOH）で、その略称LOHからローチ（ドジョウ）とも呼ばれていた。乗員を護るものは、装甲ではなく、速度と敏捷性だった。全長は八メートルたらずで、運動性能が抜群に優れているため、敵銃手が銃弾を命中させるのは、ヒューーイよりもはるかに困難だった。(註3)

ローチは「手袋みたいにぴったりはまり、ハチドリみたいに飛ぶ」と、バルーの銃手兼航空偵察員だったロバート・ヘプラーはいう。「ヴェトコンにいくら撃たれてもへいちゃらだったが、ある日、

ヒューズOH‐6ローチ

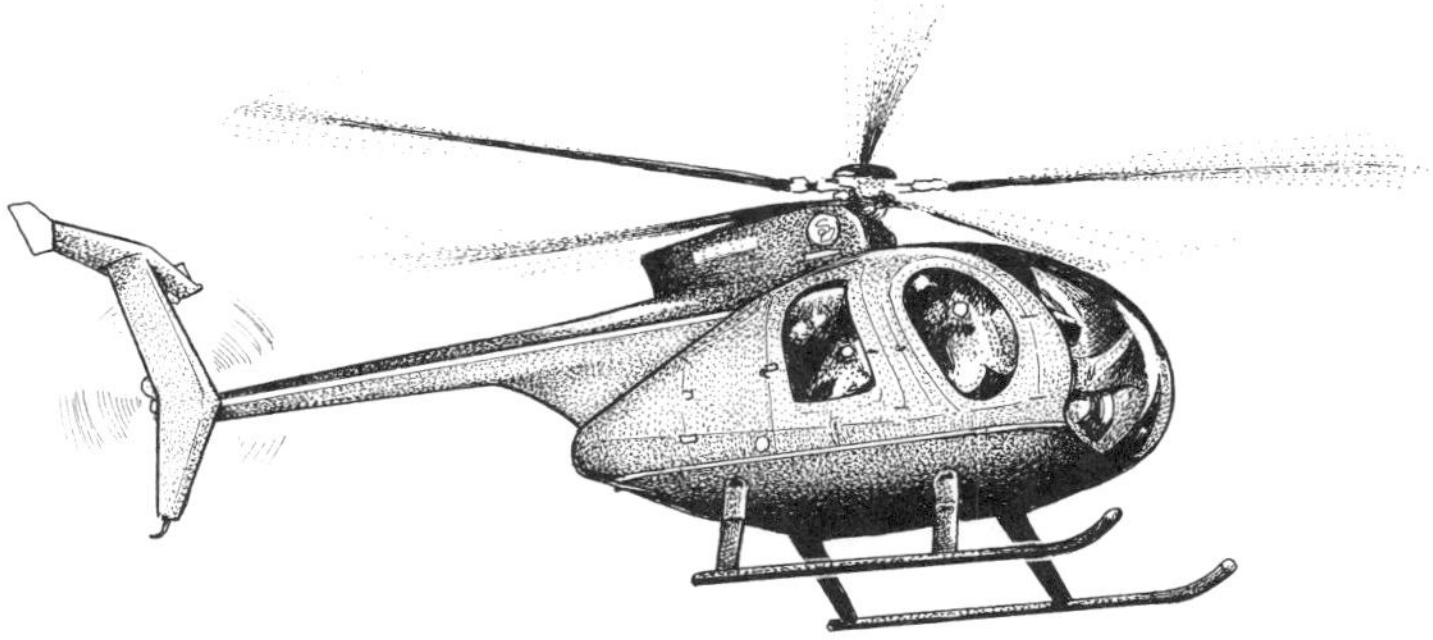

三機いっぺんに失ったよ」そのとき、真新しいOH‐6三機——機番三三一から三三三まで——は、中隊に届いた数日後に、ヴェトコンの砲撃によって地上で破壊された。「銃撃を浴びない日は思い出せないくらいだ」と、バルーはいう。

　通常の空中偵察ヘリコプターは、ミニガン（六連装回転式機銃）を搭載していたが、重くて扱いづらいと考えたバルーは、それをはずして、自分の好きなM‐60汎用機関銃を積んだ。左の座席のヘプラーと後席のもうひとりの空中偵察員に一挺ずつ。ときには右座席の自分用に一挺。それを積んだときには、バルーはサイクリック・スティックを左手に握り、コレクティブ・レバーを膝で動かし、右手で機関銃を操作した。ヘプラーは四〇ミリ擲弾《てきだん》発射器も好み、掩蔽壕に投下する手製の爆弾も持ち込んだ。「離陸もやっとというくらい、ローチに詰め込んだものだ」バルーは、当時を思い出して語る。追撃中に弾薬が尽き、開豁《かいかつ》地を逃げる敵兵を追い、降着装置で押しつぶして勝負をつけたこともあった。

　敵主力部隊の兵士は隠蔽の名人で、夜間に移動し、昼間は遮蔽物の陰に隠れていた。その点からすれば、ヘリコプターは敵兵を発見するのにうってつけの道具とは思えない。だが、バルーには秘密兵器があった。毎朝、夜明けに飛び立ち、米軍も北ヴェトナム軍も占領確保したりパトロールしたりしていないとわかっている開豁地を目指す。そこで、朝の低い角度の光を、バックスキャターレーダー（訳注　水平線の向こうから飛来する敵ミサイルを、電離層の乱れによる反射電波エネルギーによって探知するレーダー）代わりに利用する。草原に〝ぴかぴか〟がないかと目を光らせるのだ。草原に光っている部分があるのは、夜間に何者かがそこを歩いたことを示している。料理や排泄物のにおいも、現在そこに人間がいる証拠になる。泥で濁った流れもそうだ。パットン大佐によれば、一九六八年にドンガイ連隊の所在を突き止めたのはバルーの手柄だったという。その地域を通過するとき、バルーはいつもの伝で低空飛行していた。どれほどの低空だったか？　爆弾でできた漏斗孔に溜まった水のなかで魚が泳いでいるのが見えたほどだという。そこは川からは離れていた。何者かがその水溜りを、食糧にする魚の生簀《いけす》代わりにしているにちがいない、とバルーは判断した。それこそが空中偵察の妙技だった。*

グレイト・スティックたちは、まさにその手のことをやる。だが、現代のパイロットは、ヴェトナムのような戦争で学ぶ機会がないから、これはもはや昔話に属する。ヴェトナムで生まれたグレイト・スティックたちは、そこからどこへ行ったのだろう？　ヴェトナムで学んだ世代が引退すると――最初は小さな流れだったかもしれないが、いまやいっせいに引退する時機が来ている――グレイト・スティックの人口はがた落ちになるのだろうか？

屋上の鷹の巣のような場所で、物に動じないボブ・スタインブランと二時間話をして、私は当時と現在のヘリコプター・パイロットの現状を教えてもらった。スタインブランには、それを比べられる資格がある。私がミネソタ州ミネアポリスの勤務先を訪れた時点で、スタインブランのパイロット経験は三九年、飛行時間は一万四〇〇〇時間で、その大部分がヘリコプターだった。建設現場で資材を運んだこともある。(註4) スタインブランは、航空会社のパイロットとおなじような服装だった。エポレットのついた白いシャツに黒のズボン。ブロンドの髪は短い。堂々とした落ち着いた口調で話す。スタインブランが手がけている空の救急車は、一九八五年から患者を運んでいるが、運用中の墜落や事故は一度もない。パイロットは四人いる。スタインブランは初日からはじめて、ずっとここにいるが、いまも仕事が大好きだという。

「ここには世界一大きなピクチャーウィンドウがある」椅子を勧めながら、スタインブランがいった。ノース・メモリアル医療センターの屋上格納庫の巨大なドアのことだ。なにしろ高いので、ミネアポリスの中心部を一望できる。ヘリコプターにとっては柵や手摺《てすり》が危険な存在なので、そのためにも視界を遮るものがないようにできている。デスクから一〇メートル離れたところに、スタインブランのもうひとつの椅子――アグスタ109医療ヘリコプターの機長席がある。

スタインブランは、一九六六年に陸軍に入営し、ヘリコプター・パイロットの訓練を受けて、ヴェトナムで第一七騎兵連隊のローチ・ヘリコプターとピンク・チーム（訳注　観測ヘリコプターが〝白〟、攻撃ヘリコプター［ガンシップ］が〝赤〟、この混成を〝ピンク・チーム〟と呼んでいた）を組んでガンシップを飛ばした。帰還後は陸軍ヘリコプター学校の教官をつとめた。除隊後、さまざまな種類の航空機を飛ばして、一九八五年に医療ヘリコプターのパイロットになった。救急輸送の乗員は、スタインブラン、航空看護師、航空パラメディックの三人である。

＊一九七〇年五月、べつの空中偵察ヘリコプターが、カンボジアのロック・アイランド・イーストと呼ばれる場所で、大規模な武器隠匿所を微妙なしるしから発見した。弾薬七〇〇万発、ロケット弾数千発がそこにあった。

「すべてのスイッチ類が手探りで区別できるように、このヘリを知り尽くす必要がある」スタインブランはいう。「火災を起こしている車があったとして、電線やら木やらがある。計器盤など見ているひまがない。降着装置を下げ、ロックし、駐機ブレーキをかけ、ふたつのローターのトルクが均衡するようにして、乗員がベルトを締める。そういったことすべてを、一分か二分でやらないといけない」副操縦士はいないので、コンピュータ化された航法を、すべてひとりでやる。ときには厄介なこともあるが、医療パイロットとしてやってきたなかでもっとも苛酷《かこく》な日ですら、ヴェトナムで飛ぶストレスや危険とは比較にならない、という。

「こういう仕事は、あれと比較したら児戯にひとしい。ヴェトナムでは、地上に米軍部隊がいて、こちらの到着が間に合わないと、みんな黒焦げになっちまう。だから、自分が死ぬおそれがあっても、あらゆる手立てを講じて脱出させなければならなかった」

後日、空軍の新世代ヘリコプター・パイロットである、グレッグ・レンジェル大佐に、ヴェトナム後の時代のパイロット稼業の方向性についてたずねた。レンジェル大佐はまず、訓練を受けていたころに観察した、新旧のパイロットについての意見を述べた。「ありようにちがいがあるとすれば、ヴェトナム時代の連中は、経験が豊富だから、コクピットで動揺するということがまったくない」電子メールにレンジェルはそう書いてきた。「〝技術的知識〟よりは〝操縦桿《そうじゅうかん》と方向舵の感覚〟をだいじにする」

元ブラックホークのパイロット、クレイグ・ダイアーによれば、現在のヘリコプターでは、いままでとはまったくちがう技倆が必要だという。「〝たえまなく〟要求されるハイテク能力が、総合的でなおかつ要求が厳しいものになっている」

「戦闘に熟練して、どういう状況でも冷静でいられるような、べつの世代のパイロットを、われわれは生み出しているところではないだろうか」レンジェルはそう思っている。「MH－53Mを飛ばしている若いパイロットの多くは、CONUS（米本土）での飛行時間よりも戦闘時間のほうが多くなっている」レンジェルが操縦するMH－53J／Mペイヴローは、敵の監視をかいくぐって特殊部隊を輸送することを専門としている。

経験を積んだ軍のパイロットは、特殊部隊の作業に参加したいと思う。ケンタッキー州フォート・キャンベルには、世界一修了者のすくない訓練課程がある。この駐屯地の南西の角に、地味な発祥の名残がある。その薄茶色のコンクリートの建物は、中心の道路からはずれた木立に囲まれた小山にある。表に爆弾の筐体《きようたい》が置かれている建物の表札には、第七一七武器隊とある。現在のこの部隊は爆発物処理を専門とする。だが、一九八一年には、べつの部隊がこの建物を使用していた。超極秘のタスク・フォース160——敵国イランから人質のアメリカ人五三人を救出する二度めの作戦のために編成されたヘリコプター部隊である。

ヴェトナム時代のOH－6ヘリコプターを擁するタスク・フォース160が発足したのは、一九八〇年に行なわれたヘリコプターを使う最初の人質救出作戦が、無残な結末に終わったためだった。暗号名をイーグル・クローというこの作戦は、一般にはデザート・ワン任務と呼ばれている。イーグル・クロー作戦は、テヘランの米大使館の人質を救出するのが目的だったが、パフラヴィー（パーレビ）国王退陣とイスラム政権成立によって、アメリカとイランの関係が緊張したのが、事件のそもそものきっかけだった。外科手術のためにパフラヴィー元国王が入国するのをアメリカ政府が許可してから二週間とたたないうちに、武装勢力が米大使館に押し入って職員を人質にとったのである。

アメリカ人数人が解放されたが、まだ五三人が残っていた。陸海空軍および海兵隊すべてが加わった部隊がイランの奥深くに潜入して、人質を奪回するという、精緻《せいち》に計画された作戦を、ジミー・カーター大統領が一九八〇年四月に承認した。その部隊に、通常は掃海任務にあたっている海軍のRH－53シースタリオン・ヘリコプター八機が参加していた。この八機は、空母を発進して、一〇〇〇キロメートル近い距離を飛行し、デザート・ワンと名付けられた砂漠の孤絶した道路に着陸することになっていた。きめ細かい六つの段階に、ぜんぶで四四の航空機が加わるという作戦だった。

作戦は早くから齟齬《そご》をきたした。海軍ヘリコプター八機のうちの三機が、機械的故障と称して途中で脱落した。じっさいに故障したヘリコプターもあったが、故障したかどうか疑わしいものもあった。それによって、部隊や人質を輸送するヘリコプターの数が足りなくなったため、救出作戦は中止になった。ところが、話はそこで終わらない。地面もろくに見えない土埃のなかでホバリングしていたヘリコプターが、ローターブレードをC－130輸送機にぶつけた。飛び散った破片で、ヘリコプターと輸送機の双方の燃料と弾薬が誘爆した。あとは生きるか死ぬかの大騒ぎになった。タスク・フォースは離脱したが、八人の死体と大量の残骸が残された。

イーグル・クロー作戦は、おおっぴらな非難の応酬をもたらし、こうした大失敗を避ける方法についての報告書が数多く出された。特殊部隊からは、ヘリコプターに似ているがもっと航続距離と速度が優れている航空機がほしいという意見が出た。当時、そういう航空機といえば、V－22オスプレイしかなかった。この作戦の教訓は、軍全体に及ぶもの（ヴェトナム戦争後、アメリカは正規部隊が弱体化していた）から些細なもの（作戦に参加した海軍ヘリコプター一機は、ブレードがはずれることを警告する表示が出たというが、任務にはなんら支障をきたさなかった）まで、多種多様だった。そういったなかで、ひとつの対策だけは、ほとんど公《おおやけ》にされなかった。それが、戦術を変更して、ふたたびヘリコプターと特殊部隊を投入する二度めの救出任務――ハニー・バジャー作戦だった。

ハニー・バジャーのために陸軍が集めたのは、新鋭のH－60ブラックホーク、旧式のOH－6、第

ミルMi-24〝ハインド〟

一〇一空挺師団から募《つの》った兵員だった。きわめて困難な任務になるはずだった。先の作戦で警戒を強めたイラン側は、人質を分散させ、なおかつ転々と移動させていた。

　MH-6の訓練は夜間に行なわれ、昼間も姿を見られないように、格納庫の奥に仕切りを立てて隠されていた。ヴェトナムの生き残りのOH-6が何機もあったが、ブラックホークが導入されてからは時代遅れだと見る向きも多かった。陸軍の考えはちがっていて、州兵部隊からOH-6を駆り集めた。

「ヒューイやOH-58では、使い物にならない」作戦準備に加わっていた部隊最先任曹長（退役）のクリフ・オブライエンはいう。「OH-6を換装したMH-6は、扱いやすく、迅速に配備でき、墜落にも強い。配備しやすいというのは重要なんだ。MH-6六機をC-141輸送機に積めるし、六分か七分あれば飛行可能な状態にできる」タスク・フォース160こと第一六〇飛行大隊の隊員たちは、MH-6とその軽攻撃ヘリコプター版のAH-6を、リトルバードと名付けた。

一九八一年に人質全員が解放され、ハニー・バジャー作戦の準備は中止されたが、将来、非対称戦が増えると見た陸軍は、常設の特殊部隊的なヘリコプター部隊を育てることにした。* タスク・フォース160(現在の名称は第一六〇特殊作戦航空連隊)は、一九八七年に湾岸での作戦の際に偽装があばかれるまで、隠密のままだった。そのころには、陸軍のヘリコプター・パイロットは、そこを最高の職務と見なしていた。

夜間訓練中の事故が、いちばんの障害だった。一九八三年、訓練中のヘリコプターが四機墜落すると、当時利用できるようになっていた初期の暗視ゴーグルを使って、パイロットがターゲットへの航法と接近を行なうという対策がとられた。もともと輸送車両の運転手向けだったため、この暗視ゴーグルは視野が狭かった。タスク・フォース160は、一九八一年に第一六〇航空大隊と改称され、グレナダ侵攻が初陣《ういじん》となった。キューバの支援するマルクス主義者の策謀に対抗し、アメリカ人を避難させる米軍の作戦に参加したのである。ただし、一六〇にとって望ましい夜間侵入ではなく、昼間の突入を余儀なくされた。ターゲットである刑務所に接近する際に、一六〇のヘリコプター部隊は激しい対空砲火を浴びた。一機が撃墜され、戦闘による初の死者を出した。その後、湾岸でイランの高速攻撃艇や掃海艇を攻撃したり、チャドで放置されていたソ連製のMi-24ヘリコプターをMH-47チヌークで運び出したり、パナマでマヌエル・ノリエガ将軍に忠実な部隊と戦ったりした。

一六〇は、一九八六年にふたたび、第一六〇特殊作戦航空群という部隊名に変わり、パナマでノリエガを排除するための作戦に参加した際に、第二、第三の戦死者を出している。コロン港で、武装したリトルバードが、RPGにより撃墜された。ビーチハウスの〝重要ターゲット〟を急襲したSEAL(米海軍特殊作戦チーム)の撤退を掩護していた最中だった。

人知れず生き延びてきた一六〇は、一九九〇年には第一六〇特殊作戦航空連隊(SOAR)という現在の名称を得るが、一九九三年一〇月三日、ソマリアのモガディシュの狭い市街での戦闘で、一躍重大ニュースに取りあげられる。その日の午後、米軍のデルタ・フォースとレインジャー部隊が、第一六〇SOARのヘリコプターを使用して、オリンピック・ホテルの向かいのビルを急襲した。反政府武装勢力の頭目モハメド・ファラー・アイディードの幹部二十数人を捕縛するところまではうまくいったのだが、ブラックホーク一機がRPGを尾部ローターに食らい、制御を失って数百メートル離れたところに墜落した時点から、事態は急激に悪化した。死体と負傷者を収容するための戦いが、夜間までつづき、夜明け前にふたたび戦闘が激化した。もっとも劇的だったのは、コールサイン〝スター41〟のMH‐6リトルバードが、銃撃戦のさなか、狭い通りに危険な着陸を敢行し、デルタ隊員のダニエル・ブッシュ二等軍曹とジム・スミス一等軍曹を、墜落した〝スーパー61〟ブラックホークから救出して、安全な場所まで運んだことだった。SOARの乗員は、結局、五名が死亡、一名が捕虜になった。

モガディシュの横丁に着陸したリトルバード〝スター41〟の副操縦士は、カール・マイアー二等准尉だった。いかにも勇士らしく、マイアーはその日の手柄を誇るようなことがない。「武装していなかったし、怖かった」と、マイアーはいう。上空の武装リトルバード数機が力を合わせて熾烈な攻撃を行なっていたおかげで、ソマリア人戦士たちが突撃できず、救出できたのだと説明する。

マイアーは現在、フォート・キャンベルで、パイロットや乗員にグリーン小隊と呼ばれているSO

＊他の国もおなじ結論を下していた。たとえばイスラエルは、一九六九年一二月、CH‐53輸送ヘリコプターでエジプト軍の前哨ラスガレブにコマンドウ部隊を送り込み、ソ連が装備を供給していたレーダー基地の機器七トンを押収して、研究のために持ち帰っている。

AR部隊訓練部門の作戦士官をつとめている。グリーン小隊にやってくるパイロットは、当然ながら陸軍のヘリコプター操縦資格を持っているが、SOARの任務ができるほど操縦に熟達するには、三カ月かかる。そのあと、任務を立案して指揮する地位を望むものは、さらに二年の実務経験と教習を必要とする。グリーン小隊の訓練生の生活は厳しい。二週間、個人戦闘訓練を受けたあと、三週間にわたって、基地から一五〇キロメートル以上離れた標識のない降着地点を目指す夜間低空飛行任務を立案して実行する。航法はすべて、地図、時計、コンパスで行ない。それ以外の機器の使用は許されない。

「訓練生は、最初の晩には、去年のイースターエッグ探しみたいに道に迷う」マイアーは説明する。「急に無口になって、うしろばかり気にする。教官の私はこういうんだ。〝広い範囲で考えるんだ。どこの町がありそうか、と〟。でも、三週間もすると、教えてやるまでもなく、連中はターゲットに到達する」新人が副操縦士になるまで、六カ月から九カ月かかる。グリーン小隊は、だいたい年に一二〇人のパイロットを養成している。

あるヘリコプターがほかのヘリコプターよりも優れているというような定見は自分にはない、とマイアーはいう。アフガニスタンでは標高の高い場所での任務が多いから、CH-47のような頑丈なヘリコプターの仕事が増えていると説明してくれた。しかし、話をするうちに、自然とリトルバードが話題になることが多くなった。モガディシュでマイアーが乗っていたかもしれないし、市街地での小さな戦争が多くなっているからかもしれない。米軍兵士にとって、市街地はもっとも危険で、やりにくい戦場である。SOARパイロットの現用のMH-6やAH-6は、ヴェトナム時代で使用された初期型のOH-6を換装したものではなく、民間型MD530Fの軍用型である。自重九五〇キログラムで、燃料と装備その他を満載すると、そのほぼ倍の重量になる。重武装の兵士四人が、ランディング・スキッドの支柱に取り付けた折りたたみ式の機外座席に乗ることができる。
「MH－6の戦闘員は、正面玄関や屋上など、近接戦闘が専門だ」マイアーは説明する。「つまり、市街戦を得手としている。正規軍の空輪部隊と比べるとよくわかる――正規軍の市街戦向け空輸では、街の外に兵員をおろす。中心部に降下させることはない」リトルバードは、小さく敏捷で、地上からの銃撃が命中しづらいため、兵員を地上におろす手段として好まれている。「やつら［敵戦闘員］には、こっちがどこへ着陸するのかが見きわめられない。われわれは、夜間、灯火を消して侵入する。敵が音を目当てに撃っても、われわれのはるか後方に弾丸はそれる」

グリーン小隊を卒業したあと、AH－6攻撃ヘリコプター（ガンシップ）に搭乗することになったパイロットは、フィンが折りたたみ式になっている信頼性の高い二・七五インチ・ロケット弾の使用法を習う。「アパッチ［攻撃ヘリコプター］が積んでいるような離隔兵器《スタンドオフ》ではなく、ターゲットをじかに狙う」マイアーはいう。「地上の味方が、識別できるような目印を出し、ガンシップはその周囲を攻撃する」距離二〇〇ヤード（約三二〇メートル）で、リトルバードのパイロットは、ガレージのドアをくぐるようにロケット弾を全弾発射できるという。

AH－6リトルバードのパイロットとして、フォート・キャンベルを卒業するころには、世界最高のヘリコプター教官たちの教えをすべて身につけている。ロケット弾を大量に発射し、機関銃弾もトラック一台分発射している。フォート・ラケットでの訓練も計算に入れると、ヘリコプターでの飛行で一〇〇万ドルをゆうに超える経費を使ったことになる。

こうした訓練課程や数多くの任務によって、やがてあらたな技倆をそなえた新世代のグレイト・スティックたちが生まれるはずだが、軍人を目指さないパイロットたちには、どういうチャンスが残されているのだろう？　商用ヘリコプターの操縦ライセンスを取得するには、いい州立大学に行くのとおなじぐらいの費用がかかる。ダン・ラダートがパイロットになるためにたどった道すじは、やる気さえあれば民間パイロットにもじゅうぶんなチャンスがあることを物語っている。ラダートは裕福な家の生まれではないし、軍の訓練も受けていないが、上級のヘリコプター・パイロットになる方策を見つけた。

一九七八年、一九歳のラダートは、ソルトレークシティの病院で外科手術の助手をつとめていた。医療パイロットが給油のために飛ぶときに、ヘリコプターに乗せてもらい、国際空港へ行く途中で戦闘飛行の技術を見せてもらったことで、ラダートの人生は変わった。そのときのことを、ラダートはこう語っている。「パイロットがユタ州議会の議事堂に機首を向けて、コレクティブ・レバーを押し込み、ぎりぎりの瞬間に引きあげた。機内のものが宙に浮かんだ。*S旋回もした――空からあっというまに急降下したんだ。着陸したときに、僕はいった。〝ワーオ、なんてすごいんだ！〟」ラダートは、自分の車のジープCJ‐5を抵当に入れて得た金で、教習を受けた。五〇〇〇ドルたくわえて、現金五〇〇〇ドルを持って妻といっしょにソファに座っている写真を、ラダートはいまも持っている。商用ヘリコプターのライセンスを取得するには、それ以上かかったし、飛行時間を稼ぐために給油車の運転もしたが、いま四七歳のラダートは、超一流パイロットで、仕事の半分は映画撮影というエリートの世界で飛び、あとの半分はロッキー山脈で消火や救難活動に携わっている。

第一世代のグレイト・スティックたちはどうなったのだろう？　ロサンジェルスのニュース・ラジオ局KMPCやロサンジェルス市警にいたことのある熟練パイロット、ジョン・マッケルヒニーは、よくいわれる諺《ことわざ》で説明する。（註5）老パイロットや無鉄砲パイロットはいるが、無鉄砲な老パイロットはいない、というのである。ラケットは無鉄砲だった。この陳腐な金言のとおりなら、ラケットは紛争地隊の山の斜面に激突して、あえなく死んでいただろう。

だが、そうはならなかった。ラケットは、マッキンリー山への飛行でも、アラスカでのそのほかの飛行でも、死にはしなかった。** 南太平洋では、ニューギニアのジャングルを越えて重い石油掘削資材を運び、ラオスやヴェトナムでエア・アメリカのパイロットをつとめた。エア・アメリカでは、数多くの紛争地帯での救難や補給任務をこなし、さんざん敵の標的になった。ラケットは、その間ずっと死神をだまくらかし、インドネシアの緑の多い山地で引退生活にはいり、いまもそこで暮らしている。

＊ラダートはソルトレークシティの中心部でそういう曲技飛行をやることは勧められないとしながら、そのゼロG機動は、ハマーヘッド失速とも呼ばれる横滑りだと説明した。
＊＊霧に包まれている山頂のマイクロ波中継所に補給物資を届けるような仕事もあった。ラケットは、方位を把握できるように、斜面の数十メートル上をホバリングしながら低速で昇ってゆくというやりかたをした。

第16章　結び

一九五三年、ロードアイランドのレオ・コナーズという弁護士が、事務所の裏手で不可解な階段を見つけた。その事務所が、プロヴィデンスのフリート・ナショナル銀行ビルの最上階だと、何年も前に聞かされていたのだが、どうやらビルには余分な階があるようだった。コナーズが階段を昇ってゆくと、飛行船の乗客用の待合室があった。一九二八年に造られたあと、すっかり忘れ去られていたのだ。飛行船〈ヒンデンブルク〉が爆発して飛行船での旅が完全にすたれる前にできたものだった。埃が白く積もっている家具調度は、映画『海底二万マイル』のセットさながらのしつらえだった。赤い革の椅子やソファ、アールデコの照明、繊細な真鍮の器具、オークの鏡板、酒の戸棚、厨房。コナーズには、このプロヴィデンスの待合室が、捨て去られた時間表に属する人工物に見えたにちがいない。もしかすると、鳥が軟式飛行船やツェッペリンと屋根を分かちあっていた時代が、そのままつづいていたかもしれないのだ。

昔のヘリコプトリアンたちは、気球が屋根を占領している時代は長つづきしないと見ていたし、その見通しは正しかった。だが、ヘリコプトリアンたちは、ヘリコプターが屋根を乗っ取ると見ていたわけで、その点ではまちがっていた。ヘリコプターが買える百万長者や億万長者がいて、長年ヘリコプターにとってのホットスポットだったカリフォルニア南部ですら、住宅の屋根のヘリポートはない。七歳のころ、私には自分たちの運命がありありと見えていた。シアトル万博に〝明日の世界〟という展示があった。私たちは家族でその一九六二年の万博に行き、プレキシグラスのエレベーターで、未来を象徴する雲を模したアルミニウムの四角い塊の群れのあいだを抜けて昇っていった。私たちは、太陽光発電の回転する家やそのキッチンを眺めた。つづいて小さなヘリコプターが家のヘリパッドから飛びたち、明日の世界でひとびとがどういうふうに移動しているかを示すべつのジオラマを示す。二〇〇〇年の労働者は、タービン・エンジンの車で自動化された高速道路を走ったり、モノレールに乗ったり、自家用〝ジャイロコプター〟で通勤していた。

しかし、そうはならなかった。現代のパワフルで高性能なヘリコプターは、楽天的な夢想家ですら予測できなかったような偉大な仕事を日々こなしているが、運用コストはすこぶる高い。それに、車とおなじように扱いが楽だとさかんにいわれているのとは裏腹に、現実のヘリコプターは、どれもパイロットに高い技倆と冷静な判断力を要求する。

本書では、ギリシアのメカネという機械仕掛けになぞらえて、ヘリコプターは神の機械であるというような書き出しをした。ヘリコプターの利点と欠点については、意見がまちまちである。ニュースで大きく取りあげられるため、一般のひとびとはヘリコプターは困っている人間を空から助ける道具だと見なすことが多い。あるいは金持ちの道楽で、安眠を妨害すると考える。あるいは脅威にさらされている街からの脱出手段であると思う。おろかな超大国を勝てない戦争に引きずり込んだ兵器だという見かたもあるだろう。実用化されて七〇年間、ヘリコプターは〝神の機械〟という方向を持ちつづけている。つまり、一般庶民の日常の乗り物にはならなかったし、これからもそうはならないだろう。使い道の限界はどんなものだろう？　だれも予想していないような成り行きはどんなものだろう？　ヘリコプターは、人間の移動速度を速めただけではない。世界を見る角度を変え、人間の冒す危険の範囲をひろげた。自然界に挑戦する人間は、困難に陥ったときには、ヘリコプターに頼ることになる。一九六〇年のリンク・ラケットによるマッキンリー山の遭難者救出のように、志願者のヘリコプター・パイロットを行き当たりばったりに呼び集めるというやりかたは、もう通用しなくなっている。現在、アラスカのデナリ国立公園では、毎年三カ月間、一流のパイロットと高性能ヘリコプターを飛行場に待機させている。

アラスカ州タルキートナは、アンカレッジからフェアバンクスに向かう幹線道路からすこしはずれた小さな町で、二カ所の飛行場はほとんど隣接している。短い観光シーズンに訪れたひとびとが、カフェラテやサンドイッチや土産物やヘリコプターでの観光の切符を買う商店やカフェがあるメインストリート近くに、砕石舗装の飛行場がある。この付近の住民は、自家用機をそこから飛ばしている。すこし歩いて鉄道線路を越えると、大型機が使う市営空港がある。二〇〇五年六月のある朝、ジム・フッドはそこで救助隊のボランティア三人と、自分の白いラマ・ヘリコプターでマッキンリー山――ネイティヴ・アメリカンの言葉では〝デナリ〟――を目指す相談をしていた。下側の風防には〝デナリ・ラマ〟と描かれている。フッドは国立公園局と契約する救難パイロットで、公園本部との適切な協議後に、天候が許せば負傷もしくは病気になった登山者を救助するために飛ぶことになっている。

ボランティアと話をしているのは、凍てつく強風のなかで緊急事態に直面する前に、ヘリコプターの安全な運用についてあらかじめ注意をあたえるためだった。登山者が〝お山《ザ・ヒル》〟と呼ぶマッキンリー山へ向けて上昇しているときに、ヘリコプターの基本について講義するわけにはいかない。私が訪れた日、タルキートナの天候は、気温が一八度ぐらいで、たいへん過ごしやすかったが、その六月、フッドのヘリコプターで四五分の距離にある標高五一八〇メートルの斜面では、四八ノットの風があり、気温は零下二三度だった。さらに一〇〇〇メートル以上高い山頂では、風はもっと激しいはずだが、風速計が吹き飛ぶおそれがあるので設置できないため、大嵐が来たときにじっさいにどれほどの風がどれほど激しく咆哮しているかはわからない。最大風速は一七〇ノットないし一八〇ノットというのが、ほぼ正確な推測だろう。

ジーンズ、蛇皮のブーツ、黒い革ジャケットといういでたちのフッドは、ランディング・スキッドに片足を載せて立ち、着陸地点の視程についてぼそぼそとしゃべり、無線連絡を密にしなければならないこと、斜面からヘリコプターに乗り込むときには、尾部ローターに注意しなければならないことなどを注意していた。ボランティアは前もって着陸地点を整備し、ローターの風に吹き飛ばされ、ローターにぶつかったりからまったりするようなものがないようにしなければならない。離陸したヘリコプターには、救出を行なって七〇〇〇フィート（二一三四メートル）地点の給油所に戻るだけの燃料しかないことを、心得ておかなければならない。だから、登山者の荷物は載せられない。「限界ぎりぎりで細い線の上を歩くのだと思ってくれ」フッドは注意する。「われわれの仕事は、だれにも助けられないような場所から登山者を連れてくることだ。あとは七〇〇〇フィート・キャンプの医者に任せる」必要に迫られたときには、フッドは〝ボディ・スナッチャー〟という異名のある装置を持っていく。この装置は、電動式の鉤爪で登山者の体をつかむことができる。

このボランティアたちは経験豊富な登山者で、お山《ザ・ヒル》にも登ったことがある。だが、マッキンリー山での非常事態がどんなものかを、フッドが新米登山者に教える場合には、道路を数分歩いて、K－2フライング・サービスの向かいにある、常緑樹林の開豁地《かいかつち》のタルキートナ共同墓地へ連れていくのがいいだろう。登山者が群がり登っているマッキンリー山をジェット気流が吹きおろしたとき、なにが起きたかを、そこの登山者慰霊碑が物語っている。ヒマラヤスギの慰霊碑には、登山者ふたりが祀《まつ》られている旨が記されている。それが建立された一九九二年九月、猛吹雪によって山の中腹に一五〇センチという記録的な大雪が積もり、さらに上のキャンプを一〇〇ノットの暴風が襲った。嵐は一〇日間つづき、その間に七人が死亡した。一九一三年の初登攀以来、最悪の死者だった。嵐がはじまってから六人が救出されたのは、ラマ・ヘリコプターのおかげだと、国立公園監視官たちはいっている。一九九二年だけでも、五度の大規模な救出にラマが使われた。外国人が三分の二を占める登山者を救出した費用の合計は、四三万一〇〇〇ドルだった。

登山家のジョージ・ロドウェイが《大自然と環境の妙薬》という定期刊行物に書いているところによれば、一九六〇年五月の救出が、長期間に及ぶ予期せぬ結果をもたらし、マッキンリーでの登山が急増したのだという。「デイとバディングの救出によって、マッキンリーに登りたいと思っていた登山者の多くが、根本的な姿勢を変えてしまったといっても過言ではないだろう……マッキンリーの頂上を目指すものたちの姿勢に対しては、まさに逆効果だったのである。昔の登山家は用心に用心を重ねたものだし、いうまでもなく自分の運命は自分でどうにかするしかないというのを受け入れていた。しかし、現代のマッキンリー登山者の多くは、そういう姿勢を捨て去っている」

ヘリコプターによる支援があたりまえとなっている現在、国立公園局は救出後に費用を請求することはないし、登山者に保証金を積んだり救助保険を契約したりすることを要求してはいない。保証金を積めば、救出の費用よりも弁護士費用のほうがかさむし、保険にはいれば、ヘリコプター乗員が危険を顧《かえり》みず飛行することが法的に制限される可能性がある。そこで公園局は、登山隊に監視員事務所で真剣なオリエンテーションを受けることを求めている。こうして冷水を浴びせることで、たしかに登山中の死亡事故は減り、ヘリコプターの救出任務が必要な事故も減った。瀕死の登山者という危機は、手なずけられたかに思えた。しかし、一九九二年の猛吹雪に匹敵する高山の嵐がふたたび襲ってこないとも限らないのである。

ヘリコプターは、9・11同時多発テロのときのように、救出が行なわれなかった場合にもニュースで取り上げられる。このとき、ニューヨーク市警のヘリコプターは、世界貿易センタービルの屋上近くを旋回していたが、着陸しようとはせず、オフィス・ワーカーたちが屋上に逃れられるように救助装置を持った警官をおろすこともしなかった。それにはこんな事情があった。炎上するノース・タワーの風下のサウス・タワーは、ノース・タワーの煙に完全に包まれていたし、最初の攻撃からわずか七三分後に崩壊した。それに、ノース・タワーにいたひとびとのほうが救出しやすい状況をこしらえないかぎり、ヘリコプターによる救出はどうあっても不可能だった。ノース・タワーの飛行機が衝突した階よりも上にいたひとびとは、生きたまま閉じ込められていた。そのひとりが、ソフトウェア会社の経営幹部ピーター・マーディキアンで、テロ攻撃のときは朝食会議のために、ノース・タワー一〇六階のレストラン〈ウィンドウズ・オン・ザ・ワールド〉にいた。マーディキアンは携帯電話で妻に電話し、屋上にあがってみると告げている。

電話や電子メールから、そういった最上階のひとびとは、ひとりも屋上へは出られなかったことがわかっている。最上階の階段から屋上に出るには、施錠された鋼鉄のドアを三カ所通るか、あるいは鋼鉄のドアを一カ所通り、窓ガラス清掃用の大きなプラットホーム式エレベーターを作動しなければならない。二二階の警備指令室からの信号がなければ、鋼鉄のドアはあかないし、午前九時三〇分に指令室が施錠を解除しようとしたときには、電気系統がずたずたになっていて、信号がドアまで届かなかった。一一〇階の放送技術者たちが消火用の斧を使ったが、屋上へ通じる鋼鉄のドア二カ所を破ることはできなかった。緊急時に作業員が使用する油圧式の手動装置がないかぎり、そういったドアをあけることはできない。

ドアが施錠されて遠隔操作でしか解除できないようになっていたのは、なぜだろうか？　州の監督機関である港湾管理委員会は、ニューヨーク市の消防法を厳しく執行しており、屋上へ出るドアは、打ち破らないかぎり個人には通れないようにすることを求めていた。屋上からの飛び降り自殺や、器物損壊、スリルをもとめるやからにくわえて、ノース・タワー屋上にはさまざまな通信アンテナがあるので、政治目的の攻撃も懸念されたため、港湾管理委員会はそういう手順を定めている。一九八一年のペルー、一九八五年のレバノンで、じっさいにそういう政治目的の通信施設攻撃が行なわれている。それに、これは〝その場で防御〟の戦略にも沿った考えかただった。高層ビル内の人間は、特定の階のものは道路に出るようにという指示がないかぎり、その場にとどまるように、という消防の基本方針である。9・11同時多発テロでは、ヘリコプターに救助する力はなかったが、皮肉にも港湾管理委員会の下請けの観光客向け遊戯施設メーカーが、サウス・タワーの屋上のすぐ下の階に、ヘリコプターのシミュレーターに乗れる展示場をもうけていた。

9・11同時多発テロ後、消防局と港湾管理委員会は、煙と熱と乱気流と、酸素不足のためにジェット・エンジンが燃焼停止するおそれがあったこともあり、どのみちヘリコプターによる救助は不可能だったとして、ドアが施錠されていた件を弁解した。バーナード・ケリク警察局長もこれを認め、ヘリコプターのパイロットたちは、勝手に屋上へ近づかないようにという命令を指揮官から受けていたと、報道陣に説明した。

ニューヨーク市消防局にも、かつては摩天楼の街での火災でヘリコプターが活躍することを期待する人間がいた。二〇世紀初頭の伝説的人物であるニューヨーク市の消防士〝スモーキイ・ジョー〟・マーティンは、摩天楼の火災のときにホースを上のほうの階に持ちあげるのにヘリコプターを使えると助かる、と述べている。高層ビルの屋上に消防士が着地する訓練を行なっている消防機関は、あまり多くない――ロサンジェルス消防局もそのひとつである。ニューヨークでは、そういう訓練は行なわれていない。ブラジルのサンパウロでの高層ビル火災のあと、ニューヨーク消防局長ジョン・T・オヘイガンは、高い階にいるひとびとは、その場でじっとしているか、指示があれば下るべきなのに、ヘリコプターによる救出に過度の期待をかけて屋上を目指すという重大な判断ミスを冒すおそれがある、と述べている。この考えかたが、ニューヨークの消防機関には、いまも根付いている。

また、ヴェトナム戦争を緻密に分析したひとびとのなかには、将校たちが〝指揮・統制〟ヘリコプターに乗って戦闘を高みの見物するようになれば、優秀なリーダーシップがそこなわれると懸念しているものもいる。

戦場から離れた居心地のよい場所にいる指揮官というものは、昔もいまも兵隊にとっては頭痛の種《たね》である。一九四六年のエリック・リンクレイターの小説『プライベート・アンジェロ』でも、その問題が取りあげられている。アンジェロは、カラブリアに駐屯するイタリア陸軍の兵士で、攻め寄せる英軍第八軍やドイツ軍との戦いへの恐怖を克服するのに苦労している。指揮官のピッコログランド大佐は、戦争のあいだずっと、はるかに離れたローマの邸宅で暮らしていて、そこから戦術命令を下している。ヴェトナムでも、サイゴンで暮らしている軍幹部が、サークル・スポルティフ・テニス・クラブで戦争の成り行きを見守るという、似たような事例があった。だが、ヘリコプターには、指揮官が現場をじっくりと見たいときには、戦闘地域のすぐ近くに着陸できるという利点もある。中隊長が戦死し、大隊長のヘリコプター・パイロットが、銃撃戦が熾烈《しれつ》なため着陸を拒んでいると聞いた、ハンク・〝ガンファイター〟・エマソン大佐は、みずから着陸して、戦いのさなかに進み出ると、M－16の曳光弾《えいこうだん》を使って、機関銃手に射撃目標を教えた。「ヘリコプター［による指揮・統制］は、すばらしい道具になる」エマソンはいう。「しかし、それには着陸して、指揮官の姿を兵隊たちに見せなければならない」

五年後に第二歩兵師団師団長として韓国に着任したエマソン（この時点では少将）は兵士を集めて、北朝鮮軍はいつなんどき非武装地帯を突破して侵攻するかもしれないが、そういった場合、将校は指揮・統制ヘリコプターをときどき着陸させ、地上の戦闘をしっかりと見てほしい、と訓示した。「そうすれば兵隊たちに歓呼の声で迎えられるだろう」といったことを、エマソンは憶えている。「ヴェトナム後のことで、こういう問題を多くの人間が意識していた」エマソンは、この問題に名前をつけている。こうした指揮官のことを、〝空中チアリーダー〟と呼んだのだ。

「首の血管をふくらまして怒っている姿が目に浮かぶようだ」コリン・パウエル元国務長官（元統合参謀本部議長・退役陸軍大将）は、エマソンについてそう述べている。韓国のキャンプ・ケーシーで、パウエルはエマソン麾下《きか》の大隊長をつとめていた。「〝ガンファイター〟はそんなふうだった。いつでも突撃態勢だ。〝北朝鮮軍が攻めてきたら、非武装地帯のこっち側でじっとしておらずに、敵を打ち倒す……〟というだろうね。〝韓国軍に抗戦をまかせて、われわれはヘリコプターで敵地の奥深く進み、機動性を利用して敵後背にまわって退路を絶つ〟。ガンファイターはそういう角度で物事を見る。奥へ奥へと進む、というように。興奮させるアイデアをいっぱい持っているフットボールの監督みたいなものだ。だが、われわれ部下の指揮官たちは、現にそうなった場合の手順をどうしたものかと思い惑ったものだ——味方の陣地をどうやって見つけるのか、補給はどうするのか、といったことを。

しかし、いま思うに、ガンファイターは、そういう派手な表現でだいじなことを伝えようとしたのだろう。〝指揮官は兵士とともにいることが肝心なのだ〟と。ガンファイターはつねにそうしていた。しかし、泥沼にはまった状態で大隊を指揮することはできない。地上にいるべきときと、戦場全体を見渡すべきときを、区別する必要がある」とパウエルは結んだ。

ヘリコプターはいまも、地上近くを低速で飛ぶときには、敵のローテク兵器の猛攻に悩まされる。二〇〇三年三月二四日、イラクのナジャフ付近で作戦を行なったアパッチ・ロングボウ攻撃ヘリコプターが、メディナ師団第二機甲旅団をヘルファイア・ミサイルで攻撃したときに、三二機のうち三一機が、激しい地上砲火のために損傷した。一機は航法コンピュータが銃弾一発で壊れたために、不時着した。おなじ日の後刻、イラクのテレビ局は、ナジャフの年配の農夫が旧式のボルト・アクション・ライフルで米軍ヘリを撃墜する光景を流した。この主張は疑わしいが、熾烈な地上砲火による損害が大きかったことはたしかである。陸軍の回転翼機による空の艦隊にいまだに不満をおぼえている空軍が、この大損害をさかんにいいたて、陸軍は口惜しい思いをした。

「われわれはいまだに、敵軍というものは、姿もにおいも味も動きも、いかにも敵らしいものであるはずだと思ってしまう」この戦闘後に、第一一歩兵連隊連隊長ウィリアム・ウルフは語っている。「数千挺とはいわないまでも、数百挺の小火器が、木立や農家の塀の陰にひそんでいて、灯火を目印に撃ってくるとは、思っても見なかった。小さな村の一角や学校の屋上からも撃ってきた」

こうした狙撃手が狙い撃とうとするパイロットは、じきに姿を消してしまうかもしれない。米軍は、危険の大きい戦闘任務に使う無人ヘリコプターを開発する予算を計上している。戦場での救出や補給の際に、兵士が銃撃にさらされるおそれがないようにするためだ。長期の計画では、こうした航空機に〝独立性〟を持たせる。つまり、人間は任務の概要だけをマシーンに指示し、戦場を離れたところから無人機を発進させる。二座ヘリコプターよりも小さな無人ヘリコプターを配備する、ファイア・スカウトと呼ばれる計画もある。すでに試作機が航行中の空母への着艦実験を行なっている。

敏捷な自動操縦ヘリコプターが銃火をかいくぐって、戦場での支援を行なうというアイデアは魅力的だが、従来の有人ヘリコプターについても、改良が必要なことは多々ある。低燃費、墜落耐久性、抗力減少、ローター騒音軽減といったところが目標になる。ローターの騒音は、先端の設計変更、コンピュータ制御ブレード、あるいは〝アクティヴ〟サウンド・キャンセレイション（訳注　振幅が等しく位相が逆の音をべつの音源から発して音を消す技術）呼ばれる音の手品によって、可能になるかもしれない。

　コストを削減する飛躍的なテクノロジーの進歩は、まだ見えていないが、それが成し遂げられても、自家用ヘリコプターが直面しているハードルをすべて越えることはできないだろう。最初にヘリコプターに興味を持ったとき、私は子供たちに、裏庭に一機あったらどんなふうだろうという話をした。子供たちは異口同音に、休みのときにおじいちゃんやおばあちゃんのところへ飛んでいけたら楽しいだろうと答えた。ランチのときには、ファーストフード・レストランの上でホバリングして、ひとりが縄梯子でハンバーガーを受け取りに行く。ママはヘリコプターでお使いにいって、近所のひとたちをびっくりさせる。一九四七年に、アリゾナ・ヘリコプター・サービスのチャック・マーセンズが、上司の娘を小学校に送っていったように。昔のベル47はそんな自家用機で、〝将来を予感させる〟と《アメリカン・ヘリコプター》誌は予想したものだった。

　私はヘリコプター・パイロットの教本を読み、ジョン・ランカスター教官の教習を数時間受けたが、*いくらおもしろそうに思えても、そんな途方もない考えはまちがっている、と教官から諭《さと》された。ヘリコプターの操縦は、映画で見るのとはちがって、そんなに気楽なものではない。遥かなる大空《ワイルド・ブルー》に向けて飛ぶ前に、私の妻は裏庭の格納庫からヘリコプターを出して、飛行前点検を行ない、チェックリストを終え、ホバリング点検をして、無線連絡を行なわなければならない。それだけのことに二〇分かけてはじめて、ひと仕事やる自由が得られる。戻ってきたときには、ヘリコプターのエンジンが冷えるまで、五分間機内にとどまり、それからエンジンを停止しなければならない（エンジンの排気バルブシートにことに気を遣うランカスター教官の指示）。どう考えても、子供たちを学校まで歩いて送っていくほうが早い。

新米パイロットが、友人の家の裏庭に降りてヘリコプターを見せびらかしたいと思ったときには、考え直したほうがいい。電線は空からだと見づらいので、郊外ではそういう危険行為は禁じられているし、人間や物に被害が出たときには、パイロットの責任になる。経験豊富なパイロットですら、カリフォルニア南部やニュージャージイ沿岸部のような住宅密集地に思いつきで空港以外に着陸するのは無謀だと思っている。ヘリコプターの所有者やパイロットは、法律によってそういう危険行為が取り締まられるだけではなくヘリポートの新設が禁じられはしないかと、神経を尖らしている。空港だけにしか着陸できないようでは、固定翼機とはちがうヘリコプターの強みが発揮できなくなるからだ。

都市部に住む人間にはなんの慰めにもならないかもしれないが、ヘリコプター・パイロットは、沿岸部と都市郊外のあいだの広大な無人の土地では、かなり自由に着陸することができる。ただし、それには原野や特定の公園を飛行するヘリコプターに課せられた規則に従わなければならない。**「中西部の僻地で、レストラン数軒に近いところに着陸した」フロリダの〈ヘリコプター冒険野郎《アドヴェンチャラー》〉

＊ジョン・H・ランカスターは、二〇〇六年に〈ハミングバード・エヴィエイション〉を辞めて、メキシコ湾の石油掘削装置で単発タービン・ヘリコプターを飛ばす仕事に就いた。二〇〇七年二月一二日、乗客ひとりとともに墜落事故で死亡した。

＊＊オーランド・ヘリコプター・エアウェイズは、中型輸送ヘリコプター数機を空飛ぶRVに改造して、〝ヘリ・キャンパー〟と名付けた。大型のものは、シコルスキーS-58を原型とした。六人が寝泊りする空間、小さなキッチン、シャワー付きのバスルーム、エアコン、発電機、テレビやオーディオ類、網戸がある。

という民間教習所の経営者パトリック・コーはいう。「〝すげえかっこいい、おれもやりたい〟というのが、たいがいの反応だ。しかし、東部や西海岸では、そうはいかない。〝どうしてここに着陸した？　許可はとってあるのか？〟といわれる」フランク・バーンズ教官は、アメリカ横断飛行のときには、建設現場に降りるようにしている。たいがいポータブルトイレがあるからだ。

「自治体の姿勢がどうなのかわからないから、撮影用地に予定外の着陸はしない」ハリソン・フォードはいう。「ヘリコプターの着陸については、それぞれに言い分があるだろう。よけいな揉め事に巻き込まれるだけだ」

　これまで二〇年間、パイロットのケン・ジョンソンは、ワイオミング州ジャクソン周辺で、ヘリコプターに対する反対が急激に高まるのを見てきた。「いまはいわゆる〝環境保護主義者《グリーニィ》〟が多くなっている。それは避けるようにしている。山で救助活動をかなりやっているが、皮肉なことに、助けを求めるのはそういう連中が多い。大イエローストーン生態系保護同盟が、ヘリポートに反対しているので、維持するために二年以上も闘いをつづけている。奇妙なことだが、ヘリコプターは捜索と救難だけをやっているわけにはいかない。生き延びるために、なんでもやらないといけない。捜索と救難だけをやっていたら、だれが経費を払ってくれるんだ」

　公共機関が経費を出せば、ヘリコプターは捜索と救難ができる、という反論もあるだろう。しかし、これまでずっと民間パイロットが先に対応してきたのは、現場近くにいて、しかも公共機関のヘリコプターでは間に合わないからだ。デュポン・プラザの高層ビル火災で、当局の要請によって自家用ヘリコプターが出動したこともある。

　ヘリコプターの先駆者という第三の人生を歩むあいだに、イーゴリ・シコルスキーはヘリコプターによる救出の切抜きを集め、部下に命じて、ヘリコプターによって命を救われた人数を算出させた。

その数は二〇〇万人になんなんとする。一九七二年一〇月、死の当日に、シコルスキーはサンパウロで起きたアンドラウス・ビルの火災で救助を手伝ったパイロットたちに感謝状をしたためている。長年にわたって書いた数千通の短い手紙の最後のものだった。二〇〇五年の講演会で、セルゲイ・シコルスキーは父親について述べている。「父イーゴリ・シコルスキーが存命だったら、ヘリコプターが人命救助のための格別な道具であることがすみやかに実証されたのは、大いに満足であるというにちがいありません」

一部のヘリコプターが、武装した捕食者として作られ、大衆小説に登場するヘリコプターのありきたりの役柄が、脅威か危険、あるいはその両方をもたらすものとして描かれていることを、イーゴリ・シコルスキーは苦々しく思うことだろう。* 「映画では、ヘリコプターは兵士を運んでいるか、爆発炎上しているかのどちらかだ」と、ラリー・ウェルクはいう。

ヘリコプターは最高の救助マシーンであるというシコルスキーの発想は、ヘリコプターが重力や距離という束縛から一般のひとびとを開放し、道路を建設することなく世界の秘境を探検するのを可能にするという雄大な考えと結びついている。景色が見られる露台付きのファミリーキャンプ用ヘリコプターを作りたかったのは、そういう思いがあるからだった。シコルスキーは、遠陬《えんすう》の地、とりわけ活火山に魅力を感じていた。一九四五年夏、シコルスキーはメキシコのパリクティン火山の頂上にできた新火口の上でホバリングするヘリコプター探検に参加した。

ヘリコプターは、人間の物理的空間を破壊するというシコルスキーの信念——航空時代の解放の神

＊ヘリコプターに役柄をあたえた最初の映画は、テレビ映画の『爆発！　ジェットヘリ500』（一九七二）で、ヘリコプター同士の追跡場面がある。

学とでもいうべきもの――は、金持ちや有力者ではない人間の場合でも、ある程度実現したといえよう。マイク・クンツと陽気な考古学者の仲間たちは、そういった現代のヘリコプトリアンである。彼らは夏になると、ブルックス山脈の雄大な北斜面に集まって、内務省土地管理局の依頼により、古代の遺跡が残されている可能性のある場所を調査する。受け持っている範囲は、南北三二〇キロメートル、東西四〇〇キロメートルに及ぶ。

クンツ調査隊は、毎年ヘリコプター二機を借りて、家族がバンや自家用車で荷物を運ぶように、運ぶ必要があるものを運ぶ。季節のはじまりの最初の仕事は、一カ所もしくは複数の調査キャンプに装備を送ることだ。ベースキャンプには、以前、石油探鉱の際に建設された長い砕石舗装の滑走路があるので、そこまでは輸送機がフェアバンクスから貨物を運ぶことができる。しかし、夏の調査キャンプはずっと西にある仮設キャンプで、たとえ軽飛行機でもおりられるような場所はない。調査キャンプはたいがい、ベースキャンプの二〇〇キロメートル以上西になる。行きは徒歩でぬかるんだ土地を進み、荷物はヘリコプターに運ばせる。

ヘリコプターが毎日の雑事をこなしているありさまを見たら、一九四〇年代のヘリコプター愛好家たちはほくそえむことだろう。調査キャンプが確実に設営されると、料理係が水を必要とするときには、ヘリコプターのキャビンに青いプラスティック容器を積み込み、手近の川から水を汲んでくるようにと、パイロットに命じる。ハイイログマがキャンプの近辺をうろついているときには、ヘリコプターが空から爆音で脅かすと、たいがい追い払うことができる。ヘリコプターは、内務省のお偉方を運ぶバンの役目も果たす。そういった連中がいなくなって、ほっとする静けさがおとずれると、ヘリコプターは毎朝、調査に出かけるクンツの同僚の調査員トニー・ベイカーやジョン・デュベを乗せて出発する。ヘリコプターを使うことで、ふたりは低山地帯、尾根、河床など、それぞれべつのルートを歩いて調査できる。今後のチームが探査し、場合によっては発掘できるように、ふたりは有望な場所を地図に記入する。これまでクンツの監督下で何年もかけて調査した範囲は、全体の五パーセントにあたる。アラスカ国立石油保全地区の一二万一七〇〇平方キロメートルが、まだ未調査のままになっている。デュベとベイカー、およびその後継者たちが一〇〇年にわたって毎夏踏査しても調査が終わらないほど広大な地域である。

徒歩とヘリコプターによる長年の調査で、驚異的な事実がいくつも判明している。なかでも、西半球で最古の人間の活動の痕跡が見つかったことは、もっとも注目に値するだろう。この発見は、一九七八年になされた。「きょうみたいな霧の出ている曇った日に、段丘《メサ》を発見した」ベースキャンプで、テントの土台の雪をふたりしてシャベルでどかしているときに、クンツが話してくれた。八キロメートル離れたその現場――黒い低山――を指差して、こういった。「火成岩を砕いて滑走路を舗装する計画の調査を行なっていた。使える岩石を探していたんだ。あの日、ヘリコプターを降りて、八キロメートル歩いた。メサに着いて登り、有舌尖頭器を即座に見つけた。北米ではこの四、五〇年のあいだでもっとも重要な発見だった」

その後、クンツのチームは、火山岩とおぼしい断崖の上の浅い石炉数十カ所を発掘した。更新世の狩人が、見晴らしのきくそのメサのてっぺんから、乾燥した草原を移動するバイソンやカリブーの群れを見張っていたのだ。北極圏の二四〇キロメートル北にあたるその小高い丘の頂上は、ずっと孤絶し、異様なまでに静寂を保って、一万一二〇〇年も前の焚火《たきび》の灰や、残されていた石の鏃《やじり》が、そっくりそのまま残っていた。

一日かけて、ぬかるんだ地面を歩いてメサまで行き、戻ってくる余裕はなかった。こぶのように盛りあがった叢《くさむら》が無数にあって、足首を痛めるおそれがある。ヘリコプターがあれば、山脈のひそかな場所を探検するのにうってつけだっただろう。一七世紀のシャルル・ペローの童話『親指小僧』に出てくる〝七里の長靴〟を履くのとおなじだ。この長靴を履くと、だれでも一歩で七里進むことができる。ペローの御伽噺《おとぎばなし》では、ちっぽけでひょろひょろに痩せている主人公の親指小僧が、人食い鬼から長靴を盗み、早足でお城や軍隊の連絡をつとめ、家に富をもたらす。

個人用のヘリコプターがあれば、メサにそっと着陸し、更新世の狩人が見たのとおなじような河床の眺めを楽しむことができる。ドアははずし、機首展望台に出たシコルスキーのように、風を顔に受ける。融雪による冷たい水が滾々《こんこん》と流れ、いまはとうてい渉《わた》ることのできないオトゥク沢を越えて飛び、二五年前から廃棄された探鉱現場を眺め、イヴォトゥク山地の岩の斜面に沿って上昇する。東のほうを探索するときには、旧式化したかつてのDEWライン（遠距離早期警戒網）の名残を探してみよう。メサの頂上の石炉が太古からそのまま残されているのに張り合うかのように、レーダー基地一カ所がそのまま放置されていて、五〇年代からなにひとつ変わっていないという話を聞いている。

きょう、キャンプにはヘリコプターが一機残っている。機内はペローの七里の長靴よろしくくたびれたようすだが、遊覧飛行に使うような余裕はない。マイク・クンツが、ガソリン発電機、燃料の容器、薪を積み込んでいる。薪はランディング・スキッドにパラコード（訳注　パラシュートの吊索に使うきわめてじょうぶなナイロンの細紐）で縛り付け、ヘリコプター結びと呼ばれるきちんとした結び目をこしらえている。パイロットの〝マッド・メル〟・キャンベルは、鮮やかなオレンジ色のつなぎを着て、煙草を揉み消すと、機内のクンツの横に乗り込み、タービン・エンジンを始動する。ややあって、キャンベルはコレクティブ・レバーを引いた。ヘリコプターはまだ離昇しないが、独特の音の変化が聞き取れた。ブレード二枚が空気をつかむと、ヒューンという高音が、バタバタという羽ばたくような音に変わる。ヘリコプターがふんわりと浮かびあがる。機内では、キャンベルがエンジン計器を確認している。いよいよ出発だ。左席のクンツが、われわれ地べたの人間たちに向かって敬礼する。昔のイタリアの気球乗りヴィンチェンツォ・ルナルディは、われわれ下々《しもじも》のものがいるこの場所を〝下界〟と呼んだものだ。ヘリコプターは機首を下げてあっというまに加速すると、ふたたびこの孤絶したキャンプを離れて、西の山地のはるか彼方の、もっと人跡稀な場所を目指して飛んでゆく。

付録1　ヘリコプター関連年表

紀元前二万一〇〇〇年ごろ：「投げ棒」と呼ばれる武器（形はブーメランに似ているが、投げたあと戻ってこない）が、現在のポーランドで使われていた。

五〇年：アレクサンドリアのヘロンが、蒸気で中空の軸を回転させる「アエロピレ」という玩具を発明した。ヒラー・ホーネットなどに採用されたチップジェットの祖先といえる。

一四八三年：レオナルド・ダ・ヴィンチが、螺旋状の翼を持つ人力ヘリコプターのスケッチを描いた。鉄の枠がメリーゴーラウンドのような形をしている。このスケッチは紛失して三世紀後に発見された。

一六八〇年：オランダのクリスティアーン・ホイヘンスが、火薬を燃料に使う内燃機関の設計図を描く。

一七四六年：イギリスの技師ベンジャミン・ロービンズが、旋回腕を考案して、動く物体の空気抵抗を研究し、空気摩擦は物体の前面の形よりも全体の形状に左右されることを発見する。

一七五四年：ミハイル・ロモノソフが、ぜんまいを動力とするヘリコプター模型を製作し、紐でぶらさげた状態で、ある程度の揚力を得た。科学研究機械を載せる実物大模型の製作を目的とするロシア科学アカデミーのための実演。

一七六五年：フランスの数学者A・J・P・ポクトンが、アルキメデスの螺旋を回転翼に使って揚力を得ることを提案した。ヘリコプターの萌芽。

一七八四年：フランソワ・ビアンヴニュとローノイと名乗る科学者（クロード・ジャン・ヴォー・ドロネーと考えられる）が、フランス科学アカデミーで模型ヘリコプターの自由飛行を実演。絹張りのローターブレードで、鯨の骨を弓状にたわめて動力としていた。

一七九一年：ジョン・バーバーが、圧縮機付きガスタービン・エンジンを設計。馬の代わりに馬車を曳かせることをもくろんでいた。

一七九四年：気球がはじめて戦争で使われる。フランスのモーブージュで、水素気球〈ラントルプルナン〉が偵察を行なった。

一八〇四年：ジョージ・ケイレーが、最初の固定翼無人グライダーを飛ばす。

一八〇九年：ジョージ・ケイレーが、空気力学の研究の骨組みとなる論文を《ニコルソンズ・ジャーナル》に発表。

一八二八年：イタリアの靴職人ヴィットリオ・サトリが、ノズルから蒸気を噴出させるセイルローター二基をそなえた模型回転翼機を製作。

一八四二年：ホレイショ・フィリップスが、ブレード先端からのジェット噴射でローターを回転させる模型ヘリコプターを飛ばす。

一八四三年：ジョージ・ケイレーが、《メカニックス・マガジン》に、タンデムローターの天空車の設計図を載せる。

一八五三年：ジョージ・ケイレーのグライダーが、固定翼機として初の有人飛行を記録。

一八五五年：ウィリアム・ランカインが、推力もしくは揚力を発揮する船の推進器の数学的な根拠を示す。このモーメント理論という原理は、その後、ヘリコプターのローターの性能にもあてはめられる。

一八五九年：エドウィン・ドレークが、ペンシルヴェニアで最初の大規模油田を掘り当てる。

一八六〇年：ベルギー人発明家ジョゼフ・エチエンヌ・ルノアールが、初の実用的内燃機関を特許化。

一八六一年：ニューヨークのモーティマー・ネルソンが、〝空中自動車〟――ヘリコプターの特許を取得。

一八六二年：南部連合軍（南軍）兵士ウィリアム・パワーズが、軍事ヘリコプターの模型を製作する。実物でモービル湾を封鎖している連邦軍（北軍）海軍を打破することを願っていた。

一八六二年：アルフォンス・ボー・ド・ロッシャが、四サイクル・ガソリン・エンジンの概念を文書化した。ルノアールの設計からは大幅な飛躍で、その後、航空機の飛行におおいに貢献する。

一八六三年：ヘリコプターに資金援助して製造を促すための〈空気よりも重い機械を使う飛行術をひろめる協会〉がパリで結成された。ヘリコプターという名称を最初に考えたのは、同協会のポントン・ダムクールだった。

一八六八年：F・J・ストリングフェローの製作した重量一六ポンド、一馬力の蒸気機関は、水晶宮の万博で小さな模型飛行機を飛ばすことができた。

一八七〇年：アルフォンス・ペノーが、ローノイとビアンヴニュの模型ヘリコプターを改良して、鯨の骨ではなくゴムを動力に使うものを製作した。子供のころこの玩具に惹かれて、ライト兄弟は飛行機を開発するようになる。

一八七二年：フランシス・ウェナムが、イギリス航空宇宙協会に、理想的なヘリコプターのブレードに関する報告書を提出する。

一八七六年：ニコラウス・オットーが、実用的な四サイクル・ガソリン・エンジンを発明。

一八七八年：エンリコ・フォルラニーニが、蒸気ピストン動力の同軸ローター・ヘリコプターで高度四〇フィート（一二メートル）まで上昇し、三〇秒近く空中停止した。

一八八四年：電気モーター付き飛行船〈ラ・フランス〉がフランスのムードンで、八キロメートルにわたり、航空機として初の制御された自由飛行を行なった。

一八八六年：ジュール・ヴェルヌが『征服者ロビュール』を上梓。ヘリコプターによる救出を描く世界初の書物。

一八九〇年：エリジオ・デル・ヴァッレが、子供向けの〝道化師の玩具〟を特許化。ぜんまいを巻いてローターで飛ぶ仕組み。この玩具は、ヒンジ付きローターブレードをはじめて採用した。それがオートジャイロやヘリコプターにとって重要な仕組みであることが、のちに判明する。

一八九一年：オットー・リリエンタールが、グライダーで初飛行。その後、一八九六年に墜落して死亡するまで、飛行回数は約二〇〇〇回におよんだ。

一八九六年：サミュエル・ラングレーが、ガソリン・エンジンを使う無人機エアロドロームNo6の飛行に成功。ポトマック川のハウスボートから発進させた。その後、有人飛行を試みたが失敗に終わる。

一九〇一年：スピンドルトップ油田を皮切りに、テキサスのメキシコ湾岸で大規模油田が多数発見される。

一九〇四年：〈ラ・フランス〉を飛ばしたシャルル・ルナールが、ローターブレードやプロペラは、ヒンジをつけて羽ばたくようにしたほうが機能的に優れていると提案。

一九〇六年：フランスのソシエテ・アノニム・デ・チュルボモトゥール（ターボエンジン株式会社）が、初の実用に耐えるガスタービン・エンジンの運転に成功。

一九〇六年：ガエターノ・クロッコが、ヘリコプターのローターブレードのピッチを順送り（サイクリック）に変える仕組みを特許化。このアイデアを試せる飛行可能なヘリコプターはまだ存在していなかったが、ヘリコプターの前進を可能にしたサイクリック・ピッチ制御を予見していたことになる。

一九〇七年：ルイ・ブレゲーとシャルル・リシェーが、ジャイロプレーン一号機が飛行したと主張している。ブレゲーは、一九〇九年に実験を中止し、二〇年以上たってからまた開発を再開した。

一九〇七年：ポール・コルニュが、自分のヘリコプターにパイロットが乗り、その後乗客ひとりが乗って、一五〇センチの高さでホバリングしたと主張。

一九〇九年：イーゴリ・シコルスキーが、無人の同軸ローター・ヘリコプターをキエフで製作した。揚力は発生したが、離昇には至らなかった。

一九〇九年：エミール・ベルリナー（円盤式蓄音機［グラモフォン］の発明者）が、レールに乗せた車輪付きのヘリコプター試験装置でテストを行ない、ローターの揚力は、ヘリコプターが前進飛行中に飛躍的に増加することを発見した。これはのちに前進揚力効果と呼ばれるようになる。

一九〇九年：エミール・ベルリナーとジョン・ニュートン・ウィリアムズが、ひとりが乗り、機体を何人かで安定させて、自分たちのヘリコプターが離昇したと主張。

一九一二年：ボリス・ユリエフが、初の実物大単ローター・ヘリコプターを製作。ヘリコプターのローター・ハブの重要備品である揺動板の基本構造もそなわっていた。ユリエフはこのヘリコプターを飛行可能な状態にすることはできなかった。

一九一二年：イエンス・エレハンマーが、同軸ローター・ヘリコプターを製作し、短時間のホバリングを行なったことが確認されている。

一九一三年：船舶専門家フレッド・T・ジェーンが、〝航空機は、戦争機械以外の用途にはほとんど使われず、だれにも顧みられることがないだろう〟と述べる。

一九一七年：シュテファン・ペトローツィ中尉率いるオーストリア・ハンガリー軍チームが、ケーブルでつないだ戦場偵察用のヘリコプターの飛行に成功したと主張している。気球に代わるものとして開発された。

一九二二年：ラウル・ペスカラが、フランスのイシ・レ・ムリノーにある飛行船用格納庫内で、ヘリコプターを飛ばした。

一九二二年：ジョルジュ・ド・ボテザとイワン・ジェロームが、オハイオ州でH－1ヘリコプターを、地上の人間の手を借りずに飛行させた。H－1は、そのまま風下に流された。

一九二三年：フアン・デ・ラ・シエルバが初の実用的なオートジャイロC．4を製作して飛ばす。航空機をプロペラで推進させれば、動力なしの主ローターが揚力を発生させて機体を浮揚させることにはじめて気づいたのは、シエルバだった。

一九二四年：ヘンリー・ベルリナーのヘリコプター五号機（固定翼で揚力を増強）がホバリングし、時速六五キロメートルで飛行した。

一九二四年：ルイス・ブレナンが、屋内で二枚ブレードの大型ヘリコプターを飛ばす。ローターはブレードに取り付けたプロペラにより回転する仕組み。

一九二四年：エチエンヌ・エーミシェンがヘリコプターで一キロメートルの往復飛行を行ない多額の賞金を獲得した。平均速度は時速八キロメートル。

一九二四年：ロシアで一定の成功を収めた航空機設計者イーゴリ・シコルスキーが、アメリカに移民して航空機製作を再開、S-29と呼ばれる四発輸送機を製作した。

一九二五年：オランダのA・G・フォン・バウムハウアーが、トルクを打ち消すために尾部ローターを取り付けた主ローターがひとつのヘリコプターを製作、短時間飛行した。ふたつのローターは、それぞれべつのガソリン・エンジンで駆動していた。ヘリコプターそのものは不首尾だったが、ローターブレードのピッチを変えるための揺動板、ヒンジ付きローターブレード、サイクリック・コントロールなど、フォン・バウムハウアーの採用した機構の多くは、後世のヘリコプターに欠かせないものになる。

付録1　ヘリコプター関連年表

一九二五年：ルイス・ブレナンのヘリコプターが墜落。ブレナンをはじめとするヘリコプター発明家たちは、開発を棚上げにする。シエルバのオートジャイロのほうが有望と見られていたこともある。

一九二八年：シエルバがロンドン－パリ間を飛行。オートジャイロの商業的成功を促進する。

一九三〇年：ソ連のTsAGI1－EAヘリコプターの非公式飛行がはじまる。このヘリコプターは主ローター一基と、小さいサイド・ローターにより制御する仕組み。

一九三〇年：コッラディノ・ダスカニオが、ローターブレード後縁にサーボフラップの付いた同軸ローター・ヘリコプターで飛行。ピッチ・コントロールは梃子の作用で行なう仕組み。

一九三一年：カルヴィン・クーリッジ前大統領が、ウォーレン・G・ハーディング前大統領の墓所での演説を新聞社のオートジャイロに邪魔されて立腹する。回転翼機に対する最初の公の苦情。

一九三一年：ピトケアン航空機が、初のアメリカ製オートジャイロPCA－2型を販売。

一九三三年：ベルギー人発明家ニコラ・フロリーヌが実用に耐えるタンデムローター・ヘリコプターで飛行。

一九三五年：ファン・デ・ラ・シエルバがオートジャイロC.30を製造。離陸前のみ動力で駆動する主ローターによって、空に〝跳びあがる〟ことができた。

一九三五年：オーストリア生まれのラウル・ハフナーが、オートジャイロＡＲ－３を製作、羽ばたきブレードや、ローター・ハブに組み込まれたサイクリックとコレクティブのピッチ・コントロール機構など、その後のヘリコプターに欠かせない重要な制御の仕組みが機能することを示した。ＡＲ－３はホバリングできなかったが、技術的には大きな進歩だった。

一九三五年：ルイ・ブレゲーとルネ・ドランが、真のヘリコプターに期待される性能すべてをそなえているとおおかたが判断している初のヘリコプター〈ジロプラヌ・ラボラトワール〉を製作。同軸ローターの設計で、一時間以上、距離にして四八キロメートルを飛行した。

一九三六年：ハインリッヒ・フォッケのサイドローター式ツイン・ローター・ヘリコプターＦｗ61が試験飛行を開始。

一九三六年：フアン・デ・ラ・シエルバがクロイドン空港で旅客機事故のために死亡。

一九三七年：Ｆｗ61が初の巡航中からのオートローテーション着陸実験に成功。

一九三八年：ドイツ人パイロットふたりが、ドイチェラントホールの植民地博覧会のショーの一環として、狭い屋内会場でＦｗ61ヘリコプターを飛ばす。

一九三八年：アメリカ議会は、ヘリコプター試作機の製作・開発を助成するドーシー法を可決。

一九三八年：スコットランド製ヘリコプター、ワイアW－5が試験飛行を開始。Fw61を原型としていた。

一九三九年：イースタン航空が、フィラデルフィア郵便局の屋上からオートジャイロで郵便を輸送する一年間の実験を開始。

一九四〇年：イーゴリ・シコルスキーが、初のヘリコプター試作機を飛ばす。サイクリック・コントロールがうまくいかず、張り出し材《アウトリガー》に取り付けた複数の尾部ローターで制御を補助した。

一九四一年：イーゴリ・シコルスキーが、主ローターひとつとトルクを抑える尾部ローターという仕組みで初の実用に耐えるヘリコプターを飛ばす。

一九四二年：ナチスドイツがヘリコプターを量産しようとするが、連合軍の爆撃のために、少数を完成するにとどまった。

一九四二年：北大西洋での対潜哨戒支援のためのヘリコプターを英軍が要求したのを受けて、シコルスキーがより大型のヘリコプターR－5ドラゴンフライを開発。

一九四二年：ベル・モデル30〈シップ1〉が、ニューヨーク州ガーデンヴィルでテスト飛行を開始。

一九四三年：フランク・パイアセッキが、PV-2単座ヘリコプターを、ワシントン・ナショナル空港で軍幹部の前で飛ばした。これが三番めの実用に耐えるアメリカ製ヘリコプターにあたる。パイアセッキは、海軍の依頼により、積載能力の大きいタンデムローター・ヘリコプターの開発契約を請け負う（試作型はPV-3）。

一九四三年：新聞の特集、講演、雑誌などで、戦後には（二〇〇〇ドル前後の価格で）自家用ヘリコプターが現実になると、さかんにいわれるようになる。ニューヨークで航空技師を前に講演したシコルスキーは、戦後数十万機のヘリコプターが売れるだろうと予想する。自動車に取って代わるのではなく、まったくあらたな交通手段としてもてはやされるだろう、と唱えた。

一九四四年：ニューヨーク近辺のジャマイカ湾の砂州で、R-4ホヴァーフライを使用して初のヘリコプターによる救助が行なわれる。

一九四四年：一九歳のスタンレー・ヒラーが、同軸ヘリコプターXH-44で試験飛行を開始。

一九四四年：ヘリコプターの戦争での初使用。米陸軍第一航空奇襲群が、ビルマで医療後送に使った。

一九四五年：シコルスキーR-5ドラゴンフライが陸軍に納入されたが、戦争終結前の前線配備には間に合わなかった。

一九四六年：ユナイテッド航空が、ヘリコプター、旅客機、列車、自動車による通勤競争をコネティカットで主催。シコルスキー・ヘリコプターが優勝。

一九四六年：H・アレグザンダー・スミス上院議員が、ニュージャージイ州北部での選挙運動に短期間ヘリコプターを使用。

一九四七年：ビルの屋上を使う初のヘリコプター短距離便開設。マサチューセッツ州ボストンのスカイウェイ社が、シコルスキーS-51を使用し、モーター・マート駐車場ビルとローガン空港の往復便を運行した。モーター・マートの近隣住民が騒音に抗議した。売上げのわりに経費がかさむため、この短距離便は四カ月後に消滅した。

一九四八年：リンドン・B・ジョンソンが、てんてこまいで上院議員予備選挙を闘ったとき、テキサスの田舎町をヘリコプターで遊説し、住民を驚かせた。

一九四九年：ヘリコプターによる急襲作戦演習の成功と、核戦争の可能性によって、米海兵隊が揚陸作戦に上陸用舟艇ではなく輸送ヘリコプターを使うことを立案。

一九五〇年：ヒラー・ヘリコプターが、のちにヒラー・ホーネットと呼ばれるようになるＨＪ－１の試験飛行を開始。ローターブレードの先端に軽油を燃料とするラムジェットが備わっていた。

一九五〇年：ガスタービン・エンジンを動力とする初のヘリコプター、アリエルⅢが飛行。

一九五〇年：脳外科医ヴァレリー・アンドレが、みずからヒラー・ヘリコプターを操縦し、インドシナの戦場で負傷者の後送にあたる。

一九五一年：大規模戦闘部隊の輸送にヘリコプターがはじめて使われる。シコルスキーＳ－55チカソー一二機が、北朝鮮の八八四高地に米海兵隊員二二八人および補給物資を運んだ。

一九五四年：飛行機とヘリコプターをかけあわせた試作機１－Ｇ（Ｖ－22オスプレイの祖先）が試験飛行を開始。製作したのはベル・ヘリコプターとトランセンデンタル航空機。

一九五五年：シュド航空機が、アルーエットⅡの試験飛行を開始。ガスタービンを使用するヘリコプターとしては初の量産型。

一九五六年：ベルＸＨ－40試作型の初飛行。のちのＵＨ－１ヒューイ。

一九五六年：連邦高速道路援助法の成立を受けて、米政府が州間高速道路網の恒久的な整備に着手。

付録１　ヘリコプター関連年表

一九五七年：旅客輸送を目的とする大型のコンパウンド機（訳注　飛行機とヘリコプターの機能をあわせ持つ航空機）フェアリー・ロートダインが試験飛行を開始。ブレード先端からの圧搾空気噴射によってローターを回転する仕組みだった。

一九五八年：ヘリコプターをテレビ報道の装備としてはじめて使用。

一九五八年：アルーエットⅡが、アルジェリアの反政府武装勢力に対してノールＳＳ－11誘導ミサイルを発射。純然たる攻撃ヘリコプターとしての初使用。

一九六〇年：アラスカのパイロット、リンク・ラケットが、マッキンレー山の標高五二四〇メートル地点から負傷した登山者二名を救出し、ヘリコプターによる救出としてさかんに報じられた。

一九六一年：Ｈ－21フライング・バナナを載せた米海軍管理民間船舶（ＵＳＮＳ）の護衛空母〈コア〉がヴェトナムに到着。

一九六二年：ガスタービン・エンジン搭載のヘリコプターが着々とヴェトナムに配備される。

一九六三年：南ヴェトナムのアプバクという村の近くで、南下してきた北ヴェトナム軍によって米軍ヘリコプター五機が撃墜され、その後の空中強襲が予想以上に困難であるかもしれないと危ぶまれる。

一九六三年：高層ビルの大火災の際に、屋上からの救出にヘリコプターがはじめて使われる（フロリダ州ジャクソンヴィルのルーズヴェルト・ホテル）。

一九六三年：ＫＴＬＡテレコプターが、カリフォルニアのボールドウィン山地のダム決壊を実況中継。空からの生中継ニュース報道の時代の幕開き。

一九六五年：イアドラン渓谷の戦いで、空の騎兵隊という発想の実用性が証明される。

一九六六年：カリフォルニア州レイクウッドが、〈空の騎士《スカイナイト》〉と呼ばれる、ヘリコプターによる犯罪防止パトロールを開始。

一九六七年：サンタクロースが乗ったヘリコプターが、インディアナ州エヴァンズヴィルのショッピング・モールで墜落。

一九六八年：第九歩兵師団が、メコン・デルタのヴェトコン主力部隊に対する〈ジターバグ〉空中機動作戦で戦果を挙げる。

一九六九年：ＣＨ－53ヘリコプター二機に乗ったイスラエル軍奇襲部隊が、エジプトのラスガレブにあるレーダー施設に降着、施設を分解して、研究のために装備をイスラエルに持ちかえった。

付録1　ヘリコプター関連年表

一九六九年：ミルＭｉ－12輸送ヘリコプターの試作型が飛行。四四トンという前代未聞の積載量を誇る。

一九六九年：メリーランド州警察が、ヘリコプター救急サービスを導入。

一九七三年：ソ連がＭｉ－24ハインドの試験飛行を開始。当初は、兵員輸送と攻撃ヘリコプターの両用だった。

一九七五年：北ヴェトナム軍が南への侵攻作戦を完了する瀬戸際、サイゴンのあちこちの孤立した地点からアメリカ市民や警備兵を撤退させるのに、ヘリコプターが不可欠だった。

一九七五年：捕虜救出を行なおうとした米軍ヘリコプターが、カンボジア沖のコータン島のクメール・ルージュ軍部隊の熾烈な対空砲火を浴びる。

一九七八年：エチオピア東南部のオガデンにおける紛争で、ソ連軍が攻撃ヘリコプターと輸送ヘリコプターを配備して大きな戦果を挙げたことにより、ソ連軍の参謀たちは、将来、反乱鎮圧にヘリコプターが有効であると判断。

一九七九年：ロビンソンＲ－22自家用ヘリコプターが滞空証明を得て、発明家フランク・ロビンソンは低価格の二人乗りヘリコプターの製造販売ができるようになった。

一九七九年：ベルＵＨ－１に取って代わるＨ－60ブラックホーク汎用ヘリコプターを、米陸軍が最初に採用。

一九八〇年：イランの米大使館の人質を救出するためのイーグル・クロー作戦が、デザート・ワン前方作戦地域でヘリコプター一機がＣ－１３０輸送機に衝突したことにより、悲惨な失敗に終わる。

一九八三年：世界最大の量産ヘリコプター、Ｍｉ－26をソ連軍が導入。

一九八三年：ベルが、〝ティルトローター機〟Ｖ－22オスプレイ開発に着手。

一九八四年：インド－パキスタン国境のシアチェン氷河で、ヘリコプターを多用する高山戦争が勃発。

一九八六年：アフガニスタンのムジャーヒディーン（イスラム聖戦士）が、ＣＩＡの支給したスティンガー・ミサイルで、ソ連軍のヘリコプターと戦う。

一九八六年：ソ連の輸送ヘリコプター数十機が、チェルノブイリ原発の原子炉の爆発後、炉心溶融を食い止めるために、砂とホウ素を散布。

一九八八年：国家運輸安全委員会（ＮＴＳＢ）が、空中救急パイロットの墜落率が大きいことに警鐘を鳴らす特別報告書を提出。

一九九九年：米沿岸警備隊が、カリブ海の麻薬密輸船阻止のために、ヘリコプターに狙撃手を配置。

付録2　本書で取り上げたヘリコプターなど

アエロスパシアルSA315ラマ：高山での作業に定評のあるフランス製単ローター・ヘリコプター。アルーエットⅡの胴体にⅢのローターを組み合わせた型。

ベル47：二枚ブレードのモデル30を原型とする、アメリカではじめて販売許可を得たヘリコプター。耐久性とホバリング中の安定によって軽汎用ヘリコプターの市場を切り拓いた。

ベルUH-1Bイロコイ（「ヒューイ」）／204B：ヴェトナム戦争で活躍した伝説的汎用ヘリコプター。一九六二年に登場。

ベル206ジェットレンジャー：各方面に普及した単発タービン・ヘリコプター。ヴェトナムで使用されたOH-58が原型。

ベルリナー五号機：ヘンリー・ベルリナーが製作したサイド・ローター・ヘリコプター試作機。一九二二年、メリーランド州カレッジパークで海軍関係者向けの供覧飛行で、跳ねたり、つかのまホバリングしたりした。

ボーイング・バートルCH‐46シーナイト／107：レシプロ・エンジンのバートルV44の欠点を補うためにガスタービン・エンジンに換装し、あらたに開発された、タンデムローター大型輸送ヘリコプター。

ボーイング・バートルCH‐47チヌーク／114：ガスタービン・エンジン二基を搭載するタンデム・ローター大型輸送ヘリコプター。シーナイトよりもひとまわり大きい。

ブレゲー‐ドラン・ジロプラヌ・ラボラトワール：証人のもとでの試験飛行により、世界初の制御できる飛行可能なヘリコプターとして認められている。しかし、オートローテーション試験中に損傷し、第二次世界大戦が迫っていたため、修繕とその後の開発は不可能になった。

シエルバC．4：はじめて飛行に成功したオートジャイロ。ヘリコプターの系譜では重要な存在である。市販されて日常的に使用された少数の改良型オートジャイロのもとになった。

ド・ボテザH‐1：米陸軍の資金により製作された四ローター・ヘリコプター。一九九二年の試験でホバリングには成功したが、風に流された。

ユーロコプターAS350B2：ヨーロッパや日本ではエキュレーユと呼ばれ、アメリカではアスターと呼ばれているガスタービン・エンジン単ローター・ヘリコプター。主に報道目的や空のタクシーに使われている。

フェアリー・ロトダイン：一九五〇年代後半に開発された、イギリスの革新的なコンパウンド機。離着陸はヘリコプター・モード（チップジェット式のローターで揚力を得る）で、巡航飛行中はオートジャイロに変わる。

フォッケウルフFw61（Fa61）：長距離飛行を実現した初のヘリコプター。製造されたのは二機のみだったが、一九三八年にニュース映画で報じられて有名になった。Fa223ドラッヘ（竜）は、これを大型化し、キャビンに貨物を搭載できるようにした、初の輸送ヘリコプター。

ハフナーAR‐3：ファン・デ・ラ・シエルバのオートジャイロの仕組みを、ラウル・ハフナーが大幅に改良したもの。一九三五年に製作されたこのオートジャイロには、ヘリコプターの飛行に欠かせない部品である複雑な構造のローター・ハブが備わっていた。

ヒラー・ホーネット：〝チップジェット・ヘリコプター〟の試作型。ひとつの主ローターを、ブレード先端のラムジェットによって回転させる。仕組みは単純だが、騒音がひどく、積載量に比して燃費がすこぶる悪かった。

ヒラー360：スタンレー・ヒラーの最初の量産ヘリコプター。単ローター汎用ヘリコプターのヒラーUH-12Eホーラーの原型となる。

カマンHH-43B（米海軍の愛称ハスキー）：ガスタービン・エンジンを載せ、交差ローターを採用したヘリコプターで、ヴェトナム戦争時代に救助活動に使われた。

ローノイ-ビアンヴニュ・マシーヌ・メカニク：弓状にたわめた鯨の骨を動力とするツインローターの模型。一七八四年に実演飛行。

マクダネルダグラスOH-6カイユース／500：米陸軍のヒューズOH-6軽観測ヘリコプター（LOH）とその民間型。

ミルMi-24（ハインド）：ソ連のアフガニスタン侵攻で多用された攻撃ヘリコプター。通常、Mi-8、Mi-17などの兵員輸送ヘリコプターと協働した。

ミルMi-26（ヘイロー）：世界最大の単ローター輸送ヘリコプター。

ペスカラ試作機：マストに五枚ブレードのローター四つがある同軸ヘリコプター。一九二四年四月に八〇〇メートル近く飛行した。

パイアセッキPV－3ドッグシップ：初のタンデム・ローター輸送ヘリコプター試作機。パイアセッキの開発が現在のボーイングのタンデム型輸送ヘリコプターにつながった。

ロビンソンR－22：レシプロ・エンジン搭載の二座ヘリコプター。旅行、取材、牛の群れの管理、警察のパトロールなど、民間のさまざまな用途に使われた。やや大型のR－44と合わせて、大ベストセラー機になっている。

シュワイザー300／TH－55オセージ初級練習ヘリコプター：レシプロ・エンジン搭載の三座（最新型・訓練用は二座）ヘリコプター。飛行教習によく使われる。米陸軍の観測ヘリコプターとしてヒューズ社が開発したものが原型。

シコルスキーVS300：アメリカ初の実用に耐えるヘリコプターであるとともに、主ローターひとつ、尾部ローターひとつの機構ではじめて成功を収めた。

シコルスキー〝R〟シリーズ：小型のR－4ホヴァーフライは、大西洋で補給品の海上輸送と救助に従事した。戦域で使用された最初の量産ヘリコプター。R－6は、R－4の改良型で、第二次世界大戦の終結直前にごく少数配備された。R－5ドラゴンフライは、重量がそれらの三倍で、ガラス張りの温室のようなキャビンを持ち、対潜哨戒のために設計されたが、実戦には参加できなかった。それが民間型S－51の原型となり、一九四八年の上院議員予備選挙でリンドン・B・ジョンソンが使用した。R－5は朝鮮戦争で救難に使用された。

シコルスキーＨ－19チカソー／Ｓ－55：パンのように丸い形のレシプロ・エンジン中型ヘリコプター。朝鮮戦争で米海兵隊が頻繁に使用した。

シコルスキーＨ－34チョクトー（米海軍の愛称シーバット）／Ｓ－58：形はチカソーに似ているが、より強力なレシプロ・エンジンを搭載した輸送ヘリコプター。ヴェトナム戦争でも使用された。ガスタービン・エンジンに換装された後期型はＳ－58Ｔ。

シコルスキーＳＨ－３シーキング（旧称ＨＨＳ－２）／Ｓ－61：双発単ローター対潜ヘリコプター。ＶＩＰ輸送用のＶＨ－３民間型は一九七〇年代に航空路線ヘリコプターに使用された。

シュド・ジン：量産された唯一のチップジェット・ヘリコプター。

ＴｓＡＧＩ１－ＥＡ：飛行できた最古のヘリコプターの可能性があるが、ソ連製の試作機（一九三〇年ごろ）についての公式記録は残っていない。

ワイアＷ－５：Ｆｗ61をもとに一九三八年に製作されたスコットランド製の交差ローター・ヘリコプター。

註

序

1　アイスキュロスの戯曲の大半は、遠い昔に散逸した。

2　このヘリコプターとMi‐6フックは、ウクライナのプリピャチにあったヴラジーミル・イリイチ・レーニン・チェルノブイリ原発の爆発後、ホウ素と砂を散布するのに使われた。

第1章

1　たとえば、ターボシャフトエンジン搭載のアエロスパシアル・ラマは、高山での作業に適しているが、一時間に二二七リットルの燃料を消費する。

第2章

1　サンクトペテルブルクの科学アカデミーの教官だったロモノソフは、社会の慣習に反対したために投獄された。一七四四年に釈放されるまで、エリザヴェータ女王に詩を書き送った。熱、電気、空気に関する重要な論文も書いているが、過激な発言と極端に興味の幅が広かったために、影響力が弱かったと、歴史家は判断している。
2　ここが学術の町であったことを、マイケル・リンとパトリス・ブレットの両教授が教えてくれた。
3　旋回腕は、一七〇七年イギリス生まれの数学者・軍事技術研究家ベンジャミン・ロービンズが考案した。改良した旋回腕によって、大砲から発射される弾丸のエネルギーを測定し、物体が遷音速に達する——つまり音速に近づく——と空気抵抗が大幅に増加することを、はじめて突き止めた。
4　天空車は、空に昇ると、回転翼がブレードのピッチを変えて平らな丸い翼になるので、〝転換式航空機〟と呼んでもいいかもしれない。

第3章

1　一九九〇年、ネブラスカ州司法長官が、八年以上市場を独占し、州の消費者に自由競争がある海外の消費者よりも高い値段で売っているとして、スタンダード石油の企業連合《トラスト》を告訴したことがあった。

第4章

1　このショーで、航空機メーカーは初の大規模な展示を行なった。
2　アイオワ州ダビュークのアダムズ社が製造。ベルリナーが使ったこのエンジンは、航空機に使用された初の星型エンジンであるかもしれない。第一次世界大戦の連合軍の軍用機には、フランス製のノーム回転式《ロータリー》エンジンがよく使われていた。
3　ウィリアムズの自動車には、きわだった特徴があった。原動機は回転式エンジンで、後輪の内側に収納されていた。

4　気球の指揮官ジャン・マリー・ジョゼフ・クーテルは、オーストリア軍の前線を見渡して歓喜の声をあげたが、数日後にオーストリア軍が世界初の気球要撃砲兵を配置し、クーテルは身を縮めるはめになる。
5　ポール・コルニュが一年前にヘリコプターを製造したのも、この賞が動機だった。
6　フランス軍負傷兵の航空機による後送は、一九一五年にシベリアで開始されたが、空の救急車の使用は戦時中にはひろまらなかった。前線近くに着陸可能な場所があまりなかったことも一因である。

第5章

1　現代のパイロットは、これを〝見せびらかし症候群〟と呼んでいる。
2　アメリカの単ローター・ヘリコプターの主ローターは、時計と逆まわりに回転する。
3　シエルバの一族は、スペインの王党派と切っても切れないつながりがあったし、アルフォンソ国王が一九三一年に退位してから、王党派は力を失っていた。
4　ベストセラーの類《たぐい》ではなく、シエルバの技術のライセンスを得たもののみが入手できる文献だった。
5　ピトケアンは、狭い飛行場を往復して郵便物を運べる小型機メールウィングも考案した。
6　他の屋上を使うヘリコプター運航も、おなじ問題にぶつかった。屋上の縁に風の向きを変える羽板を取り付けて、乱気流を和らげるという試みもなされた。
7　ダスカニオは、スクーター〈ヴェスパ〉の設計者として、戦後、大きな名声を得ている。戦闘機用に製造された余剰物資の発電機を使うというアイデアで、終戦後イタリアの工業製品の先駆けとなった。

8　シエルバのアイデアはさまざまなところで応用されている。Ｆｗ61ヘリコプターのローター・ハブも、シエルバの設計がもとになっていた。

第6章

1　ヘリコプターを「ヘリ」と縮めたわけではなく、スワヒリ語の地名。

第7章

1　ローターサイクルのようなひとり乗りヘリコプターでなければ、こんなところにははいり込めない。

2　オール・アメリカン社方式がヘリコプターの代わりにならないことが、一九四三年九月にも実証されている。ヒマラヤ山脈を飛行していたＣ－46輸送機がエンジン故障のために墜落し、ビルマのナガランドの山地から二〇人を救出しなければならなくなった。ＣＢＳ記者エリック・セヴァリードも、パラシュート降下したひとりだった。生存者も救出隊も、結局徒歩でそこから脱出しなければならず、人間縛帯は使われなかった。

3　ヤングの考案したホバリング制御はむろんすばらしいものだったが、エチエンヌ・エーミシェンが基本的概念をすでに特許化していた。

4　ＨＳＬは、振動、騒音、狭い艦内での取り扱いに問題があった。海軍は、ＨＳＬを使用する対潜作戦計画の立案を中止した。

5　一九四三年当時、この言葉は、飾り気のない簡素な小型車のことを表わしていた。Ｔ型フォードのことをそう呼ぶようになったのは一九一四年以降で、それ以前は〝蒸気機関がぶっ壊れる〟というように、失敗を指す言葉だった。

6　パイアセッキ社は、バートル社となり、その後ボーイング傘下のバートル事業部となったのち、一九七二年にはボーイング－バートルとなる。ボーイングはその後も、タンデムローターのガスタービン大型輸送ヘリコプター、CH－46シーナイトとCH－47チヌークの製造をつづけた。

第8章

1　ラーはこのミュージカル・コメディで、心ならずも飛行高度世界記録を達成する気の毒な航空機整備員を演じている。

2　ふつう、これだけの人間が集まるのは、農家が家族そろって町に来る土曜日の夕方以降だった。

3　一九五八年にエンストロームが五機めの試作機で墜落したとき、夫人は木のローターブレードの破片を拾って薪にした。

4　セスナのヘリコプター、CH－1スカイフックは、カンザス州ウィチタのチャールズ・シーベルの設計をもとにして作られた。

第9章

1　分析によってまちまちだが、この時代の仏領インドシナで使用されたのは五〇機に満たない。これに対し、アメリカはヴェトナム戦争中にヘリコプター一万二〇〇〇機を配備した。フランスの配備が不足したのは、アメリカのメーカーが朝鮮戦争のための生産に追われていたからでもあった。

2　イスラエル軍は、この一年後に同様の電撃強襲にヘリコプターを使用し、シナイ会戦の際にミトラ峠でエジプト軍機甲部隊を阻止した。

3　メリーランド大学のゴードン・リーシュマン教授によれば、チップジェット・ヘリコプターは、おなじパワーの通常のヘリコプターの倍の燃料を消費するという。

4　NASAはこの案を採用せず、再使用可能なスペースシャトルを開発した。

5　レシプロ（ピストン）・エンジンの機構よりもなめらかにトルクが伝えられるため、ガスタービン・エンジンには変速機の磨耗がすくないという利点もある。

第10章

1　エドワード・ランズデイル空軍少将は、ヴェトナムでこの手の歌を最初に収集したひとりで、サイゴンの邸宅で歌われた数百曲を一九六五年から録音している。フィリピン人民解放軍弾圧を皮切りに、不正規戦に巧みという定評を得た。敵の生活様式や文化を緻密に研究する、卓越した反乱鎮圧工作の専門家だった。

2　人類学者ジェラルド・ヒッキーは、「南ヴェトナム軍兵士は、不当な扱いを受けていた」という。ヒッキーは、南ヴェトナム軍と行動をともにし、ヴェトナム語もかなりわかる。「給料をもらえずに何カ月も戦うことがあった」

3　これがいわゆるトンキン湾決議である。北ヴェトナム軍の艦艇が米海軍艦を攻撃したというまちがった前提のもとで、議会を通過した。

4　当時、ヒッキーはランド研究所に雇われ、MACVの依頼を受けて、山岳民族の戦闘部隊を編成するためには米軍特殊部隊がどう展開すればいいかを研究していた。

5　第一〇一空挺師団第一旅団第五〇二連隊第二大隊。司令官はスタンリー・〝スウィード（スウェーデン人）〟・ラーセン少将。

6　地図上に北から南へ太い帯を描けば、おおよその戦術状況がわかる、とエマソンは説明する。それが北ヴェトナム軍のルートを示している。
7　この対人地雷をL字形に配して、ワイヤーで起爆する。効果を挙げるためには、待ち伏せ攻撃を行なう分隊は、敵の前方斥候が味方前線にはいり込むまで待たなければならない。
8　カジツカスはその後AP通信の記者になる。
9　ある情報収集活動の際に、情報提供者がエマソンの部隊を、ヴェトコンの指揮官たちが北ヴェトナム軍将校一名と会っている建物に案内した。エマソンの部隊はドアを蹴破って、敵兵のほとんどを殺し、北ヴェトナム軍将校を捕らえた。
10　ジョサイア・ウォーレス大佐とロバート・ダーマイア中佐。

第11章

1　偽の通信や米兵の飛行服を着た北ヴェトナム兵でヘリコプターを罠におびき寄せるというのは、常套手段だった。
2　L（リマ）地点と呼ばれ、ラオス領内の北ヴェトナム国境にかなり近い場所に設置された。リマ地点によってジョリーグリーンの作戦範囲が大幅に広がった。

第12章

1　全長八〇キロメートル、幅三キロメートルのシアチェン氷河は、両極以外では世界最大の氷河。
2　ロサンジェルスのカリフォルニア救急サービスもそのひとつ。
3　一九七九年一月、消防関係者が警察と協力して、ヘリコプターが屋上に着陸できる可能性がある高層ビル二五棟を調査して写真撮影した際に、この懸念を口にしている。

4 一九九九年、パイロットのボイド・クラインズが、アトランタの炎上する五階建てビルの建設用クレーンから、作業員を救い上げた。放射する熱のすさまじさに、ヘリコプターのプラスティックの風防の下側部分が溶けた。

5 ガスタービンの燃焼停止も考えられる。大きな炎や煙突の煙のなかを通ると、タービン・エンジンは酸素供給が絶たれる場合が多いと、ピーター・ジャイルズは教習生に注意する。

6 グレイハウンドのマンフレッド・バーレーが一九四三年に最初に思い描いたヘリコプトリアンの夢は、その後一〇年、ビジネス関係のマスコミでしばしば取り上げられた。商用ヘリコプターが一マイル五セントというコストで乗客を運べるようになるだろうというのだ。じっさいのコストは、それをはるかに上まわっていた。

第13章

1 一九九〇年代には経済危機にともなって犯罪が増加し、頻繁に起きる殺人事件や誘拐事件を怖れて、高級住宅地は警備の厳重な飛び地になった。全米で最大の警備された飛び地アルファヴィルは、塀に囲まれ、一〇〇〇人以上の警備員が警戒にあたっている。

2 現在の政府・企業の研究計画によれば、〝コミュニティの騒音への許容性が低まっているなか、回転翼機の出す騒音の低減は、ますます国際社会での市場拡大の原動力として重要になっている〟という。

3 この集合住宅は、もともと低所得のニューヨーク市民のための、手ごろで品質の高い住宅として建設された。慈善家の投資家が、赤字を覚悟で出資したものだった。

4　ライス・ギャンビットと呼ばれるチェスの指し手を編み出した人物。アイザック・ライスは、建築業者に指示して自宅の地下に防音室を作らせ、電報を使ってイギリスの対戦相手とチェスをした。参加者がライス・ギャンビットをかならず使うことを条件に、トーナメントのスポンサーもしている。
5　グラントのOH－6は、まずサンバーナディノ郡保安官事務所に払い下げられ、再販売され、装備を更新して、あらためて型式承認を得てから、売りに出されたものだった。軍のヘリコプターが地方自治体に払い下げられたときには、もともと軍の兵器だったことから〝取り扱い注意〟の秘密区分に属する。市場に出すには、装備を交換しなければならない。

第14章

1　こうした対テロ作戦訓練を行なう部隊の上層部は、ふつう事前に警察に通知するが、一般大衆には知らせない。興味津々で見にくる人間が訓練の邪魔をしたり、危ない目に遭うおそれがあるからだ。
2　CIAは任務のためにこれを二機製作した。公式記録では減音装置をはずして民間に払い下げたとされている。
3　それ以前にも、ニュース映画や取材にオートジャイロが使われたことはあった。一九三四年、ニュージャージイ沖で豪華客船〈モロ・カースル〉で破壊工作員による火災が発生したとき、オートジャイロが新聞に載せる写真を撮影した。
4　ヘリコプターでヘリコプターを取材した例としては、一九九九年にCNNがヘリコプター二機を使って撮影した映像がある。アトランタのビル火災現場でクレーンから作業員を救出するヘリコプターを、この二機が撮影した。
5　屋上から救出されたひとびとのなかに建築技師がいて、地階の消火ポンプは手動で作動させなければならないことを、消防署に伝えた。その情報が、ビルの全焼を防ぐのに役立った。

第15章

1　空気が薄い高山では、高度を維持するのに対気速度約五〇キロメートル以上で飛ぶ必要がある。

2　ベル・ヘリコプターの訓練所で副主任教官をつとめるウェイン・ブラウンは、完全エンジン停止のオートローテーション機動を八万回ほどやったと見積もっている。ブラウンは、ハリソン・フォードの再練成訓練教官でもある。

3　空中偵察作業を取材する記者を乗せたことがあるが、ひどく飛行機酔いしたので、記者は二度と乗せなかった、とバルーはいう。

4　鋼鉄の梁を正確に組み合わせるには、ヘリコプターによる作業が欠かせない。

5　マッケルヒニーは、ワッツ暴動の最中、ロサンジェルス市警のパイロットとして勤務し、暴徒の動きを監視した。

訳者あとがき

ヘリコプターというのは、わくわくする乗り物だと思う。本書に述べられているように、自家用ヘリコプターの普及という夢はいまだに実現していないが、地面から離れられない乗り物である車を運転していて大渋滞に巻き込まれたときなど、だれしもこのまま空が飛べたらと思うものだ。

空を飛びたい、遥かなる大空を征服したいというのは、昔からの人類の夢だった。空を飛んだ最初の人間は、ギリシア神話に登場するイカルスだろうか。だが、イカルスは蠟付けの翼でクレタ島から逃れたものの、太陽に近づきすぎたために蠟が溶けて、あえなく墜落してしまう。空想の世界ですら、飛ぶことはかくも難しかった。

しかし、その後の文明の発達とともに、人間の想像力は長い歳月を経ながらさまざまな空飛ぶマシーンを生んできた。熱気球を製作して一七八三年に人類初の飛行を成功させたモンゴルフィエと、フライヤー一号機で世界初の動力定常飛行に成功したライト兄弟は、それぞれの分野で空をはじめて開拓した先駆者にちがいない。

ところが、ヘリコプターの場合は、空をはじめて切り拓いた先駆者がだれなのか、判然としない。一九〇七年にフランスのポール・コルニュのヘリコプターが世界初の自由飛行に成功したというのが定説ではあるが、異論もあって明確な結論を下すのが難しいと、著者も指摘している。
レオナルド・ダ・ヴィンチがスケッチしたヘリコプターの原型「螺旋《らせん》状の翼を持つマシーン」は、あまりにも有名だが、そのままでは飛ばないことが実験でわかっている。ただ、ダ・ヴィンチのスケッチについては、同軸反転ローターの回転するさまを描いているという説もあることをつけくわえておこう。ちなみに、ギネスブックに「世界最小の人が乗れるヘリコプター」と認証された日本製ヘリコプターGEN H-4は同軸ヘリコプターで、ダ・ヴィンチに敬意を表し、二〇〇八年五月にイタリアのヴィンチ村（ダ・ヴィンチの生地）で飛行している。

このダ・ヴィンチのスケッチは、空を自由に飛べるヘリコプターをつくろうという夢をはぐくむ大きな原動力になったが、ヘリコプターがほんとうに空に飛びあがるまでには、いくつもの難関を越えなければならなかった。まず、強力であまり重過ぎない動力が必要だった。内燃機関の発明とその後のガスタービン・エンジンの発明によって、それは解決された。もうひとつの大きな問題は「トルク」と呼ばれるものだった。重いローターが回転すると、機体は逆の方向にまわろうとする。これを抑えなければならない。同軸反転ローターは、その解決策のひとつだった。もうひとつの決定的な解決策が尾部ローターであることはよく知られている。こういう複雑な機構に妨げられ、ヘリコプターの実用化までの道のりは果てしなく遠かった。ほんとうに使えるヘリコプターが登場したのは、一九四〇年代のことである。

回転翼（ローター）のブレードの角度によって垂直・水平方向の制御を行なう（サイクリックとコレクティブのコントロール）というヘリコプターの原理はなかなか理解しにくいが、著者は丁寧に説明している。「翼」と呼ばれることからもわかるように、回転翼は「プロペラ」ではなく、一種の翼の役割を果たしている。本書では、オートジャイロなどの回転翼機の発展を読むうちに、ヘリコプターの重要な部分である回転翼の働きがよくわかるという流れになっている。

この本の最大の特徴は、こういったヘリコプター関連の科学のみならず、歴史・文明・文化にも言及していることだ。ヘリコプターの歴史を通じて、産業革命以降の科学技術の発展や化石燃料の問題についても、あらためて考えさせられる。

また、ヘリコプターの発展は、戦争と密接に結びついている。本格的に使用されたのは朝鮮戦争が最初だったが、ヴェトナム戦争では多様な目的のために使用された。ヘリコプターは、傷病者後送ばかりではなく、強襲部隊や補給品の輸送、武装した攻撃ヘリコプターによる対地攻撃、戦車や装甲車に代わる「空中機甲部隊」（空の騎兵隊）としての役割も担った。ヴェトナム戦争を描く映画には、たいがいベルＵＨ－１汎用ヘリコプターが登場する。ヘリコプターに先住民の部族名をつける習慣に則り、陸軍はＵＨ－１を〝イロコイ〟と名付けたが、この愛称は人気がなく、ヴェトナムで活躍するうちにＨ－Ｕ－Ｉ《ヒューイ》（１をＩに置き換え）という呼び名のほうが浸透してしまった。シュバシュバという独特のローターの連打音から、ヘリコプターは俗にチョッパーと呼ばれることも多い。

ヴェトナムでは、大型輸送ヘリ、ボーイングバートルＵＨ－47チヌークも使われた。陸上自衛隊も採用しているから、タンデムローター独特の腹に響く爆音を聞いたことがあるはずだ。

いっぽうソ連は、アフガニスタンで重武装の攻撃・兵員輸送ヘリＭｉ－24を多用した。ＮＡＴＯが〝ハインド〟と呼ぶこのヘリコプターは、西側の攻撃ヘリよりも大型で、兵員輸送にも使用でき、地上の部隊にとっては大きな脅威だった。

しかし、ヘリコプターは、離着陸時には速度が落ちるので、小火器や歩兵携行ＳＡＭ（地対空ミサイル）の格好の標的になる。ことに尾部ローターが攻撃に脆《もろ》い。ヴェトナムではソ連製のＲＰＧ－７（ロケット推進擲弾《てきだん》。本来は対装甲兵器）によって、かなりの数の米軍ヘリコプターが撃墜された。

ソ連の侵攻を受けたアフガニスタンでは、CIAがムジャーヒディーン（イスラム聖戦士）に供給したスティンガー・ミサイルが、Mi-24を迎え撃ち、大きな戦果をあげた。一九九三年には、ソマリアのモガディシュで、武装組織のRPGによりUH-60ブラックホーク・ヘリコプターが撃墜されたのをきっかけに、米軍部隊が多数の死傷者を出した。これがアメリカの海外派兵政策に大きな影響を及ぼしたことは周知の事実である。

ヘリコプターのもうひとつの弱点は騒音で、それが都市交通としての発展を妨げる理由のひとつになっている。軍用ヘリコプターの場合は、遠距離から敵に探知されるという戦術的欠点につながる。このため、騒音の発生源のひとつである尾部ローターをシュラウデッド・ファンテイル（囲いのある八枚ブレードのファン）に変更し、主ローターのブレードにも騒音軽減の工夫を凝らすなどしたうえに〝ステルス性〟を高めた偵察攻撃ヘリコプターRAH-66コマンチが開発された。しかし、戦術偵察任務の主流がヘリコプターから無人機（UAV）へと移ったこともあって、この開発計画は中止された。

ヘリコプターには回転翼のもたらす速度上の壁があって、ほぼ二〇〇ノット（時速三七〇キロメートル）で高速失速を起こす。それを解決するために、ヘリコプターと飛行機をかけあわせたようなティルトローター機が開発され、ベル／ボーイングV-22オスプレイ（最大速度時速五〇九キロメートル）が海兵隊に採用された。だが、事故が重なり、まだ完全な実用安全性を得ていないのが現状である。

こういったことからも、ヘリコプターがまだ発展途上にあり、騒音軽減などの面でさらなるブレークスルーが待たれていることがわかる。なにしろ、一九四〇年代初頭にシコルスキー、ベル、パイアセッキが、ある程度実用的なマシーンを完成させ、ヘリコプターが下界を離れて自由自在に飛べるようになってから、七〇年ほどしかたっていないのである。

著者ジェイムズ・R・チャイルズは、テキサス大学法科大学院在学中にテクノロジーや歴史について書きはじめ、一九七九年、テキサス州アマリロにある核兵器組立工場についての記事が《テキサス・マンスリー》誌にはじめて採用された。一九八三年には《スミソニアン》誌に記事を書くようになり、その後、《オーデュボン》、《エア＆スペース》、《ハーヴァード》といった雑誌に特集記事や取材記事を載せた。処女作の *Inviting Disaster* は、二〇〇一年にアマゾンのグッドブックに選ばれ、ヒストリー・チャンネルで四回連続のドキュメンタリーが制作された。本書では執筆のために二座ヘリコプターで教習を受けたというから、ヘリコプターに惚れ込んでいる〝ヘリコプトリアン〟なのだろう。現在はミネソタに住んでいる。

二〇〇九年一月

参考文献

序

"13 Die as Oil-Rig Rescue Fails in Gulf," *New York Times*, April 17, 1976, 1.

"Abandon Rig! The Loss of the *Ocean Express*," *Proceedings of the Marine Safety Council*, November 1978, 115.

Booth, Tony. "Operation Chernobyl," *Flight International*, July 31, 1996, 40.

Campbell, Mel. 2005. Interviews by author. June.

Chondros, Thomas G. 2006. Personal communication. 8 February.

——. "'Deus-Ex-Machina' Reconstruction and Dynamics," *Proceedings, International Symposium on History of Machines and Mechanisms*, 2004, 87.

Cubanski, Edward J. "Coast Guard HITRON—A Model of Success," *Sea Power*, August 2002, 39.

Culver, John C., and John Hyde. *American Dreamer: The Life and Times of Henry A. Wallace*. New York: W. W. Norton, 2000.

Davidson, D. S. "Australian Throwing-Sticks, Throwing-Clubs, and Boomerangs." *American Anthropologist*, January-March 1936, 76.

——. "Is the Boomerang Oriental?" *Journal of the American Oriental Society*, June 1935, 163.

Fales, E. D. "The *Ocean Express* Disaster—A Hard Lesson at Sea," *Popular Mechanics*, December 1980, 86.

Green, Stanley. *Encyclopedia of the Musical Theater*. New York: Da Capo Press, 1980.

Halloran, Richard. "Odds Said to Favor Cocaine Smugglers," *New York Times*, December 8, 1988, A23.

Hancock, Richard. 2005. Interview by author. 9 August. Hessler, Peter. "The Nomad Vote," *The New Yorker*, July 16, 2001, 59.

Kieran, John. "A Boom in Boomerangs," New York Times, January 22, 1941, 27.

"Long Island Heroes: The 106th Air Rescue Group," *Newsday*, December 14, 1994, A32.

Lovering, Joseph. "On the Australian Weapon Called the Boomerang," *American Almanac and Repository of Useful Knowledge*, 1859, 67.

MacLeod, Steve. "Survivor from Sunken Ukrainian Ship Delivered to Shore: Hopes Dim for 30 Sailors Still Missing," *Ottawa Citizen*, December 11, 1994, A5.

Mastronarde, Donald J. "Actors on High: The Skene Roof, the Crane, and the Gods in

Attic Drama," *Classical Antiquity*, October 1990, 247.
Mitchell, Robin. "Officials Drawing a Bead on Drug Runs," *St. Petersburg Times*, September 14, 1999, 1B.
Moffett, Cleveland. "Louis Brennan's Mono-Rail Car," *McClure's Magazine*, December 1907, 163.
National Transportation Safety Board. *Capsizing and Sinking of the Self-Elevating Mobile Offshore Drilling Unit Ocean Express Near Port O'Connor*, Texas, April 15, 1976. Washington, D.C.: NTSB, 1979.
"Officer's Wife Flies with Wilbur Wright," *New York Times*, October 28, 1909, 4.
Pociask, Martin J. "HAI Members Respond to the Fury of Katrina," *Rotor*, Winter 2005-2006, 16.
"Presenting...Raoul Hafner," *American Helicopter*, August 1947, 19.
"Promised Wonders of the Gyroscope on Land and Sea," *Current Literature*, July 1907, 90.
Purpura, Paul. "National Guard Flies to Rescue After Hurricane," *Times-Picayune*, January 8, 2006, 22.
Robinson, Linda. "The Coast Guard's New Secret Weapon," *U.S. News & World Report*, March 20, 2000, 38.
Robkin, A. L. H. "That Magnificent Flying Machine: On the Nature of the 'Mechane' of the Theatre of Dionysos at Athens," *Archaeology News*, 1979, 1.
Rogers, Kathryn. "Copter Crash Kills 2 Trying to Bring Aid," *St. Louis Post-Dispatch*, August 10, 1992, 1A.
Shields, Rachael. 2005. Interview by author. 11 June.
Sterba, James P. "Coast Guard Moves to Investigate Sinking of Oil Rig," *New York Times*, April 18, 1976, 29.
Stout, David. "Coast Guard Using Sharpshooters to Stop Boats," New York Times, September 14, 1999, A18.
Subrahmaniam, Vidya. "It Is a Sky-High Campaign Here," *The Hindu*, February 18, 2005, 1.
"The Railway of the Future," *Outlook*, November 27, 1909, 641.
Thurston, Harry. *The World of the Hummingbird*. Vancouver: Greystone Books, 1999.
"Upper Paleolithic Boomerang Made of a Mammoth Tusk in South Poland," *Nature*, Vol. 329, No. 6138, 1987, 436.
Weiner, Eric. "Airborne Drug War Is at a Stalemate," *New York Times*, July 30, 1989, 1.
Weissman, Richard. "New Fight on Drug Traffic," *New York Times*, January 6, 1985, L1.
"World's Oldest Boomerang Found in Poland," *San Francisco Chronicle*, October 1, 1987, A40.

第1章

445

Casper, Willie. 2006. Personal communication. 9 June.
Coleman, Mike. 2005. Interview by author. 7 February.
Connor, Roger. 2005 and 2006. Interviews and personal communication with author. June-July.
Coyle, Shawn. 2006. Interview by author. 15 March.
Coyle, Shawn. *Cyclic & Collective: More Art and Science of Flying Helicopters*. Mojave, CA: Helobooks, 2004.
Johnson, Wayne. *Helicopter Theory*. Princeton, NJ: Princeton University Press, 1980.
Lancaster, John. 2005. Interviews by author. July-September.
Leishman, Gordon. 2005. Interview and personal communication with author. October-January.
Newman, Simon. *The Foundations of Helicopter Flight*. New York: Halsted Press, 1994.
"Pilot Recognized for Rescue at the Helm of a Malfunctioning Helicopter," *Wisconsin State Journal*, November 16, 2000, B4.
Prouty, Ray. 2005. Personal communications. 3 December.
——. *Helicopter Aerodynamics*. Cincinnati, OH: PJS Publications, 1985.
Prouty, Ray, and H. Curtiss. "Helicopter Control Systems: A History," *Journal of Guidance Control Dynamics*, 2003, 12.
Spenser, Jay. 2006. Interview by author. 10 June.
Tweedt, Barbara. 2006. Personal communication. 7 April.
Whyte, Greg. *Fatal Traps for Helicopter Pilots*. New York: McGraw-Hill, 2006.

第2章

Ackroyd, J. A. D. "Sir George Cayley, the Father of Aeronautics. Part 2. Cayley's Aeroplanes," *Notes and Records of the Royal Society of London*, September 2002, 333.
Boulet, Jean. *The History of the Helicopter as Told by Its Pioneers 1907-1956*. Paris: Editions France-Empire, 1984.
Bret, Patrice. "Un Bateleur de la Science: Le 'Machiniste-Physicien' François Bienvenu et la Diffusion de Franklin et Lavoisier," *Annales Historiques de la Révolution Française*, 2004, 95.
——. 2006. Personal communication. 7 August.
Cayley, George. *Aeronautical and Miscellaneous Note-book of Sir George Cayley*. Cambridge, UK: The Newcomen Society, 1933.
——. "On Aerial Navigation," *Nicholson's Journal of Natural Philosophy, Chemistry and the Arts*, November 1809, 164.
——. "On Aerial Navigation," *Nicholson's Journal of Natural Philosophy, Chemistry and the Arts*, February 1810, 81.
——. "On Aerial Navigation," *Nicholson's Journal of Natural Philosophy, Chemistry and the*

Arts, March 1810, 161.

Chambriard, Pascal. "L'Embouteillage des Eaux Minerales: Quatre Siècles d'Histoire," *Annales des Mines*, May 1998, 20.

Dumas, Maurice. *Scientific Instruments of the Seventeenth and Eighteenth Centuries*. New York: Praeger Publishers, 1972.

Emery, Clark. "The Background of Tennyson's 'Airy Navies,'" *Isis*, 1966, 139.

Gibbs-Smith, Charles H. "Sir George Cayley: 'Father of Aerial Navigation' (1773-1857)," *Notes and Records of the Royal Society of London*, May 1962, 36.

Greffe, Florence. 2006. Interviews by author. June-July.

Hahn, Roger. 2006. Personal communication. 20 July.

Howard, Michael. *The Franco-Prussian War*. London: Rupert Hart-Davis, 1961.

Instruction sur la nouvelle Machine inventée par MM. Launoy, Naturaliste, & Bienvenu, Machiniste-Physicien. Paris: François Bienvenu, 1784.

Kelly, Fred C. (ed.). *Miracle at Kitty Hawk*. New York: Da Capo Press, 1996.

Lambermont, Paul, and Anthony Pirie. *Helicopters and Autogiros of the World*. London: Cassel, 1958.

Leishman, J. Gordon. *Principles of Helicopter Aerodynamics*. New York: Cambridge University Press, 2000.

Liberatore, E. K. *Helicopters Before Helicopters*. Malabar, FL: Krieger Publishing Co., 1998.

Liptrot, R. N. "Historical Development of Helicopters," *American Helicopter*, March 1947, 12.

Lopez, Donald, and Walter J. Boyne. *Vertical Flight: The Age of the Helicopter*. Washington, D.C.: Smithsonian Institution Press, 1984.

Lynn, Michael R. "Divining the Enlightenment: Public Opinion and Popular Science in Old Regime France," *Isis*, March 2001, 34.

——. "Public Lecture Courses in Enlightenment France." *The Historian*, Winter 2002, 335.

——. 2006. Interview by author and personal communications. June-July.

McClellan, James. 2006. Personal communication. 2 September.

"Mikhail Vasilevich Lomonosov," *Encyclopedia of World Biography*, Vol. 9. Detroit: Gale Research, 1998.

Munson, Kenneth. *Helicopters and Other Rotorcraft Since 1907*. London: Blandford Press, 1968.（『ヘリコプター　およびロータークラフト』高木真太郎訳、鶴書房、1971）

Nelson, Mortimer. *Mortimer Nelson's Aerial Car*. New York: Mortimer Nelson, 1860.

Regourd, François. 2006. Personal communication. 8 September.

"Sir George Cayley's Aerial Carriage," *Mechanics' Magazine*, April 8, 1843, 36.

Tassin, Christian. 2006. Personal communication. 3 August.

"The Inflated Giant," *The Albion*, December 12, 1863, 598.
Verne, Jules. *Robur the Conqueror*; or, *A Trip Round the World in a Flying Machine*. New York: G. Munro, 1887.（『征服者ロビュール』手塚伸一訳、集英社文庫、1993）
Wright, Orville. "How We Invented the Airplane," *Harper's*, June 1953, 25.

第3章

"AP-4103 Model Research, Volume 1," at http://history.nasa.gov/SP-4103/ch4.htm (Accessed July 19, 2005).
Chiles, James R. "Spindletop," *American Heritage of Invention and Technology*, Summer 1989, 34.
Christopher, John. *Balloons at War*. Gloucestershire, UK: Tempus Publishing, 2005.
Corn, Joseph J. *The Winged Gospel: America's Romance with Aviation, 1900-1950*. New York: Oxford University Press, 1983.
Crouch, Tom D. *The Eagle Aloft*. Washington, D.C.: Smithsonian Institution Press, 1983.
"Flying Machines in the Future," *Scientific American*, September 8, 1860, 165.
Gablehouse, Charles. *Helicopters and Autogiros: A Chronicle of Rotating Wing Aircraft*. New York: J. B. Lippincott, 1967.
Gillespie, Richard. "Ballooning in France and Britain," Isis, June 1984, 248.
Hallion, Richard P. *Taking Flight: Inventing the Aerial Age, from Antiquity Through the First World War*. New York: Oxford University Press, 2003.
Hunt, T. Sterry. "On the History of Petroleum or Rock Oil," *American Journal of Pharmacy*, November 1862, 527.
"Improvement in Hot-air Engines," *Scientific American*, April 24, 1869, 257.
"Is a Flying Machine a Mechanical Possibility?" *Scientific American*, March 13, 1869, 169.
"Panorama of Early Wings," *American Helicopter*, December 1945, 30.
"Petroleum as Fuel," *Scientific American*, December 2, 1893, 358.
Santos-Dumont, Alberto. "The Pleasures of Ballooning," *The Independent*, June 1, 1905, 1225.
"Steam Tried for Planes," *New York Times*, August 18, 1935, 7.
Taylor, Michael J. *History of the Helicopter*. London: Hamlyn Publishing, 1984.
"The Texas Beaumont Oil Well," *Scientific American*, February 2, 1901, 74.
"The Great Balloon Voyage," *Ohio Farmer*, July 16, 1859, 228.
"The Philosophy of Balloons," *The Albion*, November 7, 1863, 533.
Thurston, R. H. "Steam and Its Rivals," *Forum*, May 1888, 341.

第4章

"11 German Balloons His Bag in 4 Days," *New York Times*, September 18, 1921, 9.
"A Wingless Machine That Promises to Revolutionize Aerial Navigation," *Current*

Opinion, March 1920, 407.
Aerofiles, "Powerplants—Reciprocating Engines," at http://www.aero-files.com/motors.html (Accessed June 26, 2005).
Aerofiles, "Berliner—Berliner Joyce," at http://www.aerofiles.com/berlin.html (Accessed October 10, 2005).
"Airplane Ambulances," *Outlook*, May 14, 1919, 60.
Allen, Catherine. 2005. Personal communications. October-November.
"Asserts Mastery of Vertical Flight," *New York Times*, January 19, 1924, 3.
"Balloons the Feature of Armory Auto Show," *New York Times*, January 14, 1906, 10.
Barnard, Charles. "The Red Cross," *The Chautauquan*, December 1888, 143.
Berliner, Emile. "The Berliner Helicopter," *Aeronautics*, November 1908, 9.
"Berliner on His Aerobile," *New York Times,* September 9, 1908, 1.
Bracke, Albert (translated by Bernard Mettier). *Les Hélicoptères Cornu*. Paris: Librairie des Sciences Aéronautique, 1908.
Brown, Mike, 2006. Personal communication. 17 January.
De Bothezat, George. "The Meaning for Humanity of the Aerial Crossing of the Ocean," *Scientific Monthly*, November 1919, 433.
De Transehe, N. "Figure of Merit," *American Helicopter*, January 1947, 11.
De Villermont, Henri A. "French Rotary Wings," American Helicopter, May 1947, 10.
——. "Presenting...Louis Bréguet," *American Helicopter*, September 1947, 16.
Doherty, Trafford. 2006. Personal communication. 13 June.
"E. Berliner Dies; Famous Inventor," *New York Times*, August 4, 1929, 24.
"Einstein Disputes Lecturing Savant," *New York Times*, January 16, 1935, 19.
"France Buys Right to New Helicopter," *New York Times*, January 28, 1921, 8.
"Glenn Curtiss Dies, Pioneer in Aviation," *New York Times*, July 24, 1930, 1.
Gorn, Michael H. *The Universal Man: Theodore von Kármán's Life in Aeronautics*. Washington, D.C.: Smithsonian Institution Press, 1992.
Grosvenor, Edwin S. *Alexander Graham Bell: The Life and Times of the Man Who Invented the Telephone*. New York: Harry N. Abrams, 1997.
"Helicopter Ascends 7 Feet at Trials," *New York Times*, June 17, 1922, 2.
"Helicopter Maker, de Bothezat, Dead," *New York Times*, February 3, 1940, 11.
"Helicopter Opens New Flying Era," *New York Times*, July 15, 1923, 11.
History Office, Aeronautic Systems Center. *Splendid Vision, Unswerving Purpose: Developing Air Power for the United States Air Force During the First Century of Powered Flight*. Wright-Patterson AFB: Air Force History and Museums Program, 2002.
House, Kirk W. *Hell-Rider to King of the Air: Glenn Curtiss' Life of Innovation*. Warrendale, PA: SAE International, 2003.
Howland, Harold J. "The Sons of Daedalus," *Outlook*, September 26, 1908, 153.

Irwin, Will. "A Night Ride with the American Ambulance Corps at Verdun," *Current Opinion*, October 1916, 286.

Jane, Fred T. (ed.). *All the World's Aircraft, A Reprint of the 1913 Edition*. New York: Arco Publishing, 1969.

——. *All the World's Airships, A Reprint of the 1909 Edition*. New York: Arco Publishing, 1969.

Johnson, Thomas M., and Fletcher Pratt. *The Lost Battalion*. Lincoln: University of Nebraska Press, 2000.

Kruckman, Arnold. "Hammondsport an Aeroplane Laboratory," *Outing*, August 1910, 535.

"L'Hélicoptère Pescara," http://lehen.david.neuf.fr/helicopter.html (Accessed February 20, 2006).

Lame, Maurice. "French-Built Helicopters," *American Helicopter*, April 1947, 6.

Leishman, Gordon. "The Cornu Helicopter—First in Flight?" *Vertiflite*, Fall 2001, 54.

"Louis Bréguet, 75, Aircraft Pioneer," *New York Times*, May 5, 1955, 33.

"Louis Brennan Dead: British Inventor," *New York Times*, January 20, 1932, 19.

Lynde, Francis. "Soldiers of Rescue," Outlook, October 23, 1918, 294.

"Moors Kill Two Airmen," *New York Times*, April 9, 1914, 4.

Munk, Max M. *Technical Note No. 221. Model Tests on the Economy and Effectiveness of Helicopter Propellers*. Washington, D.C.: National Advisory Committee for Aeronautics, 1925.

Paris Office. *Technical Memorandum No. 13. The Oehmichen-Peugeot Helicopter*. Washington, D.C.: National Advisory Committee for Aeronautics, 1931.

"Pioneer Helicopter Flies with Two Passengers," *Current Opinion*, April 1, 1923, 475.

"Predicts Helicopters Will Guard London," *New York Times*, October 4, 1925, 30.

Ramakers, L. "The Hélicoptère: Santos-Dumont's Latest Flying Machine," Scientific American, February 10, 1906, 129.

Rankine, W. J. M. "On the Mechanical Principles of the Action of Propellers," *Transactions of the Institute of Naval Architects,* 1865, 13.

"Rival Aviators All Over Europe," *New York Times*, March 28, 1909, 82.

Roseberry, C. H. *Glenn Curtiss: Pioneer of Flight*. Garden City, NJ: Doubleday & Co., 1972.

"Russian Invented Helicopter," *New York Times*, January 28, 1923, 5.

"Says He Has Craft to Fly Vertically," *New York Times*, March 8, 1920, 3.

"Says Helicopter Goes 312 Miles an Hour," *New York Times*, July 7, 1921, 1.

Shulman, Seth. *Unlocking the Sky: Glenn H. Curtiss and the Race to Invent the Airplane*. New York: HarperCollins, 2002.

Simanaitis, Dennis. 2006. Personal communication. 17 January.

"Sound Etched on Zinc: Electrician Berliner Has an Invention He Calls the Gramophone," *New York Times*, October 24, 1890, 6.

Studer, Clara. *Sky Storming Yankee: The Life of Glenn Curtiss*. New York: Arno Press, 1972.

"U.S. Navy Blimp Saves Canadians in Jungle," *New York Times*, March 25, 1944, 4.

"Vatican Orders 3 Helicopters," *New York Times*, December 19, 1930, 1.

Von Kármán, Theodore. *Technical Note. No. 47. Recent European Developments in Helicopters*. Washington, D.C.: National Advisory Committee for Aeronautics, 1921.

——. *The Wind and Beyond: Theodore von Kármán, Pioneer in Aviation and Pathfinder in Space*. Boston: Little, Brown and Co., 1968.（『大空への挑戦——航空学の父カルマン自伝』野村安正訳、森北出版、1995）

Warner, Edward P. *Technical Memorandum No. 107: The Prospects of the Helicopter*. Washington, D.C.: National Advisory Committee for Aeronautics, June 1922.

Wicks, Frank. "Trial by Flyer," *Mechanical Engineering*, 2003, 4.

"Will Fly Helicoptically: At Least Emile Berliner Intends to Try It in Washington Soon," *New York Times*, September 5, 1908, 2.

Williams, Hale P. "Beating the Bird in Its Own Realm," *Illustrated World*, November 1921, 909.

Williams, James. 2005. Personal communication. 11 December.

第5章

"Aerial Study Made of Traffic Snarls," *New York Times*, June 24, 1935, 19.

"Air Transport Interested in Autogiro Landing," *New York Times*, January 3, 1932, 6.

"Army Buys 6 Autogiros," *New York Times*, March 3, 1937, 16.

"Asserts Boomerangs Were the First Autogiros," *New York Times*, January 10, 1931, 8.

"Autogiro Flies Once Again—In the Courts," *Business Week*, May 27, 1967, 78.

Brooks, Peter W. *Cierva Autogiros: The Development of Rotary-Wing Flight*. Washington, D.C.: Smithsonian Institution Press, 1988.

"Buys a House for His Baby," *New York Times*, June 5, 1911, 1.

"Buys 'Autogyro' Rights; H. F. Pitcairn Hails New Ship on Return from Europe," *New York Times*, April 18, 1929, 24.

Charnov, Bruce H., 2005. Interview by author. 12 December.

——. *From Autogiro to Gyroplane: The Amazing Survival of an Aviation Technology*. Westport, CT: Praeger Publishers, 2003.

"Court Lets Stand Royalties Award for Autogiro," *Wall Street Journal*, January 24, 1978, 1.

Courtney, W. B. "A Latter-Day Pioneer," *Collier's*, September 12, 1931, 11.

De la Cierva, Juan. *Wings of Tomorrow: The Story of the Autogiro*. New York: Brewer,

Warren & Putnam, 1991.
——. "Wings of Tomorrow." *Forum*, March 1931, 173. Earhart, Amelia. "A Friendly Flight Across," *New York Times*, July 19, 1931, SM4.
——. *The Fun of It*. New York: Brewer, Warren and Putnam, 1932.
"Earhart to Receive Official Reprimand," *New York Times*, July 6, 1931, 3.
"Everything Went Black," Time, December 21, 1936, 20.
"Farley Dedicates 'Finest Postoffice,' " *New York Times*, May 26, 1935, 10.
"First Aircraft to Land Within World's Fair Grounds," *New York Times*, August 20, 1940, 22.
Fisher, Barbara E. Scott. "Notes of a Cosmopolitan," *North American Review*, January 1933, 97.
"Frees Mrs. Hopkins, but Censures Her," *New York Times*, April 6, 1915, 7.
"'Giro Flies Mail a Year," *New York Times*, July 14, 1940, 119.
"'Giro on Philadelphia—Camden Mail Run," *New York Times*, July 7, 1939, 1.
Gregory, H. F. *Anything a Horse Can Do: The Story of the Helicopter*. New York: Reynal & Hitchcock, 1944.
Hilton, R. "The Alleged Vulnerability of the Autogiro," *The Fighting Forces*, August 1934, 231.
Hirschberg, Michael, Thomas Müller, and Michael J. Pryce, "British V/STOL Rotorcraft in the Twentieth Century," *American Helicopter Society Forum 61*, June 2005.
"'House Never Dark' Not Now Her Home," *New York Times*, December 24, 1914, 1.
"Hudson Pier Becomes Airport for Autogiro," *New York Times*, December 24, 1931, 2.
"Juan de la Cierva," *New York Times*, December 12, 1936, 18.
"Juan de la Cierva, Spanish Loyalist," *New York Times*, January 13, 1938, 22.
Klemin, Alexander. "Learning to Use Our Wings," *Scientific American*, January 1926, 48.
Lopez-Diaz, C. Cuero-Rejado, and J. L. Lopez-Ruiz, in "Historical Rotorcraft Restoration: The C-30 Autogiro," *Proceedings of the Institution of Mechanical Engineers*, 1999, 71.
Macaulay, Neill. *The Sandino Affair*. Chicago: Quadrangle Books, 1985. "Mansion a Christmas Gift," *New York Times*, December 7, 1911, 9.
"Married on a Yacht," *New York Times*, October 5, 1906, 7.
Martyn, T. J. C. "Autogiro Is Able to Land Upon Almost Any Backyard," *New York Times*, February 24, 1929, 141.
Miller, John. 2005. Interviews and personal communication with author. October-November.
"Miss Earhart Avoids Serious Autogiro Crash When Ship Fails to Rise in Abilene Take-Off," *New York Times*, June 13, 1931, 1.
Mitchell, William. "The Automobile of the Air," *Woman's Home Companion*, May 1932,

18.
"Mrs. Daniell Left $7 Million Estate," *New York Times*, March 14, 1928, 9.
Polmar, Norman. "Historic Aircraft: The Sea Services' First Rotary-Wing Aircraft," *Naval History*, September-October 1998, 53.
Polt, Richard. 2005. Personal communication. 1 November.
Ray, James G. "Straight Up," *Saturday Evening Post*, November 8, 1938, 14. Sikorsky, Igor. *The Story of the Winged-S*. New York: Dodd, Mead and Co., 1967.
"Situation in Spain," *Wall Street Journal*, July 30, 1909, 3.
Smith, Frank Kingston. *A Legacy of Wings: The Harold F. Pitcairn Story*. New York: Jason Aronson, 1985.
"The Government and Autogiros," *Wall Street Journal*, Apri127, 1938, 3.
"The Marine Autogiro in Nicaragua," *Marine Corps Gazette*, February 1953, 56.
"Trip in Fixed-Wing Plane Fatal to Giro Inventor," *Newsweek*, December 19, 1936, 28.
Trowbridge, John Townsend. *The Vagabonds and Other Poems*. Boston Fields, 1869.
"Two Autogiro Bills Approved," *New York Times*, June 10, 1938, 11.
"Urge Development of the Dirigible." *New York Times*, May 18, 1931, 5.
"U.S. Seizes Recluse as Big Tax Evader," *New York Times*, February 6, 1960, 4.
White, Frank Marshall. "The Black Hand in Control in Italian New York," *Outlook*, August 16, 1913, 857.
"'Windmill' Plane Flies Channel," *New York Times*, September 19, 1928, 1.
"Yancey Lands Autogiro in Ruins of Yucatan," *New York Times*, February 5, 1932, 3.

第6章
"B. P. Labensky Dies," *New York Times*, October 26, 1950, 31.
Berry, M. "Flettner-282," *American Helicopter*, June 1947, 18.
Brady, Bob. 2005. Interview by author. 13 October.
Coates, Steve, and Jean-Christophe Carbonel. *Helicopters of the Third Reich*. Crowborough, UK: Classic, 2002.
Crider, John R. "Along the Far-Flung Airways—Helicopters Stir Study," *New York Times*, March 5, 1939, 11.
Delear, Frank J. *Igor Sikorsky: His Three Careers in Aviation*. New York: Dodd, Mead and Co., 1969.
Focke, Henrich. "The Focke Helicopters," *American Helicopter*, January 1947, 14.
"Fonck Plane Burns, 2 Die," *New York Times*, September 22, 1926, 1.
Francis, Devon. *The Story of the Helicopter*. New York: Coward-McCann, 1946.
Gandt, Robert L. *China Clipper: The Age of the Great Flying Boats*. Annapolis: Naval Institute Press, 1991.
Harris, Benjamin Hooper. 2005. Interview by author. 6 February.

"Helicopter Record Is Set by Sikorsky," *New York Times*, May 7, 1941, 19.
Hunt, William E. *Helicopter: Pioneering with Igor Sikorsky*. Shrewsbury, UK: Airlife Publishing, 1998.
Keogan, Joseph. *The Igor I. Sikorsky Aircraft Legacy*. Stratford, CT: Igor I. Sikorsky Historical Archives, 2003.
Kretvix, Bob. 2005. Interview by author. 13 October.
Lawrence, Thomas H. "The Sikorsky R-4 Helicopter," *Advanced Materials & Processes*, August 2003, 57.
Leishman, Gordon. "The Gyroplanes, Helicopters, and Convertiplanes of Raoul Hafner," *American Helicopter Society Forum 61*, June 5, 2005.
LePage, Wynn L. *Growing Up with Aviation*. Ardmore, PA: Dorrance, 1981.
Libertino, Dan. 2005. Interviews and personal communication with author. October-November.
Morris, Charles Lester. *Pioneering the Helicopter*. New York: McGraw-Hill, 1945.
Nachlin, Harry. 2006. Interviews by author. January-February.
"Nash-Kelvinator Teams Up with United Aircraft to Build Sikorsky Helicopters for U.S. Army," *Wall Street Journal*, July 7, 1943, 5.
Niland, James A. "Fifth Anniversary—First Cross Country Flight," *American Helicopter*, June 1947, 15.
O'Brien, Kevin. 2005. Interview by author. 6 February.
Reitsch, Hanna. *The Sky My Kingdom*. Novato, CA: Presidio Press, 1991.（『大空に生きる』戦史刊行会訳、朝日ソノラマ、1982）
"Russian Refugees' Plane, with 9 Aboard, Wrecked on Golf Links in Test Flight," *New York Times*, May 5, 1924, 17.
Shalett, Sidney. "New Air Weapons Pass Imagination," *New York Times*, December 31, 1942, 8.
Sikorsky, Igor I. "Technical Development of the VS-300 Helicopter During 1941," *Journal of the Aeronautical Sciences*, June 1942, 309.
——. "The Coming Air Age—As Told to Frederick C. Painton," *Atlantic Monthly*, September 1942, 33.
——. "Wings for Your Family!" *American Magazine*, March 1953, 41.
Sikorsky, Sergei. 2005. Interview by author. 28 December.
"Sikorsky Building Big Plane with Aid of Russian Exiles," *New York Times*, October 7, 1923, 5.
Smithsonian Air and Space Museum, "Platt-LePage XR-1," at http://www.nasm.si.edu/research/aero/aircraft/platt-le page xr-1.htm (Accessed September 2005).
"The Government and Autogiros," *Wall Street Journal*, April 27, 1938, 3.
Transcript, Russell Halligan Oral History Interview Summer 1976, by Horace Waggoner.

Springfield, IL: Sangamon State University Oral History Office.
"Uncle Igor and the Chinese Top," *Time*, November 16, 1953, 25.
U.S. Centennial of Flight Commission. "Henrich Focke–Fa 61," at http://www.centennialofflight.gov/essay/Rotary/Focke/HE5.htm (Accessed April 4, 2006).
"United Aircraft Buys Sikorsky," *New York Times*, July 19, 1929, 18.
Williamson, Samuel T. "The Whirling Rise of Mr. Helicopter," New York Times, September 13, 1959, SM99.
Wilson, Eugene E. "The Most Unforgettable Character I've Met: Igor Sikorsky," *Reader's Digest*, December 1956, 105.

第7章

Anderson, Ross. "Traveling Back to the Future at the 1962 World's Fair," *Seattle Times*, December 31, 1999, 1.
"Army Ships Repair Planes Downed at Sea," *New York Times*, May 1, 1945, 12.
"Arthur M. Young, 1905-1995," at http://www.arthuryoung.com (Accessed September 5, 2005).
Balkin, John. 2005. Interview by author. 5 February.
Beard, Barrett Thomas. *Wonderful Flying Machines: A History of Coast Guard Helicopters*. Annapolis, MD: Naval Institute Press, 1996.
Bierman, John, and Colin Smith. *Fire in the Night: Wingate of Burma, Ethiopia, and Zion*. New York: Random House, 1999.
Bradbury, Richard. "The RAF's Helicopters," *American Helicopter*, April 1946, 30.
Bridge, John. "Kiefer's Filling Station Pumps Super-Service at Rate of $100,000 Yearly," *Wall Street Journal*, September 10, 1948, 1.
Briscoe, C. H. "Helicopters in Combat: World War II," *Special Warfare*, Summer 2001, 32.
Carle, Louis. "I Flew Them in Combat," *American Helicopter*, January 1947, 10.
Deigan, Edgar. "The Flying Bananas and How They Grew," *Flying*, July 1949, 24.
"Detroit's Air Taxi," *Business Week*, December 11, 1943, 30.
Dorr, Robert F. *Chopper: Firsthand Accounts of Helicopter Warfare World War II to Iraq*. New York: Berkley Books, 2005.
Fergusson, Bernard. *Beyond the Chindwin: Being an Account of the Adventures of Number Five Column of the Wingate Expedition into Burma*. London: Collins, 1943.
Floherty, John J., and Mike McGrady. *Whirling Wings*. Philadelphia: J. B. Lippincott, 1961.
Harman, Carter. "Mission in Burma," *American Helicopter*, March 1946, 17.
Harris, Carl. 2002. Interview by author. 10 February.
"Heads Plane Company at 22," *New York Times*, November 1, 1947, 2.

"He Beats the Traffic by Helicopter," *Business Week*, April 21, 1956, 114.
"Helicopter from Here Saves Fliers Marooned in Labrador Wilderness," *New York Times*, May 4, 1945, 21.
"Helicopter Lands with Saucy Hello," *New York Times*, April 13, 1949, 34.
"Helicopter Rescues Boy," *New York Times*, April 4, 1944, 23.
"Helicopter Rushes Plasma in History-Making Flight," *Wall Street Journal*, March 8, 1944, 7.
"Helicopters Which Can Compete with Surface Transportation Seen by July," *Wall Street Journal*, October 19, 1945, 2.
"Hillercopter," *Time*, September 11, 1944, 55.
Holder, John. "Eggbeater: Kellett's Radical Rotor Head Design," *American Helicopter*, January 1946, 36.
Konke, Curt. 2005. Interview by author. 5 February.
Larsen, Agnew E., and Joseph S. Pecker. "What Is the Helicopter's True Commercial Future?" *Aviation*, December 1943, 116.
"Lawrence Bell, Air Leader, Dead," *New York Times*, October 21, 1956, 87.
Leary, William. "The Helicopter Goes to Sea," *Flying*, September 1949, 26.
Leavitt, Lou. "Let's Be Calm About the Helicopter," *Aviation*, November 1943, 114.
Lert, Peter. "Whatever Happened to 'A Helicopter in Every Garage'?" *Air Progress*, November 1978, 40.
Macrae, Ray. 2005. Interview by author. 5 February.
Mashman, Joe. *To Fly Like a Bird, As Told to R. Randall Padfield*. Potomac, MD: Phillips Publishing, 1992.
McGinley, Phyllis. "All God's Chillun Got Helicopters," *The New Yorker*, August 21, 1943, 24.
Nagy, Barbara A. "Inventor, Musician, Businessman, Samaritan," *Hartford Courant*, November 17, 1997, D10.
"New Flying Machine," *Time*, March 8, 1943, 51.
Norton, Donald J. *Larry: A Biography of Lawrence D. Bell*. Chicago: Nelson-Hall, 1981.
"Personal Aircraft," *Business Week*, September 26, 1942, 13.
"Piasecki: Getting Set for Mass Transportation," *Business Week*, September 26, 1953, 144.
Polmar, Norman. "The Amazing Hup-Mobile," *Naval History*, May-June 1999, 61.
"Presenting...Stanley Hiller Jr.," *American Helicopter*, July 1947, 15.
"PV-2 Makes Public Flight," *Aviation*, November 1943, 229.
"Rotor Aircraft, Wingless, Is Tested," *New York Times*, August 20, 1930, 3.
Salpukas, Agis. "Arthur M. Young Dies at 89," *New York Times*, June 3, 1995, 11.
Sanduski, John J. "Pacific Venture," *American Helicopter*, December 1946, 13.

Senderoff, Izzy. 2005. Interview by author. 10 October.
"Sikorsky Hovers in Air with Greatest Ease and Sells Army on Future of His Helicopter," *Newsweek*, March 8, 1943, 58.
Spenser, Jay P. *Vertical Challenge: The Hiller Aircraft Story*. Seattle: University of Washington Press, 1992.
——. *Whirlybirds: A History of the U.S. Helicopter Pioneers*. Seattle: University of Washington Press, 1999.
Straubel, John F. *One Way Up*. Palo Alto, CA: Hiller Aircraft Co., Division of Fairchild Hiller, 1964.
Taylor, Frank J. "Look at the Tricks He Does in the Air!" *Saturday Evening Post*, June 28, 1952, 25.
"The K-190: New Helicopter Is Maneuverable, Safe and a Perfect Cinch to Fly," *Life*, November 15, 1948, 63.
Thompson, Julian. *The Imperial War Museum Book of the War in Burma 1942-1945*. London: Pan Books, 2002.
Tipton, Richard S. *They Filled the Skies*. Fort Worth, TX: Bell Helicopter Textron, 1989.
Vandercrift, John L. *A History of the Air Rescue Service*. Winter Park, FL: Rollins Press, 1959.
Veazey, Robert. 2004. Interview by author. 13 May.
Wales, George. "Prepared for the Future," *American Helicopter*, April 1947, 19.
Wambold, Donald. "Frank Piasecki Left Behind an Enduring Legacy in the Innovative PV-2," *Aviation History*, July 2005, 64.
"West Coast Lad, 19, Improves Helicopter, Flies Own Ship Without Tail Propeller," *New York Times*, August 31, 1944, 19.
"Will Try Atlantic with Sailless Ship," *New York Times*, November 7, 1924, 1.
Williams, Gurney. "Park on a Cloud," *Collier's*, May 15, 1943, 14.

第8章

Adams, Claude D. "An Idea Was Born," *American Helicopter*, August 1947, 14.
"At $2,000,000 Cost Queens Gets Roads," *New York Times*, September 12, 1912, 8.
Balchen, Bernt. *The Next Fifty Years of Flight*. New York: Harper, 1954.
Baum, Dale, and James L. Hailey. "Lyndon Johnson's Victory in the 1948 Texas Senate Race," *Political Science Quarterly*, Fall 1994, 595.
Bunkley, Allison W. "The Test," *American Helicopter*, October 1946, 24.
Caro, Robert A. *Means of Ascent*. New York: Alfred A. Knopf, 1990.
Carroll, George. "A Helicopter on Every Roof?" *American Mercury*, 81.
Carroll, Ruth, and Latrobe Carroll. *The Flying House*. New York: Macmillan, 1946.
Cooke, Richard P. "The Helicopter Is Practical," *Wall Street Journal*, May 10, 1943, 1.

Dallek, Robert. *Lone Star Rising: Lyndon Johnson and His Times, 1908-1973*. New York: Oxford Institute Press, 1991.

Edgar, Norman. "It's in the Hat," *American Helicopter*, December 1946, 29.

Enstrom, Edith. 2007. Interview by author. 12 January.

"Gay Plot of Times Fashion Show Adds Drama to Newest Style," New York Times, November 1, 1946, 25.

Gemmill, Henry. "A Young Yank Soars from Los Angeles to Borneo and Bengasi," *Wall Street Journal*, July 12, 1956, 1.

"Gigantic Airplane Carried 16 Persons Successfully," *New York Times*, April 5, 1914, SM3.

Goddard, Stephen. *Getting There: The Epic Struggle between Road and Rail in the American Century*. New York: Basic Books, 1994.

Hart, Dick. 2006. Interview by author. 16 January.

"Helicopter Air-Bus Service Planned by Greyhound Corp.," *Wall Street Journal*, June 16, 1943, 4.

"Helicopter Air Transport Company Pioneers a New Field in Aviation," *Flying*, August 1947, 23.

"Helicopter Hubbub: Many Young Inventors Try for Mass Market," *Wall Street Journal*, September 17, 1947, 1.

"Helicopter Panorama 1946," *American Helicopter*, December 1946, 16.

"Helicopter Program Lags Behind Needs," *Aviation Week*, March 12, 1956, 258.

"Helicopters Inc. to Quit: Officials Report No Market for Product," *New York Times*, August 25, 1949, 35.

"Hermit Hops in Helicopter," *American Helicopter*, April 1947, 37.

"Higgins Reveals Plans for Cheap Helicopter," *Wall Street Journal*, January 28, 1943, 6.

"Hiller HOE-1 / YH-32 'Hornet,'" at http://avia.russian.ee/vertigo/hiller hoe-1-r.html (Accessed January 10, 2006).

Holt, W. J. "He Likes to Fly Straight Up," *Saturday Evening Post*, August 11, 1951, 32.

Johnson, Sam Houston. *My Brother Lyndon*. New York: Cowles, 1969.

"Johnson Lashes Civil Rights and GOP in Talk Here," *Terrell* (TX) *Tribune*, June 15, 1948, 1.

"Johnson's 'Flying Windmill' Unique Political Craft," *Terrell* (TX) *Tribune*, June 15, 1948, 1.

Klemin, Alexander. "The Problem of the Helicopter," *Scientific Monthly*, August 1948, 127.

——. *The Helicopter Adventure*. New York: Coward-McCann, 1947.

Lenhardt, Jack. 2006. Interview by author and personal communication. 21 February.

Macauley, C. B. F. *The Helicopters Are Coming*. New York: McGraw-Hill, 1944.

Miller, Merle. *Lyndon: An Oral Biography*. New York: Putnam, 1980.
Patton, Phil. *Open Road*. New York: Simon & Schuster, 1986.
Pierce, Bert. "President Decries 'Nuts' Driving Cars," *New York Times*, May 9, 1946, 1.
"Plans Helicopter Bus Lines," *New York Times*, June 15, 1943, 13.
Reed, William S. "Los Angeles Helicopter Utilization Grows," *Aviation Week & Space Technology*, March 5, 1962, 57.
"Rotary Wing Aircraft," *Flying*, November 1961, 27.
Salisbury, Harrison. "Study Finds Cars Choking Cities as 'Urban Sprawl' Takes Over," *New York Times*, 1959, 1.
Smith, H. Alexander. *Diary, 1946* (Unpublished document at Seeley G. Mudd Manuscript Library, Princeton University).
Sullivan, Mark. *Our Times*. New York: Scribner, 1926.
"The Helicopter: A War Baby with a Big Future," *Newsweek*, September 20, 1954, 80.
"Trade to Test Helicopter," *New York Times*, August 18, 1944, 11.
Transcript, Horace Busby Oral History Interview Ⅱ, 3/4/82, by Michael L. Gillette. Austin, TX. LBJ Library. At http://www.lbjlib.utexas.edu/johnson/archives.hom/oralhistory.hom/BusbyH/Busby2.PDF (Accessed March 19, 2006).
Transcript, James E. Chudars Oral History Interview I, 10/2/1981, by Michael L. Gillette. Austin, TX. LBJ Library. At http://www.lbjlib.utexas.edu/johnson/archives.hom/oralhistory.hom/Chudars-j/Chudars.PDF (Accessed March 21, 2006).
Transcript, Joe Mashman Oral History Interview I, by Joe B. Frantz, Internet Copy, LBJ Library. Austin, TX. LBJ Library, at http://www.lbjlib.utexas.edu/johnson/archives.hom/oralhistory.hom/Mashman-J/Mashman1.PDF (Accessed March 20, 2006).
Van Lopik, Carter. "Neighbors Bankroll U.P. Helicopter Firm," *Detroit News*, January 26, 1964, 1.
White, Peter T. "The Incredible Helicopter," *National Geographic*, April 1959, 533.
"Wide Use of Helicopters Predicted After the War," *Wall Street Journal*, April 10, 1943, 1.

第9章
"2 Colonels Killed in Collision of Helicopters Near Saigon," *New York Times*, September 19, 1969, 14.
"Aeromedical Evacuation," *Air Power History*, Summer 2000, 38.
"Air Force Orders Giant Helicopter," *New York Times*, October 3, 1948, 14.
André, Valérie. *Remarks by Medicine General Inspector Valérie André at Whirly-Girls 30th Anniversary Dinner* (Unpublished manuscript, Texas Women's University Collection).
Baldwin, Hanson W. "Wintershield Ⅱ," *New York Times*, February 10, 1960, 3.
——. "War Game Aided by Huge Airlift," *New York Times*, April 30, 1954, 10.
Barrett, George. "Helicopter Unit Saved 200 in Korea," *New York Times*, February 26,

1951, 3.
Breuer, William. *Shadow Warriors: The Covert War in Korea*. New York: John Wiley & Sons, 1996.
Champlin, G. F. "New Ramjet 'Hiller Hornet,'" *American Helicopter*, February 1951, 8.
Cipalla, Rita. "Sky's No Limit," *Chicago Tribune*, March 29, 1987, 8.
Cole, Richard B. "Economically Glum New England Boasts Hartford Bright Spot," *Wall Street Journal*, March 1, 1952, 1.
Constant, Edward W. *Origins of the Turbojet Revolution*. Baltimore: Johns Hopkins University Press, 1980.
"Copter Lines Said to Face Failures," *New York Times*, December 12, 1964, 62.
Davis, John L. "'Eggbeaters' Make Combat Debut in Korea," *Veterans of Foreign Wars Magazine*, January 2002, 40.
Delgado, James P. "Bombshell at Bikini," *Naval History*, July-August 1996, 33.
Dwiggins, Don. "Pinwheel Man," *Flying*, February 1952, 34.
"Enstrom Copter Story," *Herald-Leader* (Menominee, MI), January 5, 1968, 2.
Farrell, Robert. "French Meet Guerrillas with Helicopters," *Aviation Week*, September 17, 1956, 28.
——. "Algerian Terrain Challenges Helicopters," *Aviation Week*, September 24, 1956, 88.
Feron, James. "Big, Fast Israeli Copters Carry a Heavy Burden Under New Military Concept," *New York Times*, January 29, 1969, 14.
Francis, C. B. "The Seibel Helicopter," *American Helicopter*, August 1947, 17.
"French Destroy Rebel Fortress," *New York Times*, September 11, 1956, 14.
"Helicopter Parade Whirls Over Capital," New York Times, April 30, 1951, 29.
"Helicopter Production Must Be Increased, Army Report States," *Wall Street Journal*, March 11, 1954, 1.
Hershey, Burnet. *The Air Future: A Primer of Aeropolitics*. New York: Duell, Sloan and Pearce, 1943.
"Holiday Accidents Kill 793, a Record," *New York Times*, July 6, 1950, 29.
Horne, Alistair. A Savage War of Peace. New York: Viking Adult, 1978.
"How Hiller Tests Tiny Ramjet," Aviation Week, December 20, 1954, 4.
"Huge Helicopter Takes to the Air," New York Times, October 24, 1952, 48.
"Jet Helicopter Wrecked—Hughes' Giant XH-17 Rips Loose from Moorings," *New York Times*, June 23, 1950, 36.
Johnston, Richard J. H. "Marines 'Attack' (At Own Expense)," *New York Times*, March 21, 1950, 12.
Kocks, Kathleen. "Helicopters Hunters, Not Victims," *Journal of Electronic Defense*, February 2000, 33.

Kreisher, Otto. "Rocks and Ridgetops," *Sea Power*, June 2001, 53.
Lessing, Lawrence P. "Helicopters," *Scientific American*, January 1955, 37.
Marion, Forrest L. "The Grand Experiment: Detachment F's Helicopter Combat Operations in Korea, 1950-1953," *Air Power History*, Summer 1993, 38.
McAllister, G. J. "Army Reviews Copter Lessons," *Aviation Week*, March 22, 1954, 25.
McGregor, Greg. "Heartbreak Ridge Completely Won by Allied Assault," *New York Times*, October 12, 1951, 1.
"Mlle. le Docteur Annoys Vietminh," *New York Times*, August 10, 1952, 4.
Montross, Lynn. *Cavalry of the Sky: The Story of U.S. Marine Combat Helicopters*. New York : Harper & Bros., 1954.
"Present Helicopters Inadequate: Army," *Aviation Week*, May 10, 1954, 17.
Schlaifer, Robert. *Development of Aircraft Engines*. Boston: Harvard University/Maxwell Reprint Co., 1950.
Shipp, Warren, and Howard Levy. "Rotary Wing Review," *Flying*, May 1952, 29.
Shrader, Charles R. *The First Helicopter War: Logistics and Mobility in Algeria, 1954-1962*. Westport, CT: Praeger Publishers, 1999.
Sulzberger, C. L. "Trouble Ahead with Paris—Helicopter Headaches," *New York Times*, June 18, 1955, 16.
"Taming the Whirly-Bird," *Flying*, November 1951, 74.
"Test Equipment Failure Believed Cause of Piasecki YH-16A Crash," *Aviation Week*, January 16, 1956, 34.
"Up from the Basement," *Newsweek*, January 20, 1964, 70.
"Up with the Helicopter," *Fortune*, May 1951, 91.
Van Lopik, Carter. "Neighbors Bankroll UP Helicopter Firm," *Detroit Free Press*, January 26, 1964, 1.
"Vertical Envelopment," *Flying*, November 1951, 63.
Weeghman, Richard B. "Pilot Report: The Enstrom," *Flying*, September 1968, 68.
Witze, Claude O. "Helicopter Builders Grapple with Cost," *Aviation Week*, July 5, 1954, 13.

第10章

Apple, R. W. "Copter Division Reaches Vietnam," *New York Times*, September 13, 1965, 1.
Arnett, Peter. "After Two Years in Mekong Delta, U.S. Goal Is Elusive," *New York Times*, April 15, 1969, 12.
Baker, Russell. "Long Slow Fight in Vietnam Seen," *New York Times*, May 1, 1962, 15.
Barber, Noel. *The War of the Running Dogs: The Malayan Emergency: 1948-1960*. New York: Weybright and Talley, 1971.

Bradin, James W. *From Hot Air to Hellfire: The History of Army Attack Aviation*. Novato, CA: Presidio, 1994.

Brown, Russell K. "Fallen Stars," *Military Affairs*, February 1981, 9.

Burchett, Wilfred G. *Vietnam: The Inside Story of the Guerilla War*. New York: International Publishers, 1965. (『素顔の解放区——南ベトナムゲリラ戦線を行く』田中文蔵訳、弘文堂、1966)

Chanoff, David, and Doan Van Toai. *Portrait of the Enemy*. New York: Random House, 1986.

Chapelle, Dickey. "Helicopter War in South Viet Nam," *National Geographic*, November, 1962, 722.

Chinnery, Philip D. Vietnam: The Helicopter War. Annapolis: Naval Institute Press, 1991.

Cleveland, Les. "Songs of the Vietnam War: An Occupational Folk Tradition," *New Directions in Folklore* (2003). Internet Journal, at http://www.temple.edu/isllc/newfolk/military/songs.html (Accessed February 1, 2007).

Conboy, Ken. "Early Covert Action on the Ho Chi Minh Trail," *Vietnam*, August 2000, 30.

Cooke, Richard P. "Bigger, Faster Craft For Civilian Use Grow Out of Military Needs," *Wall Street Journal*, November 8, 1965, 1.

Doleman, Edgar C. *Tools of War*. Boston: Boston Publishing, 1985.

Dooley, George. "17 Years in Vietnam," *Vietnam*, February 2007, 37.

Dougherty, Kevin J. "The Evolution of Air Assault," *Joint Forces Quarterly*, Summer 1999, 51.

Easterbrook, Gregg. "All Aboard Air Oblivion," *Washington Monthly*, September 1981, 14.

Emerson, Henry E. 2006 and 2007. Interviews by author. February and January.

——. *Can We Out-Guerilla the Communist Guerillas?* Carlisle, PA: U.S. Army War College, 1965.

"Enemy Fire Kills U.S. General, the Fifth to Die in Vietnam War," *New York Times*, April 2, 1970, 3.

Ennis, John. "Helicopters: Unsafe at Any Height," *Popular Mechanics*, September 1971, 63.

Ewell, Julian. 2006. Interview by author. 5 March.

Ewell, Julian J., and Ira A. Hunt. *Sharpening the Combat Edge: The Use of Analysis to Reinforce Military Judgment*. Washington, D.C.: Department of the Army, Superintendent of Documents, 1974.

Fall, Bernard. *Street Without Joy*. Harrisburg, PA: Stackpole, 1961.

"G.I.'s Use Hatchets in a Jungle Fight Against Vietcong," *New York Times*, December 13,

1965, 5.
Giap, Vo Nguyen. *People's War, People's Army* (translation). Washington, D.C.: Department of Defense, 1962.
"Good-Luck Hank," *Newsweek*, September 9, 1968, 56.
Grau, Lester W. "The RPG-7: On the Battlefields of Today and Tomorrow," *Infantry*, May-August 1998, 6.
Grimes, Paul. 2006. Interview by author. 21 February.
Gurney, Gene. *Vietnam, the War in the Air*. New York: Crown, 1985.
Halberstadt, Hans. *Army Aviation*. Novato, CA: Presidio Press, 1990.
Hay, John H. *Vietnam Studies: Tactical and Material Innovations*. Washington: Department of the Army, 1989. At http://www.army.mil/cmh/books/vietnam/tactical/chapter2.htm (Accessed June 30, 2006).
Heuer, Marty. 2005. Personal communication. December.
Hickey, Gerald C. 2007. Interview by author. 19 February.
——. *Free in the Forest: Ethnohistory of the Vietnamese Central Highlands, 1954-1976*. New Haven, CT: Yale University Press, 1982.
——. *Village in Vietnam*. New Haven, CT: Yale University Press, 1964.
——. *Window on a War: An Anthropologist in the Vietnam Conflict*. Lubbock, TX: Texas Tech University Press, 2002.
"Just Say It Was the Comancheros," *Newsweek*, March 15, 1971, 39.
Karnow, Stanley. "Giap Remembers," *New York Times*, June 24, 1990, SM22.
Lengyel, Greg. 2007. Interview by author and personal communication. 9 February.
Lindsay, James. 2007. Interview by author. 31 January.
Lloyd, Barry. 2006. Interviews and personal communication with author. January and June.
Lundh, Lennart. *Sikorsky H-34: An Illustrated History*. Chicago : Schiffer Publishing, 1998.
Mason, Robert. *Chickenhawk*. New York: Viking Press, 1983.
"Mekong Delta Still Paralyzed 5 Weeks After Foe's Offensive," *New York Times*, March 8, 1968, 4.
Mertel, Kenneth D. *Year of the Horse: Vietnam-1st Air Cavalry in the Highlands, 1965-1967*. Atglen, PA: Schiffer Military/Aviation History, 1996.
Miers, Richard. *Shoot to Kill*. London: Faber and Faber, 1959.
Mills, Hugh L., and Robert A. Anderson. *Low-Level Hell: A Scout Pilot in the Big Red One*. Novato, CA: Presidio Press, 1992.
Mohr, Charles. "G.I.'s Fighting in Delta Use Stealth and Surprise," *New York Times*, May 22, 1968, 2.
——. "Radar Enables G.I.'s to Keep Close Eye on Enemy," *New York Times*, May 24, 1968, 5.

——. "Helicopters Save Lives in Vietnam," *New York Times*, February 20, 1966, 5.
Nevard, Jacques. "U.S. 'Copter Units Arrive in Saigon," *New York Times*, December 12, 1961, 21.
Orr, Kelly. *From a Dark Sky*. Novato, CA: Presidio Press, 1996.
Page, Tim. *Another Vietnam: Pictures of the War from the Other Side*. Washington, D.C.: National Geographic, 2002.
Penchenier, Georges. "Close-Up of the Vietcong in Their Jungle," *New York Times*, September 13, 1964, SM27.
Plaster, John L. *SOG: The Secret Wars of America's Commandos in Vietnam*. New York: Simon & Schuster, 1997.
Pribbenow, Merle (translator). *Victory in Vietnam: The Official History.* Lawrence, KS: University Press of Kansas, 2002.
Raymond, Jack. "In Zone D, Terrain is Snipers' Ally," *New York Times*, June 30, 1965, 1.
——. "Army to Increase Helicopter Force," *New York Times*, January 19, 1966, 5.
——. "It's a Dirty War for Correspondents, Too," *New York Times*, February 13, 1966, 219.
"Red Force Overruns Hamlet in Vietnam," *New York Times*, August 21, 1963, 1.
Reporting Vietnam. New York: Library of America, 1998.
Richards, Brien. 2006. Interview by author and personal communications. February.
Roberts, Gene. "Marines Advance in Hue," *New York Times*, February 7, 1968, 1.
——. 2006. Interview by author. 5 March.
Sheehan, Neil. *A Bright Shining Lie: John Paul Vann and America in Vietnam*. New York : Vintage Books, 1989.（『輝ける嘘』菊谷匡祐訳、集英社、1992）
Short, Anthony. *The Communist Insurrection in Malaya, 1948-1960*. London: Frederick Muller, 1975.
Siler, Charles. 2006. Interview by author. 11 March.
Simpson, Jay Gordon. "Not by Bombs Alone: Lessons from Malaya," *Joint Forces Quarterly*, Summer 1999, 91.
Sloniker, Mike. 2006. Personal communication. 10 January.
Smith, Hedrick. "Vietcong Terrorism Sweeping the Mekong Delta as Saigon's Control Wanes," *New York Time*s, January 12, 1964, 14.
Smith, Tom. *Easy Target: The Long Strange Trip of a Scout Pilot in Vietnam*. Novato, CA: Presidio Press, 1996.
Steinbrunn, Robert. 2005. Interview by author. 14 July.
Story, Edward. 2005. Interviews and personal communication with author. 6 February.
Taylor, Thomas H. 2007. Interview by author. 29 January.
"The Bloody Checkerboard," *Newsweek*, May 23, 1966, 64.
Treaster, Joe. 2006. Interview and personal communication with author. March-June.

Trumbull, Robert. "How Communists Operate in Southeast Asia," *New York Times*, April 14, 1963, 161.

"U.S. 'Copters Rout Reds in Vietnam," *New York Times*, February 2, 1962, 1.

"Use of Medical Helicopters Raises Survival Rate of War Wounded," *New York Times*, May 21, 1967, 22.

Wells, R. (ed.). *The Invisible Enemy: Booby-traps in Vietnam*. Miami, FL: J. Flores Publications, 1992.

第11章

"Air America: Played a Crucial Part of the Emergency Helicopter Evacuation of Saigon," http://www.historynet.com/wars_conflicts/vietnam_war/3035911.html(Accessed March 22, 2006).

Blumenthal, Ralph. "U.S. Copter Pilots Taking Some of Worst Fire of War," *New York Times*, February 12, 1971, 3.

Butler, David. *The Fall of Saigon*. New York: Simon & Schuster, 1985.

Butterfield, Fox, and Kari Haskell. "Getting It Wrong in a Photo," *New York Times*, April 23, 2000, 4.

Church, George J. "Saigon: The Final 10 Days," *Time*, April 24, 1995, 24.

Denman, Della. "They're Weaving a Story of War," *New York Times*, April 25, 1973, 32.

Dillon, Barry. "The Man Who Saved His Life," *Citizen Airman*, September 1988, 8.

Dunham, Mike. "Heroes in Our Midst: Alaska Vets Recall Epic Vietnam Battle Overlooked," *Anchorage Daily News*, September 17, 2000, H1.

Fisher, Gary. "Goodnight Saigon," *Leatherneck*, May 2005, 59.

Frisbee, John L. "A Tale of Two Crosses," *Air Force Magazine*, February 1992, 21.

Garland, Ed. 2006. Interview by author. 5 July.

Harnage, O. B. *A Thousand Faces*. Victoria, BC : Trafford Publishing, 2002.

Harrison, Benjamin L. *Hell on a Hill Top: America's Last Major Battle in Vietnam.* Lincoln, NE: iUniverse, 2004.

——. 2006. Interviews and personal communication with author. December.

Henderson, Charles. *Goodnight Saigon: The True Story of the U.S. Marines' Last Days in Vietnam*. New York: Berkley, 2005.

Knight, Wayne. 2006. Personal communication. 12 June.

LaPointe, Robert. *PJs in Vietnam: The Story of Air Rescue in Vietnam*. Anchorage, AK: Northern PI Press, 2002.

Middleton, Drew. "Army to Test New Triple-Threat Division Regarded as a Breakthrough in Land Warfare," *New York Times*, April 12, 1971, 27.

Morris, George. "Firebase Ripcord Veterans Recall Fierce Fighting Around Vietnam Mountaintop," *Advocate*, October 8, 2000, 14.

Nolan, Keith William. *Ripcord: Screaming Eagles Under Siege*. Novato, CA: Presidio Press, 2000.
"Saigon Copter Lands on Another in Stampede to U.S. Ship's Deck," *New York Times*, April 30, 1975, 85.
Sterba, James P. "13 Americans Die in Vietnam Clash," *New York Times*, July 23, 1970, 1.
"That Others May Live," *Time*, July 22, 1966, 27.
"The Invasion Ends," *Time*, April5, 1971, 24.
"U.S. Copters Evacuate Periled Vietnam Village," *New York Times*, June 10, 1965, 2.
"U.S. Planes Blast an Abandoned Base Area Near Laos," *New York Times*, July 25, 1970, 3.
Walker, Fred. "The Fall of Saigon, April 1975," at http://www.air-america.org/Articles/Fall_of_Saigon.shtml (Accessed August 28, 2005).
Windrow, Martin. *The Last Valley: Dien Bien Phu and the French Defeat in Vietnam*. New York: Da Capo Press, 2004.
Woods, Chris. "Operation Frequent Wind," at http://www.fallofsaigon.org/woods.htm (Accessed August 28, 2005).

第12章

"A Chopper Turns Deadly," *Newsweek*, May 30, 1977, 27.
Anderson, David. 2005. Interview by author. 5 February.
Bearak, Barry. "War Zone on Top of the World," *National Post*, May 24, 1999, A13.
Bearden, Milton. "Afghanistan, Graveyard of Empires," *Foreign Affairs*, November-December 2001, 17.
Bedell, Douglas. "Mini-Cars, Compact Buses Being Studied as Solutions to Traffic Snarls in Cities," *Wall Street Journal*, June 7, 1967, 7.
Berry, John M. "Seeking Oil in the West," *Washington Post*, October 5, 1980, G1.
Borovik, Artyom. *The Hidden War: A Russian Journalist's Account of the Soviet War in Afghanistan*. New York: Atlantic Monthly Press, 1990.
"Briton Flies Helicopter to Work," *New York Times*, June 28, 1947, 4.
Buder, Leonard. "A Way to Save People on Roof: Use Helicopters," *New York Times*, January 27, 1979, 23.
Bulloch, John, and Harvey Morris. T*he Gulf War: Its Origins, History and Consequences*. London: Methuen, 1989.
Clines, Boyd. 2002. Interview by author. 10 February.
"Commercial Helicopters: They Need Subsidies to Fly," *Time*, May 16, 1955, 96.
"Construction of City's First Aerial 'Heliport' Begun Atop Port Authority's Headquarters, " *New York Times*, November 28, 1950, 39.
"Convenient Roof Ports a Must for Economical Helicopter Flights," *Aviation Week*,

August 22, 1955, 21.

Cook, Robert H. "Flying Crane Considered for Commuters," *Aviation Week*, February 15, 1960, 43.

Cooper, Tom. 2006. Personal communication. 16 February.

Cooper, Tom, and Farzad Bishop. *Iran-Iraq War in the Air*. Atglen, PA: Shiffer Military History, 2000.

Cordesman, Anthony H. *The Lessons of Modern War*, vol. 3. Boulder, CO: Westview Press, 1990.

Cordesman, Anthony, and Abraham R. Wagner. *The Lessons of Modern War: The Iran-Iraq War*, vol. 2. Boulder, CO: Westview Press, 1990.

Crile, George. *Charlie Wilson's War*. New York: Atlantic Monthly Press, 2003.（『チャーリー・ウィルソンズ・ウォー』真崎義博訳、ハヤカワ・ノンフィクション文庫、2008）

Daley, Glenn. 2005. Interviews by author. August. "Daring Rescue During Mill Fire," *Firehouse*, April 2000, 44.

Davis, Bill. 2002. Interview by author. 2 April.

Delear, Frank J. "Executive Helicopter Pilot," *Flying*, January 1961, 56.

"Dramatic Rescue in Hotel Disaster," *New York Times*, January 4, 1987, 22.

Edison, Thomas. "The Scientific City of the Future," *Forum*, December 1926, 823.

Edwards and Kelcey Engineering, Inc. *Heliport and Helicopter Master Plan for New York City, Final Report*. New York: City of New York, 1999.

Engel, Patrick. 2005. Personal communication. 25 June.

Everett-Heath, John. *Helicopters in Combat: The First Fifty Years*. New York: Sterling, 1992.

——. *Soviet Helicopters: Design, Development and Tactics*. London: Jane's Information Group, 1988.

Farrell, Robert. "Helicopter Taxis Buzz into Competition with the Earthbound Variety," *Wall Street Journal*, July 12, 1951, 1.

Feerst, Bob. 2000 and 2005. Interview by author.

Finney, John W. "Iran Will Buy $2 Billion in U.S. Arms over the Next Several Years," *New York Times*, February 22, 1973, 2.

Fiszer, Michael. "The Mighty Mi-24," *Journal of Electronic Defense*, May 2005, 40.

"Flying Fire Apparatus Is Predicted by Kenlon," *New York Times*, June 14, 1929, 19.

"Flying Fire Engine Successful in First Public Test," *McDonnell Douglas Spirit*, September 1978, 2.

Friedlander, Paul J. C. "Midtown Launch Pad Opens Tuesday," New York Times, December 19, 1965, 1.

Gabbella, William. "Copter Commuting," *Flying*, May 1959, 33.

Gamauf, Mike. "Moving Mountains of Concreate of Muhammad: How Helicopters Were Key to the Building of Modern Jeddah," *Business & Commercial Aviation*, July 1, 2005, 66.

Gillies, Peter. 2006. Interviews and personal communication with author. January-February.

Girardet, Edward. "Afghan Guerillas Turning Soviet Attack to Their Advantage," *Christian Science Monitor*, May 31, 1984, 1.

——. "Afghan Guerilla Leader Holds His Own Against Soviet Offensive," *Christian Science Monitor*, October 2, 1984, 1.

——. *Afghanistan: The Soviet War*. New York: St. Martin's Press, 1985.

Graham, Frederick. "Handyman of the Skies," *New York Times*, December 3, 1950, SM14.

Grau, Lester W., and James H. Adams. "Air Defense with an Attitude: Helicopter v. Helicopter Combat," *Military Review*, January-February 2003, 22.

Grau, Lester (ed.). *The Bear Went Over the Mountain: Soviet Combat Tactics in Afghanistan*. Washington, D.C.: National Defense University, 1996.

Grau, Lester. 2006. Interviews and personal communication with author. August.

Griffiths, David R. "Iran Begins to Use Cobras, Mavericks," *Aviation Week & Space Technology*, October 13, 1980, 24.

Guilmartin, John F. *A Very Short War: The Mayaguez and the Battle of Koh Tang*. College Station, TX: Texas A&M Press, 1995.

Gunston, John. "Stingers Used by Afghan Rebels Stymie Soviet Air Force Tactics," *Aviation Week & Space Technology*, April 4, 1988, 46.

Hammer, Alexander R. "Home Front Helicopters," *New York Times*, May 23, 1971, F4.

"Helicopter Shuttle Saves Many at Las Vegas Fire," *Aviation Week & Space Technology*, December 1, 1980, 21.

"Helicopter Will Shuttle Passengers from Garage," *Wall Street Journal*, April 14, 1947, 6.

Hevesi, Dennis. "Police-Fire Feuds: Only in New York," *New York Times*, May 6, 1988, B3.

Hiro, Dilip. *The Longest War: The Iran-Iraq Military Conflict*. New York: Routledge, Chapman and Hall, 1991.

Horne, George. "Capital Studies Copter Service," *New York Times*, September 8, 1966, 73.

Hudson, Edward. "City to Consider Pan Am Heliport," *New York Times*, July 17, 1963, 26.

"Hunt for Oil, Gas Quickens All Across U.S.," *U.S. News & World Report,* September 15, 1980, 51.

Immel, Patrick. 2007. Personal communication. 10 January.

"Iraqi Tank Guns Stop Missile Helicopters," *Aviation Week & Space Technology*, November 24, 1980, 66.

"It Was Death, Absolute Death," *Time*, December 1, 1980, 34.

Jalali, Ali Ahmad, and Lester W. Grau. *The Other Side of the Mountain: Mujahideen Tactics in the Soviet-Afghan War*. Quantico, VA: U.S. Marine Corps Studies and Analysis Division, 1995.

Jarboe, Jan. "Flight for Your Life," *Texas Monthly*, March 1, 1992, 96.

Johnson, Ken. 2006. Interview by author. 19 March.

Kaiser, Charles. "Helicopter Flights Approved by Board," *New York Times*, January 21, 1977, 82.

Kendall, John. "Main Lesson of High-Rise Fire: Sprinklers Are Vital," *Los Angeles Times*, May 16, 1988, 1.

Khosa, Raspal S. "The Siachen Glacier Dispute," *Contemporary South Asia*, July 1999, 187.

Kinghorn, Spike. 2006. Interview by author. 22 March.

Klem, Thomas. "Los Angeles High-Rise Bank Fire," *Fire Journal*, May-June 1989, 72.

Klose, Kevin. "Heroics Amid Panic; Guests Helped Others to Roof to Await Copter," *Washington Post*, January 2, 1987, A1.

Kluckhorn, Frank L. "Boston Is Using Helicopters for Trip to Airport," *New York Times*, July 27, 1947, E6.

Larsen, Ron. "Coast Guard: Can You Assist at a Hotel Fire?" *Fire Command*, March 1987, 23.

Larson, Mel. 2002. Interview by author. 10 April.

Levin, Alan, and Kevin Johnson. "Air Ambulance Crashes Spur Safety Reviews," *USA Today*, January 14, 2005, A3.

Levy, Clifford J. "Fire Chiefs Assail Rescue After Bombing," *New York Times*, April 11, 1993, 28.

Lindsey, Robert. "Helicopters Aid Commuting," *New York Times*, October 16, 1969, 49.

"Los Angeles Studies Flying Bus for Airport Transit," *New York Times*, December 18, 1966, S19.

Mackby, Jenifer. "Helicopters After the Vietnam Era," *New York Times*, July 20, 1975, F1.

Maher, Marie Bartlett. *Flight for Life*. New York: Pocket Books, 1993.

McGirk, Jan. "Stand-Off in the Peaks of Kashmir," *The Independent*, July 1, 2005, 28.

McGowan, Jay. 2006. Interview by author. 23 February.

Meadows, Mike. "LAFD's Flying Firefighters," *Firehouse*, March 2001, 90. Meier, Barry. "Air Ambulances Are Multiplying, and Costs Rise," *New York Times*, May 3, 2005, A1.

Middleton, Drew. "Tactics in Gulf War," *New York Times*, October 19, 1980, 12.

"Military Surplus Goods Fuel Bogus Parts Market," *Aviation Week & Space Technology*, March 1, 1993, 56.

National Transportation Safety Board. *Commercial Emergency Medical Service Helicopter Operations, Safety Study NTSB/SS-88-01*. Washington, D.C.: NTSB, 1988.

"NYA Predicts Mass Copter-Commuting," *Aviation Week*, December 8, 1952, 87.

Parrish, Roy L. "The MGM Grand Hotel Fire," *International Fire Chief*, January 1981, 12.

"Police Authorized to Buy Helicopter for $25,000," *New York Times*, August 11, 1948, 23.

"Port Authority Urges 'Heliports' for N.Y. City," *New York Times*, February 8, 1950, 12.

Proctor, Paul. "Aeromedical Aircraft Accidents Register Sharp Increase in 1987," *Aviation Week & Space Technology*, July 13, 1987, 55.

——. "Cedar Logging Tests Pilot Skills," *Aviation Week & Space Technology*, April 22, 1996, 66.

Purdum, Todd S. "Race to Rescue : Police-Fire Feud Dates from the 30s," *New York Times*, June 9, 1988, B1.

Regan, Joe. "Firefighting Takes to the Air," *Firehouse*, June 1979, 11.

Rhodes, J. David, and Matt Moseley. "Atlanta Mill Fire and Helicopter Rescue," *Fire Engineering*, June 1999, 83.

Ruhl, Robert K. "The Pony Rides in Vegas," *Airman*, April 1981, 2.

Sharry, John A. "South America Burning," *Fire Journal*, July 1974, 23.

Sheehan, Edward R. F. "The Epidemic of Money," *New York Times*, November 14, 1976, 224.

"South Vietnamese Airman Defects with 6 Others to Thailand in Copter," *New York Times*, March 10, 1976, 2.

Sowa, Randall. 2007. Interviews and personal communication with author. January.

Stameisen, Gary. 2002. Interview by author. 15 February.

Stamm, William. "The SMS: Aerospace Technology for the Fire Service," *Fire Command*, August 1978, 51.

Steinbrunn, Robert. "Personal Journal: Amputation Weekend," *Hospital Aviation*, September 1985, 14.

Stevens, Charles W. "Sales of Helicopters Soar as Concerns Use Them to Speed Up Operations and Executives' Travel," *Wall Street Journal*, July 6, 1979, 28.

"Three Die in Amtrak Derailment," *Burlington Free Press*, July 8, 1984, 1.

Tinsley, Frank. "Copter Commuting: You'll Be Doing It Soon," *Collier's*, February 14, 1953, 7.

Tishchenko, Marat. 2005 and 2006. Personal communication. December. Utz, Eugene. "Los Angeles—Helicopter Town of the Month," *American Helicopter*, September 1947, 19.

Venter, Al J. *The Chopper Boys: Helicopter Warfare in Africa*. London: Greenhill Books,

1994.
Walcott, John, and Tim Carrington. "Role Reversal: CIA Resisted Proposal to Give Afghan Rebels U.S. Stinger Missiles," *Wall Street Journal*, February 16, 1988, 1.
Walker, C. Lester. "Tomorrow's Helicopters," *Harper's*, May 1953, 28.
——. "Age of the Whirling Wings," *New York Times*, September 16, 1956, SM10.
Walker, John. 2002. Interview by author. 7 February.
Wall, Robert. "MH-47 Crews Detail Conflict's Exploits, Woes," *Aviation Week & Space Technology*, April 15, 2002, 22.
Warner, Jack. "Hot Flames, Cool Heads: Heroic Drama Seemed Made for TV," *The Atlanta Journal*, April 19, 1999, A1.
West, Jim. "Adams: Look to the Rockies for a Challenge in Exploration," *Oil & Gas Journal*, November 16, 1981, 141.
Westenhof, Charles M. "Airpower and Political Culture," *Airpower Journal*, Winter 1997, 39.
Wheeler, David. "175 Rescue Workers Hear of Amtrak Derailment," *Burlington Free Press*, November 23, 1984, 5B.
Wiegner, Kathleen K., and Ellen Paris. "Here Come the Helicopters," *Forbes*, October 12, 1981, 132.
Willey, A. Elwood. "High-Rise Building Fire," *Fire Journal*, July 1972, 7.
Williams, Gurney. "Flying Fire Engine," *Popular Mechanics*, April 1979, 90.
Witkin, Richard. "Airlines Still Wait for Manufacturers to Produce a Practical Transport," *New York Times*, September 16, 1956, 30.
——. "Helicopter Landing Gear Blamed," *New York Times*, May 18, 1977, 47.
Wright, Chapin. "During Feud, Safety Hung in the Balance," *New York Times*, May 7, 1990, 1.

第13章

"Air Pegasus Forced to Close D.C. Heliport," *Airports*, July 30, 2002, 7.
"An Effort to Suppress Noise," *Forum*, April 1906, 552.
Barnes, Frank, 2005. Interview by author. 4 February.
Bender, Marylin. "Jet-Age Commuter Also a Family Man," *New York Times*, September 15, 1962, 16.
"Berkeley Council Rejects Copter Patrols by Police," *New York Times*, May 31, 1970, 3.
"Boston Helicopter Service Suspends Operations," *Wall Street Journal*, August 2, 1947, 2.
Butler, Robert. 2005. Interview by author. 7 February.
Caldeira, Teresa Pires do Rio. *City of Walls: Crime, Segregation, and Citizenship in São Paulo*. Berkeley, CA: University of California Press, 2000.
Caldwell, Earl. "Berkeley Faculty Urges Inquiry into 'Lawlessness' by Police," *New York*

Times, May 24, 1969, 23.
Cerra, Frances. "Residents Complain of Noise by New Copter Shuttle," New York Times, November 11, 1982, B1.
Clausen, Meredith L. *The Pan Am Building and the Shattering of the Modernist Dream*. Cambridge, MA: MIT Press, 2004.
Cogan, Charles G. "Desert One and Its Disorders," *The Journal of Military History*, January 2003, 201.
Collitt, John. "Kidnapping Spreads Across Latin America," Financial Times, November 29, 2002, 11.
Conboy, Ken, and James Morrison. "The Quiet One," *Air Forces Monthly*, April 1998, 43.
"Copter Breaks Up Berkeley Crowd," *New York Times*, May 21, 1969, 1.
"Crash of Copter in '77 on Pan Am Building Was the Area's Worst," *New York Times*, April 19, 1979, B6.
Custis, Jon A. "Fire Force: Vertical Envelopment during the Rhodesian War," *Marine Corps Gazette*, March 2000, 48.
Cwerner, Saulo B. "Vertical Flight and Urban Mobilities: The Promise and Reality of Helicopter Travel," *Mobilities*, July 2006, 191.
Demarr, Jim. 2005. Interview by author. 10 October.
DeMeis, Rick. "Quieting Black Hawk Down," *EDN*, August 8, 2002, 26.
Dethman, Leigh. "Luck, Volunteers, Movie Star Played Roles in Scout Rescue," *Deseret Morning News*, June 22, 2005, A13.
Downie, Andrew. "A Stone's Throw from Poverty, Brazil's Daslu Glitters," *Christian Science Monitor*, July 12, 2005, 4.
Dubin, Zan. "The Sky's the Limit: Helicopters Have a Means for Some to Rise Above Gridlock," *Los Angeles Times*, November 15, 1990, 1.
Ebersole, Mike. 2005. Interview by author. 6 February.
Esler, David. "Helicopter Operations in Temporary Landing Areas," *Business & Commercial Aviation*, February 2003, 56.
"Eurocopter's Electrical Flap Control Breakthrough," *Interavia*, Autumn 2005, 10.
Faiola, Anthony. "For the Elite, a High Road—Commuting via Helicopter," *Washington Post*, June 11, 2002, 24A.
Farrelly, Paul. "Cartel That Conceals Its Cutting Edge," *The Observer*, March 4, 2001, 4.
Federal Aviation Administration. *Report to Congress: Nonmilitary Helicopter Urban Noise Study*. Washington: Federal Aviation Administration, 2004.
"Flies from Boston Roof," *New York Times*, April 17, 1947, 55.
"Flights of Folly," *The Nation*, May 28, 1977, 644.
Ford, Harrison. 2006. Interviews and personal communication with author. February.
Grant, Keith. 2005. Interview by author. 15 October.

参考文献

Green, Richard. 2005. Interview by author. 6 February.

Grissett, Sheila. "Ochsner Neighbors Blast Helipad," *Times-Picayune*, February 17, 2004, 1.

Heinl, Robert D. "The Woman Who Stopped Noises," *Ladies' Home Journal*, April 1908, 19.

Held, Joy. 2005. Interview by author. 14 October.

"Heliport, " *The New Yorker*, January 1, 1966, 19.

Hinds, Michael deCourcy. "By Copter to the Airports, Far Above the Potholes," *New York Times*, May 31, 1981, 1.

Hinkle, Rick. 2005. Interview by author. 10 October.

Hodson, Mark. "Washington DC by Helicopter," *Sunday Times*, July 23, 2000, 4.

"Hover Bother," *Flight International*, September 23, 2003, 3.

"How Would You Respond to the Helicopter/Heliport Opponents?" *Eastern Region Helicopter Council News*, Summer 2005, 10.

Hudson, Edward. "Mayor Endorses Heliport Site at East River and 61st Street," *New York Times*, January 3, 1968, 1.

——. "Heliport Opened Atop Skyscraper," *New York Times*, December 22, 1965, 26.

——. "Helicopter 'Taxi Stand' for Busy People Opens in Midtown on East River," *New York Times*, November 5, 1968, 49.

——. "Pan Am Neighbors Attack Heliport," *New York Times*, May 22, 1963, 58.

——. "Helicopter Line Here Is Hopeful," *New York Times*, January 27, 1965, 70.

Jumpei, Marcio. "Brazil's Capital, South America's Largest City, Has Embraced the Helicopter Like No Other," *Business & Commercial Aviation*, March 1, 2005, 58.

Kihss, Peter. "Helicopter Hijacked to Pan Am Building," *New York Times*, May 24, 1974, 69.

Kindleberger, Richard. "Owner Closes Boston's Only Commercial Airport," *Boston Globe*, April 3, 1999, B4.

Kluckhorn, Frank. "Boston Is Using Helicopters for Trip to Airport," *New York Times*, July 27, 1947, E6.

Koklanaris, Maria. "Heliport Plan Stirs Opposition," *Washington Post*, March 15, 1990, J1.

Lambert, Bruce. "Heliport: New Lease and Quiet," *New York Times*, October 8, 1995, CY6.

——. "Roar of Helicopters Brings a Whirl of Residents' Protests," *New York Times*, January 7, 1996, CY6.

Larsen, Dave. "Ford, Flight & Fame," *Dayton Daily News*, July 13, 2003, F1.

Lewan, Todd. "Gigayachts Taking Industry by Storm," *Journal-Gazette* (Fort Wayne, IN), August 14, 2005, 1D.

Lopez, Steve. "One Way to Get Closer to Heaven: Helicopters," *Los Angeles Times*, July 18, 2001, B1.

"Los Angeles Helicopter Service Resuming After Second Crash," *New York Times*, August 20, 1968, 82.

Malone, Pat. "Whirly Commuters Are Go," *Sunday Times*, December 11, 2005, 6.

McCulloch, Campbell. "Taxis of the Air," *McClure's Magazine*, June 1919, 27.

McGarry, T. W. "Airport Foes Arming for War Over Helicopter Shuttle," *Los Angeles Times*, October 20, 1987, 8.

McSkimming, Jen. 2005. Interview by author. 6 February.

Milhorn, Mike. 2005. Interview by author. 7 February.

Moses, Robert. *Public Works: A Dangerous Trade*. New York: McGraw-Hill, 1970.

"Mrs. Isaac L. Rice, Foe of Noise, Dies," *New York Times*, November 5, 1929, 28.

Murray, Kathleen. "Sky Driving: Commuters Take to the Air," *Orange County Register*, September 8, 1990, F1.

Naughton, Keith. "The Fast and the Luxurious," *Newsweek*, January 13, 2003, 40.

"New York's Heliports," *Business & Commercial Aviation*, April 2002, 86.

O'Donnell, Michelle. "Boon or Plague, 10 More Years of Whup-Whup," *New York Times*, March 3, 2002, 14.

Oates, Mary Louise. "Madonna, Penn: It's a Glitzy Wedding," *Los Angeles Times*, August 17, 1985, 1.

Pasternak, Judy. "Ex-Guru Seeks to Expand His Heavenly Rights," *Los Angeles Times*, April 11, 1985, 1.

——. "Maharaji Denied in Bid to Triple Copter Use," *Los Angeles Times*, July 7, 1985, 1.

Pillsbury, Fred. "The Use of Helicopters Is Soaring," *Boston Globe*, August 22, 1984, 1.

Posey, Carl A. "São Paulo Traffic Report," *Air & Space*, October–November 2002, 48.

"President's Helicopters Emulate 1911 Landing on White House Lawn," *New York Times*, June 1, 1957, 38.

Profico, John. 2005. Interview by author. 10 October.

Ramirez, Anthony. "The Chopper Blocker," *New York Times*, March 2, 1997, 13.

——. "Helicopters Won't Cut Back Without a Fight," *New York Times*, September 22, 1996, CY10.

Rice, Julia. "Our Most Abused Sense–The Sense of Hearing," *Forum*, April 1907, 559.

Robinson, Frank. 2005. Interview by author. 6 February.

Rorabaugh, W. J. "The Battle of People's Park," *San Francisco Chronicle*, May 14, 1989, 7.

Schanberg, Sydney H. "After Year and a Half, Copter Critics Are Quieter," *New York Times*, July 23, 1967, 1.

Seabrook, John. "The Slow Lane: Can Anyone Solve the Problem of Traffic?" *The New Yorker*, September 2, 2002, 120.

Steinhauer, Jennifer. "No Big Deal, Mayor Says of His Helicopter Flying," *New York Times*, February 26, 2002, B4.

Stevens, Charles W. "And Here Comes a Chopper, to Make Neighbors See Red," *Wall Street Journal*, July 31, 1990, A1.

Stewart, James B. "Spend! Spend! Spend! Where Did Tyco's Money Go?" *The New Yorker*, February 17, 2003, 132.

Stockbridge, Frank Parker. "The War on Noise," *New McClure's*, December 1928, 66.

Svard, Trygve. 2004. Interview by author. 6 June.

"The Bird Man of Torrance," *Forbes*, April 15, 1991, 64.

"The Children's Hospital Branch of the Society for the Suppression of Unnecessary Noise," *Forum*, April 19, 1908, 560.

"The Doomsday Blueprints," *Time*, August 10, 1992, 32.

Thomas, Rhys. 2006. Interviews by author. June.

Thorsrud, Derek. 2005. Interview by author. 19 December.

Vasquez, Liliana. 2006. Personal communication. 24 February.

Wagner, Patricia. 2005 and 2006. Interviews and personal communication with author. October and February.

Weisel, Al. "Half a Copter," *Fortune*, February 21, 2000, 310.

Williams, John D. "Opposition to Helicopters Is Increasing in Many Cities, and the Industry Is Fearful," *New York Times*, August 25, 1983, 46.

Witkin, Richard. "Standard in European Cities, They Are Denied Good Locations Here," *New York Times*, April 24, 1955, X33.

Woodyard, Chris. "Big Dreams for Small Choppers Paid Off," *USA Today*, September 12, 2005, B7.

Zwingle, Erla. "São Paulo, Brazil: World's Third Largest City," *National Geographic*, November 2002, 72.

第14章

Adelman, Kenneth. 2005. Personal communications. August.

"Air America: Hughes 500," at http://www.utdallas.edu/library/collections/speccoll/Leeker/500.pdf (Accessed July 29, 2006).

Bannon, Lisa. "In T.V. Chopper War, News is Sometimes a Trivial Pursuit," *Wall Street Journal*, June 4, 1997, A1.

Bart, Peter. "2,000 Troops Enter Los Angeles on Third Day of Negro Rioting," *New York Times*, August 14, 1965, 1.

"Bird's-Eye View," *Time*, August 4, 1958, 51.

"Camper Found in Time for Kidney Transplant," *Chicago Sun-Times*, March 27, 1989, 42.

Cannon, Lou. "Worlds Collide at Florence and Normandie," *Washington Post*, January 26,

1998, A14.

Chavez, Stephanie. "Trucker Looks Back on Los Angeles Riots," *Houston Chronicle*, April 26, 2002, 4.

Conboy, Ken, and James Morrison. "The Quiet One," *Air Forces Monthly*, April 1998, 43.

Davies, Lawrence E. "Berkeley Police Seeking Copters," *New York Times*, February 10, 1970, 24.

Elber, Lynn. "Newsman, 75, Shares TV's Five-Decade History," *Tulsa World*, July 15, 1998, 4.

Ellis, Bill. 2006. Personal communication. 8 February.

——. *Raising the Devil: Satanism, New Religions, and the Media*. Lexington, KY: University Press of Kentucky, 1998.

Guthrie, C. Robert, and Los Angeles County (Calif.) Sheriff's Dept. Project *Sky Knight: A Demonstration in Aerial Surveillance and Crime Control. Final Report to Office of Law Enforcement Assistance*. Washington: Office of Law Enforcement Assistance, U.S. Dept. of Justice, 1968.

Harmon, Dave. "Invasion, South Texas: Army Exercises Make Black Helicopters the Talk of Town," *Austin American-Statesman*, April 17, 1999, A 1.

"Hot Shots," *People Weekly*, September 12, 1994, 97.

"In the Sky, on the Air," *Los Angeles Daily News*, March 5, 1997, L4.

Kisseloff, Jeff. *The Box: An Oral History of Television*. New York: Viking, 1995.

Leyvas, Gil. 2005. Interview by author. 4 February.

Lindsey, Robert. "Police Send Up Copters in Fight on Urban Crime," *New York Times*, December 9, 1970, 37.

Lineberry, Gary. 2004. Interview by author. 11 December.

Littleton, Cynthia. "KTLA, the West's Golden Station," *Broadcasting & Cable*, April 28, 1997, 26.

"Los Angeles TV Gives Viewers Riot Coverage," *New York Times*, August 15, 1965, 79.

McDougal, Dennis. "In the Eye of the Storm: Chopper Pilots—High Visibility Heroes of the Air," *Los Angeles Times*, February 14, 1992, 1.

Melton, Mary. "If It Speeds, It Leads," *Los Angeles Magazine*, February 2003, 50.

Newton, Jim, and Beth Shuster. "The North Hollywood Shootout," *Los Angeles Times*, March 4, 1997, 1.

Oldfield, Tom. 2004. Interview by author. 11 December.

Pipes, Daniel. *Conspiracy: How the Paranoid Style Flourishes and Where It Comes From*. New York: Free Press, 1997.

Pool, Bob. "Serene Hilltop Marks Site of Landmark Disaster," *Los Angeles Times*, December 11, 2003, B2.

Purdum, Todd S. "Vigilant Eyes Fill Skies Over Los Angeles," *New York Times*, March

18, 1998, A1.
Richmond, Ray. "Copter Pilots Keep TV News on Top of Story," *Orange County Register*, February 4, 1991, FO3.
Rosenberg, Howard. "The Russian Roulette of Live News Coverage," *Los Angeles Times*, May 2, 1998, 1.
Rubinkam, Michael. "Philadelphia Police, Mayor Under Fire for Videotaped Beating," *Times Union* (Albany, NY), July 14, 2000, A3.
Schulberg, Pete. "Bright Images, Blurry Ethics," *The Oregonian*, October 6, 1996, E1.
Skelton, Kevin. 2005. Personal communication. 21 December.
Tur, Robert. 2006. Interviews by author. August.
Ulman, Neil. "More Radio Stations Use 'Copters to Spot Road Jams for Drivers," *Wall Street Journal*, December 24, 1964, 1.
Weinraub, Bernard. "TV News Displays Air Power in Chase," *New York Times*, June 20, 1994, A12.
Welk, Larry. 2005. Interviews by author. February.
White, Garrett. "Night Riders," *Los Angeles Magazine*, November 1997, 108.
Wolfe, Dan. 2004. Interview by author. 11 December.
Wright, Jeff. 2005. Interviews and personal communication with author. October-November.

第15章

Ballou, Justin G. (Guy). 2006. Personal communications. March.
Beckey, Fred. *Mount McKinley: Icy Crown of North America*. Seattle: The Mountaineers, 1993.
Bowden, Mark. *Black Hawk Down: A Story of Modern War*. New York: Atlantic Monthly Press, 1999.（『ブラックホーク・ダウン——アメリカ最強特殊部隊の戦闘記録』伏見威蕃訳、ハヤカワ・ノンフィクション文庫、2002）
Brown, Wayne. 2006. Interview by author. 17 February.
Calvery, Donald. 2006. Interview by author. 6 March.
"Copter Saves 3rd Climber," *Chicago Sunday Times*, May 22, 1960, 1.
Crews, Paul. "Accident on Mount McKinley," *Summit*, August 1960, 2.
Curtis, Ian G. S. "Changing Helicopters for a Rapidly Changing World," *Defense & Foreign Affairs Strategic Policy*, August 1997, 7.
Day, John S. "The Mountain That Nearly Killed Me," *Saturday Evening Post*, November 26, 1960, 36.
Erickson, Scott. 2005. Interview by author. 16 December.
Farabee, Charles. *Death, Daring and Disaster*. Emeryville, CA: Roberts Rinehart Publishing, 1998.

Feron, James. "Israelis Seize 7-Ton Radar and Airlift It Out of Egypt," *New York Times*, January 3, 1970, 1.
Gadbois, Chris. 2005. Interview by author. 7 February.
Gant, Dale. 2005. Interview by author. 29 December.
Gray, Sidney J. "The 160th SOAR: 20 Years of Army Special-Operations Aviation," *Special Warfare*, Summer 2001, 6.
Halloran, Richard. "Secret U.S. Army Unit Had Role in Raid in Gulf," *New York Times*, September 24, 1987, A12.
"Helicopter Saves Two Hurt on Peak," *New York Times*, May 22, 1960, 43.
Hepler, Robert. 2006. Personal communications. June-July.
Hewson, Harry J. "Light/Attack Helicopter Operations in the Three Block War," Marine *Corps Gazette*, April 1999, 25.
Humes, Edward. "Helicopter Crashes: 134 Lives Lost Since Pilots Began Using Goggles," *Orange County Register*, December 4, 1988, 14.
Hurst, Arlo. 2006. Interview by author. 9 January.
Klem, Thomas J. "Los Angeles High-Rise Bank Fire," *Fire Journal*, May June 1989, 72.
Luckett, Lincoln. 2005 and 2006. Personal communications. June-April.
Lynch, Brian. 2006. Interview by author. 9 January.
Maier, Karl. 2006. Interview by author. 9 January.
"Men Against the Mountain," *Time*, May 30, 1960, 1.
Milani, Andy. "Evolution of the 3-160th SOAR Through Desert Storm," *Special Warfare*, Summer 2001, 14.
Mills, Hugh. 2007. Interview by author. 19 March.
Moon, Ken. 2006. Interview by author. 27 March.
O'Brien, Clifton. 2006. Interview by author. 9 January.
Phillips, Ken. 2005. Interview by author. 6 February.
"Plane Rescues Stricken Woman from Mt. McKinley," *New York Times*, May 21, 1960, 1.
Prox, John. 2005. Interview by author. 3 October.
Raaz, Dana. 2005. Interview by author. 18 February.
Rudert, Dan. 2005. Interviews by author. May.
Sokalski, Walt. "Learning to SOAR," *Soldiers*, December 1998, 28.
Tamburro, Chuck. 2007. Interview by author. 22 February.
"Task Force 160," at http://www.nightstalkers.com (Accessed November 15, 2006).
Thomas, Timothy L. "Air Operations in Low Intensity Conflict: The Case of Chechnya," *Airpower Journal*, Winter 1997, 51.
"Times Says Pentagon Formed 'Secret' Forces," *San Francisco Chronicle*, August 24, 1987, 9.
Waterman, Jonathan. *Surviving Denali: A Study of Accidents on Mount McKinley 1903-1990*.

New York:American Alpine Club Press, 1983.
Whittaker, Lou. *A Life on the Edge.* Seattle: The Mountaineers, 1999.
Whittaker, Lou, and Andrea Gabbard. *Lou Whittaker: Memoirs of a Mountain Guide*. Seattle: The Mountaineers, 1994.
Willenbacher, Samantha. 2005. Interview by author. 2 August.

第16章

Ames, W. B. "Arizona Pioneer," *American Helicopter*, August 1947, 24.
Baker, Tony. 2005. Interviews by author. June.
Bodo, Sandor. "The Age of Air Lost Civilization," *Providence Journal*, January 28, 1990, M18.
Bol, Tom. "Denali Patrol," *Alaska*, May-June 2002, 24.
Brass, Eric H., Roy Braybrook, and John Burley. "The Tank Killers," *Armada International*, December 1998-January 1999, 21.
Brookings Institution. "Iraq Index: Tracking Variables of Reconstruction & Security in Post-Saddam Iraq," at http://www.brookings.edu/iraqindex (Accessed February 1, 2007).
Chamberlain, Gethin. "Uday and Qusay Die in Gun Battle Following Tip-Off," *The Scotsman,* July 23, 2003, 2.
Christenson, Sig. "Shot Down," *San Antonio Express-News*, March 22, 2004, at http://www.mysanantonio.com/news/military/stories/MYSA 22.01A. longbow_2_0322. cfs7fd6.html (Accessed November 10, 2006).
Clark, Fred. 2007. Interviewed by author, April 25.
"Climbers Rode Out on 'God Ring,'" Cincinnati Post, June 23, 1998, 2A.
Corr, Patrick. 2005. Interview by author. 12 August.
Dubé, John. 2005. Interviews by author. June.
Dyer, Craig. 2007. Personal communication. 14 February.
Fulghum, David A., and Robert Wall. "Israel Refocuses on Urban Warfare," *Aviation Week & Space Technology*, May 13, 2002, 24.
Harris, Francis. "'Aerial Bombs' Threaten U.S. Helicopters in Iraq," *The Daily Telegraph* (London, January 18, 2006, O14.
Hilsum, Lindsey. "Iraq Hails David Who Felled Flying Goliath," *The Daily Telegraph,* March 25, 2003, E03.
Hoffman, Carl. "Higher Calling," *Air & Space Smithsonian*, June-July 1998, 24.
Hood, Jim. 2005. Interview by author. 8 June.
Kaplan, Lawrence F. "The Airport Road," *Wall Street Journal,* January 27, 2005, A 12.
Kramer, Mark. "The Perils of Counterinsurgency; Russia's War in Chechnya," *International Security*, Winter 2004-2005, 5.

Kreutzer, Dave. 2005. Interview by author. 8 June.

Kunz, Mike. 2005. Interviews and personal communication with author. April-June.

Linklater, Eric. *Private Angelo*. New York : Macmillan, 1946.

McDowell, Edwin. "At Trade Center Deck, Views Are Lofty, as Are the Prices," *New York Times*, April 11, 1997, B8.

McPhee, Michele, and John Marzulli. "WTC Doors Locked—Rudy Says Copter Rescue Would Have Been Too Risky," *New York Daily News*, October 24, 2001, 7.

Merle, Renae. "Low-Tech Grenades a Danger to Helicopters," *Washington Post*, November 18, 2003, A17.

Merritt, Larry. 2002. Interview by author and personal communication. April.

Middleton, Drew. "Army Eyes Division with Antitank Copters as an Answer to Russian Armor in Europe," New York Times, May 1, 1972, 20.

Morris, Robert R. "Hydraulic Forcible Entry Tools," *WNYF*, Third Quarter, 2001, 7.

Musquere, Anne. "High Times for Helo Makers," *Interavia*, Spring 2006, 14.

National Commission on Terrorist Attacks Upon the United States. *The 9/11 Commission Report*. New York: W. W. Norton.

Newman, Richard J. "Ambush at Najaf." *Air Force Magazine*, October 2003, 60.

Paltrow, Scot J., and Queena Sook Kim. "No Escape: Could Helicopters Have Saved People from the Trade Center?" Wall Street Journal, October 23, 2001, A1.

Phillips, Natalie. "High Rescue Costs Add Up," *Anchorage Daily News*, August 23, 1998, A1.

Porco, Peter. "Nonfatal Attraction," *Anchorage Daily News*, May 3, 2005, A1.

Powell, Colin. 2006. Interview by author. 23 March.

Rich, Rob. 2005. Interview by author. 6 February.

Rodway, George. "Paul Crews 'Accident on Mount McKinley'—A Commentary," *Wilderness and Environmental Medicine*, 2003, 33.

Roug, Louise. "Troops Have a Nervous Ride to Nighttime Raid," *Los Angeles Times*, November 7, 2005, A8.

Schmitt, Eric. "Iraq Rebels Seen Using More Skill to Down Copters," *New York Times,* January 18, 2004, 1.

Schneider, Larry. 2002. Interview by author. 15 March.

Scott, Brian. "Enthusiasts Entertained by Son of Aviation Pioneer," *The Beacon* (Gander, Newfoundland, Canada), February 26, 2007, at http://www.transatlanticflightplay.com/files/Beacon Article Gala.pdf (Accessed March 15, 2007).

Steele, David. "Locked Doors to Roof Cost Lives," The Herald, October 25, 2001, 14.

Wall, Robert. "IAF to Modify Helos to Fight in Cities," *Avitation Week & Space Technology*, May 13, 2002, 27.

Wilson, Jim. "Weapons of the Insurgents," Popular Mechanics, March 2004, 64.

参考文献

より詳細な文献目録は www.thegod machine.us を参照。

409

機械仕掛《きかいじか》けの神《かみ》—ヘリコプター全史《ぜんし》—

2009年1月20日　初版印刷
2009年1月25日　初版発行

＊

著　者　ジェイムズ・R・チャイルズ
訳　者　伏《ふし》見《み》威《い》蕃《わん》
発行者　早　川　　浩

＊

印刷所　三松堂印刷株式会社
製本所　大口製本印刷株式会社

＊

発行所　株式会社　早川書房
東京都千代田区神田多町2－2
電話　03-3252-3111（大代表）
振替　00160-3-47799
http://www.hayakawa-online.co.jp
定価はカバーに表示してあります
ISBN978-4-15-209000-3　C0053
Printed and bound in Japan